中国科学院 白春礼院士题

论仪器并筑器件
致广大而尽精微

白春礼
戊戌春月

低维材料与器件丛书

成会明 总主编

低维碳基导热材料

康飞宇 祝 渊 孙 波 等 著

科学出版社
北京

内 容 简 介

本书为"低维材料与器件丛书"之一。低维材料，由于其自身的导热性质及结构可控性，一直以来在热管理方面得到了很好的应用。低维碳基材料具有优异的导热性能，可以广泛应用于芯片、电子元器件、电源系统、大功率发光二极管（LED）等散热与管理。本书是基于作者及团队在低维材料的导热性能及其热管理应用领域十几年研究成果的总结，并对国内外该领域最新研究进展进行了综述和系统分析，重点阐述了各种低维高导热碳材料的制备与应用，并对其他纳米碳材料在热管理方面的应用进行了归纳与总结，最后探索了相变储能材料及其应用、电子封装与热管理工程、碳基芯片界面传热材料与技术、消费电子产品热管理技术等，对该领域的研发具有一定的学术价值。

本书内容丰富、系统性强，适合材料学专业的高等院校师生作为科研学习资料和教学参考书，对从事热管理设计、高导热材料研发、热管理工程应用方面的科研人员和相关企业的技术人员也具有重要的参考价值。

图书在版编目（CIP）数据

低维碳基导热材料 / 康飞宇等著. -- 北京 : 科学出版社, 2025. 5.
（低维材料与器件丛书 / 成会明总主编）. -- ISBN 978-7-03-082345-8

Ⅰ．TB383

中国国家版本馆 CIP 数据核字第 20258YC595 号

丛书策划：翁靖一
责任编辑：翁靖一 / 责任校对：杜子昂
责任印制：徐晓晨 / 封面设计：东方人华

科学出版社 出版
北京东黄城根北街 16 号
邮政编码：100717
http://www.sciencep.com

北京中科印刷有限公司印刷
科学出版社发行 各地新华书店经销

*

2025 年 5 月第 一 版　开本：720×1000　1/16
2025 年 5 月第一次印刷　印张：23 1/2
字数：468 000
定价：238.00 元
（如有印装质量问题，我社负责调换）

低维材料与器件丛书

编 委 会

总主编：成会明

常务副总主编：俞书宏

副总主编：李玉良　谢　毅　康飞宇　谢素原　张　跃

编委（按姓氏汉语拼音排序）：

胡文平	康振辉	李勇军	廖庆亮	刘碧录	刘　畅
刘　岗	刘天西	刘　庄	马仁敏	潘安练	彭海琳
任文才	沈　洋	孙东明	汤代明	王荣明	伍　晖
杨　柏	杨全红	杨上峰	张　锦	张　立	张　强
张书圣	张莹莹	张跃钢	张　忠	朱嘉琦	邹小龙

总 序

  人类社会的发展水平，多以材料作为主要标志。在我国近年来颁发的《国家创新驱动发展战略纲要》、《国家中长期科学和技术发展规划纲要（2006—2020年）》、《"十三五"国家科技创新规划》和《中国制造2025》中，材料均是重点发展的领域之一。

  随着科学技术的不断进步和发展，人们对信息、显示和传感等各类器件的要求越来越高，包括高性能化、小型化、多功能、智能化、节能环保，甚至自驱动、柔性可穿戴、健康全时监/检测等。这些要求对材料和器件提出了巨大的挑战，各种新材料、新器件应运而生。特别是自20世纪80年代以来，科学家们发现和制备出一系列低维材料（如零维的量子点、一维的纳米管和纳米线、二维的石墨烯和石墨炔等新材料），它们具有独特的结构和优异的性质，有望满足未来社会对材料和器件多功能化的要求，因而相关基础研究和应用技术的发展受到了全世界各国政府、学术界、工业界的高度重视。其中富勒烯和石墨烯这两种低维碳材料的发现者还分别获得了1996年诺贝尔化学奖和2010年诺贝尔物理学奖。由此可见，在新材料中，低维材料占据了非常重要的地位，是当前材料科学的研究前沿，也是材料科学、软物质科学、物理、化学、工程等领域的重要交叉领域，其覆盖面广，包含了很多基础科学问题和关键技术问题，尤其在结构上的多样性、加工上的多尺度性、应用上的广泛性等使该领域具有很强的生命力，其研究和应用前景极为广阔。

  我国是富勒烯、量子点、碳纳米管、石墨烯、纳米线、二维原子晶体等低维材料研究、生产和应用开发的大国，科研工作者众多，每年在这些领域发表的学术论文和授权专利的数量已经位居世界第一，相关器件应用的研究与开发也方兴未艾。在这种大背景和环境下，及时总结并编撰出版一套高水平、全面、系统地反映低维材料与器件这一国际学科前沿领域的基础科学原理、最新研究进展及未来发展和应用趋势的系列学术著作，对于形成新的完整知识体系，推动我国低维材料与器件的发展，实现优秀科技成果的传承与传播，推动其在新能源、信息、光电、生命健康、环保、航空航天等战略性新兴领域的应用开发具有划时代的意义。

  为此，我接受科学出版社的邀请，组织活跃在科研第一线的三十多位优秀科学家积极撰写"低维材料与器件丛书"，内容涵盖了量子点、纳米管、纳米线、石墨烯、石墨炔、二维原子晶体、拓扑绝缘体等低维材料的结构、物性及制备方法，并全面探讨了低维材料在信息、光电、传感、生物医用、健康、新能源、环境保护等领域的应用，具有学术水平高、系统性强、涵盖面广、时效性高和引领性强等特点。本套丛书的特色鲜明，不仅全面、系统地总结和归纳了国内外在低维材料与器件领域的优秀科研成果，展示了该领域研究的主流和发展趋势，而且反映了编著者在各自研究领域多年形成的大量原始创新研究成果，将有利于提升我国在这一前沿领域的学术水平和国际地位、创造战略性新兴产业，并为我国产业升级、国家核心竞争力提升奠定学科基础。同时，这套丛书的成功出版将使更多的年轻研究人员获取更为系统、更前沿的知识，有利于低维材料与器件领域青年人才的培养。

历经一年半的时间，这套"低维材料与器件丛书"即将问世。在此，我衷心感谢李玉良院士、谢毅院士、俞书宏院士、谢素原院士、张跃院士、康飞宇教授、张锦教授等诸位专家学者积极热心的参与，正是在大家认真负责、无私奉献、齐心协力下才顺利完成了丛书各分册的撰写工作。最后，也要感谢科学出版社各级领导和编辑，特别是翁靖一编辑，为这套丛书的策划和出版所做出的一切努力。

材料科学创造了众多奇迹，并仍然在创造奇迹。相比于常见的基础材料，低维材料是高新技术产业和先进制造业的基础。我衷心地希望更多的科学家、工程师、企业家、研究生投身于低维材料与器件的研究、开发及应用行列，共同推动人类科技文明的进步！

成会明
中国科学院院士，发展中国家科学院院士
中国科学院深圳先进技术研究院碳中和技术研究所所长
中国科学院金属研究所，沈阳材料科学国家研究中心研究员
Energy Storage Materials 创刊主编

前　言

随着我国电子产业的快速发展，对快速散热需求激增，散热不良将导致电子元器件的可靠性大打折扣。纳米科学和技术的发展使材料的有序化结构设计和功能导向组装成为可能，从而有助于制备出具有高导热能力的热界面材料，提高芯片及电子元器件运行可靠性。以纳米碳基材料为代表的高导热材料，具有热导率高、加工性能良好、成本可控等特点，被广泛地应用于各种芯片和电子元器件的均热散热。但是，传统的碳材料在应用中，由于结构单一、各向异性、无序且不绝缘等性能局限，难以解决高功率、高性能电子器件的散热难题，从而限制了电子产品的效率和寿命。要实现新型电子产品的散热突破，必须在材料构建和应用时解决以下共性问题：①优化碳纳米结构，解决导热差的问题；②解决界面可控调制、导热网络构建与各向异性问题；③解决器件集成化过程中材料复合化和功能协同问题。为了解决以上共性问题，本书作者与合作者提出了"低维碳基导热材料"的设计、制备、多功能构建的总体思想，并且探究其在芯片、大功率 LED、电动车电源热管理方面的应用。本书基于作者多年在碳材料领域的科研工作，结合国内外的最新科研成果，力图系统深入地介绍和分析低维碳基材料在热管理领域的研究现状和发展趋势。

导热散热碳材料是指一类具有高导热性和良好散热性能的碳基材料，包括柔性石墨膜、石墨烯膜、碳纳米管等。这些材料因其优异的热导率和轻量化特性，广泛应用于电子器件、热管理系统和高性能计算机中。20 世纪中期，科学家们发现石墨具有优异的导热性能，随着纳米技术的发展，石墨烯和碳纳米管等新型碳材料相继被发现，并展现出更为优异的导热特性。石墨烯的热导率高达 2000 W/(m·K)，比金属铜高一个数量级。高性能智能手机需要高效散热系统来维持稳定运行。在工业化应用中，制备石墨烯厚膜和柔性石墨薄膜是两个重要的方向。其他低维材料如氮化硼膜、类金刚石膜由于具有高导热性同时兼有电绝缘性，近年来也得到了发展与应用。

全书共分十章，内容涵盖了热模拟与测量，如低维材料传热性能测量、热管理模拟；低维高导热碳材料，如石墨烯、碳纳米管、泡沫碳、人造金刚石薄膜、类金刚石碳膜；其他纳米材料，如纳米氧化物、碳化物与氮化物导热材料；应用方面，如相变储能材料及其应用、电子封装与热管理工程、碳基芯片界面传热材料与技术、消费电子产品热管理技术等。相信本书对从事热管理设计、高导热材料研发、热管理工程应用方面的科研人员和相关企业的技术人员具有参考价值。本书在撰写过程中得到了国内外许多同行的支持和帮助，特别是作者所在实验室的老师、博士后、博士生的帮助与配合。第 2 章和第 6 章由祝渊博士执笔，第 3 章由孙波副教授执笔，第 8 章由杨诚副教授执笔，第 9 章由林正得研究员执笔，第 10 章由杜鸿达副教授执笔，其余章节由康飞宇教授执笔。陈玉琴女士为全书的画图和校对做出了重要贡献。科学出版社编辑翁靖一女士对书稿结构和全文校阅做出了重要贡献。在此，对大家的倾力相助表示衷心的感谢。

　　本书撰写过程中，引用了参考文献中的图、表、数据等，在此向有关作者致以诚挚的谢意。同时，对深圳市杰出人才项目、广东省政府本土创新团队项目的支持，以及广东省热管理工程与材料重点实验室全体成员表示衷心的感谢。最后，特别感谢成会明院士为本书作序，也感谢"低维材料与器件丛书"编委会给本书提出的宝贵意见。本书本着尽可能全面反映该领域最新科研成果的原则，但是低维材料和热管理工程的科学研究日新月异，而作者的水平和精力有限，可能会有一些最新成果有所遗漏或者反映不足，敬请广大读者批评指正。

康飞宇

2025 年 3 月

目 录

总序
前言
第1章 绪论 ··· 1
  1.1 热管理工程 ·· 1
    1.1.1 电子设备的热管理 ·· 1
    1.1.2 汽车热管理系统 ··· 2
    1.1.3 混合动力装甲车的热管理 ··· 7
    1.1.4 半导体器件的热管理 ··· 8
    1.1.5 LED的热管理 ·· 10
  1.2 低维高导热材料的应用潜力 ·· 13
    1.2.1 低维纳米材料的热学性能 ··· 13
    1.2.2 低维高导热材料的应用前景 ·· 15
  1.3 热管理设计应用 ··· 15
    1.3.1 新型电池热管理 ··· 16
    1.3.2 大功率半导体激光器的散热 ·· 18
    1.3.3 新能源汽车热管理 ·· 21
    1.3.4 航天器热控技术 ··· 22
  参考文献 ·· 25
第2章 低维材料传热性能测量 ··· 29
  2.1 传热学基础 ··· 29
    2.1.1 传导 ··· 30
    2.1.2 对流 ··· 30
    2.1.3 辐射 ··· 30
  2.2 热导率的稳态法测试 ··· 31
    2.2.1 各向同性固体热导率的稳态法测试 ···································· 31
    2.2.2 各向同性黏性液体、黏弹性体和弹性体的热导率稳态法测试 ····· 32
    2.2.3 稳态法：拉曼法 ··· 34

2.3 热导率的非稳态法测试 35
    2.3.1 激光闪射法 35
    2.3.2 Angstrom 法 37
参考文献 40

第 3 章 热管理模拟 42
3.1 热传导原理 42
    3.1.1 傅里叶定律 42
    3.1.2 非傅里叶传热 42
    3.1.3 低维传导现象 47
3.2 热传导数值计算方法 48
    3.2.1 声子输运 48
    3.2.2 有限元分析 53
    3.2.3 蒙特卡罗模拟 55
3.3 低维热传导有关计算 56
    3.3.1 固相热界面体系 56
    3.3.2 固相多孔介质体系 58
    3.3.3 微观固液体系 63
3.4 热系统器件的热管理建模 68
    3.4.1 宏观与介观器件 69
    3.4.2 系统网络模型 71
    3.4.3 系统疲劳与失效 74
3.5 热管理模拟应用实例 76
参考文献 79

第 4 章 低维高导热碳材料：石墨烯、碳纳米管、泡沫碳 85
4.1 石墨烯的导热性能及其应用 86
    4.1.1 石墨烯制备的主要方法 88
    4.1.2 石墨烯导热薄膜的制备工艺与导热性能 95
    4.1.3 石墨烯薄膜在散热领域中的应用 98
4.2 碳纳米管的导热性能与应用 104
    4.2.1 碳纳米管的结构 104
    4.2.2 碳纳米管的热学性能 105
    4.2.3 碳纳米管在热管理领域中的应用 111
4.3 泡沫碳的制备与热管理应用 116

4.3.1　泡沫碳的制备··118
　　4.3.2　泡沫碳的导热性能··125
　　4.3.3　泡沫碳在热管理领域中的应用·····························133
参考文献··140

第 5 章　人造金刚石薄膜、类金刚石碳膜·····························148
5.1　人造金刚石薄膜的制备与性能··150
　　5.1.1　人造金刚石薄膜的制备·····································150
　　5.1.2　人造金刚石薄膜的性能·····································160
5.2　类金刚石碳膜的制备与性能··161
　　5.2.1　类金刚石碳膜的制备方法··································162
　　5.2.2　类金刚石碳膜的生长机理··································166
　　5.2.3　类金刚石碳膜的性能·······································166
5.3　导热应用··169
　　5.3.1　人造金刚石薄膜的导热应用·······························169
　　5.3.2　类金刚石碳膜的导热应用··································170
参考文献··174

第 6 章　纳米氧化物、碳化物与氮化物导热材料·····················181
6.1　主流导热粉体填料··182
　　6.1.1　氧化铝··182
　　6.1.2　碳化硅··185
　　6.1.3　氮化硅··186
　　6.1.4　氮化铝··190
　　6.1.5　氮化硼··193
6.2　影响复合材料热导率的因素··198
　　6.2.1　填充率··198
　　6.2.2　形貌···200
　　6.2.3　粒度级配··203
　　6.2.4　偶联剂··205
参考文献··207

第 7 章　相变储能材料及其应用···212
7.1　相变储能原理···213
7.2　纳米相变储能材料··214
　　7.2.1　无机纳米相变储能材料·····································214

7.2.2　有机纳米相变储能材料 216
7.2.3　复合纳米相变储能材料 217
7.2.4　碳基纳米相变储能材料 218
7.3　液态金属 223
7.3.1　液态金属及其性能 223
7.3.2　液态金属热界面材料 225
7.3.3　液态金属相变材料 225
7.3.4　液态金属先进热控与能源技术 226
7.4　相变储能应用 227
7.4.1　太阳能热利用 227
7.4.2　航天热控 228
7.4.3　建筑节能 229
7.4.4　工业余热回收 230
7.4.5　电池热管理 231
7.4.6　医学领域 233
7.4.7　智能调温纺织品 234
参考文献 236

第8章　电子封装与热管理工程 242

8.1　面向半导体封装应用的热界面材料与零部件 242
8.1.1　热界面材料 242
8.1.2　热管理的零部件 245
8.2　集成电路封装及其发展趋势 251
8.2.1　集成电路简介 251
8.2.2　半导体制造工艺流程 252
8.2.3　集成电路封装工程 252
8.2.4　芯片电学互连 253
8.2.5　半导体的典型封装工艺 255
8.3　先进封装 257
8.3.1　先进封装的要素 258
8.3.2　先进封装与SiP的异同 260
8.3.3　先进封装技术 260
8.4　LED封装 283
8.4.1　引言 283

8.4.2　LED封装的基本原理与发展趋势 ………………………………… 286
　　8.4.3　大功率LED封装模块的热管理 …………………………………… 290
　　8.4.4　LED封装应用设计 …………………………………………………… 295
参考文献 ……………………………………………………………………………… 296

第9章　碳基芯片界面传热材料与技术 …………………………………………… 301
9.1　大功率芯片封装及界面传热架构设计 ……………………………………… 301
　　9.1.1　大功率芯片封装/散热架构分析 …………………………………… 301
　　9.1.2　热界面材料基本概念 ………………………………………………… 302
　　9.1.3　大功率芯片封装用热界面材料发展现状 …………………………… 303
9.2　碳基热界面材料制备工艺及性能 …………………………………………… 304
　　9.2.1　随机共混结构 ………………………………………………………… 304
　　9.2.2　搭接型三维结构 ……………………………………………………… 307
　　9.2.3　连续型三维结构 ……………………………………………………… 310
　　9.2.4　高顺向垂直排列结构 ………………………………………………… 312
　　9.2.5　三维结构表面修饰 …………………………………………………… 320
9.3　碳基热界面材料在芯片热控领域的机遇与挑战 …………………………… 322
参考文献 ……………………………………………………………………………… 324

第10章　消费电子产品热管理技术 ……………………………………………… 329
10.1　智能手机等消费电子产品的热管理 ……………………………………… 329
　　10.1.1　智能手机散热的紧迫性 …………………………………………… 331
　　10.1.2　智能手机热设计的主要挑战 ……………………………………… 332
　　10.1.3　消费电子产品热管理理念：稳态散热设计和瞬态散热设计 …… 334
　　10.1.4　立体散热设计与散热元件 ………………………………………… 338
10.2　低维碳材料在消费电子产品热管理中的应用 …………………………… 339
　　10.2.1　石墨导热膜 ………………………………………………………… 339
　　10.2.2　VC均热板中的低维碳材料 ………………………………………… 349
参考文献 ……………………………………………………………………………… 353
关键词索引 …………………………………………………………………………… 357

第1章

绪 论

1.1 热管理工程

热管理包括热的分散、存储与转换，是一门横跨材料、电子、物理等学科的新兴交叉学科[1]。热管理工程在电子封装[2]、汽车[3]、动力电池[4]等行业中，均有特定的概念与内涵，其中热管理材料与其他控制器件协同保证这些系统在适当的温度范围内正常运行。随着科学技术和社会经济的飞速发展，热管理技术对热量分散的速率、热量存储的效率与容量以及热-电等转换的方向及效率等提出了越来越高的要求，先进热管理系统已经在电子设备、汽车工业及新能源行业发挥着越来越重要的作用。

热管理工程工业是根据具体对象的要求，利用加热或冷却手段对其温度或温差进行调节和控制的过程。日常生活和生产中热管理随处可见，如手机、计算机、汽车、房间以及各种工业应用。以锂离子电池为例，它们在15~20℃的温度环境下能够发挥最佳的工作效率；如果超过50℃，电池的寿命就会快速衰减，并且可能引发安全事故。因此，热管理工程在储能系统中的应用越来越重要，在设计和运营中需要充分考虑。

热管理对象、热管理参数（如温度）与实现手段（如耗能），是热管理工程的三要素。热管理通过温度体现，温度可度量且可测。温度差是传热过程的动力，有温差才有热量的流动；要实现温度差，需要消耗能量，能量的形式可以是电能、热能、机械能、磁能等。

1.1.1 电子设备的热管理

对电子设备而言，热管理工程的实施控制着电子设备内部与外部环境的热交换过程，确保电子设备在各种运行状态下的温度处于要求范围内。电子设备的热管理系统如图1-1所示。

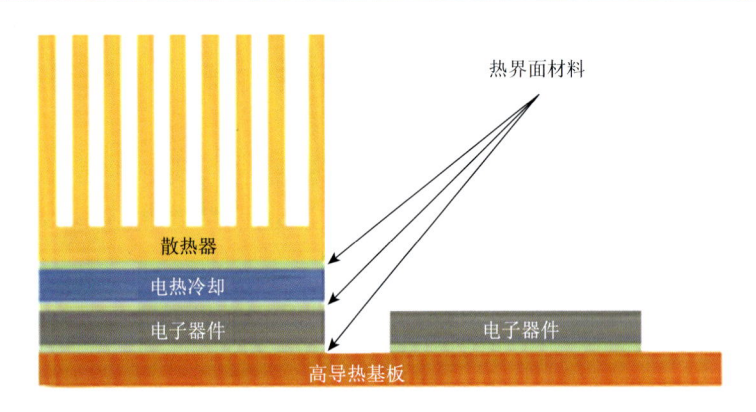

图 1-1　电子设备的热管理系统[1]

在先进电池系统（锂电池、燃料电池、镍氢电池等）中，热管理的作用是"在电池温度较高时进行有效散热，而在温度较低时进行预热，提升电池温度，确保低温下的充电、放电性能"；同时减小电池组内的温度差异[4, 5-7]。先进电池的热管理系统可以根据温度对电池充放电性能的影响，结合电池的电化学特性与产热机理，基于电池的最佳充放电温度区间，通过合理的设计，解决电池在温度过高或过低情况下运行引起电池性能下降甚至失效的问题，确保电池的整体性能[8]。对纯电动汽车、混合动力电动汽车及其他以动力电池为动力来源的动力系统，电池热管理的意义重大，不仅关系着汽车整体的运行效率，也关系着汽车本身的安全性能。

随着 3D 芯片堆栈技术的发展，电子器件的集成度持续以每年 40%～50%的速度提高，在电子器件中，相当一部分功率损耗转化为热的形式。20 世纪 80 年代，集成电路热流密度约 10 W/cm^2；20 世纪 90 年代增加到 20～30 W/cm^2，2008 年已接近 100 W/cm^2。目前芯片级热流密度已经超过 1 kW/cm^2，局部热点的热流密度甚至达到 30 kW/cm^2 [9-11]。为了确保发热电子元器件所产生的大量热量能够及时有效地散出，热管理已经成为微电子产品系统组装的重要一环。

目前，热管理系统的设计主要掌握在主机厂手中，零部件领域以阀体和换热设备的进口替代率最高。我国部分以传统汽车热管理业务为主的零部件公司，如三花智控、银轮股份、奥特佳等，也在加大布局[12]。新能源汽车的热管理行业正处于发展初期，国际巨头拥有丰厚的技术储备，本土企业兼具贴近市场和低成本两大优势，两类企业各有机会[13]。

1.1.2　汽车热管理系统

汽车热管理系统包括发动机冷却系统、暖通空调系统及发动机尾气废热回收系统等，其工作性能的优劣，直接影响着汽车动力系统的整体性能。汽车热管理系统所涉及的热管理材料更为广泛，包括用于汽车尾气废热回收及座椅温度调控的热电材料[14]、用于汽车预热及电池热管理的相变材料（phase change material，PCM）[15]以及高导热冷却液的纳米流体[16]等。显然，汽车热管理系统是从系统集成和整体角度出发，统筹设计热量与发动机和整体车身之间的关系，采用先进材料、电子及智能化手段控制和优化热量传递及分布[17, 18]。现代汽车热管理系统如图1-2所示。

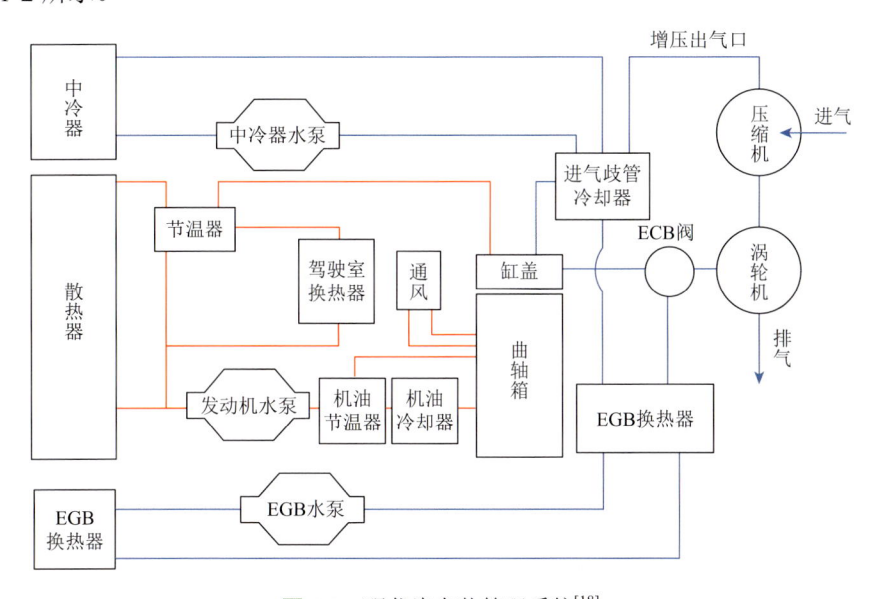

图1-2 现代汽车热管理系统[18]

汽车热管理技术被列为美国21世纪商用车计划的关键技术之一，在提高整车性能方面潜力巨大。高性能汽车热管理系统的控制目标是提高燃料经济性，降低排放，增加功率输出和车辆承载能力，降低气动阻力损失和车辆维护费用，提高可靠性以及车辆对环境的适应能力[18, 19]。目前，汽车热管理系统的发展趋势主要有以下几个方面。

1. 控制智能化

随着计算机技术及发动机电控技术的发展，可以通过传感器和计算机芯片根据实际发动机的温度控制运行冷却水泵、风扇、节温器等部件，提供最佳的冷却介质流量，实现热管理系统控制智能化，降低能耗，提高效率。

1992年VEC（Valeo Engine Cooling，法雷奥发动机冷却）公司开发出了一种由电控水泵、电控节温器和电动风扇组成的发动机冷却系统，可以根据冷却液温度或发动机部件温度控制冷却液流量[18, 20]。这种系统可以节省燃油5%，降低碳氢化合物（HC）的排放10%；但NO_x排放增加10%~20%。1999年VEC公司又提出在发动机上配置泰美斯（Themis）公司的先进发动机热管理系统，主要部件包括电控水泵、电控节温器和电控风扇；其中风扇 Fantronic 的转速可以根据冷却液温度和空气调节循环参数调节，以达到欧Ⅳ、欧Ⅴ排放标准和北美 CAFE 标准。与普通发动机冷却系统相比，先进发动机热管理系统不仅可以节省约 2%～5%的燃油消耗，还可使碳氢化合物（HC）排放减少 10%、CO 排放减少 20%、NO_x 排放量基本恒定；同时缩短发动机暖机、空调制冷和车室升温的时间。该系统还具有良好的后加热功能，当发动机停车后，可以使 Volvo S80 在环境温度为−20℃时，保持驾驶室温度 30 min 基本不变[21]。2004 年清华大学[22]建立了国内第一个汽车热管理系统试验平台，该平台为汽车热管理，特别是燃料电池汽车热管理的技术研究提供相应的平台支持。随之，同济大学倪计民等[23]建立了发动机热管理系统试验平台，包括驾驶室取暖器、节气门加热装置、发动机罩等，结构与整车相同，可以研究热管理系统中各部件的工作特性，进行发动机各种工况的热性能试验研究；浙江大学谭建勋等[24]进行了工程机械热管理系统试验平台的开发，该试验平台能够较准确地测量系统各部件热特性参数，同时也可以评价整车的冷却系统性能，优化整车的散热系统匹配设计。

2. 结构最优化

冷却液流量、压力以及合理的流场分布都直接影响发动机的冷却效果。改进发动机冷却套结构，寻求合适的流场分布，可以改善发动机的热负荷和热应力，防止发动机部件损坏，提高发动机零部件的使用寿命、发动机功率及燃油的经济性。

1）分流式冷却

Kobayashi 等[25]早在 1984 年就提出分流式冷却系统的设计，即气缸盖和气缸体有不同的冷却回路，使得气缸盖和气缸体具有不同的温度。较低的气缸盖温度有利于进气和改善排放，而较高的气缸体温度则有利于降低摩擦损耗，改善燃油经济性。该设计的优势在于使发动机各部分在最优的温度设定点工作，达到较高的冷却效率。试验结果表明：将流向气缸盖的冷却液温度降为 50℃，而流向气缸体的为 80℃，可使压缩比从 9 提高到 12，能够实现部分负荷状态节油 5%、怠速节油 7%、满负荷时的功率输出提高 10%的目标。Finlay 等[26]验证了使用该系统可使两者温度相差约 100℃，当气缸体温度高达 150℃时，气缸盖温度可降低到 50℃，在较高的气缸体温度下油耗量降低 4%～6%，在部分负荷时，HC 排放量降低 20%～35%。节气门全开时，气缸盖和气缸体温度设定值最大可调 50℃和 90℃，从整体上改善了燃油消耗、功率输出和排放。

2）逆流式冷却

将温度较低的冷却介质首先引入气缸盖冷却套，然后流过气缸体冷却套，使气缸盖温度低于气缸体。这种冷却系统理论上可以提高压缩比和提升充气效率，但根据 VEC 公司在气候风洞的测试，逆流式冷却系统和传统冷却系统性能区别不大[21]。

3）精确冷却

精确冷却就是利用最少的冷却介质达到最佳的温度分配[26]。精确冷却系统的设计关键在于确定冷却套的尺寸及选择匹配的冷却液泵，以保证系统的散热能力能够满足发动机低速大负荷时关键区域工作温度的需求。Clough[27]对四气门汽油机的气缸体和气缸盖进行改造，实现精确冷却，使得冷却水套容积减少 64%，水泵功率消耗减少 54%，暖机时间缩短 18%。

4）紧凑型冷却

与传统的轴流式冷却系统相比，紧凑型冷却系统（compact cooling system，CCS）[28]是基于离心式风扇的径流式系统，散热器、中冷器和冷凝器都布置在风扇周围，且系统单位体积的性能提高了 42%，噪声降低了 6dB 左右。同时，径流式风扇功率消耗为轴流式风扇的 70%。但是，由于发动机舱纵向空间限制，CCS 存在着一个内在的缺点——装配困难。这种技术已逐渐受到国内外研究人员的重视，并正处于研发阶段。Page 等[29]研制的军用货车热管理系统模块舱的散热也使用了离心式风扇，改善了模块舱内的通风散热。

3. 布局合理化

空气侧部件的空间布局对发动机舱内的空气流动和温度分布影响显著。Delphi 汽车公司针对传统的冷凝器-散热器-风扇布置顺序的冷却模块（condenser，radiator power train，fan cooling module，CRFM），提出了新的冷凝器-风扇-散热器布置顺序的冷却模块（condenser，fan，radiator power train cooling module，CFRM）概念，即将风扇置于冷凝器和散热器之间。研究表明：CFRM 配置能驱动更多空气流过冷凝器和散热器，CFRM 的空气流量较 CRFM 高 16%[30]。但 CFRM 布置顺序怠速时容易引起前端空气回流。

4. 材料多元化

目前，汽车热管理系统材料比较单一，散热器材料通常为铜、铝及铝合金，冷却介质主要是水和乙二醇的混合物。传统散热器的设计方法已经趋近极限，亟需一种全新的高效的冷却理念，实现冷却性能的极大改善。纳米流体作为散热器的冷却介质，冷却潜力巨大；石墨泡沫也是全新的热管理材料[31, 32]。

1）纳米流体

纳米流体是一种新型的高效、高传热性能的工程传热流体，通过在传统传热流体（水、乙二醇混合物和机油）中分散纳米微粒形成。可有效提高热系统的传热性能，提高热系统的高效、低阻、紧凑等性能指标，满足热系统高负荷的传热冷却要求，满足一些特殊条件（微尺度条件）下的强化传热要求，在强化传热领域具有十分广阔的应用前景和潜在的重大经济价值。

纳米流体概念最先是由美国阿贡（Argonne）国家实验室的 Choi 等于 1995 年提出的。Choi 等在流体中加入体积分数 1%的 Cu 纳米微粒，流体热导率提高了 40%；而加入 1%体积分数的碳纳米管，流体的热导率即可以提高 250%[31]。图 1-3 是不同纳米流体（金属微粒和氧化物微粒）热导率比值 k/k_0（k_0 为乙二醇热导率）和纳米微粒体积比的关系。其中，Cu 微粒直径小，约为 10 nm，CuO 和 Al_2O_3 微粒平均直径皆为 35 nm。

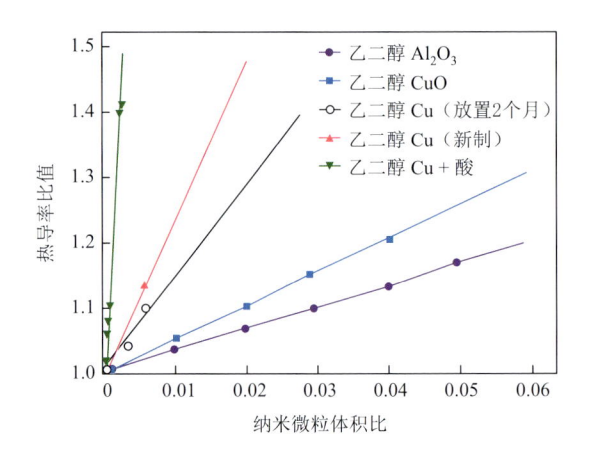

图 1-3　纳米流体热导率比值和纳米微粒体积比关系[31]

2）石墨泡沫

1997 年，Klett 等[33]在美国橡树岭（Oak Ridge）国家实验室开发出第一种热导率超过 40 W/(m·K)的石墨泡沫材料。石墨泡沫具有球形网状结构［图 1-4（a）］，接触表面积＞4 m^2/g，密度为 0.2～0.6 g/cm^3，传热性能优良，拥有较高的热扩散率以及优良的吸音和电磁屏蔽能力。石墨泡沫的热导率高达 187 W/(m·K)，比传统碳泡沫［五角十二面体结构，图 1-4（b）］高 3～9 倍，比金属铝泡沫高 10 倍[33]。将石墨泡沫作为全新的汽车热管理材料，可以使散热器的体积变得更小，降低发动机罩的高度，减小风阻，改善驾驶员视野，提高安全性。

Klett 等[33]采用石墨泡沫材料制备了一个 22.9 cm×17.78 cm×15.27 cm 的换热器（散热器），安装于 588 kW 的 V8 赛车发动机上，替代原有的 68.6 cm×48.3 cm×7.6 cm 散热器。在车速为 290 km/h、水温为 99.4℃的稳定工况条件下，冷却水流量仅为 57.5L/min，风扇空气流量只是原来的 2.3%，但其整体传热系数却比传统的散热器提高 10 倍以上。缩减了散热器的体积、质量和费用，提高了燃油效率。

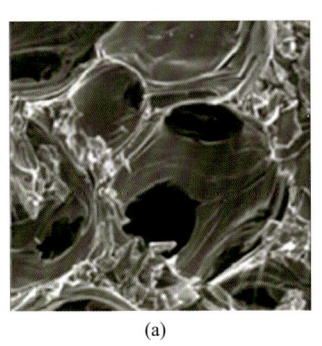

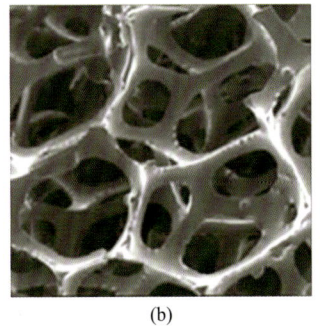

图 1-4　石墨泡沫（a）和传统碳泡沫（b）的结构[33]

5. 研究综合化

热管理技术的研究主要包括试验研究和模拟研究。虽然试验研究周期长、花费高，但数据真实可靠，不仅能为模拟研究提供充分的试验数据，还可以验证仿真计算的精度，是热管理研究必不可少的手段。试验研究和模拟研究是相辅相成的，且不可分割，将二者有机地结合起来，发挥各自的研究优势，不仅能够缩短热管理系统设计的周期和成本，也必将促进热管理系统的快速发展。

不同类型的热管理对象，不同的总布局要求，热管理系统的结构形式均需进行调整优化[34]。随着汽车技术的发展，汽车结构和发动机形式呈现多样化，汽车热管理对象具有多种类型，热管理系统的结构变化多样[35]。如何建立柔性化的试验研究平台[36]，实现对各种不同热管理系统的试验研究，已成为热管理系统集成试验研究的主要难点和关键问题之一。

新能源车的热管理包括空调系统热管理和三电热管理，与传统燃油车相比，空调系统动力源从发动机转用电池，在制热时丧失重要热源，目前主流工作模式为电动压缩机制冷、PTC（positive temperature coefficient，正温度系数）制热，为实现节能，新能源汽车热管理领域热泵比例提升、制冷剂升级迭代成为未来趋势；三电热管理为新生系统，联结电池、电机、电控，元件布局广，温控要求高，增量件为电磁阀、水泵、水冷板。因此热管理系统零件数量增加、价值提升，转型电气化、智能化，在新能源汽车渗透率快速提升的背景下，热管理迎来了发展的黄金期。

1.1.3　混合动力装甲车的热管理

混合动力系统[37]具有较宽的传动范围和无级变速特性，能够使车辆的动力性、经济性及隐蔽性等的综合性能得到较大提升；兼具纯电动车辆和传统内燃机车辆优点的混合动力车辆，是当前车辆领域的研究热点。在军事领域，现代战争对装甲车辆的机动性能和高能武器的要求越来越高，混合动力车辆兼备两种动力源的优点，在军事上的应用具有十分重要的意义。

混合动力装甲车辆热管理技术是保证坦克装甲车辆动力系统、传动系统及其他有散热需求的分系统可靠运行的关键，直接影响到车辆在各种复杂环境下的机动性和生存能力。与传统军用车辆相比，混合动力装甲车辆具有额外的发电机、驱动电机、大功率电池组以及控制器等，具有行驶工况复杂、热源部件种类多、工作温度范围宽以及工作过程不同步等特点。针对混合动力装甲车辆的技术特点和使用需求，亟须设计适应分布式散热需求，具有宽域调节能力和高效控制逻辑的热管理系统[37]，以满足军用车辆的大散热量、严格空间限制以及各热源部件多元化的热管理需求[38]，保证车辆系统高效工作以及减少系统的附加功率消耗。

1.1.4 半导体器件的热管理

大功率半导体器件工作时所产生的热量会导致芯片温度升高，而半导体器件的性能和寿命却对温度极为敏感。除了器件过电应力会导致失效外，半导体物理常数和器件内部的许多参数也会随温度的变化而发生改变，如本征载流子浓度、载流子寿命、漏电流等甚至会随温度升高呈指数规律变化[39]。因此，印制电路板上温度的分布和器件结温的控制，是确保电路正常工作、产品性能可靠的关键。

半导体器件内部热量的来源主要是芯片内部的损耗由电能向热能的转化。如果芯片的散热问题不能很好地解决，不仅会影响器件性能的充分发挥，还可能导致器件的损坏。因此，在器件电路设计阶段，需要正确估算各种不同散热方式和电路板上温度的分布与器件的温度，以确保电路的正常运行。

1. 半导体器件的散热方式和热阻模型

电源中80%以上的损耗由功率元件承担[40]，通常采用散热器对其进行辅助散热。半导体器件散热的热阻模型如图1-5所示。图中：R_{JC}为器件管芯到器件外壳的热阻；R_{CA}为器件外壳到大气的热阻；R_{CS}为器件外壳到散热器的热阻；R_{SA}为散热器到大气的热阻。

2. 半导体器件的热设计

热设计是利用恰当的传热技术[40-43]，再辅以一些机械和电气方面的调整有效冷却器件和电子产品。热设计过程起始于概念设计，设计要求来源于：概念设计本身、产品面向的市场、产品工作的环境等。半导体器件的热设计过程如图1-6所示。

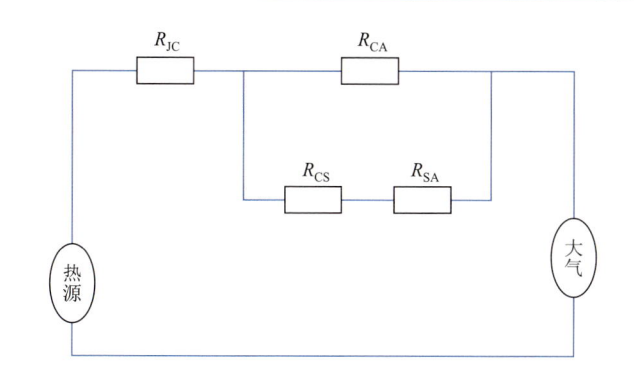

图 1-5　半导体器件散热的热阻模型[40]

图 1-6　半导体器件的热设计过程[39]

由于半导体结构精密，所以电路尺寸远小于灰尘颗粒直径，大气中的粉尘、水蒸气均足以导致其短路损毁，因而半导体器件均为全密闭封装。其中，器件热阻均为 R_{JC}。

半导体器件热设计的精确定量非常复杂。半导体器件本身的离散性、与散热器贴合的紧密程度、自然环境等各种因素都在一定程度上影响着热阻的大小。理论上，散热器的热阻 R_{SA} 越小越好；但在实际应用中受到体积、重量、成本等诸多因素的限制，一般选择 R_{SA} 为 85%～95% 的散热器[40]。

3. 半导体器件热设计中的注意事项

半导体器件热设计的精确定量是一个需要长期面对的重要而复杂的领域，应特别关注：①散热器与器件管外壳之间的热阻计算处理；②选用能有效提高功率器件热传导能力的低热阻导热材料，如导热硅脂等；③如果限于电源的体积和重量，选用的散热器无法满足器件数据手册要求的最高工作温度 $T_{J(max)}$，即可对电源电路进行改进，减小电源功率元件的损耗；或采取风冷、水冷等散热措施提高热量的交换效率。

因此，半导体器件的热设计只能作为一个指导性方案，具体应用时还需要根据系统的实际应用环境进行相应的调整，以有效提高功率器件的热传导能力。

1.1.5 LED 的热管理

大功率发光二极管（high-power LED）因其环保、长寿命和高能量转换效率等优点广泛应用于通用照明领域。在光效光强等性能不断提升、电路集成度不断提高的设计趋势下，大功率 LED 器件的热管理问题愈演愈烈，更多热量的累积导致 LED 的结温与热阻不断增大，从而引起器件的光输出功率下降、颜色偏移、芯片退化损毁等一系列可靠性问题。作为影响大功率 LED 器件性能及可靠性的重要因素，结温、热阻及光色热耦合特性的精确测量对于指导大功率 LED 的结构设计及散热优化至关重要[44]。

1. LED 芯片的热生成

LED 芯片是 LED 模块中将电能转化为光能的功能核心部件。LED 发光过程也会伴随产生热量，包括电子和空穴复合过程中产生的非辐射热、电子和空穴运动过程中产生的焦耳热。还有部分光子在传输过程中被吸收而转化成热能[45, 46]。常见的三种 LED 芯片架构如图 1-7 所示。

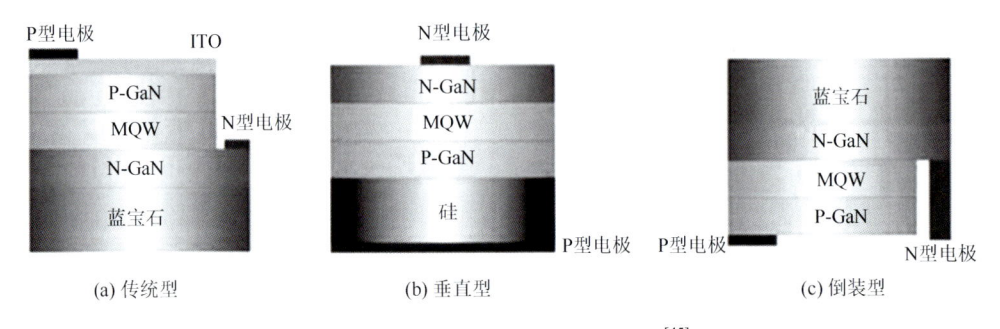

图 1-7 三种 LED 芯片架构示意图[45]

MQW：多量子阱半导体激光器

2. LED 热阻结构

LED 热阻网络如图 1-8 所示，通常选择 LED 封装壳温 T_c 作为参考温度。由于与热沉接触的封装外壳温度分布不均匀，因而测得的 T_c 往往存在误差[46]。

3. LED 传热特性分析与优化

LED 的发光效率普遍偏低，大部分能量都转化为了热量，如果热量得不到及时散发，LED 芯片的温度就会升高；而芯片的耐温能力较弱，长时间的高温工作会导致芯片退化，缩短其使用寿命，因此，解决散热问题是 LED 发展的关键。

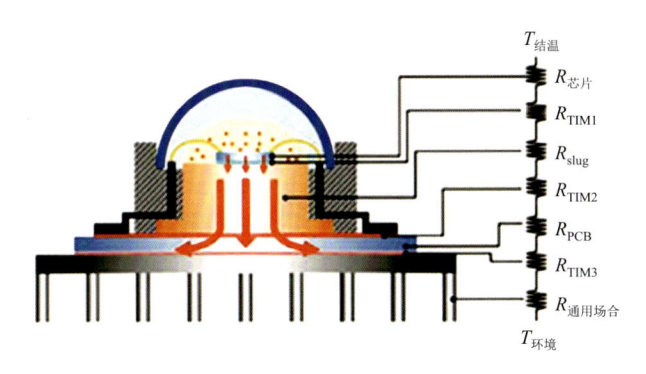

图 1-8　LED 热阻网络示意图[46]

目前，对 LED 传热特性的分析与优化，主要通过理论模型、仿真分析和实验探索，全面分析 LED 传热的影响因素，找出主要影响因素，从而对其进行有效优化。

太阳花散热器是一种常见的散热器，在各种散热场合均可使用，对其分析具有一定代表性。

1）太阳花散热器的结构模型

太阳花散热器的结构模型如图 1-9 所示，主要由圆筒和翅片组成。其中，D 为导热圆筒外直径，d 为过线孔直径，t 为翅片厚度，L 为翅片宽度，H 为翅片高度，N 为翅片数，b 为基板直径，λ 为热导率。各部件几何尺寸等信息示于表 1-1。

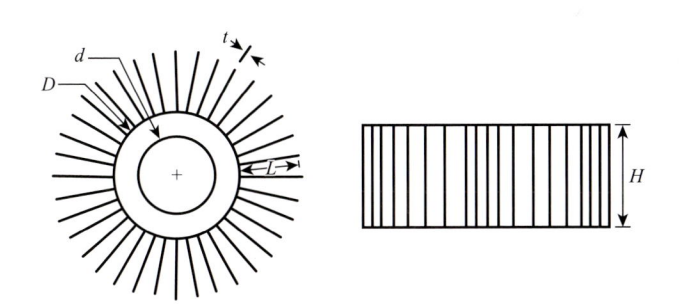

图 1-9　太阳花散热器理论计算结构模型[47]

表 1-1　太阳花散热器部件的尺寸等信息[47]

参数	D/mm	d/mm	L/mm	t/mm	H/mm	b/mm	N/片	λ/[W/(m·K)]
数值	50	20	40	2	65	50	36	202.4

2）仿真模拟与优化设计

黄雄新[47]选用一款 60 W 的 LED 灯为研究对象，首先采用 Fluent 软件对 LED

的散热结构进行仿真模拟，得出自然对流换热状态下，散热器的结构参数与 LED 结温变化的关系。随后通过正交试验法对散热器的结构参数进行优化设计，得出散热器的设计方案：圆筒外径 55 mm、翅片宽度 50 mm、翅片厚度 1.4 mm、散热器高度 60 mm、翅片数 36 片。相比于优化前，散热器的结温降低了 9.1℃，同时质量也减轻了 53.1 g。即优化设计不仅可明显提高散热器散热性能，还能减少原材料的使用、降低制备成本。

4. LED 传热强化技术

LED 器件内部传热过程复杂，涉及扩散热阻、界面热阻和环境热阻，因此 LED 的散热设计需要根据不同热阻的影响机理，采取相应的传热强化措施。

1）扩散热阻的传热强化

扩散热阻是由热流传导过程中热导体横截面积变化引起的，热源和基板的尺寸差异是扩散热阻的主要影响因素。LED 不同部件之间尺寸跨度比较大，扩散热阻通常占总热阻的 60%～70%[45]。若热源面积与散热基板面积相等，则扩散热阻为零；接触面率增大有利于减小扩散热阻。芯片与基板的中心距对扩散热阻也有重要影响，对多芯片封装 LED 而言，优化热源位置可获得良好的温度分布，扩散热阻最小的基板厚度[47]。

2）界面热阻的传热强化

界面热阻主要由"热界面材料厚度引起的体热阻"和"不完全润湿产生的空气腔造成的热阻"两部分组成[48]。LED 器件中不同部件之间是通过很薄的一层热界面材料，如导热胶、导电银浆和导电锡浆等黏合在一起；亦即，在 LED 封装模块中存在诸多界面，界面热阻是 LED 热阻的重要组成部分。因此，减小界面热阻，首先应选用热阻小的热界面材料。

熊旺等[49]采用热阻分析仪测试了 $Sn_{20}Au_{80}$ 共晶和银胶芯片黏结 LED 的热阻，发现 $Sn_{20}Au_{80}$ 共晶的热阻较银胶小。在聚合物体中添加高导热性的金属颗粒也能强化传热，减小界面热阻。Hashim 等[50]通过在商用热界面材料中添加不同粒径的 AlN 和 BN 颗粒，优化粒径，获得了较低的结温和热阻。提高黏合过程的压力，降低基板的表面粗糙度均能有效减少空气腔的形成，减小界面热阻。

3）环境热阻的传热强化

环境热阻是指热量经散热设备传递到环境过程中的热阻。环境热阻的散热方式分为被动散热和主动散热。翅片是最广泛使用的散热设备，对翅片的高度、厚度及翅片间隔等参数进行优化，可使翅片具有最佳的传热性能[51, 52]。热管常用于高热流密度器件的散热，是一种先进有效的散热部件。随着 LED 集成度和功率的增加，单位面积产生的热量越来越多，需要主动散热，如强制空气冷却和液体冷却，以达到散热要求[53]。当热流密度极大时，还需要采用多种组合传热强化措施，才能达到有效散热的目的[54]。

LED 热设计的最终目的是将其运行时产生的热量传递到环境中去。通过优化扩散热阻，采用高性能热界面材料减少界面热阻，基于翅片、热管和小微通道技术强化散热，从而维持 LED 结温在较低水平，确保 LED 的正常运行。

随着 LED 向小型化、集成化、多芯片和大功率发展，现有的 LED 封装技术也需要进一步发展以适应新的应用需求。提升取光效率，减少传播过程中光线被吸收，对提高 LED 的光热性能至关重要。新型界面材料、新型材料制造的散热器以及高效率的传热强化技术为 LED 散热性能改善提供了可能。

1.2 低维高导热材料的应用潜力

低维材料是一种在一个或多个维度上的尺寸达到纳米量级的新兴材料。随着纳米科技的快速发展，人们逐渐认识到低维纳米材料的尺寸效应、界面效应和量子效应等特殊性质对其热学性能具有重要的影响。研究低维纳米材料的热学性能不仅有助于揭示纳米尺度下的热传导、热扩散和热稳定性等基本物理行为，同时对高效能量转换、热管理和纳米器件等的设计、优化与应用具有重要意义[55-58]。

1.2.1 低维纳米材料的热学性能

低维纳米材料是指在至少一个维度上具有纳米尺度（通常<100 nm）的材料。低维纳米材料可分为：二维纳米材料（2D 纳米材料）、一维纳米材料和零维纳米材料。其中，二维纳米材料是指电子可在 1 个维度的纳米尺度（1～100 nm）上自由运动（平面运动）的材料，典型的例子是石墨烯（graphene），其碳原子以二维的六角晶格顺序排列。一维纳米材料是在 2 个维度上处于纳米尺度的材料，常见的一维纳米材料包括纳米线（nanowire）和纳米管（nanotube）。零维纳米材料，即纳米颗粒，在所有维度上都处于纳米尺度，形状可以是球形也可以是立方形等；纳米颗粒可以由金属、非金属、半导体、氧化物等各种不同的材料制成。

1. 热传导性能

纳米尺度热传导是物理科学、材料科学和工程热物理等相关学科的研究热点。除基础研究上的意义外，在微纳米器件温度控制、新能源与热防护等重大工程技术领域也有着重要的应用价值。

低维纳米材料的热传导性能通常较高。二维纳米材料,如石墨烯,在平面上具有的很高热导率,最高可达 5300 W/(m·K)[59],但在法向上的热导率却较低。这是由于石墨烯中的热传导主要是通过晶格振动的方式进行,在垂直方向上晶格的振动受到约束,因而导热性能较低。亦即,石墨烯的热传导性能取决于其特殊的晶格结构和材料的厚度。一维纳米材料,如纳米线和碳纳米管的纵向热导率很高,单壁碳纳米管的热导率为 3500 W/(m·K)左右,高定向碳纤维的热导率为 1100 W/(m·K)左右[60, 61]。说明在一维结构中,热量在纳米尺度上主要通过原子之间的振动进行传递[58]。相比之下,零维纳米材料,一般表现出高传导率。纳米颗粒通常具有较高的比表面积,能够有效地吸收和释放热量[56];加之纳米颗粒之间的热传导主要通过表面传导和界面传导进行,不受晶格振动的约束,因此具有较高的热传导性能。

2. 热膨胀性能

低维纳米材料的热膨胀性能与其尺寸、结构以及温度等因素有关。二维纳米材料石墨烯,平面的热膨胀通常较小,而法向的热膨胀却表现出不同的性能;前者归因于其特殊的晶格结构和键的排列方式;后者则是不同晶格间的相互作用以及温度影响的结果。一维纳米材料中纳米线和碳纳米管,纵向的热膨胀通常较小,而横向的热膨胀却一般较大。这是因为一维结构材料的膨胀主要受原子键的限制,因而其纵向的热膨胀性能较弱;但在横向上,由于纳米材料具有较大的表面积,容易受到表面效应的影响,所以材料的热膨胀性能较高。至于零维纳米材料,如炭黑、纳米金刚石、纳米富勒烯 C_{60}、碳包覆纳米金属颗粒等,则因各种材料自身的特殊结构和表面效应,致使较小尺寸的纳米颗粒表现出较大的热膨胀,而较大尺寸的纳米颗粒却呈现较小的热膨胀[58]。

3. 热稳定性能

低维纳米材料的热稳定性是指材料在高温条件下的稳定性能。二维纳米材料,如石墨烯,在高温条件下的热稳定性较强。这是由于石墨烯只有一个原子层厚度,并具有较高的表面积,可以通过表面效应调节其热稳定性。石墨烯的高热稳定性源于其稳定的晶格结构和强的键排列方式。一维纳米材料,如纳米线和碳纳米管,在高温下也体现出较强的热稳定性。这是因为受一维结构的限制,材料在高温下的热扩散能力有限,热传导速度较慢,削弱了造成材料破坏的热量聚集。零维纳米材料,如纳米颗粒,热稳定性受尺寸效应的影响,致使较小尺寸的纳米颗粒在高温条件下的热稳定性较差,且容易发生热膨胀、熔化或相变等;而较大尺寸的纳米颗粒由于其具有较大的体积,才能体现出较强的热稳定性[58]。

1.2.2 低维高导热材料的应用前景

1. 热管理领域

低维纳米材料独特的热学性能赋予其在热管理领域广泛应用的潜力[58-64]。低维纳米材料特有的电子结构和尺寸效应，使其可以作为热电材料进行使用。例如，石墨烯和二维过渡金属二硫化物在热电器件中能够展示出卓越的热电性能[58]。热电材料具有既可将热能转化为电能、也能将电能转化为热能的热电性能，因此低维纳米材料可以广泛应用于热电发电和热电制冷领域。此外，低维纳米材料还可以用于制备具有优异散热性能的纳米流体，低维纳米颗粒在纳米流体中能够增加热传导路径[58]，增强热能的传递和散热效果，在冷却电子设备、能源系统和汽车发动机等领域中具有广阔的应用前景[58, 64]。

2. 阻燃材料

阻燃材料是能够抑制与延滞燃烧而自身不易燃烧的材料，广泛应用于服装、石油、化工、冶金、造船、消防、国防等领域。低维纳米材料在阻燃领域具有开发潜力和应用前景，将低维纳米材料添加到聚合物基质中可以改善材料的火焰阻燃性能。低维纳米材料添加剂在纳米尺度上的高比表面积和特殊结构能够增加聚合物基质与火焰之间的界面反应，形成一层保护膜，减缓火焰的传播速度。例如，将石墨烯、纳米氧化物等低维纳米材料添加到聚合物基质中可以显著提高材料的阻燃性能。低维纳米材料与阻燃剂等其他材料复合使用可以形成纳米复合阻燃材料，这种复合材料综合了不同材料的优势，通过纳米尺度的协同效应可以提高其阻燃性能。例如，纳米纤维复合材料通过添加层状硼酸盐等阻燃剂与纳米纤维可形成有效的火焰阻隔层，具有优异的阻燃性能。低维纳米材料也可以通过涂覆在材料表面形成纳米涂层，提供阻燃保护。纳米涂层利用低维纳米材料的高比表面积和热稳定性，在火焰的作用下可以形成一层保护层，阻断燃烧和热传导效应[59]。这项技术在航空航天材料、建筑材料等制备领域均有巨大的应用潜力。低维纳米材料还可以用作吸烟剂，吸附烟雾中的有害气体和颗粒物，减少火灾中有毒气体和剧毒颗粒物的生成和释放，提高扑灭火灾的安全性。

1.3 热管理设计应用

在"碳达峰、碳中和"大背景下，汽车、电力电子、通信行业等高能耗产业，绿色转型的需求越发迫切。"十四五"期间为碳达峰的关键时间窗口，碳控排政策力度有望超预期，热管理产业（图1-10）迎来了新的发展机遇。

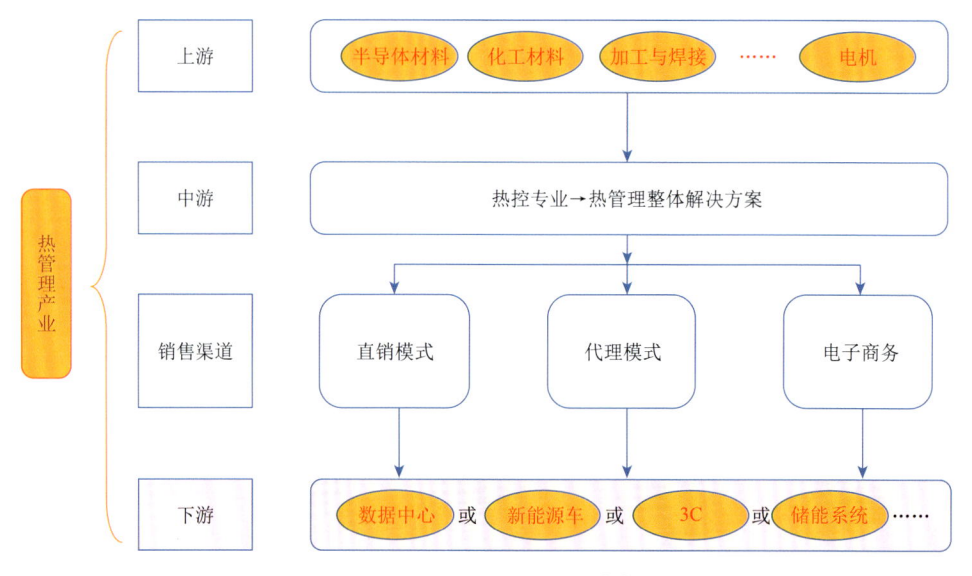

图1-10 热管理产业结构[60]

热管理是工业及信息产业的基础与核心，必须具有前瞻性、先导性和探索性。热管理设计，即针对某一系统或设备中的热量产生、传导、存储和散热等问题进行系统性的规划和设计，是热管理产业的龙头。因此，热管理的规划与设计须紧握新一轮科技革命和产业变革带来的机遇，大力推动、高质量发展热管理产业[60-62]。

热管理的规划和设计主要包括确定热源、选择散热材料、设计散热结构、优化空气流动、制定散热方案等一系列工作，旨在确保设备能够在安全的温度范围内正常运作。

1.3.1 新型电池热管理

传统电池热管理系统主要包括空冷式散热系统和水冷式散热系统，系统复杂，其中包括必要的组件，如泵、空压机、散热器等（图1-11），同时也会降低电池能量的利用效率；而基于相变材料的新型电池热管理系统，主要利用相变材料（phase change material，PCM）的融化潜热吸收电池产生的热量，同时对电池进行冷却散热，将电池放出的热量以潜热的形式储存，当电池在低温下工作时再释放出来，以改善电池的低温性能。加之，PCM兼具绝缘、无毒、成本低等优点，无疑在电池热管理领域具有广阔的市场发展前景[62]。

不足之处，若将 PCM 电池用于电动车，在行驶过程中，由于电池持续产热，在某些极端条件下，可能会造成 PCM 冷却失效，从而使电池的温度继续升高，给电动车带来安全隐患。

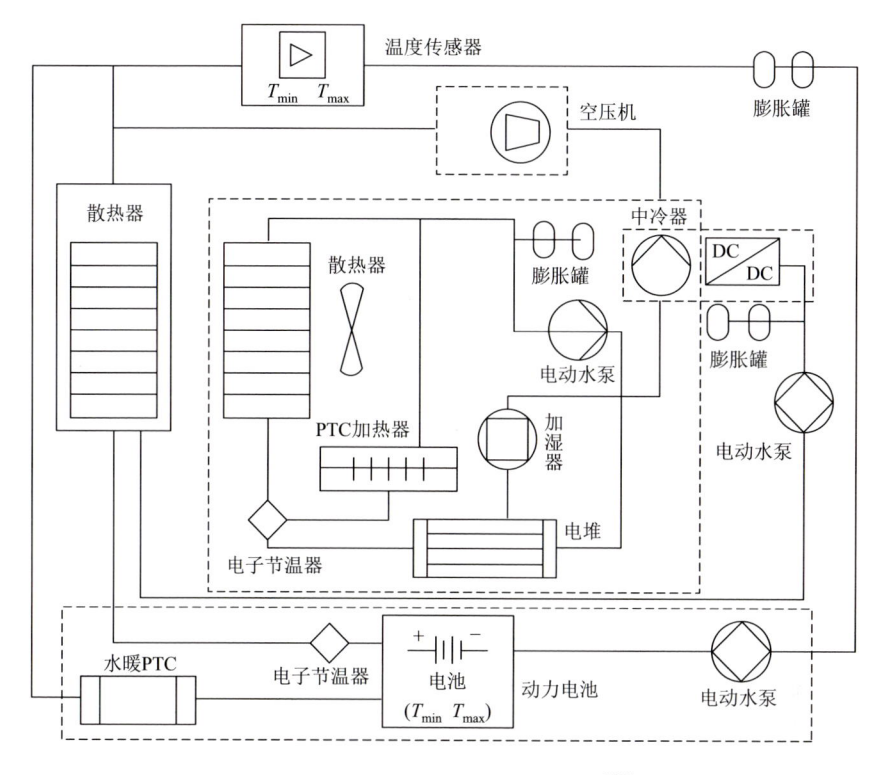

图 1-11　燃料电池热管理系统结构[63]

基于水冷式散热具有冷却速度快、冷却效率高等优点，将其与以 PCM 为基础的散热相结合，在相变材料吸收电池产生的热量的同时，利用水冷方式将 PCM 中存储的热量及时带走，即可保证动力电池的持续散热。由于水管只与 PCM 接触，避免了与电池的直接接触可能带来的隐患，具有更高的安全性。

笔者课题组[62]采用一种基于水冷结合相变材料（PCM）的新型动力电池热管理系统，以计算流体动力学（computational fluid dynamics，CFD）为基础，研究了水管直径、水流速、PCM 尺寸及其热导率四种因素对 PCM 散热性能的影响。结果表明这四种因素在电池运行过程中对电池的表面温度及其温度分布均有较大影响。在热导率低于 7 W/(m·K)时，随着热导率的增加，PCM 表面温度快速降低。通过正交试验，得出四种因素的影响力，从大到小依次为 PCM 尺寸＞PCM 热导率＞水管直径＞水流速，详见表 1-2 所列。

表 1-2　水冷对 PCM 散热的性能的影响（四因素三水平表）[62]

水平级别	影响因素			
	PCM 尺寸 l/mm	管径 D/mm	水流速 v/(m/s)	热导率 λ/[W/(m·K)]
1	80	15	0.3	5
2	100	20	0.5	7
3	120	25	0.7	9

1.3.2　大功率半导体激光器的散热

半导体激光器具有体积小、质量轻、电光转换效率高等优势，已广泛应用于材料加工、医疗、军事、信息等领域。

半导体激光器由基本的发光单管组成，单管组成巴条，多个巴条可以组成叠阵。随着半导体工艺技术的不断进步，激光器功率也不断提高，单管功率最大可达 25 W，最大厘米巴条功率已由 2000 年的 240 W 提高至 1000 W 左右[64]。巴条的体积非常小，一般在（300～600）μm×（800～1000）μm×120 μm 范围内[65]。由于激光器芯片尺寸小、功率高，激光器工作时产生的废热会引起极大的热流密度。如，体积为 0.2 mm×5 mm×0.1 mm 的单管半导体激光器，在单管功率为 10 W 时，其热流密度会达到 1000 W/cm^2，与太阳表面的热流密度相当；激光器的散热是保证其正常运行的必要条件[65-67]。

随着大功率激光器的投入使用，很多新型的散热方式应运而生，其中包括使用微型通道散热、喷雾冷却换热、热管道散热方式等[64-68]。

1. 微型通道散热

微型通道散热是一种采用微型通道单向水冷的高效能散热方式。微通道换热器是指通道当量直径在 10～1000 μm 的换热器，结构紧凑、轻巧、换热高效。其结构形式有平板错流式微型换热器、烧结网式多孔微型换热器。在这种换热器的扁平管内有数十条微通道（图 1-12），扁平管的两端与圆形集管相连；集管内设置隔板，将换热器流道分隔成数个流程。

与常规换热器相比，微通道换热器体积小、换热系数大、换热效率高，不仅可以满足更高的能效标准，而且还具有优良的耐压性能，可以采用 CO_2 为工质制冷，符合环保要求，已引起国内外学术界和工业界的广泛关注。微通道换热器的关键技术——微通道平行流管的生产方法在国内已渐趋成熟，这使得微通道换热器的规模化使用成为可能[66]。

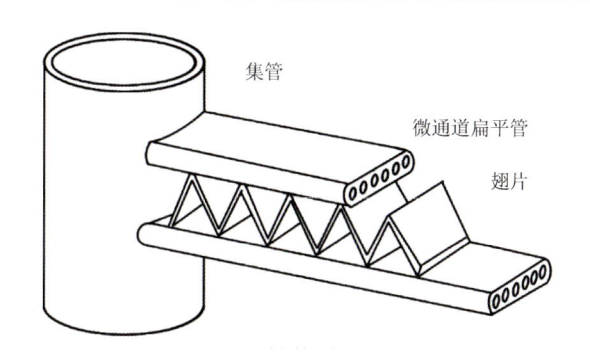

图 1-12 用于电子发热元件冷却的微型通道换热器[67]

2. 喷雾冷却换热

喷雾冷却是一种高效的散热手段，广泛用于高热通量电子元器件的热管理。新型微纳米表面的开发极大地促进了喷雾冷却传热的发展，丰富了喷雾传热强化的机理研究。根据喷雾形成的原理，主要分为压力式喷雾、气助式喷雾、电喷雾和压电式喷雾（图 1-13）[68]。

1）压力式喷雾

压力式喷雾［图 1-13（a）］工作原理：工质依赖泵提供的压差进入喷嘴的旋流室内高速旋转以克服表面张力而发生剪切雾化[68,69]。压力式喷雾中的喷嘴按照

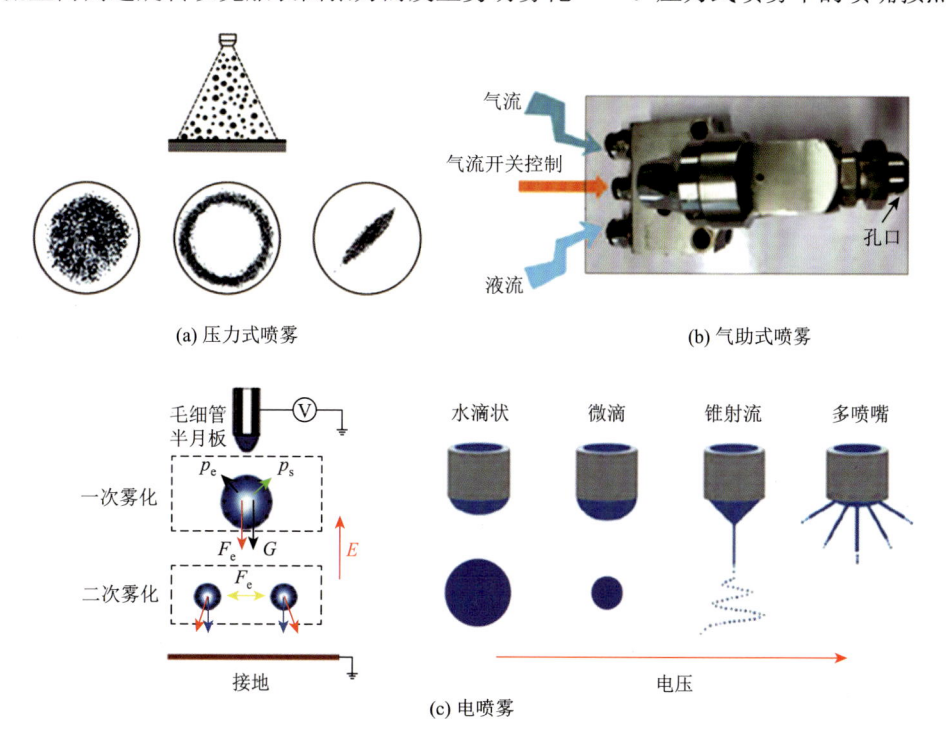

(a) 压力式喷雾

(b) 气助式喷雾

(c) 电喷雾

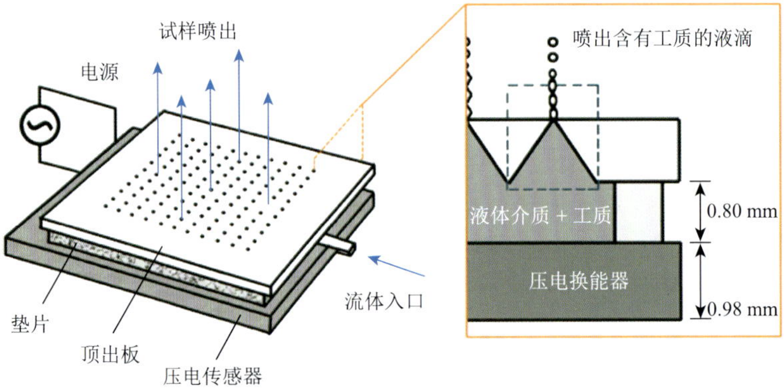

(d) 压电式喷雾

图 1-13 喷雾冷却类型划分[68]

其喷雾场的形貌可以分为：全锥喷嘴、空心锥喷嘴和扁平喷嘴。全锥喷嘴可以形成均匀分布的喷雾场；液体工质在空心锥喷嘴中受压进入涡流室会产生涡流运动，以环状流出孔口，导致喷雾场中沿中心线形成一个空芯，而主流液滴集中在外缘。扁平喷嘴为条形，喷雾冲击区域类似于狭窄扁平的椭圆形。

压力式喷雾具有结构简单、雾化能力优良、适用流量范围广等优点，得到了广泛的应用。鉴于压力式喷雾流量正比于喷雾压力，意味着压力喷雾系统对工质的需求量较大，因而不适用于微型热控系统。

2）气助式喷雾

气助式喷雾［图 1-13（b）］利用高压不凝性气体射流辅助液滴雾化，促进液体以更高的速度分解成更细小的液滴[68,70]，在喷雾场中形成高速气体射流，有助于破坏膜态沸腾，提高传热速率。在这种冷却过程中会释放出大量不凝性气体，因此气助式喷雾不适用于紧凑式器件的散热。

3）电喷雾

电喷雾是一种利用库仑力实现流体雾化的技术［图 1-13（c）］。通过施加电压使液滴带电，大量电荷分布在液体表面，当电荷密度超过 Rayleigh 极限（单位大小液滴能携带的理论最大电荷），液滴就会破碎成细小的液滴[71-74]。同时库仑斥力削弱了液体表面张力，避免了带电液滴之间的聚并，使液滴变得细小。根据施加的电压不同，电喷雾会出现不同的破碎模式[68,71]。相较于压力式喷雾和气助式喷雾，电喷雾具有形成液滴小、功率需求低的优点和小型集成化的潜力[75]，主要用于小型集成化冷却系统。

4）压电式喷雾

压电式喷雾是将表面声波（surface acoustic wave，SAW）或体声波（bulk acoustic wave，BAW）施加于液体表面实现雾化，通过调整超声波的振幅和频率，控制产生液滴的大小和速度［图 1-13（d）］。相比于传统的喷雾冷却方法，压电式喷雾产生的液滴具有更大的比表面积，可以更精确地控制液滴的大小；而且超声波雾化不需要提供高压差产生微小液滴，能耗也相对较低。因此，压电式喷雾法是考虑能源效率冷却应用的优先选择。

需要说明的是：与压力涡流雾化或空气辅助雾化法相比，超声波雾化产生液滴的速度较慢，在换热区域停留时间较长，在一定程度上会导致液滴的传热系数较低、冷却效率降低并增加表面烧干的风险。因此，充分利用、灵活控制液滴大小、质量和流速，是提高压电式喷雾冷却性能的有效措施，并具有一定的开发潜力。

相比于微型通道散热，喷雾冷却工艺是一种更为复杂的散热方式。喷雾冷却需要借助高气压，使液体雾化，进行强力喷射，以此实现激光器的降温。我国化工产业、核电产业中广泛使用这种喷雾冷却方式。

1.3.3 新能源汽车热管理

新能源汽车热管理系统包括暖风空调子系统、驱动与电控总成子系统和电池包子系统（图 1-14），三者均由汽车控制器（VCU，vehicle control unit）进行控制。其中，电池包子系统、驱动与电控总成子系统通过三通水阀 1 相连接；电池包子系统、暖风空调子系统通过三通水阀 2 与三通水阀 3 相连接。

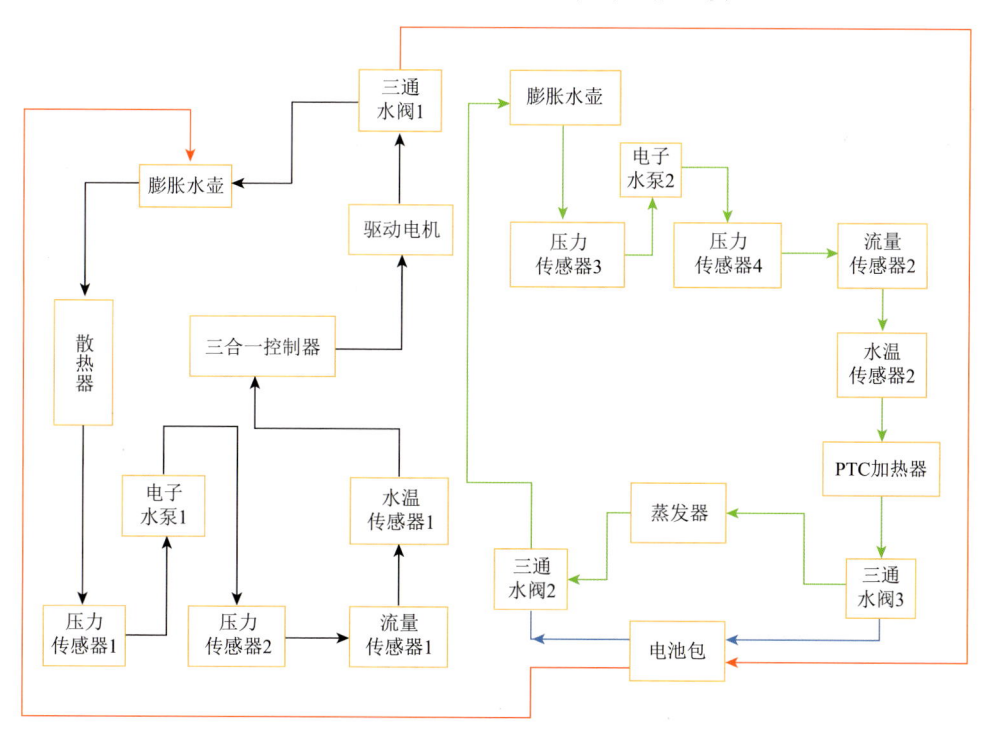

图 1-14 新能源汽车热管理系统结构布局图[69]

新能源汽车热管理系统为闭环控制，具有实时反馈和实时控制的功能，能够综合管理、优化控制，充分利用发热部件的余热进行温度管理，从而有效降低电池能耗，达到舒适、节能的效果[69]。该热管理系统可以在三种回路下进行切换，以适应新能源汽车不同的工况。

（1）暖风空调子系统，加热模式的冷却液循环回路：膨胀水壶→压力传感器3→电子水泵2→压力传感器4→流量传感器2→水温传感器2→PTC加热器→三通水阀3→蒸发器→三通水阀2→膨胀水壶。

（2）驱动与电控总成子系统，散热模式的冷却液循环回路：膨胀水壶→散热器→压力传感器1→电子水泵1→压力传感器2→流量传感器1→水温传感器1→OBC&DC/DC&PEU三合一控制器→驱动电机→三通水阀1→膨胀水壶。

（3）驱动与电控总成子系统、电池包子系统相连接的回路，利用OBC&DC/DC&PEU三合一控制器、驱动电机运行时所产生的热量，给电池包加热模式的冷却液循环回路2为：膨胀水壶→散热器→压力传感器1→电子水泵1→压力传感器2→流量传感器1→水温传感器1→OBC&DC/DC&PEU三合一控制器→驱动电机→三通水阀1→电池包→膨胀水壶。

此外，在汽车热管理应用中，还可以实现诸如控制泵的启动/停止、流量控制、压力控制、功率控制、防干运转保护，以及电压过压/欠压、过流、过载和启动故障保护等功能。泵的工作状态可以由外部信号控制。电子水泵具有结构紧凑、使用方便、功能强大、使用寿命长、性能稳定、噪声低、能耗低、效率高等优点，被广泛应用于汽车热管理系统中，已成为一种后续发展趋势。

1.3.4　航天器热控技术

航天器是在十分严酷的温度条件下工作的，如返回式航天器要经历–200℃以下到10 000℃以上的环境温度变化[70]。航天器热控的任务是"合理组织航天器内、外热量的传输、利用和排放，保证航天器的结构部件、仪器设备和航天员的工作环境温度、湿度在所要求的范围内"。因此，热控技术是航天器正常运行的关键保障之一。

自1970年我国自行研制并成功发射第一颗人造地球卫星——"东方红一号"以来，我国先后自主研制并成功发射了870颗在轨卫星，涵盖了遥感、通信、科学探测、气象、导航、载人航天、月球探测等领域[70]。航天器热控技术也伴随着我国航天事业的发展从无到有，经历4个不同的发展阶段逐步形成并建立了包括热设计与仿真、热收集与传输排散、温度控制与热管理、低温制冷、热试验验证等热控技术体系。所建立的技术体系和技术储备很好地支持了我国宇航任务的实施。

第一代航天器热控技术在20世纪70年代逐渐发展成熟，主要特征是采用全被动热管理。通过休装辐射器（漆类热控涂层）实现热排散，多层隔热组件实现保温；利用热控百叶窗（图1-15）实现散热能力调节，适应热排散量为100 W量级、热流密度 1 W/cm² 左右。最初应用于以"东方红一号"卫星为代表的早期航天器上，星内设备工作温区一般为 5~40℃。

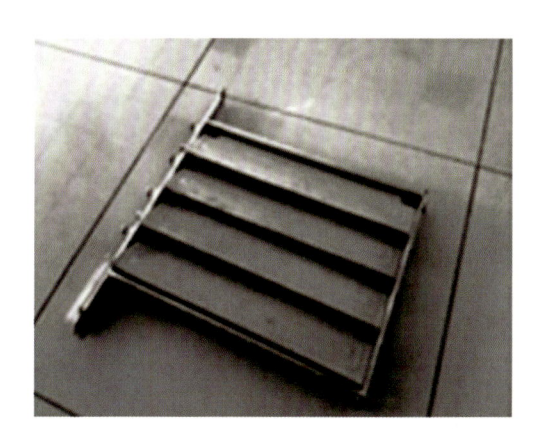

图 1-15 第一代航天器热控产品——热控百叶窗[71]

第二代航天器热控技术在 20 世纪 90 年代问世，主要特征是其"热管+体装式辐射器"的散热体制。通过漆类热控涂层、玻璃二次表面镜等实现热排散，多层隔热组件实现保温；通过热管加热器等热控产品实现热量高效传递和温度补偿，热排散量为 kW 量级、热流密度 10 W/cm²（图 1-16）。第二代航天器热控技术最

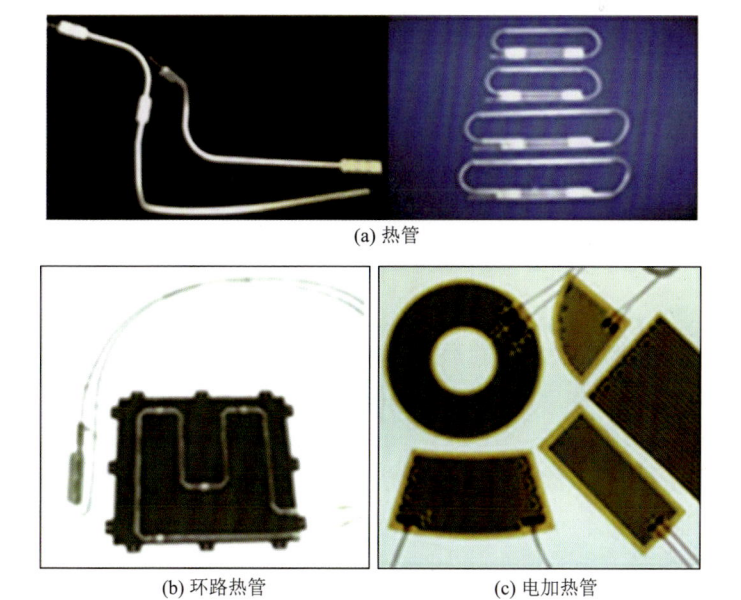

(a) 热管

(b) 环路热管　　　　　(c) 电加热管

图 1-16 第二代航天器热控产品[71]

初应用于"资源一号"、"东方红三号"、"风云一号"等卫星,并开始采用辐射制冷技术获取 101.2 K[71, 72]以下的低温,利用铠装加热器解决了卫星推力器140℃以上的加热难题[71-73]。

第三代航天器热控技术在 2000 年以后逐渐发展成熟,主要特征是采用"单相流体回路 + 可展开式热辐射器"的散热体制。国内开始采用机械式制冷机获取 100 K 以下的低温[71, 74],通过高温隔热屏解决发动机 1000℃以上的热防护[71, 75]。第三代热控技术最初应用于神舟系列飞船,并在我国空间站、"东方红五号"卫星平台为代表的航天任务中推广应用(图 1-17)。

(a)

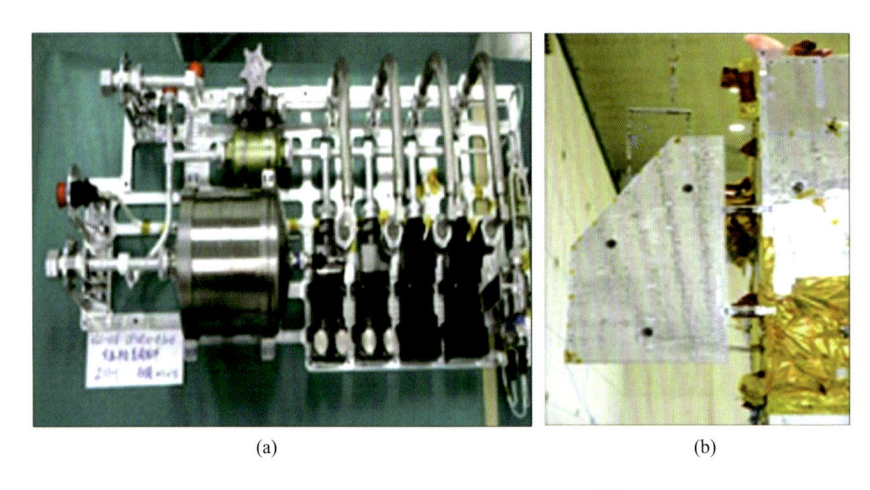

(b)

图 1-17 第三代航天器热控产品[71]

"十四五"以来,第四代航天器热控技术在以载人月球探测、空间新型动力航天器、空间科学探测等为代表的航天任务牵引下快速发展,其典型特征是采用以机械泵驱两相流体回路为热总线,实现热量高效传输。依靠平板热管进行大功率电子单机板卡级散热,通过新型热界面材料降低器件与壳体间、设备壳体与换热冷板之间的传热温差;利用相变装置实现瞬时大功率热耗的高效存储,通过消耗型散热装置进行瞬态超大功率的热排散;采用空间热泵系统提升热控系统的热排散温度,进而大幅提升系统的热排散能力(图 1-18),使其适应热排散量达到 100 kW 量级,热流密度达到 1000 W/cm^2,低温热管理能力拓展至 20 K 以下;同时,在进一步发展 1000℃以上高温热防护能力的基础上,热传输系统适应温度拓展至 300℃以上[71]。

探月工程推动了我国航天器热控技术长足发展,基本形成了针对月面探测器月昼散热、月夜保温相融合的热控技术体系[76]。

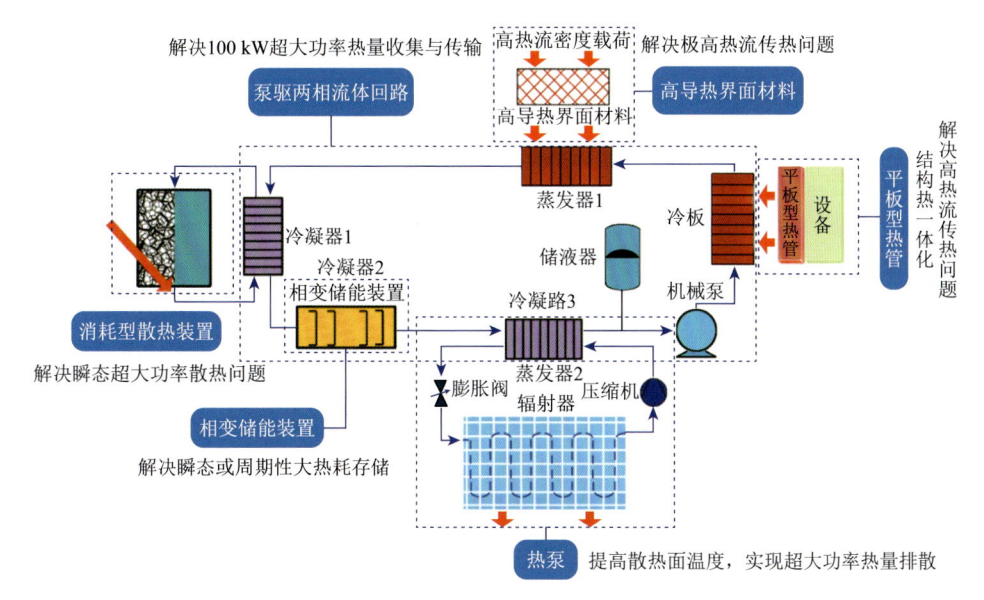

图 1-18　第四代航天器热控技术体系[71]

参 考 文 献

[1] 何鹏，耿慧远. 先进热管理材料研究进展[J]. 材料工程，2018，46（4）：1-11.

[2] Moore A L，Shi L. Emerging challenges and materials for thermal management of electronics[J]. Materials Today，2014，17（4）：163-174.

[3] Chiara F，Canova M. A review of energy consumption，management and recovery in automotive systems with considerations on future trends [C]. Proceedings of the Institution of Mechanical Engineers：Part D Journal of Automobile Engineering，2013，227（6）：914-936.

[4] Liu H Q，Wei Z B，He W D，et al. Thermal issues about Li-ion batteries and recent progress in battery thermal management systems：A review[J]. Energy Conversion and Management，2017，150：304-330.

[5] Kim E，Shin K G，Lee J. Real-time battery thermal management for electric vehicles[C]. 2014 ACM/IEEE International Conference on Cyber-Physical Systems（ICCPS），Berlin，Germany，2014：72-83.

[6] Kim E，Shin K G，Lee J. Modeling and Real-time Scheduling of Large-Scale Batteries for Maximizing Performance [C]. 2015 IEEE 36th Real-Time Systems Symposium，San Antonio，2015：33-42.

[7] Lopez-Sanz J，Ocampo-Martinez C，Alvarez-Florez J，et al. Nonlinear model predictive control for thermal management in plug-in hybrid electric vehicles[J]. IEEE Transactions on Vehicular Technology，2017，66（5）：3632-3644.

[8] Yang Z，Zhou L H，Luo W，et al. Thermally conductive，dielectric PCM–boron nitride nanosheet composites for efficient electronic system thermal management[J]. Nanoscale，2016，8：19326-19333.

[9] Pop E，Sinha S，Goodson K E. Heat generation and transport in nanometer-scale transistors [J]. Proceedings of the IEEE，2006，94（8）：1587-1601.

[10] Mahajan R，Chiu C P，Chrysler G. Cooling a microprocessor chip [J]. Proceedings of the IEEE，2006，94（8）：1476-1486.

[11] Hamann H F，Weger A，Lacey J A，et al. Hotspot-limited microprocessors：Direct temperature and power distribution measurements [J]. IEEE Journal of Solid-State Circuits，2007，42（1）：56-65.

[12] 朱培培，臧金环. 新能源汽车热管理技术发展趋势分析[J]. 汽车文摘，2021（5）：32-38.

[13] 特普生科技. 热管理技术路线、市场与趋势[OL]. （2023-06-01）[2024-05-01]. https：//www.temp-sen.com/industry/644.html.

[14] Snyder G J，Toberer E S. Complex thermoelectric materials[J]. Nature Materials，2008，7（2）：105-114.

[15] Lajunen A，Hadden T，Hirmiz R，et al. Thermal energy storage for increasing heating performance and efficiency in electric vehicles[C]. IEEE Transportation Electrification Conference and Expo（ITEC），Chicago IL，2017：95-100.

[16] Leong K Y，Saidur R，Kazi S N，et al. Performance investigation of an automotive car radiator operated with nanofluid-based coolants（nanofluid as a coolant in a radiator）[J]. Applied Thermal Engineering，2010，30（17）：2685-2692.

[17] Mallik S，Ekere N，Best C，et al. Investigation of thermal management materials for automotive electronic control unit [J]. Applied Thermal Engineering，2011，31：355-336.

[18] 于莹潇，袁兆成，田佳林，等. 现代汽车热管理系统研究进展[J]. 汽车技术，2009（8）：1-7.

[19] Wambsganss M W. Thermal management concepts for higher-efficiency heavy vehicles[J]. SAE Transactions，1999，108（2）：41-47.

[20] Couëtouse H，Gentile D. Cooling system control in automotive engines[C]. SAE Technical Paper，1992：920788.

[21] Ap N S，Tarquis M. Innovative engine cooling systems comparison[C]. SAE Technical Paper，2005：1378.

[22] 杨胜. 汽车热管理系统半物理仿真试验平台研究[D]. 北京：清华大学，2004.

[23] 齐斌，倪计民，顾宁，等. 发动机热管理系统试验和仿真研究[J]. 车用发动机，2008，177（4）：40-43.

[24] 谭建勋，沈瑜铭，齐放，等. 工程机械热管理系统试验平台的开发[J]. 工程机械，2005（1）：41-44.

[25] Kobayashi H，Yoshimura K，Hirayama T. A study on dual circuit cooling for higher compression ratio[C]. SAE Paper，1984：841294.

[26] Finlay I C，Gallacher G R，Biddulph T W，et al. The application of precision cooling to the cylinder head of a small，automotive petrol engine[J]. SAE Paper，1988，97（6）：399-410.

[27] Clough M J. Precision cooling of a four valve per cylinder engine[C]. SAE Technical Paper，1993：931123.

[28] Soldner J，Zobel W，Ehlers M，et al. A compact cooling system（CCSTM）：The key to meet future demands in heavy truck cooling [C]. SAE Technical Paper，2001：1709.

[29] Page R W，Hnatczuk W，Kozierowski J. Thermal management for the 21st century-improved thermal control & fuel economy in an Army medium tactical vehicle [C]. SAE Technical Paper，2005：2068.

[30] Yang Z G，Bozeman J，Shen F Z，et al. CFRM concept for vehicle thermal system [C]. SAE Technical Paper，2002：1207.

[31] Choi U S S，Yu W，Hull J R，et al. Nanofluids for vehicle thermal management [C]. SAE Transactions，2002，111（6）：38-43.

[32] Gallego N C，Klett J W. Carbon foams for thermal management [J]. Carbon，2003，41（7）：1461-1466.

[33] Klett J，Ott R，McMillan A. Heat exchangers for heavy vehicles utilizing high thermal conductivity graphite foams [C]. SAE Technical Paper，2000：2207.

[34] 王浩. 纯电动汽车热管理系统仿真与智能控制研究[D]. 山东大学，2019.

[35] 谭建勋. 工程机械热管理系统试验平台的开发[D]. 浙江大学，2005.

[36] 吴加荣，陈俊玄，黄瑞，等. 发动机热管理系统的试验及仿真研究[J]. 现代机械，2020，2：22-26.

[37] 孙晓霞,牛丹华,杨立宁,等. 混合动力装甲车辆热管理技术综述 [J]. 电子技术,2021,50（1）：62-67.
[38] 吴文伟,文玉良,陆建峰,等. 电力电子装置热管理技术[M]. 北京：机械工业出版社,2016.
[39] 施嘉昊. 功率半导体器件热管理[J]. 电子世界,2018（7）59,61.
[40] 刘远福. 电源功率半导体器件的热设计[J]. 通信电源技术,2006,23（3）：51-52.
[41] 程哲. 第三代半导体材料及器件中的热科学和工程问题[J]. 物理学报,2021,70（23）：236502.
[42] COMSOL 中国. 新型半导体功率器件的热管理[OL]. http://cn.comsol.com/offers/comsol-news-2019-cn.
[43] 贺孝武. 石墨烯用于第三代半导体封装散热管理的研究[D]. 广州：广东工业大学,2020.
[44] 韦士腾. 大功率LED的热管理系统设计与实现[D]. 成都：电子科技大学,2021.
[45] 刘波,郑伟,李海洋,等. LED热分析测试和热管理技术研究进展[J]. 照明工程学报,2018,29（2）：28-34.
[46] 余兴建,舒伟程,胡润,等. 高出光品质LED封装：现状及进展[J]. 中国科学：技术科学,2017,47（9）：891-922.
[47] 黄雄新. 大功率LED散热特性分析与优化[J]. 今日制造与升级,2023,4：67-70.
[48] 刘志慧,柴广跃,闫星涛,等. 焊接层空洞率对LED背光源组件热阻的影响[J].照明工程学报,2016,27（6）：98-103.
[49] 熊旺,蚁泽纯,王钢,等. 大功率LED芯片粘结材料和封装基板材料的研究[J]. 材料研究与应用,2010,4（4）：338-342.
[50] Hashim N H, Anithambigai P, Mutharasu D. Thermal characterization of high power LED with ceramic particles filled thermal paste for effective heat dissipation[J]. Microelectronics Reliability, 2015, 55（2）：383-388.
[51] 李斌,唐瑜梅,涂朴. 烟囱式LED散热器的自然对流散热研究[J]. 照明工程学报,2017,28（4）：106-109.
[52] 梁才航,杨永旺,何壮. LED路灯散热器散热性能的数值模拟[J]. 照明工程学报,2016,27（1）：124-128.
[53] Sun Y, Zhang L, Xu H, et al. Subcooled flow boiling heat transfer from microporous surfaces in a small channel[J]. International Journal of Thermal Sciences, 2011, 50（6）：881-889.
[54] 梁锋,赵连玉,张慧,等. 基于平板微热管阵列的大功率LED路灯散热研究[J]. 照明工程学报,2016,27（5）：107-111.
[55] 王希稳. 低维材料热输运特性的结构调控[D]. 扬州：扬州大学,2016.
[56] 朱秋毫. 低维纳米材料热学性能研究[D]. 北京：中国科学院物理研究所,2022.
[57] 任蕊,曹晨茜,周晓慧,等. 低维纳米结构材料的合成及其研究进展[J].应用化工,2023,52（2）：610-614.
[58] 李玉丹. 低维纳米材料热学性能研究[J]. 可靠性工程,2023（8）：143-145.
[59] 张刚,段文晖. 纳米材料热传导中的新奇物理效应[J]. 中国物理B,2020,19（10）：668-678.
[60] 热设计. 热管理行业观察（上）[OL]. （2022-03-23）[2024-06-01]. https://www.resheji.com/xingyezixun/News/2438.html.
[61] 热设计. 热管理行业观察（下）[OL]. （2022-03-25）[2024-06-01]. https://www.resheji.com/xingyezixun/News/2439.html.
[62] 江振文,杜鸿达,郑心纬,等. 一种新型电池热管理方案的影响因素研究[J]. 通讯电源技术,2018,35（8）：41-44.
[63] 习璐. 基于目标探测的车载燃料电池热管理系统集成化设计[J]. 环境技术. 2023,41（11）：121-126.
[64] 王立军,宁永强,秦莉,等. 大功率半导体激光器研究进展[J].发光学报,2015,36（1）：1-19.
[65] 邓增,沈俊,戴巍,等. 大功率半导体激光器散热研究综述[J]. 工程热物理学报,2017,38（7）：1422-1433.
[66] 曹宇,李克彬,窦洋,等. 大功率半导体激光器散热研究综述[J]. 科学技术创新,2019（18）：19-20.
[67] 葛洋,姜未汀. 微通道换热器的研究及应用现状[J]. 化工进展,2016,35（s1）：10-15.
[68] 陈天华,刘兆轩,韩群,等. 喷雾冷却换热强化研究进展及影响因素[J]. 化工学报,2023,74（8）：3149-3170.

[69] 单志友. 一种新能源汽车热管理系统的设计[J]. 汽车工程师, 2020（1）：24-26.

[70] 刘然，张磊，张显. 喷雾冷却技术在航天领域应用[J]. 真空与低温, 2018, 24（5）：353-357.

[71] 周佐新，黄金印，张红星，等. 我国航天器热控技术发展及展望[J]. 航天器工程, 2023, 32（6）：1-9.

[72] 于新刚，孟繁孔，韩海鹰，等. 我国载人航天器热控制技术发展[J]. 航天器工程, 2022, 31（6）：156-165.

[73] 宁献文，李劲东，王玉莹，等. 中国航天器新型热控系统构建进展评述[J]. 航空学报, 2019, 40（7）：022874.

[74] 朱建炳. 空间低温制冷技术的应用与发展[J]. 真空与低温, 2010, 16（4）：187-192.

[75] 王瑾，刘小旭，李德富，等. 航天器智能热控技术研究现状及展望[J]. 微型机与应用, 2017, 36（9）：8-10, 14.

[76] 向艳超，刘自军，宁献文，等. 我国月球探测器热控技术发展[J]. 航天器工程, 2022, 31（2）：29-34.

第2章

低维材料传热性能测量

材料传热性能有关的参数主要包括：热导率（thermal conductivity）、热扩散率（thermal diffusivity）、热容（heat capacity）、蓄热系数（thermal effusivity）、对流传热系数（convective heat transfer coefficient）和发射率（emissivity）等[1]。其中，热容通常有两种表达形式：定容热容 C_V 和定压热容 C_p，$C_V = \rho \cdot C_p$。

依据物质的本征特性，在热导率、热扩散率、体积热容、蓄热系数四个参数[2]中，知道任意两个就可以推出其余两个。因此，本章将重点介绍热导率和热扩散率的测量。

材料的热导率和热扩散率均与热传导密切相关，对流和辐射在传导方程里被视为热耗散项，在测试中希望尽量消除热耗散误差。其中对流的影响可以通过真空腔等测试设置予以最小化，而辐射却没有办法消除，所以要小心处理。另外，辐射本身能给出温度信息，也常常结合光电探测器用来做温度测量。本章将从物理模型出发推导出各类测试方法的测量原理，然后结合测试具体技术，如温度探测器、热流探测器，讨论每种方法的精度和局限性。最后针对低维材料，进一步讨论各类方法的适用性和具体硬件设置，以及测量不确定度的考虑[3, 4]。

2.1 传热学基础

物质的传热（heat transfer）根据能量传递机制的不同可分为三种形式：传导（conduction）、对流（convection）和辐射（radiation）。热传导指的是在一种静止介质中的传热，这种介质可以是固体、液体或者气体；热对流指的是涉及流体（非静止介质）运动的传热；热辐射指的是在物体之间通过发射和吸收电磁波来传递而不需要任何中间介质。其中传导和辐射在物理上的定义是清晰的，而且二者物理本质的不同也是明确的；唯独热对流较为复杂，既有流体运动这样的传质传热过程，流体本身也同时发生着传导和辐射过程。本节将对热传导、热对流和热辐射的基本公式进行介绍，并简单讨论对其基本机理的微观理解以及小尺度、瞬态效应对传热过程的影响[5, 6]。

2.1.1 传导

在一种静止介质中，如果介质不处于热力学平衡就会发生传热。局部平衡的假设使得我们可以确定每个位置的温度。傅里叶定律指出：热通量 q''（单位面积的热流量，W/m^2）与温度梯度 ∇T 成比例，比例系数定义为热导率 λ，单位为 W/(m·K)；即：

$$q''_{\text{cond}} = -\lambda \nabla T \tag{2-1}$$

热导率 λ 是一个与温度相关的材料物性参数。热通量 q'' 是一个矢量，其方向总是垂直于等温线。公式里的负号（−）表示热量总是由温度高的地方传到温度低的地方，因此与温度梯度的方向相反。

在各向同性均质材料里，热导率是一个常数，热传导方程式（2-1）可进一步改写为热扩散方程：

$$\nabla^2 T + \frac{\dot{q}}{\lambda} = \frac{1}{\alpha} \frac{\partial T}{\partial t} \tag{2-2}$$

式中，$\dot{q}$ 为单位时间体系内热源产生的热功率；$\alpha = \lambda / \rho C_p$ 为热扩散率，ρC_p 可以看作体积热容 C_V。式（2-2）是一个基于能量平衡的关于瞬态温度分布 $T(t,r)$ 的微分方程。

2.1.2 对流

对流换热是指当流体相对于固体作整体运动时，在界面附近从固体到流体的传热。牛顿冷却定律是对流的一种唯象方程。它指出对流热通量正比于温差：

$$q''_{\text{conv}} = h(T_w - T_\infty) \tag{2-3}$$

式中，h 为对流换热系数或者对流系数，单位为 $W/(m^2 \cdot K)$；在自然对流条件下，h 的数值在 5～20 之间；T_w 为表面温度；T_∞ 为流体温度。

2.1.3 辐射

热辐射[7]是物体由于具有温度而辐射电磁波的现象。所辐射波长约在 100～1000 μm 范围内，包含了部分紫外线区、整个可见光区和红外线区。与热传导和热对流相比，辐射热以电磁波的形式传递而不需要任何中间介质。辐射热通量基于黑体辐射定律，与热力学温度的四次方成正比：

$$q''_{\text{radi}} = \epsilon \cdot \sigma \cdot T^4 \tag{2-4}$$

式中，ϵ 为灰体系数或灰度，在 0～1 之间，黑体的 ϵ 为 1；$\sigma = 5.67 \times 10^{-8} \, W/(m^2 \cdot K^4)$ 是斯特藩-玻尔兹曼常数。

热力学温标和辐射测温的发展是黑体辐射[8]最重要的应用，将在本章末与各类测试技术一并讨论。

2.2 热导率的稳态法测试

稳态法是一种体系状态不随时间变化的热测量方法。体系包括待测样品、热源、热沉和周围环境，状态包括热通量、热功率、温度分布等参数。对于各向同性材料，测试方法多基于傅里叶定律式（2-1）的一维形式，即：

$$q'' = -\lambda \frac{\partial T}{\partial x} \quad (2-5)$$

对于固体材料，标准化的测量方法遵循 ASTM E1225[9]；对于弹性体或膏体材料，标准化的测量方法遵循 ASTM D5470[10]。二者原则上都是测量热阻，然后通过几何关系倒推出表观热导率，这样就不可避免受到界面热阻的影响。ASTM D5470 还可以给出不同压力/应力条件下的热阻。但是对于纳米材料，尤其是各向异性纳米材料[11]，很难应用上述标准，往往需要独特的实验设计。

2.2.1 各向同性固体热导率的稳态法测试

稳态法测试一般含有一个加热端，一个冷端（热沉、水冷等），样品置于热端和冷端之间。整体结构用稳定热功率加热一段时间后，会产生一个不随时间变化的温度梯度，即进入稳态。热功率是已知的，温度梯度是可测量的，因此根据式（2-5）就可以计算出表观热导率[12]。

表观热导率与真实热导率的差异主要来自非一维热传导、对流散热、辐射散热以及界面热阻等。因此在装置设计上应设法尽量缩小上述差异。例如，ASTM E1225 采用热保护套在样品周围构造了一个近似梯度的温场（图 2-1），大大减少了对流和辐射的热损耗。

如图 2-1（a）所示，将圆柱体样品（热导率 λ_s）置于两个量测圆柱杆（热导率 λ_m）之间。三者的截面积相同。再将该三明治结构置于加热端和热沉端之间，其中加热端保持和三明治结构一样的截面积，热沉端可以尽量大，以保持和环境温度或某设定温度一致。图中的 X 符号表明此处有温度感测器，可以是热电偶等，具体的位置坐标用 Z_i 表示，测得的温度用 T_i 表示。

在该三明治垂直结构的轴向施加一定的力，以保证各界面之间有好的接触；并在其周围，包覆一层绝热绝缘材料，外层再加一个保护套壳。绝缘材料和保护套壳的组合，上有套壳加热部分，下有热沉，以构建一个和样品所在垂直结构十分相近的温度梯度分布。两个温度梯度的对比如图 2-1（b）所示，可以看出二者确实十分相近。这样就能大大减少对流和辐射以及径向传导带来的热损耗。利用该装置得到的样品热导率的表达式为

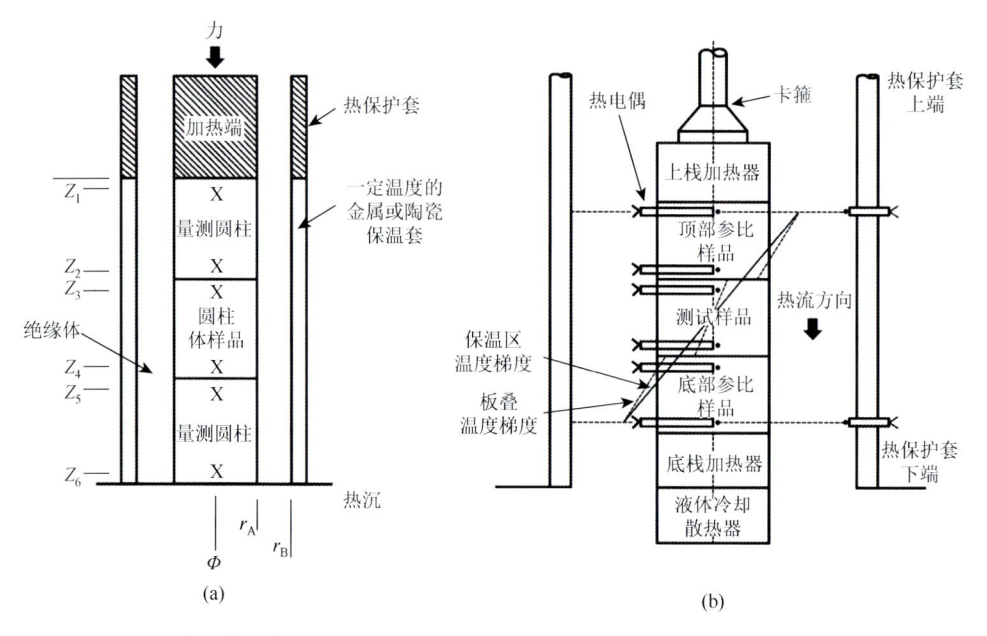

图 2-1 （a）带热保护套的一维稳态热测试装置示意图；（b）装置中样品附近和保护套的温度梯度对比

$$\lambda_s = \frac{Z_4 - Z_3}{T_4 - T_3} \cdot \frac{\lambda_m}{2} \cdot \left(\frac{T_2 - T_1}{Z_2 - Z_1} + \frac{T_6 - T_5}{Z_6 - Z_5} \right) \quad (2\text{-}6)$$

这是一个非常理想的情况，没有考虑样品和绝热层之间的热交换，没有考虑接触热阻；并且假设量测杆热导率 λ_m 和样品热导率 λ_s 无限接近，使得如图 2-1（b）所示的两条温度梯度曲线也无限接近。

原则上，每个量测杆都应埋置至少 2 个温度感应器，样品上下端也至少埋置 2 个，位置如图 2-1（a）所示。最好能实现每个量测杆埋置 3 个温度感应器，这样就能同时验证温度梯度的线性或进行出错示警。

该方法适用的热导率范围是 0.2～200 W/(m·K)，适用的温度范围是 90～1300 K。超过此范围的测量准确度会下降。

2.2.2 各向同性黏性液体、黏弹性体和弹性体的热导率稳态法测试

该测试方法与 2.2.1 类似，只是在设计中增加了对于样品变形程度的考量。对黏性液体，因其在压力下会不断溢出，使厚度不断变小，无法进行测量；所以要用容器持样，垫圈、垫片、垫珠等需根据样品的黏度和流动性不同进行选择；而这些辅助力学支撑的配件，其体积占比应小于样品体积的 2%，否则表观热导率会偏离样品真值过多。对黏弹性体，如膏状、糊状物，加压则可使样品厚度减小到不加压状态的 95% 左右，实现界面热阻和样品过变形之间的平衡，达到较为理想的测

试条件。对弹性体，可以在更小变形下测量。上述所有厚度测量都依赖于上下量测杆的相对位置，可以在不加样品时，控制量测杆直接接触，标定该位置为厚度零点。

该方法的实验装置示意图如图 2-2 所示，由于这类样品一般较薄，侧面热耗散较小，所以加热保护套的作用不是很大，有时也可以不用。使用该方法测量计算热导率的步骤如下所述。

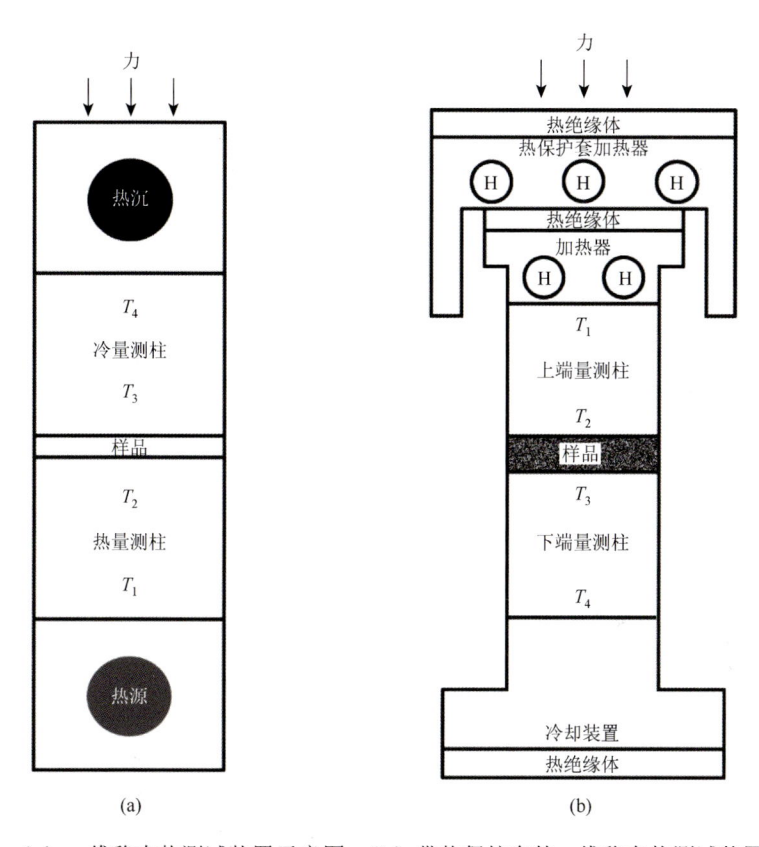

图 2-2 （a）一维稳态热测试装置示意图；（b）带热保护套的一维稳态热测试装置示意图

1. 热流通量的计算

通过已知热导率的量测杆上下埋置量温计所测温度，可以得到通过每个量测杆的热流通量。二者平均值被认为是经过样品的热流通量，具体表达式如下：

$$Q_{12} = \frac{\lambda_{12} \times A}{d} \times (T_1 - T_2) \tag{2-7}$$

$$Q_{34} = \frac{\lambda_{34} \times A}{d} \times (T_3 - T_4) \tag{2-8}$$

$$Q = \frac{Q_{12} + Q_{34}}{2} \tag{2-9}$$

式中，Q_{12} 和 Q_{34} 分别代表热端量测杆和冷端量测杆的热流通量；λ_{12} 和 λ_{34} 分别为热端量测杆和冷端量测杆的材料本征热导率，选材时，这两个数值最好都在 50 W/(m·K)以上；A 为截面积，整个层堆结构各部分之间的截面积误差应该在 5%以内；d 为每个量测杆上下两个温度探头之间的垂直距离；$T_1 \sim T_4$ 是不同点的温度，具体位置如图 2-2 所示。

2. 加热端和制冷端量测杆与样品接触面温度的计算

假设量测杆和样品的温度梯度都近似线性分布，则热端量测杆与样品接触面的温度可以外推得：

$$T_H = T_2 - \frac{d_B}{d_A} \times (T_1 - T_2) \tag{2-10}$$

同理，冷端量测杆与样品接触面的温度为：

$$T_C = T_3 - \frac{d_D}{d_C} \times (T_3 - T_4) \tag{2-11}$$

式中，T_H、T_C 分别为样品热端和冷端的接触面温度；d_A 为 T_1 点和 T_2 点之间的距离；d_B 为 T_2 点到样品热端接触面的距离；d_C 为 T_3 点和 T_4 点之间的距离；d_D 为样品冷端接触面到 T_3 点的距离。

3. 样品热阻[(K·m²)/W]的计算

$$\theta = \frac{A}{Q} \times (T_H - T_C) \tag{2-12}$$

4. 样品热导率与接触热阻的计算

根据式（2-12）首先计算出不同厚度的样品的热阻，而后绘制热阻（纵坐标）与厚度（横坐标）的关系曲线。该曲线应该为一条直线，直线的斜率就是表观热导率，截距就是界面热阻。这里通过引入厚度变量，计算出界面热阻，这样得到的热导率可认为已排除了界面热阻[13]的影响。

2.2.3 稳态法：拉曼法

微纳尺度稳态法比较常用的还有拉曼法[14,15]。拉曼法最早测量热导率主要用于低热导率的材料[16]，如多孔硅[17]等。测量原理：基于拉曼峰随温度的位移在一定温度范围内是线性变化的，来标定样品温度[18]，即：

$$K = (2/\pi a)(\Delta P_G)/(\Delta T_G) \tag{2-13}$$

式中，K 为热导率；a 为光斑直径；ΔP_G 为激光功率变化量；ΔT_G 为温度变化量。

也有研究者采用斯托克斯和反斯托克斯峰值的比值与温度的线性关系进行材

料热导率的标定，但是其稳定性较峰位移差。高热导材料，如碳纳米管和石墨烯的测试也有采用该法的[18]，但由于它们的热导率太高，峰的位移有限，因此精度并不高。

2.3 热导率的非稳态法测试

非稳态法测试热导率由于可以引入各种不同的变量，所以能够获得十分丰富的信息量，同时对于各类热损耗的处理也更细致，适用的样品范围也更广泛。例如，低维材料薄膜和纤维等，受热损耗的干扰尤为严重，也能利用非稳态法得到相对准确的热物性测量结果。常见的非稳态法有激光闪射法（laser flash）、热盘法（hot-disk）[19]、Angstrom 方法[20]和 3ω 方法[21]等，前三种方法都已经成功实现商用化。热源方面，激光闪射法基于瞬态方法，Angstrom 方法和 3ω 方法基于热波输入。本章主要介绍激光闪射法和 Angstrom 方法[22]。

2.3.1 激光闪射法

该法以脉冲激光作为加热源作用于片状样品前表面，通过一个红外温度探头在样品后表面采集随时间变化的温度曲线[23, 24]。使用不同治具（图 2-3）可以分别测量样品面向（cross-plane）和面内（in-plane）热扩散率[25]。

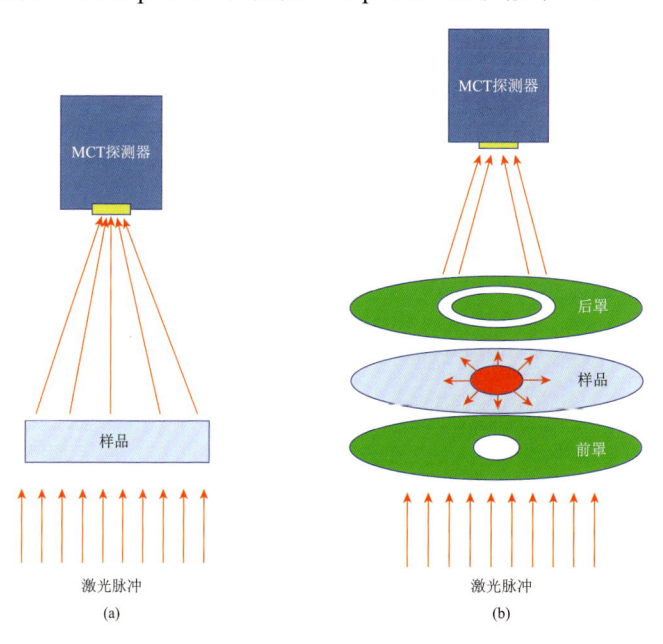

图 2-3 激光闪射法装置示意图[26]

（a）面向（cross-plane）热扩散率测量；（b）面内（in-plane）热扩散率测量

面向热扩散率由一维热扩散方程可以推导出，其后表面的温度（温升）响应遵循如下方程：

$$\Delta T = \Delta T_m \left[1 + 2\sum_{n=1}^{\infty}(-1)^n \exp\left(\frac{-n^2\pi^2\alpha t}{L^2}\right) \right] \quad (2\text{-}14)$$

$$\alpha = \frac{0.1388L^2}{t_{1/2}} \quad (2\text{-}15)$$

式中，α 和 L 分别为热扩散率和片状试样厚度；ΔT 为温升；ΔT_m 为温升峰值；t 为激光脉冲后的同步时间，常见的温升曲线如图 2-4 所示。图中 q 为激光脉冲的能量密度；D 为样品的直径；ΔT_R、ΔT_M 分别为参比样品和测试样品的温升；$t_{1/2}$ 是温升变化至峰值二分之一所需时间。

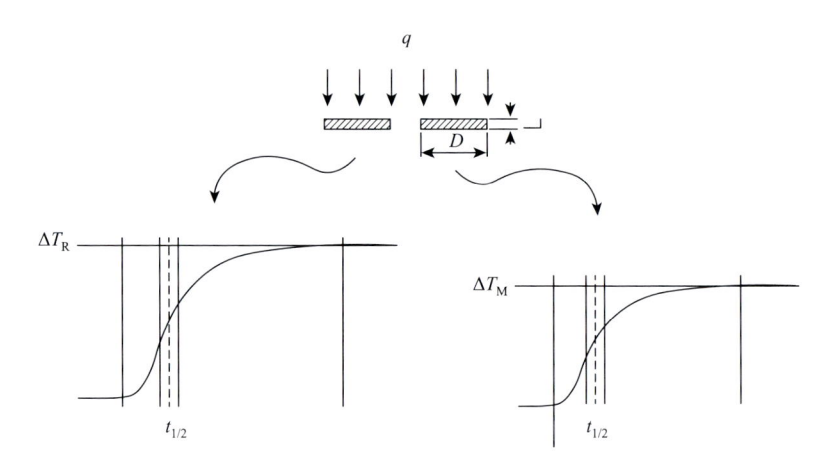

图 2-4　面向（cross-plane）热扩散率测量中参数 $t_{1/2}$ 的获得[27]

面内热导率的测量要复杂一些，增加了光斑半径和观察环半径等变量，温升响应规律变成如下方程：

$$\frac{\Delta T}{\Delta T_m}(\beta,\eta,\tau) = \left[1 + 2\sum_{n=1}^{\infty}(-1)^n \exp(-n^2\pi^2\beta^2\tau) \right] \int_{y=0}^{1} \frac{y}{2\tau} \exp\left(-\frac{\eta^2+y^2}{4\tau}\right) I_0\left(\frac{\eta y}{2\tau}\right) dy$$

$$(2\text{-}16)$$

式中，$\beta = D_0/L$，$\eta = D_2/D_0$，$\tau = \alpha t/D_0^2$，D_0 和 L 分别为光斑半径与样品厚度；D_2 为观察环半径；I_0 为修正贝塞尔方程。同样取温升 1/2 峰值的时间点予以计算，热扩散率为：

$$\alpha = \frac{\tau_{1/2}}{t_{1/2}} D_0^2 \quad (2\text{-}17)$$

商用激光闪射法为了实现激光吸收率的一致性，需要在样品上喷黑色的漆，而操作者喷漆熟练程度的差异，往往会造成测试结果的较大误差。另外，由于样品在测试过程中，总是一面加热另一面采集温度数据，如果样品是各向异性，则不论是测面向还是测面内热扩散率都容易引起一定误差。这些影响因素均会引起一维或二维热传导模型的偏离[24]。

2.3.2 Angstrom 法

Angstrom 法[28]的基本原理如图 2-5 所示：在样品上加载正弦热波，动态记录两个不同点的温度-时间曲线，通过两点的相位差和振幅比计算得到热扩散率值[29, 30]。为了尽量减少测量过程中的对流损失，将整个装置放在真空中进行。

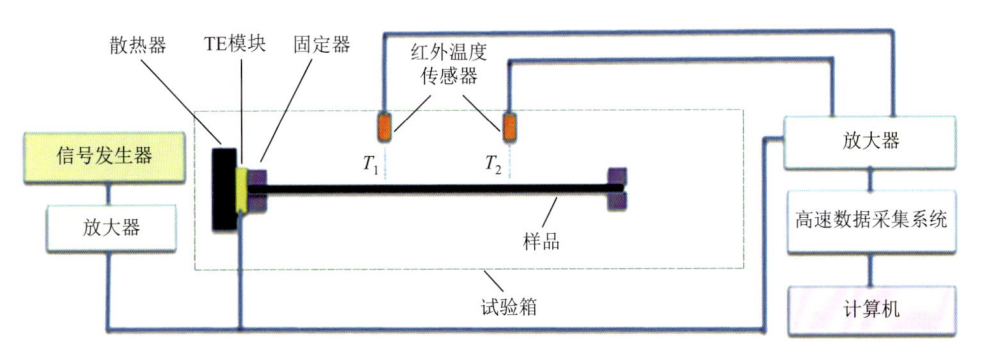

图 2-5 Angstrom 法基本原理示意图[28]

Angstrom 法的模型解析基于一维热扩散方程：

$$\frac{1}{\alpha}\frac{\partial T}{\partial t} + m^2 T = \frac{\partial^2 T}{\partial x^2} \tag{2-18}$$

式中，T 为相对周围环境温差；m 为考虑了辐射、传导和对流的表面热耗散系数。

当加载正弦波形式（频率为 ω）的热源于一维试样的一端时，式（2-18）的解为

$$T(x,t) = A + B(x)e^{i\omega t} \tag{2-19}$$

这里温度基准 A 可认为是常数，A 不随时间和测量点变化是较为理想的假设。实际测量中应控制尽量接近该理想状态。

将式（2-19）代入式（2-18），得到振幅项 $B(x)$ 的二阶常微分方程：

$$B_{xx}(x) - \left(\frac{i\omega}{\alpha} + m^2\right)B(x) = 0 \tag{2-20}$$

$B_{xx}(x)$ 是 $B(x)$ 对 x 的二阶导数，解得：

$$B(x) = C_1 e^{\beta x} + C_2 e^{-\beta x}, \quad \beta^2 = \frac{i\omega}{\alpha} + m^2 \tag{2-21}$$

式中，C_1、C_2 由以下边界条件决定：

$$B(x=0)=b, \quad B(x=L_{\text{e-e}})=0 \tag{2-22}$$

式中，$L_{\text{e-e}}$ 为样品长度。

对半无限长样品，有：

$$B(x) = b\mathrm{e}^{-\beta x} \tag{2-23}$$

将 β 拆分为实部和虚部，即 $\beta = P + \mathrm{i}Q$，得：

$$PQ = \frac{\omega}{2\alpha} \tag{2-24}$$

于是式（2-19）可以改写为：

$$T(x,t) = A(x) + b\mathrm{e}^{-Px}\cos(\omega t - Qx) \tag{2-25}$$

由上式可以看出，只要知道任意两个点 x_2、x_1 的波形，就可以确定 P、Q 的值，进而得到 α。

图 2-6 是两个测温点的热波图，图中 $\mathrm{d}t$ 为相位差，$\dfrac{M}{2}$ 和 $\dfrac{N}{2}$ 分别为各点振幅。P 值由振幅比确定，Q 值由相位差确定。

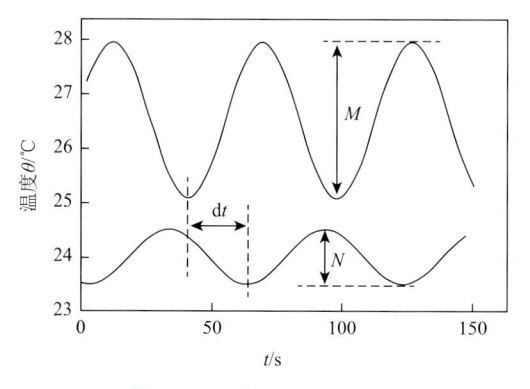

图 2-6 两个测温点热波图

即，振幅比：

$$\frac{M}{N} = \frac{b\mathrm{e}^{-Px_1}}{b\mathrm{e}^{-Px_2}} = \mathrm{e}^{PL} \tag{2-26}$$

式中，L 为两测量点之间距离。有：

$$\omega t - Qx_1 = \omega(t + \mathrm{d}t) - Qx_2, \quad Q = \frac{\omega \cdot \mathrm{d}t}{L} \tag{2-27}$$

将式（2-26）和式（2-27）代入式（2-24），得到热扩散率：

$$\alpha = \frac{L^2}{2\mathrm{d}t \ln\dfrac{M}{N}} \tag{2-28}$$

这是热扩散率的经典表达式。

  Angstrom 法的误差主要来自两方面：①为了得到式（2-28）的简洁式，在数学解析的过程中做了半无限长的假设，实际样品长度偏离半无限长条件的程度，会直接影响到式（2-28）的合理性，从而产生系统误差。②其他非公式性误差，如室温、真空度、夹持应力、接触电阻等引起的误差。

  清华大学范守善课题组[31]将 Angstrom 法用于碳纳米管的热扩散率测量（图 2-7），在纳米尺度下，激光加热源需要进一步聚焦，红外测温仪读取数据也需要借助光学显微镜控制。

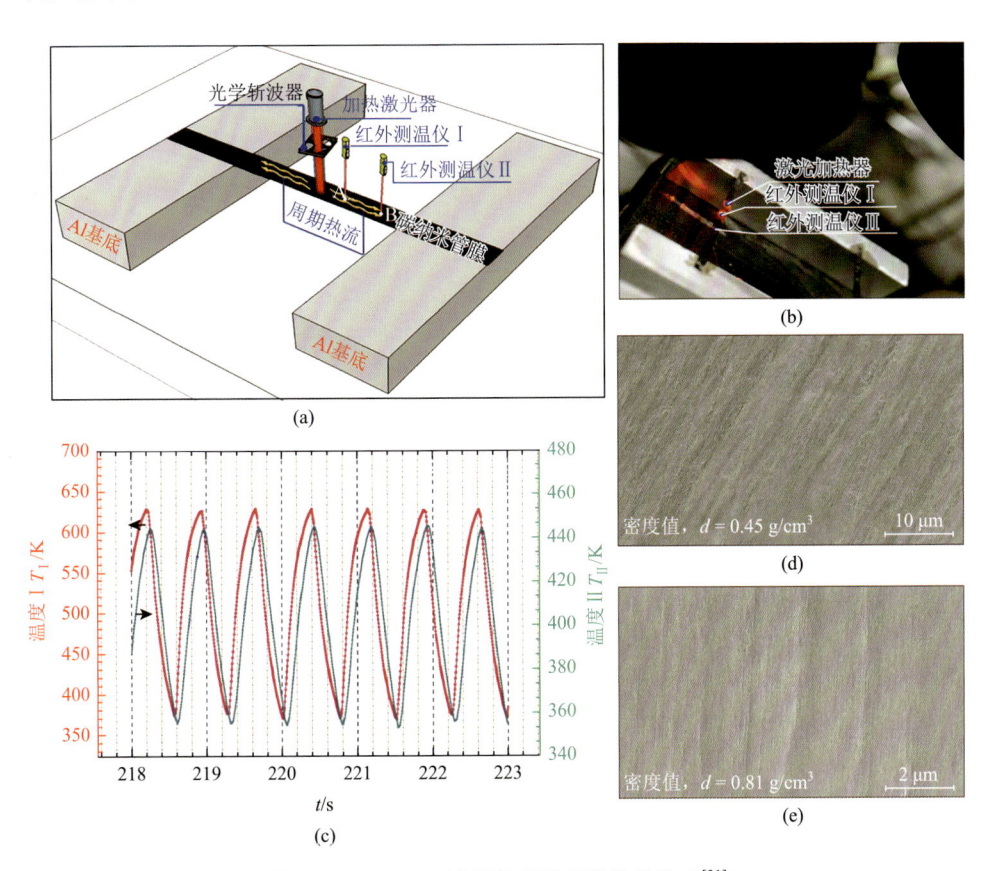

图 2-7 Angstrom 法测量碳纳米管热扩散率[31]

(a) 测量仪结构；(b) 测量仪外貌；(c) A、B 两点的温度分布；(d) 密度为 0.45 g/cm³ 碳纳米管薄膜的 SEM 图；(e) 密度为 0.81 g/cm³ 碳纳米管薄膜的 SEM 图

  Fan 等[31]还提到了一个非常有意思的概念，即热传导速度（v），不同于热导率（λ）或热扩散率（α），其定义了热波的波前传播速度，热传导速度与热扩散率（α）和热波频率（ω）的关系为

$$\alpha = \frac{v^2}{2\omega} \qquad (2-29)$$

这一新概念可以帮助人们从另一角度直观地理解热波法[32]的物理现象。

参 考 文 献

[1] 罗森诺 W M. 传热学基础手册[M]. 齐欣，译. 北京：科学出版社，1992.

[2] Zhang S，Zhao D. Aerospace Materials Handbook[M]. Boca Raton，FL：CRC Press，Taylor & Francis Group，2012.

[3] 施昌彦. 测量不确定度评定与表示指南[M]. 北京：中国计量出版社，2000.

[4] Zalba B，Marín J M，Cabeza L F，et al. Review on thermal energy storage with phase change：Materials，heat transfer analysis and applications[J]. Applied Thermal Engineering，2003. 23（3）：251-283.

[5] Patankar S V. Numerical Heat Transfer and Fluid Flow[M]. Hemisphere Pub Corp，1980.

[6] Arpaci V S，Salamet A，Kao Shu-Hsin，et al. Introduction to heat transfer[J]. Applied Mechanics Reviews，2002，55（2）：B37-B38.

[7] 西格尔 R，豪厄尔 J R. 热辐射传热[M]. 曹玉璋，等译. 北京：科学出版社，1990.

[8] 段宇宁. 黑体辐射源研究综述[J]. 现代计量测试，2001（3）：7-11.

[9] Standard test method for thermal conductivity of solids using the guarded-comparative-longitudinal heat flow technique：ASTM E1225-13[S]. American Society for Testing and Materials，2013.

[10] Standard test method for thermal transmission properties of thermally conductive electrical insulation materials：D5470-06[S]. American Society for Testing and Materials，2006.

[11] 鲍艳，鲁娟，马建中. 各向异性无机纳米粒子的研究进展[J]. 材料导报，2012（s1）：74-76，79.

[12] 吴清良，赖燕玲，顾海静，等. 导热系数测试方法的综述[J]. 佛山陶瓷，2011，21（12）：20-22.

[13] 张平，宣益民，李强. 界面接触热阻的研究进展[J]. 化工学报，2012，63（2）：335-349.

[14] Dakin J P，Pratt D J，Bibby G W，et al. Distributed optical fibre Raman temperature sensor using a semiconductor light source and detector[J]. Electronics Letters，1985，21（13）：569-570.

[15] Cui J B，Amtmann K，Ristein J，et al. Noncontact temperature measurements of diamond by Raman scattering spectroscopy[J]. Journal of Applied Physics，1998，83（12）：7929-7933.

[16] 岳亚楠，王信伟. 基于拉曼散射的传热测量和分析[J]. 上海第二工业大学学报，2011，28（3）：183-191.

[17] Cruz M，Wang C. Raman response of porous silicon[J]. Physica A，1994，207：168-173.

[18] Ghosh S，Calizo I，Teweldebrhan D，et al. Extremely high thermal conductivity of graphene：Prospects for thermal management applications in nanoelectronic circuits[J]. Applied Physics Letters，2008，92（15）：151911.

[19] 王强，戴景民，何小瓦. 基于 Hot Disk 方法测量热导率的影响因素[J]. 天津大学学报（自然科学与工程技术版），2009，42（11）：970-974.

[20] Lopez-Baeza E，de la Rubia J，Goldsmid H J. Angstrom's thermal diffusivity method for short samples[J]. Journal of Physics D：Applied Physics，1987，20（9）：1156-1158.

[21] Moon I K，Jeong Y H，Kwun S I. The 3ω technique for measuring dynamic specific heat and thermal conductivity of a liquid or solid[J]. Review of Scientific Instruments，1996，67（1）：29-35.

[22] Gustafsson S E. Transient plane source techniques for thermal conductivity and thermal diffusivity measurements of solid materials[J]. Review of Scientific Instruments，1991，62（3）：797-804.

[23] Parker W J，Jenkins R J，Butler C P，et al. Flash method of determining thermal diffusivity，heat capacity，and

thermal conductivity[J]. Journal of Applied Physics，1961，32（9）：1679-1684.

[24] Campbell R C，Smith S E，Dietz R L. Measurements of adhesive bondline effective thermal conductivity and thermal resistance using the laser flash method[C]//Fifteenth IEEE Semiconductor Thermal Measurement and Management Symposium，1999：83-97.

[25] Donaldson A B，Taylor R E. Thermal diffusivity measurement by a radial heat flow method[J]. Journal of Applied Physics，1975，46（10）：4584-4589.

[26] Lee S，Kim D. The evaluation of cross-plane/in-plane thermal diffusivity using laser flash apparatus[J]. Thermochimica Acta，2017，653：126-132.

[27] Shinzato K，Baba T. A laser flash apparatus for thermal diffusivity and specific heat capacity measurements[J]. Journal of Thermal Analysis and Calorimetry，2001，64（1）：413-422.

[28] Zhu Y. Heat-loss modified Angstrom method for simultaneous measurements of thermal diffusivity and conductivity of graphite sheets：The origins of heat loss in Angstrom method[J]. International Journal of Heat and Mass Transfer，2016，92：784-791.

[29] Wagoner G，Skokova K A，Levan C D. Anstrom's method for thermal property measurements of carbon fibers and composites[OL]. http://www.acs.omnibooksonline.com/data/papers/1999_178.pdf.

[30] Kosky P G，Maylotte D H，Gallo J P.Ångström methods applied to simultaneous measurements of thermal diffusivity and heat transfer coefficients：Part 1，theory[J]. International Communications in Heat and Mass Transfer，1999，26（8）：1051-1059.

[31] Zhang G，Liu C H，Fan S S. Directly measuring of thermal pulse transfer in one-dimensional highly aligned carbon nanotubes[J]. Scientific Reports，2013，3：2549.

[32] 万春华，范全林，于瑶，等. 热导率的动态法测量[J]. 南京大学学报，1988，24（4）：693-697.

第3章

热管理模拟

3.1 热传导原理

热量从一个系统转移到另一个系统，或由系统的一部分转移到另一部分的现象称为传热，其方式主要有三种：热传导（heat conduction）、热对流（heat convection）和热辐射（heat radiation）。在固体材料中，若各部分之间不发生相对位移，热能仅依靠分子、原子及自由电子等微观粒子的热运动而产生热量传递，则该现象被称为热传导，它是固体材料传热的主要方式。本节主要讲述热传导的基本原理——傅里叶定律（Fourier's law），并在此基础上介绍典型的非傅里叶效应与低维情况下的热传导现象。

3.1.1 傅里叶定律

1822 年，法国著名科学家傅里叶（J. B. Fourier，1768—1830）通过对大量实际导热问题的经验提炼发现，单位时间内通过单位截面积的热量，正比于垂直于截面方向上的温度梯度，且热量传递的方向与温度升高的方向相反，即：

$$Q = -k \cdot \nabla T \qquad (3\text{-}1)$$

式中，Q 为单位时间内单位截面积上所通过的热量（热流密度），W/m^2；k 为样品的热导率[1]，$W/(m \cdot K)$。

这就是热传导的基本定律，又称为傅里叶定律，该定律广泛适用于多种情况下的气体、液体和固体材料，是导热研究的理论基础。

3.1.2 非傅里叶传热

在晶体材料中，热传导通过热量的载流子进行，主要包括电子（electron）、声子（phonon）等，其中声子的输运现象大都基于傅里叶的扩散理论。然而，过去几十年里出现了许多傅里叶定律难以解释的声子输运现象，尤其是在极端温度下或当材料的尺寸与声子平均自由程相当时。这引起了人们的广泛关注。本节主要介绍三种主要的非傅里叶传热现象，包括尺寸效应（size effect）、声子流体力学（phonon hydrodynamics）和声子相干输运（coherent transport）[2]。

1. 尺寸效应

在固体材料中，声子的传输理论通过玻尔兹曼传输方程来描述，其贡献的热导率可表示如下：

$$k = \sum \int_0^{\omega_{max}} C_v(\omega) v(\omega) l(\omega) d\omega \tag{3-2}$$

式中，C_v 为体积热容，$J/(m^3 \cdot K)$；v 为声子的群速度，m/s；l 为声子的平均自由程，m。

Casimir 发现，在低温条件下，声子的平均自由程和材料的特征尺寸达到相当，平均自由程较长的声子会被边界散射掉，此时材料表现出的热导率受到其尺寸的限制，其热导率随温度的变化与热容一致，随 T^3 变化[3]，如图 3-1（a）所示；同时，在一些薄膜和纳米线中，声子的平均自由程甚至可以在常温下达到和样品尺寸同样量级，其的热导率随样品的尺寸依赖性更加强烈[4]，如图 3-1（b）所示。此外，当热源尺寸与声子平均自由程相当或更小时，类似的尺寸效应也可能发生，如在金属-氧化物-半导体场效应晶体管（MOSFET）的漏极附近会产生大量且集中的热流，这种非局域（又称准弹道）的输运机制和稀薄气体动力学中的克努森流（Knudsen flow）有极大相似之处[5]。在微小热源加热情况下，即热源尺寸与声子平均自由程相当或更小时，只有短程声子贡献传热，长程声子并不产生贡献，测量得到的有效热导率将小于块体材料的热导率[6]，如图 3-1（c）与（d）所示。这种经典的尺寸效应也称 Casimir-Knudsen 效应。

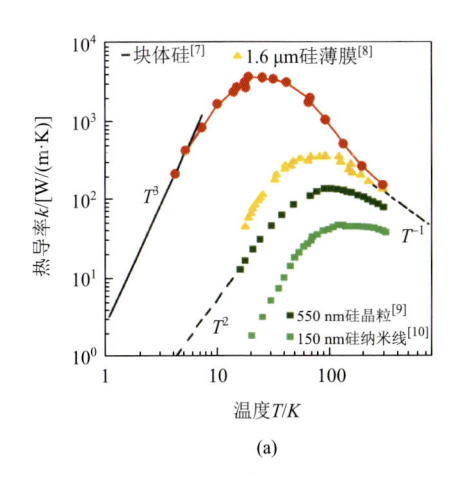

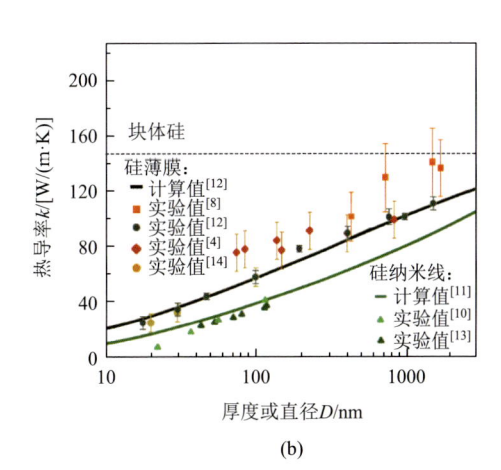

(a)

(b)

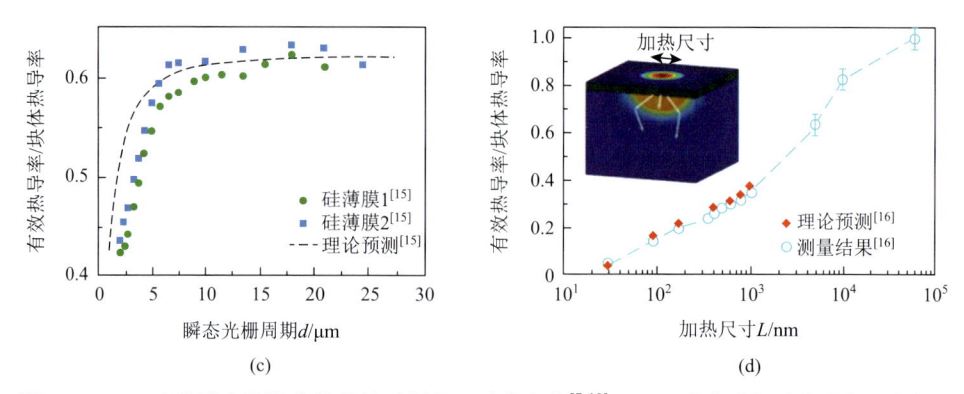

图 3-1　（a）硅热导率的温度依赖性随样品尺寸的变化[7-10]；（b）硅薄膜与纳米线热导率的尺寸依赖性[4, 8, 10-14]；（c）硅薄膜有效热导率的热源加热尺寸依赖性[15]；（d）硅的有效热导率随加热尺寸的变化[16]

2. 声子流体学

声子与声子的散射过程分为两种，正常过程（N 过程，normal process）和倒逆过程（U 过程，umklapp process），其中 N 过程的能量动量均守恒，U 过程由于两声子碰撞后产生的新声子动量超出第一布里渊区外，造成动量的不守恒，从而贡献热阻。在 N 过程占据主导地位的传热体系中，声子可以在温度梯度的驱动下获得一定的漂移速度，由于该过程类似于由压力驱动的流体运动，因此命名为声子流体力学。对于声子流体力学的研究始于氦超流体，其流动性可以用声子-旋子（roton）的双流体模型解释，且其中的热流以波动形式传输，被称为第二声[17-18]。相关研究同时指出，声子的流体力学过程同样存在于 N 过程与 U 过程同时存在的体系中[18]。对于立方晶体，流体力学过程中，声子进行强烈的 N 散射过程，就像流体在管道中流动一样，导致热导率与其特征尺寸 d 的平方成正比，该变化趋势比尺寸效应中热导率随温度三次方的变化趋势更加明显，如图 3-2（a）所示。对于声子的流体力学过程的实验观察，其中最明确的为利用脉冲加热观察固体氦（0.5 K）[19]、氟化钠晶体（10～20 K）[20]金属铋（2～3 K）[21]的第二声，典型的热脉冲实验信号如图 3-2（b）所示，其中热脉冲在晶体一端产生，在晶体的另一端被探测，在极低温度下，当声子经过 N 过程和 U 过程的平均自由程均大于样品的特征尺寸时，横向模和纵向模的声子都能够以弹道输运的方式被探测器观察到。随着温度的升高，声子的 N 过程与第二声过程达到平衡，温度更高时，U 过程主导了声子的传输过程，使得整个传输方式变成扩散主导。

关于声子流体力学的研究在 20 世纪 70 年代晚期才开始，这是由于其现象需要极低的温度才能够观察到。近几年来，关于声子计算的发展十分迅速，根据密度泛函理论的仿真计算，石墨烯等二维材料可以展现声子的流体力学输运，甚至在室温以上，因为其弯曲的声子模导致了声子的近似抛物线的色散关系，进而

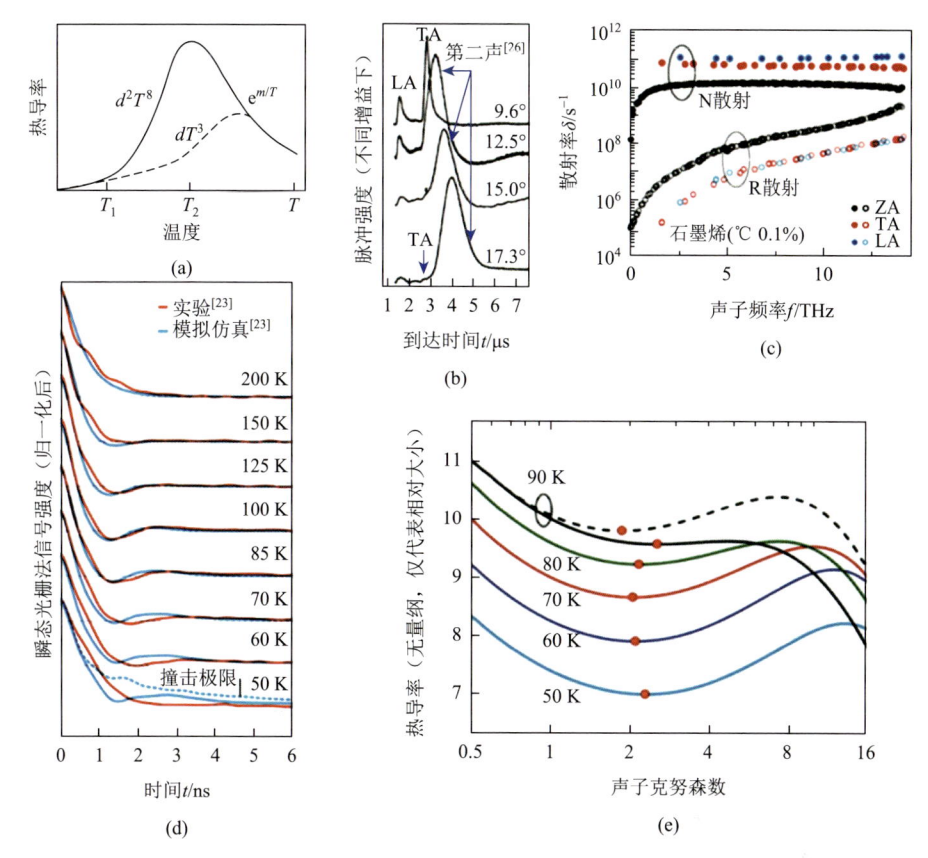

图 3-2 （a）声子水动力学过程下热导率的温度依赖性[25]；（b）热脉冲测量氟化钠晶体中的第二声[26]；（c）密度泛函理论计算二维材料中声子散射率[22]；（d）瞬态热光栅法测量石墨中第二声[23]；（e）石墨带中的声子泊肃叶流分析与热导率仿真[24]

使得声子的散射的 N 过程加剧[22]，如图 3-2（c）所示。实验表明，采用瞬态热光栅法在 100 K 以上的温度下可以观察到石墨中的第二声现象[23]，如图 3-2（d）所示；其中测量到的温升数值为负数是由温度波和参考信号的相位差引起。虽然有关声子流体力学的实验研究仍然缺少，但上述理论与实验结果都说明了关于声子流体力学的研究非常重要。对声子在高温下流体动力输运的观测已经激发了对其他材料的更多理论研究，如碳纳米管，并预测了沿石墨带热传导的克努森数的最小值[24]，如图 3-2（e）所示。

3. 相干声子输运

声子的尺寸效应和流体力学过程都可以用声子的玻尔兹曼传输方程进行理解。假设：声子的散射会影响其相位，进而影响其平均自由程与色散关系。若足够多的声子波在传输过程中保持其相位差不变，是否会有新的效应？

如果波在空间和/或时间上具有固定的相位关系，则称为相干波。采用光学相干理论中相干度函数的概念描述声子相干。通过测量光源的出射光，可以从外部观测到光源的时空相干性；而热传导中的声子相干性，则难以去准确探测。但在多个界面的系统中，如超晶格，其增加了波包在界面上反射的机会，即使声子平均自由程小于超晶格周期，只要这些波不是非弹性散射的，就可以与其他界面上的散射波相相干地添加相位，从而可以通过声子观察相干热传导。一个理想的超晶格由结构单元周期性地重复组成，其中多个界面对声子带进行折叠，从而导致面间方向热导率的降低[27]。基于此理想模型的理论计算工作指出，超晶格的热导率应与周期厚度无关（在大于厚度极限时，厚度极限由形成超晶格材料的声子平均自由程决定），这是由于临界角入射时，倏逝波在相邻层发生隧穿。但实际的实验结果却与理论预测不相符，出现了热导率随周期厚度升高而增大，最终趋于块体热导率的趋势[图3-3（a）][6, 28]。玻尔兹曼输运方程（Boltzmann transport equation）计算表明，这种变化趋势是由界面处声子被非相干地漫反射所造成的[29]。然而，后续的实验发现，超晶格的热导率随界面密度的增大呈现出先降低后升高的趋势[图3-3（b）]。这个最低点也被分子动力学（molecular dynamics）、第一性原理（first principle）和Simkin-Mahan（SM）模型计算分别发现[30]。另外的实验固定了每个周期的密度，通过不断增加周期数发现，超晶格的热导率呈现饱和趋势，且在初期增加区域呈线性关系[图3-3（c）]，说明声子在沿着超晶格的叠加方向出现了弹道输运现象[28]。同时，密度泛函理论计算得出，多层界面的混合，可极大程度地散射高频声子[图3-3（d）]。原子在界面处的混合对低频长波长声子的散射很弱，形成了超晶格中的相干布洛赫波，并发生非谐性声子散射。当超晶格周期数减少时，非谐声子的平均自由程实际上比总厚度长，这些弹道声子对测得的热导率贡献很大；而高频声子的贡献，却因界面混合而减少。因此，虽然中高频声子传输不相干，但低频声子仍然相干，这对解释测量中热导率随界面密度的变化趋势起主要作用[31]。

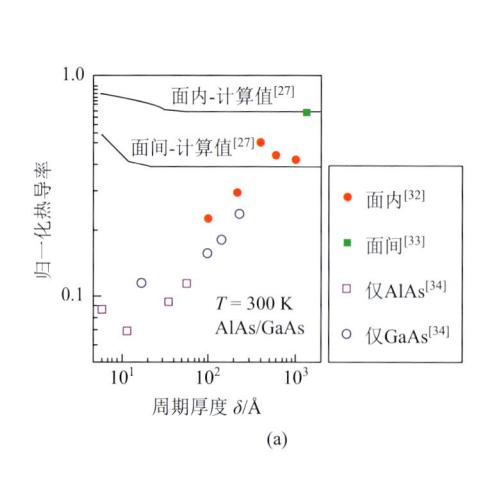

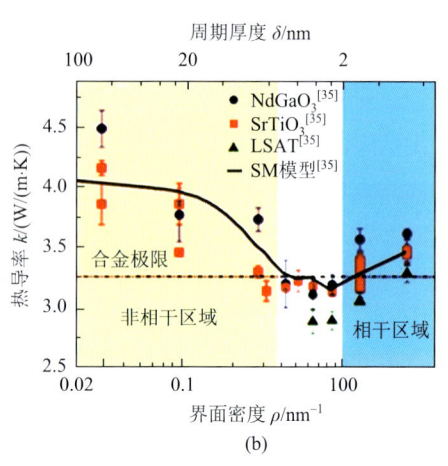

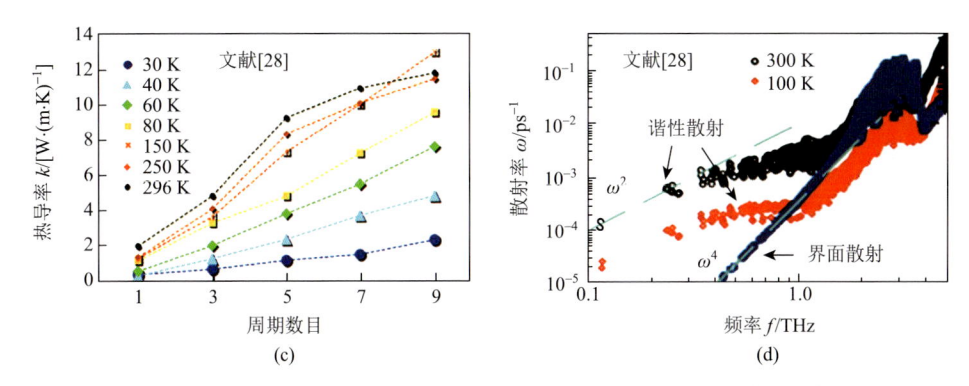

图 3-3 （a）理想超晶格模型计算热导率与实验的对比（包含面内与面间）[27, 32-34]；（b）NdGaO$_3$、SrTiO$_3$ 和(LaAlO$_3$)$_{0.3}$-(Sr$_2$AlTaO$_6$)$_{0.7}$（简称 LSAT）超晶格热导率与 Simkin-Mahan（SM）模型的理论计算对比[35]；（c）周期厚度固定时，增大周期数对于 GaAs/AlAs 超晶格热导率影响[28]；（d）第一性原理计算 GaAs/AlAs 超晶格中声子的散射强度[28]

3.1.3 低维传导现象

根据式（3-2），晶体材料的热导率与声子平均自由程有关，当材料的特征尺寸减小至与声子平均自由程相当时，即发生尺寸效应。但在非稳态法测量热导率时，如时域热反射（time-domain thermoreflectance）和频域热反射（frequency-domain thermoreflectance），周期性热源将会导致有限的热穿透深度，其表达式如下：

$$d_{穿透} = \sqrt{\frac{k}{\pi C_v f}} \quad (3-3)$$

式中，$d_{穿透}$ 为热穿透深度，m；f 为热源的加热频率，Hz。

由式（3-3）可知，热穿透深度随加热频率的升高而减小，当热穿透深度达到甚至小于声子平均自由程时，长程声子无法被激发，从而测量得到的有效热导率便会减小。图 3-4（a）为频域热反射法测量的硅的累计热导率[36]。

无论是根据经典的尺寸效应理论还是从声子平均自由程考虑，在样品特征尺寸≤声子平均自由程时，热导率会随着尺寸变大而升高。然而，对单层石墨烯而言，其比块体石墨具有更高热导率[37]。这是由于在单层石墨烯中，相对于块体石墨来说缺少层间相互作用，所有声子模式均沿着面内方向进行传播，因此其声子色散关系（dispersion relation）和态密度（density of states）相对块体石墨都是不一样的。这一改变减少了声子的散射空间，从而提高了热导率。尽管理论计算在不同的二维材料中均发现了这一趋势，但实验观察结果却显示出很大差异，如图 3-4（b）所示，这可能是由于所研究材料的缺陷的作用。同时，对于聚乙烯单链、薄膜和三维热导率的分子动力学理论计算也表现出类似的趋势，其中单链具有最高的热导率[38]。

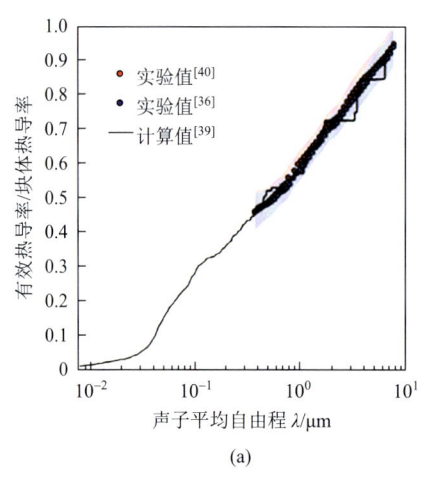

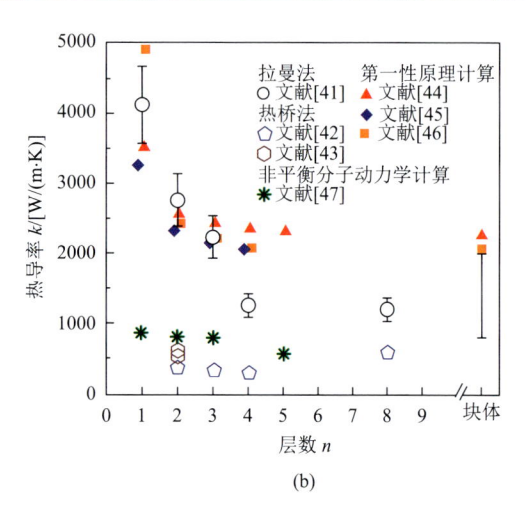

图 3-4　(a) 硅的累计热导率[36, 39-40]；(b) 石墨烯薄膜热导率随层数变化趋势[41-47]

3.2　热传导数值计算方法

热传导数值计算的许多方法，在数字计算机问世之前就被用来分析导热问题；但是，这些方法的计算过程较为复杂。自从计算机诞生以来，有限差分法（finite differential method）和有限元法（finite element method）是普遍使用的数值分析方法，并在实际工程中获得了极大的成功[48]。本节主要讲述利用数值分析方法解决热传导中的实际问题，包括声子输运、有限元分析和蒙特卡罗模拟。

3.2.1　声子输运

玻尔兹曼输运方程是分子和原子系统中经典传输理论的基础，1872 年由玻尔兹曼（L. E. Boltzmann，1844—1906）提出，他将分布函数的变化率影响因素归结为连续运动和碰撞两项：

$$\frac{df}{dt} + \boldsymbol{v} \cdot \frac{df}{d\boldsymbol{r}} + \boldsymbol{a} \cdot \frac{df}{d\boldsymbol{v}} = \left(\frac{df}{dt}\right)_{散射} \tag{3-4}$$

式中，f 为粒子的分布函数；$\boldsymbol{v}$ 为粒子传输的速度；$\boldsymbol{a}$ 为外场作用下粒子的加速度。

玻尔兹曼输运方程不局限于局部平衡，也可在小空间尺度与小时间尺度下进行应用，同样适用于研究固体中声子的输运过程，因此，在具体的材料体系中如何求解声子的玻尔兹曼输运方程是关键。为了简化玻尔兹曼传输方程的计算，在近平衡的位置，通常使用弛豫时间近似（relaxation time approximation）近似求解，即在弛豫时间内，粒子分布呈线性变化：

$$\left(\frac{\mathrm{d}f}{\mathrm{d}t}\right)_{散射} = \frac{f_0 - f}{\tau(v)} \tag{3-5}$$

式中，f_0 为平衡状态下的粒子分布函数；τ 为弛豫时间。

利用该近似方法，非线性的玻尔兹曼方程即可求解析解。1959 年，卡拉威（J. Callaway，1931—1994）提出了一个唯象模型计算低温下声子热导率，该模型假设声子散射过程可以用与频率相关的弛豫时间表示，且晶体振动谱具有各向同性、也无色散。纵向声子和横向声子之间没有区别。该模型成功预测了普通的锗晶体的热导率随 $T^{-3/2}$ 变化，同位素纯的锗晶体的热导率随 T^{-2} 变化，且与实验结果完美符合[49]。

此外，在晶格中，电子对于声子的相互作用也是值得考虑的重要因素，为了简化计算，奥本海默（J. R. Oppenheimer，1904—1967）和其导师玻恩（M. Born，1882—1970）共同提出了玻恩-奥本海默近似：电子的波函数取决于原子核的位置，而不取决于它们的速度；原子核的运动比电子的运动慢得多，可以认为它们是固定的，原子核的旋转、振动等运动仅对电子的势能有影响。这样，分子中的电子运动和核运动就可以分离，由电子位置和原子核位置组成的分子波函数分别进行表示[50]。

声子玻尔兹曼传输方程的求解，当前主要的方法有两种：第一种为第一性原理计算（first-principle calculation）又称为从头计算（*ab initio* calculation），该方法主要以密度泛函理论为基础，通过计算原子间的相互作用，得到声子的振动模式，但由于计算要求资源大，计算极限大多限制在数百个原子这一量级[51]；第二种方法为分子动力学（molecular dynamics），该方法不用从头开始计算原子间的相互作用力，在很大程度上节约了计算资源，将可计算的原子数量等级扩展到数万甚至数十万，因此在计算界面传热的工作中经常使用。

1. 第一性原理

由于第一性原理的计算主要通过泛函密度理论计算原子间相互作用力，因此，需要的计算量也是巨大的，传统的计算手段难以满足如此大规模的运算需求。但随着高性能计算的进步和密度泛函理论等理论技术的发展，具有实际相互作用势的声子玻尔兹曼传输方程的完全求解如今已成为可能，泛函密度分析从空间相关电子密度入手，描述了多体电子系统（如晶体固体），同时在描述许多材料特性方面已经取得了显著的成功，并且有许多方便的软件包可用，如 ABINIT、Quantum Espresso、VASP 和 WIEN2k[51]。

在现有的运用第一性原理计算声子传输的工作中，首先应用的就是泛函密度分析，其中有三个主要因素是计算的关键：①原子间作用力常数的谐性部分，主要用于计算声子色散关系；②三阶非谐性原子间作用力常数（即三声子散射过程）；

③声子寿命（声子平均自由程求解）。对于第一点，根据密度泛函理论，声子的色散关系通过动力学矩阵来确定：

$$D_{\alpha\beta}^{kk'}(q) = \frac{1}{\sqrt{m_k m_{k'}}} \sum_{l'} \Phi_{\alpha\beta}^{0k,lk'} e^{i\boldsymbol{q}\cdot\boldsymbol{R}_l} \quad (3\text{-}6)$$

式中，k 代表着原胞中的第 k 个原子；m_k 和 $m_{k'}$ 分别为第 k 个和第 k' 个原子质量；$\Phi_{\alpha\beta}^{0k,lk'}$ 为实空间里谐性的原子间作用力常数；R_l 代表了第 l 个单元的格矢；q 为声子的波矢[52]。对于第二点，即三阶的非谐性原子间作用力常数的计算通常考虑三声子碰撞过程，计算过程通过费米黄金规则（若微扰的强度不随时间变化，此单位时间跃迁概率也不随时间变化，且正比于系统初始态和终末态间的耦合强度以及态密度）计算不同支声子的散射强度从而达到计算目的。对于第三点，可以利用非谐性的线偏移来计算，且不同的缺陷，如位错、点缺陷、同位素效应、边界散射等，均会影响最终的声子平均自由程，这也是影响热导率的主要因素之一。

为了进一步准确计算出热导率，还有两个点需要注意，一是准确确定声子与声子相互作用的相空间（散射通道），二是求出声子玻尔兹曼传输方程的解。2007 年，首个利用密度泛函微扰理论迭代计算玻尔兹曼传输的工作诞生，无须任何调节参数，计算得到的硅与锗的热导率与它们同位素纯的样品一致[53]；2009 年也有相关工作利用第一性原理计算得到了硅、锗和金刚石的热导率[54]。2011 年，利用第一性原理计算的多项工作包含高温高压下氧化镁[55]、硅锗合金[56]、超晶格[57]和硅纳米线[58]等陆续出现。2012～2014 年，关于第一性原理的计算有所发展，且基本聚焦于热门的实验工作（如超晶格和砷化硼[59]等）。从 2014 年开始，基于第一性原理计算谐性原子间作用力常数和求解玻尔兹曼传输方程的公共资源软件包开始出现，如 ShengBTE[60]、Phono3py[61]、PhonPS[62]和 ALAMODE[63]等，虽然这些软件包的输入参数有所不同，但其计算目标都是一致的。随着计算能力和计算技术的逐步发展，人们对声子输运过程的理解逐步加深，并开发出许多更加先进的技术计算其他细节，如电子声子耦合等。

除基于密度泛函分析之外，早期还有通过冷冻声子技术，即对原子间作用力进行有限差分法求解声子玻尔兹曼传输方程，虽要求算力不高，且计算速度较快，但因计算准确度有限，在此不赘述。

2. 分子动力学

与第一性原理计算不同，分子动力学的方法不需要从头计算原子间的相互作用力；分子动力学模拟通过求解原子的运动和相空间区域的采样动力学特性进行，然后将这些数据输入计算热力学和统计力学量。分子动力学是通过对相互作用粒子系统的牛顿运动方程进行数值求解确定的，其中粒子之间的相互作用称为原间势、力场或被称为势。要计算得到动力学的结果，首先需要计算每个原子受到的力。在经典分子动力学中，作用在原子上的力由经典力学定义给出，为系统势能相对于原子位置的负梯度。当系统势能近似于势能面的解析函数时，它通常被称为原子间势。通过从原子间势可以知道每个原子受到的力，在给定原子质量的情况下，通过牛顿第二定律得到每个原子的加速度。这些经典运动方程已经被证明可以很好地近似薛定谔方程，只要温度足够高，就可以忽略系统振动模的量子能级差距。如果温度低于材料的德拜温度，则原子核的运动本质上是量子的，仅凭经典力学则不能准确地表示其真实的动力学。最近，在路径积分微分方程中的进展解决了这个问题[64]，但在原则上，微分方程的基本思想保持不变——解贯穿时间的运动方程。

要研究声子对诸如热流等动力学现象的贡献，首先必须获得所研究声子的模式，声子的行为取决于动态平衡结构（所有原子上的力为零）的原子间势和质量。具体地说，振动频率和模态振型取决于势对原子位移的二次空间导数，而允许它们相互交换能量的模态之间的相互作用取决于势的更高的（非谐波）导数。为了清楚地阐明势的谐波部分和非谐波部分的含义，在笛卡儿方向上用原子位移对势能面进行泰勒展开是有指导意义的，从而得到泰勒展开势：

$$U = \frac{1}{2}\sum_{ij,\alpha\beta}\Phi_{ij}^{\alpha\beta}u_i^\alpha u_j^\beta + \frac{1}{3!}\sum_{ijk,\alpha\beta\gamma}\Psi_{ijk}^{\alpha\beta\gamma}u_i^\alpha u_j^\beta u_k^\gamma + \cdots \quad (3\text{-}7)$$

式中，U 为原子间势；$\Phi_{ij}^{\alpha\beta}$ 和 $\Psi_{ijk}^{\alpha\beta\gamma}$ 分别为二阶和三阶的原子间作用力常数。

为了确定声子某个模式的频率和模型（与其他模型无非谐波的相互作用），需要通过谐波的泰勒展开势计算相互作用的原子系统的运动方程，并将这些谐波运动方程改写为特征值的矩阵形式：

$$\omega^2(k,n) \cdot e(k,n) = D(k) \cdot e(k,n) \quad (3\text{-}8)$$

式中，频率 ω 为特征值的平方根，特征向量 e 描述了不同模式下声子色散关系的曲线（在同一条色散曲线上，可能简并了多个模态）[65]。动力学矩阵 $D(k)$ 描述了系统中的原子质量与键强的相互关系，其中每一个元素都包含如式（3-8）所示的笛卡儿分量：

$$D_{\alpha\beta}(jj',k) = \frac{1}{\sqrt{m_j m_{j'}}}\sum_{l'}\Phi_{\alpha\beta}\begin{pmatrix}jj'\\ll'\end{pmatrix} \cdot e^{i\mathbf{k}\cdot[\mathbf{r}(j'l')-\mathbf{r}(jl)]} \quad (3\text{-}9)$$

式中，原子 j 在晶胞 l 内；原子 j' 在晶胞 l' 内；$\Phi_{\alpha\beta}\begin{pmatrix}jj'\\ll'\end{pmatrix}$ 代表了二阶原子间作用力常数。

在周期性系统中，单个晶胞内的原子是可区分的，以晶胞为单元不断重复，它们对于确定波长的波动方程有着相同的解，这个波长由声子的波矢决定。

分子动力学的方法在导热领域，常用于计算热导率与界面热导（thermal interfacial conductance），主要有两种常用方法：平衡分子动力学（equilibrium molecular dynamics），非平衡分子动力学（non-equilibrium molecular dynamics）。对于平衡分子动力学，系统首先在某个温度和压力下实现热力学平衡，除了微扰外不存在能量或温度梯度[66]。其以格林-久保公式（Green-Kubo formula）为基础，计算热流自相关函数的傅里叶变换[67]。可能在较长的时间里，计算的信噪比都可能不利于自相关函数，因而很难收敛，需要的时间成本较大[68]，且对于非平衡态的输运过程，误差较大。至于非平衡分子动力学，可以通过设置温度、压力、能量等变量或外加热流维持，通常用边界条件引入这些参量，且参量一般需要保持稳态以简化计算过程[69]。但因在计算过程中，瞬时的热流密度波动很大，很有可能会导致收敛速度非常缓慢。逆非平衡分子动力学（reverse non-equilibrium molecular dynamics）采用先施加一个已知热流并求解系统的温度梯度，将缓慢收敛的热流密度变成已知条件，尽管系统温度梯度仍然需要大量时间计算，但相对于先前，计算速度有了显著提高[69-71]。2013 年，趋向平衡的分子动力学（approach to equilibrium molecular dynamics）开发成功，用于计算材料热导率。该方法通过首先加热系统的一部分，使其相对另一部分有一定的温升后，允许系统向热平衡方向进行移动，并在此过程中计算两个部分的温度随时间的变化[72]。相对于前两种方法，该方法有三个优势：①依据材料尺寸的不同，平衡时间只有 0.1～1000ps 的量级，大大节约了计算时间成本；②不需要预先定义输入系统的能量通量，从而减少了相关的计算过程；③对于系统扩展部分温度分布的计算结果与实际符合得更好。

实际上，由于分子动力学的计算过程没有从头计算原子间相互作用力，而是利用传统的经验模型或者经典力场计算获得的，因此在多原子计算过程中，误差主要出现在势函数的确定上。考虑到这一点，基于第一性原理的分子动力学（ab initio molecular dynamics）[73]，结合了第一性原理和分子动力学的优点，先通过第一性原理，准确确定出势函数，然后通过格林-久保公式，进行相关稳态分子动力学的计算[74]。此外，相较传统的第一性原理利用施加微扰计算势函数的方法，近期有工作提供了一种温度相关的有效势（temperature-dependent effective potential）计算方法，该方法基于在有限温度下计算出的势能和原子间力的二阶哈密顿量，在进行谐性估计时，保留了非谐性效应的部分，将其非谐性效应随温度的变化关系计算出来[75-76]，从而得到声子色散关系和自由能随温度的变化规律。且在布里渊区的边界处，通过该方法计算得到的声子色散关系比传统的第一性原理计算更精确，这在非谐性效应较强的体系里表现更加明显[77,78]。

3.2.2 有限元分析

自从计算机出现以来，有限差分法（finite difference method，FDM）和有限元法（finite element method，FEM）是普遍使用的数值分析方法，并在实际工程中获得了极大的成功。有限差分法有很多优点，特别是它在概念上比较简单和易于实现。有限差分法可以直接应用于微分方程，通过差分表达式对微分方程进行近似求解；有限差分法的限制是求解区域需划分成直线单元；因此，对于许多问题，边界必须进行近似，网格分割必须规则。而有限元法不受这些条件的限制，真正能够对区域边界进行精确模拟。如果必要的话，可将求解区域划分成一系列简单非交叉的各种尺寸的面积单元或体积单元，这些单元的边界可以是直线或曲线；微分方程中的场量，也可根据选择的插值函数在单元内变化。有限元法具有高度的灵活性，如使用较少单元的高阶插值，或使用大量单元的线性插值，均可得到精确的结果。基于这些优点，有限元法越来越多地成为分析复杂热传导问题首选的数值分析方法，并具有无可匹敌的求解精度和自适应性，成为当代工程设计的主要工具之一[48]。

下面主要介绍用于求解热传导的两种常用的有限元分析方法。

1. Rayleigh-Ritz 方法

常见的物理问题都可通过变分的形式表示，其积分形式，即泛函，包含相关微分函数，也可通过求泛函的极值方法求解其微分方程。尽管许多问题可以用微分方程表达，但并不是所有问题都能用变分原理表示。幸运的是热传导问题的微分方程可以用变分原理表示[48]。考虑二维空间的热传导问题（各向同性），其微分形式为

$$\frac{\mathrm{d}}{\mathrm{d}x}\left(k\frac{\mathrm{d}T}{\mathrm{d}x}\right) + \frac{\mathrm{d}}{\mathrm{d}y}\left(k\frac{\mathrm{d}T}{\mathrm{d}y}\right) + q = 0 \tag{3-10}$$

式中，k 为热导率，$W/(m \cdot K)$；q 为输入系统的总热流密度，W/m^2；该方程被称为欧拉-拉格朗日方程。若定义边界曲线为：

$$\varGamma = \varGamma_q + \varGamma_T \tag{3-11}$$

则边界条件即为：在 $\varGamma_T$ 上温度等于环境温度 T_0，K，一般称为基本边界条件，在 $\varGamma_q$ 上温度梯度的变化遵循傅里叶定律[式(3-1)]，称其为自然边界条件。式(3-10)中关于 T 的泛函形式可以写为：

$$\varPi(T) = \int_{\varOmega}\left[\frac{k}{2}\left(\frac{\mathrm{d}T}{\mathrm{d}x}\right)^2 + \frac{k}{2}\left(\frac{\mathrm{d}T}{\mathrm{d}y}\right)^2 - qT\right]\mathrm{d}\varOmega + \int_{\varGamma_q} QT\mathrm{d}\varGamma \tag{3-12}$$

式中，$\varPi(T)$ 为温度的泛函函数；Q 为通过边界的平均热流密度，W/m^2；$\varGamma$ 为系统的边界。

根据格林定律，可以将方程改写为：

$$\int_{\Gamma_\Omega} A \frac{\mathrm{d}B}{\mathrm{d}x} \mathrm{d}x\mathrm{d}y = -\int_{\Gamma_\Omega} B \frac{\mathrm{d}A}{\mathrm{d}x} \mathrm{d}x\mathrm{d}y + \oint_\Gamma ABn_x \mathrm{d}\Gamma \tag{3-13}$$

$$\int_{\Gamma_\Omega} A \frac{\mathrm{d}B}{\mathrm{d}y} \mathrm{d}x\mathrm{d}y = -\int_{\Gamma_\Omega} B \frac{\mathrm{d}A}{\mathrm{d}y} \mathrm{d}x\mathrm{d}y + \oint_\Gamma ABn_y \mathrm{d}\Gamma \tag{3-14}$$

式中，A、B 为相关微分方程；n_x、n_y 分别为平面上 Γ 边界外法向量的余弦分量，将其沿着 Γ 边界逆时针积分可以得到：

$$n_x \frac{\mathrm{d}A}{\mathrm{d}x} + n_y \frac{\mathrm{d}A}{\mathrm{d}y} = \frac{\mathrm{d}A}{\mathrm{d}n} \tag{3-15}$$

将式（3-13）、式（3-14）与式（3-15）代入到式（3-12），考虑到 Γ_T 的边界上温度不变，可以得：

$$\delta\Pi(T) = \int_{\Gamma_q} \Lambda \left(\frac{\mathrm{d}T}{\mathrm{d}n} + Q \right) \delta T \mathrm{d}\Gamma + \int_\Omega \left[\frac{\mathrm{d}}{\mathrm{d}x}\left(k\frac{\mathrm{d}T}{\mathrm{d}x}\right) + \frac{\mathrm{d}}{\mathrm{d}y}\left(k\frac{\mathrm{d}T}{\mathrm{d}y}\right) + q \right] \delta T \mathrm{d}\Omega \tag{3-16}$$

式中，δT 为任意值。这样，就不用直接求解微分方程（3-12），而是在满足基本边界条件和自然边界条件的情况下，通过最小化其泛函数值解决该二维稳态热传导问题[48]。

2. 伽辽金加权残数法

对于许多连续区域的求解问题，通常采用加权残数法。因为基于变分原理的 Rayleigh-Ritz 方法虽然可以很快得到其微分方程，但求其泛函数过于困难。

与 Rayleigh-Ritz 法相同，加权残数法也考虑了二维稳态导热问题，在数值解逼近的过程中引入残数（或称为误差）：

$$R_\Omega = \frac{\mathrm{d}}{\mathrm{d}x}\left(k\frac{\mathrm{d}\bar{T}}{\mathrm{d}x}\right) + \frac{\mathrm{d}}{\mathrm{d}y}\left(k\frac{\mathrm{d}\bar{T}}{\mathrm{d}y}\right) + q \tag{3-17}$$

式中，$\bar{T}$ 包含基函数并且在边界 Γ_T 上满足狄利克雷边界条件，即 $\bar{T}$ 等于环境温度。

在计算过程中，残数越小，则逼近解就越接近真实值，使得余数尽量接近 0，即需要满足式（3-18）：

$$\int_\Omega W_i R_\Omega \mathrm{d}\Omega = 0, \quad i = 1, 2, \cdots, M \tag{3-18}$$

式中，W_i 称为权函数，计算时通过调整 R_Ω（残数）中的基函数的自由参数来满足上述积分趋向于 0 的目标。

关于边界条件，可以用如下的方法进行处理，定义为：

$$R_{\Gamma_q} = \Lambda \frac{\mathrm{d}\bar{T}}{\mathrm{d}n} + Q \tag{3-19}$$

为 Γ_q 边界上的余数，它满足要求

$$\int_{\Gamma_q} \overline{W}_i R_{\Gamma_q} \mathrm{d}\Omega = 0, \quad i = 1, 2, \cdots, M \quad (3\text{-}20)$$

式中，$\overline{W}_i$ 为边界上的权函数。

通过设置 Γ_T 上 $W_i = 0$ 和 Γ_q 上 $\overline{W}_i = -W_i$，并将式（3-18）与式（3-20）相加后，再利用格林引理可得：

$$-\int_\Omega \left[\frac{\mathrm{d}W_i}{\mathrm{d}x}\left(k\frac{\mathrm{d}\overline{T}}{\mathrm{d}x}\right) + \frac{\mathrm{d}W_i}{\mathrm{d}y}\left(k\frac{\mathrm{d}\overline{T}}{\mathrm{d}y}\right)\right]\mathrm{d}x\mathrm{d}y + \int_\Omega W_i q \mathrm{d}x\mathrm{d}y - \int_{\Gamma_q} \overline{W}_i Q \mathrm{d}\Gamma = 0 \quad (3\text{-}21)$$

这就是人们熟知的稳态热传导方程的弱形式。利用该弱形式可以得出传热问题的近似解，即首先选用合适的基函数代替真实解。基函数的形式如下：

$$\overline{T} = C_0 + \sum_{i=1}^{\infty} C_i N_i(x, y) \quad (3\text{-}22)$$

式中，C_0 为可调节的自由参量。

接着，在 Γ_q 边界条件中选取合适的权函数，目前常用的方法是"把基函数自身当作权函数"[79]。对于伽辽金加权残数法，二维热传导方程的弱形式可表示为：

$$\int_\Omega \left[\frac{\mathrm{d}N_i}{\mathrm{d}x}\left(k\frac{\mathrm{d}\overline{T}}{\mathrm{d}x}\right) + \frac{\mathrm{d}N_i}{\mathrm{d}y}\left(k\frac{\mathrm{d}\overline{T}}{\mathrm{d}y}\right)\right]\mathrm{d}x\mathrm{d}y - \int_\Omega N_i q \mathrm{d}x\mathrm{d}y + \int_{\Gamma_q} N_i Q \mathrm{d}\Gamma = 0 \quad (3\text{-}23)$$

由于该法最早由伽辽金（B. G. Galerkin，1871—1945）使用，因而又称为伽辽金方法。

因此，Rayleigh-Ritz 方法和伽辽金方法的实质都是求解近似解，对于实际问题，两种方法得到的答案形式可能不同，但结果一致。

3.2.3 蒙特卡罗模拟

蒙特卡罗方法也称为统计实验法或统计模拟法，是 20 世纪 40 年代中期随着科学技术的发展和电子计算机的发明而问世的以概率统计理论为指导的一类非常重要的数值计算方法。蒙特卡罗方法的基本原理：当所要求解的问题是某种事件出现的概率或者是某个随机变量的期望值时，可以通过某种"试验"的方法，得到这种事件出现的频率，或这个随机变量的平均值。并将它们作为问题的近似解[80]。

蒙特卡罗方法主要有三个步骤：①构造或描述概率过程；②从已知概率分布进行抽样；③建立估计量[81]。该方法可以用于求解热传导方程的边值问题，主体思路：根据实际问题建立合适的概率统计模型，模拟边界条件，对模型进行大量的随机抽样，根据其平均值作为所求方程的平均解。由于蒙特卡罗方法以大量实验次数作为基础，无疑计算结果的准确性也与其关系密切，因此，大规模的计算量是必不可少的。同时，蒙特卡罗法在解声子玻尔兹曼传输方程的时，也可以代替弛豫时间近似进行计算，并随着实验次数的增加，相对弛豫时间近似也拥有更加准确的描述[82-83]。

3.3 低维热传导有关计算

纳米尺度的热输运是纳米系统和纳米结构材料的功能和稳定性的关键能量学过程，在能量管理、转化等诸多应用领域都具有广阔的前景。本节主要介绍微纳尺度下热传导的有关计算，主要包括固相热界面体系、固相多孔介质体系与微观固液体系等相关工作。

3.3.1 固相热界面体系

在传统的界面热输运模型中，界面通常被认为是两个半无限体之间的平面，而界面本身的信息往往被忽略掉[84]。但在实际过程中，热流在两个互相接触的材料之间并不能百分百传递，这就引入了界面热阻（interfacial thermal resistance）的概念。界面热阻又称为卡皮查热阻（Kapitza resistance），由于不同材料的电子和振动性质不同，当能量载流子（声子或电子，视材料而定）试图穿过界面时，它将在界面处发生散射效应，散射后载流子透射的概率取决于界面两边材料的可用能态[85]。有时也使用界面热导代替界面热阻，二者互为倒数，类似于电阻与电导之间的关系，其表达式如下：

$$Q = \frac{\Delta T}{R} = G\Delta T \tag{3-24}$$

式中，R 为界面热阻，$m^2 \cdot K/W$；G 为界面热导，$W/(m^2 \cdot K)$，定义为单位温升下通过界面的热流密度大小。

界面对材料的性能有很大的影响，尤其是对纳米级系统，界面对材料的性能影响更显著。因而了解两种材料界面处的热阻对研究其热性能具有重要意义。自 20 世纪 50 年代以来，解释界面热导的理论主要有广泛使用的声学失配模型（acoustic mismatch model）和扩散失配模型（diffusive mismatch model）[84, 86]。这两个模型以声子的弹性散射为基础，界面热导的计算公式如下：

$$G = \frac{h\omega}{4\pi} \sum_j \int_0^{\frac{\pi}{2}} \int_0^{\omega_j^c} \frac{dD_j(\omega,T)}{dT} v_j \alpha_j \times \cos\phi \sin\phi d\phi d\omega \tag{3-25}$$

式中，$h = 6.6261 \times 10^{-34}$ J·s，为普朗克常数；ω 为声子的频率，Hz；v 为声子的群速度，m/s；D 为声子的态密度函数乘上玻色占位系数（Bose occupation factor）；α 为声子从一个界面传输到另一个界面的概率[84]。

下面分别介绍如何利用两个模型，计算声子在两种材料界面之间的传输概率。

1. 声学失配模型

声学失配模型以界面两侧材料中声子的匹配度为基础，假设界面上声子发生散射时，处于局部的热平衡态，因此，局部温度是其需要考虑的因素。在声学失配模型中，唯一必要的简化假设是声子被视为平面波，且声子在材料中传播的边界条件被视为连续的（不考虑晶格的边界）。对于波长远远大于典型原子间空间的声子，这种近似是准确的。在该假设下，当声子入射到界面上时，有可能发生以下几个过程：声子发生镜面反射、声子在反射的过程中伴有模式转换、声子穿透界面与声子在穿透界面的过程中伴有模式转换。在这样的情况下，传输概率 α 即为穿透界面的部分与入射总声子数量的比值。基于此理论，类比于光在镜面发生透射，传输概率主要由界面两侧材料声阻的比值决定：

$$\alpha_{\text{AMM}} = \frac{4Z_1 Z_2}{(Z_1 + Z_2)^2} \tag{3-26}$$

式中，Z_1 与 Z_2 为界面两侧材料的声阻，$\text{kg}/(\text{m}^2 \cdot \text{s})$。

实际上，传输概率还与入射角 ϕ 有关，即，入射方向不同，声阻也会发生变化，从而导致最终传输概率的变化。该模型在温度<7 K 的情况下，可以较为准确地计算界面热导。

然而，由于声学失配模型以弹性散射为基础，并假设界面为一个完美镜面，但在实际情况下，杂质、缺陷以及界面的粗糙程度等因素都会影响界面热导，因此，声学失配模型预测的声子界面热导只可当作该体系的上限[84]。

2. 扩散失配模型

声学失配模型中有一个很重要的假设为镜面是完美的，不存在漫反射现象；但相关工作指出，常见的镜面对高频率声子（>100GHz）有散射作用，即界面并非完美，这一过程会在一定程度上降低界面热导。因此，扩散失配模型被提出用于解释该现象的影响。

在扩散失配模型中，完全反射性的假设被相反的极端所取代；即所有声子在界面上传输过程都是完全的漫反射，并假设界面上的声学相关性被漫散射完全破坏。也就是，界面一侧的声子只能传播到另一侧具有相同频率的声子中，且被界面散射的声子对于入射前的模式和传播方向并没有记忆；同时，界面两边的材料具有各向同性。因此，传输概率的唯一决定因素是声子态密度；换言之，传输概率是由声子态密度之间的不匹配决定的，表达式如下：

$$\alpha_{\text{DMM}} = \frac{\sum_j v_{2,j}^{-2}(\omega, T) \cdot D_2(\omega, T)}{\sum_j v_{1,j}^{-2}(\omega, T) \cdot D_1(\omega, T)} \tag{3-27}$$

可以看出，在该模型下，传输概率只与声子群速度和态密度有关。相比于声学失配模型，该模型在温度>15 K 的情况下，界面热导的预测更为准确。但随着温度升高（如高于形成界面两材料的最低德拜温度）时，扩散失配模型预测的界面热导，经常会出现低于实验值的情况[84]。这种现象的出现，一方面源于在材料的生长过程中界面存在一定的缺陷，使得实验测量的界面热导难以达到理论预测值；另一方面则是由于相对于扩散失配模型作为界面热导预测的上限，声学失配模型往往作为预测声子界面热导的下限[87]。

实际上，由于声学失配模型和光学失配模型具有同一个假设，即声子在界面上的传输是弹性的，这意味着界面透过与反射的声子与入射的声子的频率相同。在声学失配模型中，弹性输运预测，当界面的声子都被激发时，界面热导将随着温度不断增长，并在温度高于形成界面两种材料中较低的德拜温度时趋于饱和[88-90]，且两材料的声子谱匹配程度和其德拜温度有关。一般来说，德拜温度越相似，声子谱就越匹配。但在实际的传输过程中，人们发现声子通过界面的传输并非都是弹性的，尤其在声子谱不匹配的两种材料界面中，透射声子的频率与入射声子的频率不同，这是界面声子的非弹性输运。而由非弹性过程中引入的非谐性，在声子界面传输的过程中有非常重要的作用[89,91]。相关计算指出，在 500 K 以上的温度时，界面的非弹性声子输运（inelastic phonon transport）将占据主导作用[89]。在某些特殊体系如 Si/Ge 的界面中，非弹性声子输运甚至在常温下都能贡献 50%的界面热导[92]。界面锐度强烈影响声子输运过程。对于原子锐利的界面，声子允许非弹性输运，界面热导在高温下线性增加。相关实验也说明，德拜温度相似的两种材料的界面（Al/Si 和 Al/GaN），在高温下，也有相当一部分声子将非弹性地穿过它们的界面，显著增强界面热导。且在弥散界面中，非弹性声子输运减弱[93]。

3.3.2　固相多孔介质体系

多孔材料目前是备受关注的材料体系，在航空、航天、冶金、化工、建材、机械和能源等多个领域都占据了不可或缺的地位。其中，导热能力是多孔材料的重要物性参数，是其应用广泛的关键之一。从热传导的角度看，多孔材料可以认为是一种二元系统，由固相的骨架和空气这两部分组成，有效热导率（effective thermal conductivity）是用来综合表征多孔材料导热能力的重要参数[94-95]。

然而，预测多孔材料的有效热导率是一项复杂的工作，它不仅与固相骨架的组分性质和孔隙率有关，还与其结构有关。接下来，将介绍几个用于计算多孔材料热导率的基本模型。

1. 串联与并联模型

在串联与并联模型（series and parallel model）中，固体介质与空气以层状结构叠加而形成非均质的复合材料，热流从上到下经过其中的每一层。根据热流方向与层状叠加方向上的关系，该模型分为串联与并联两种形式，如图 3-5（a）所示。在该模型下，复合材料的有效热导率和空气部分占据全部材料的体积分数有关，其表达式如下，

并联：$k_{有效} = k_{空气}V_{空气} + k_{固体}(1-V_{空气})$ （3-28）

串联：$\dfrac{1}{k_{有效}} = \dfrac{V_{空气}}{k_{空气}} + \dfrac{(1-V_{空气})}{k_{固体}}$ （3-29）

式中，$V_{空气}$ 为空气的体积分数；$k_{有效}$、$k_{空气}$ 和 $k_{固体}$ 分别为多孔材料有效热导率、空气热导与固体骨架热导率。

对于实际的立方多孔材料体系，其内部结构可以简化为串联–并联复合而成，其建模方法主要有两种，先串联后并联（series-parallel）与先并联后串联（parallel-series），如图 3-5（b）所示。这两种模型最主要的区别是，热流在网格角落的处理方式不同。在先串联后并联的过程中，将网格角落处的热流看作被空气隔离，而在先并联后串联的过程中，网格角落处的热流则视为水平层的一部分。根据简单的计算，两种方式计算出的有效热导率如下所示：

先串联后并联：$k_{有效} = k_{固体}\left(1 - V_{空气}^{\frac{2}{3}}\right) + \dfrac{k_{固体}V_{空气}^{\frac{2}{3}}}{k_{空气} + \left(k_{固体} - k_{空气}\right)V_{空气}^{\frac{1}{3}}}$ （3-30）

先并联后串联：$k_{有效} = k_{固体}\dfrac{k_{固体} + \left(k_{固体} - k_{空气}\right)V_{空气}^{\frac{2}{3}}}{k_{固体} - \left(k_{固体} - k_{空气}\right)\left(V_{空气}^{\frac{2}{3}} - V_{空气}\right)}$ （3-31）

由先串联后并联的计算方式给出该模型预测的最低值，从先并联后串联的方式给出该模型预测的最高值[96]。

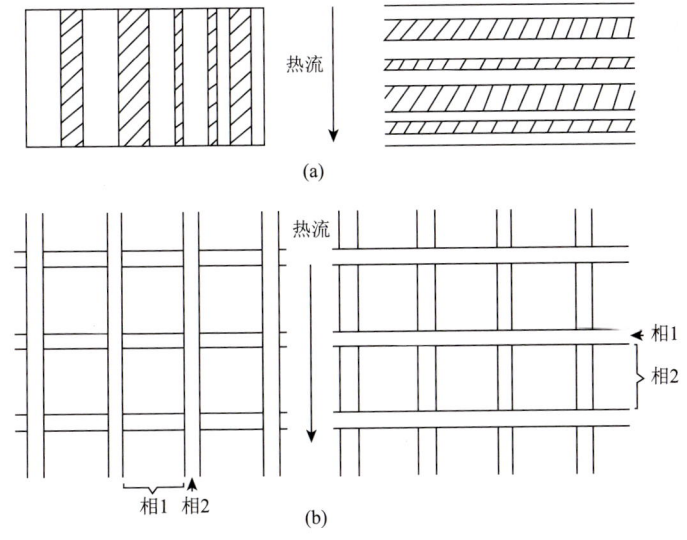

图 3-5　（a）串联（左）与并联（右）模型结构示意图；（b）立方多孔材料中，先串联后并联（左）计算有效热导率与先并联后串联（右）计算有效热导率[96]

2. Maxwell-Eucken 模型

在多孔材料的模拟中，Maxwell-Eucken 模型假设空气以气泡形式均匀分散到骨架材料中，且每个气孔均不互相连通，结构如图 3-6（a）所示。该方法以麦克斯韦（J. C. Maxwell，1831—1879）提出的球状介质嵌入另一介质中的近似估计方程为基础[97]，利用奥伊肯（A. T. Eucken，1884—1950）的均相扩散模型[98]计算多孔材料的有效热导率，其表达式如下[99]：

$$k_{有效} = k_{固体} \frac{2k_{固体} + k_{空气} - 2(k_{固体} - k_{空气})V_{空气}}{2k_{固体} + k_{空气} + (k_{固体} - k_{空气})V_{空气}} \quad (3-32)$$

相对于传统串联-并联模型中的网格均匀划分，该模型表示一种均匀介质分散在另一介质中，由于没有气孔之间的相互接触，因此在预测多孔材料有效热导率时，也可以作为其上限的预测[100]。

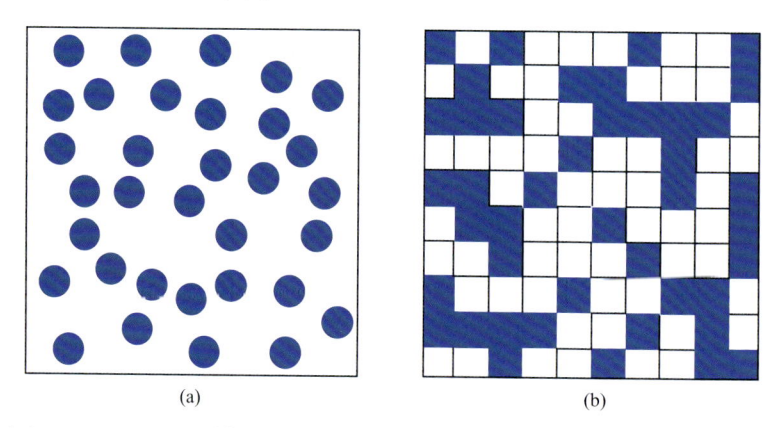

图 3-6 （a）Maxwell-Eucken 模型中模拟气体分子分散到固体中的结构，其中蓝色部分代表气体分子；(b) 等效介质理论模型中模拟两相混合的结构[99]

3. 等效介质理论模型

在等效介质理论（effective medium theory）模型中，材料的两种组分既不形成规律性网格，也不形成均匀扩散；且其两相之中，每一相各自之间既不一定连续，也不一定分散，如图 3-6（b）所示。该模型最初用于计算双相金属材料中的有效电阻率[101]。对于多孔材料体系，其两种组分即为空气与固体框架，至于每种组分是否能够形成有效导热路径，取决于该组分所占据的比例，其计算公式如下[99]：

$$(1-V_{空气})\left(\frac{k_{固体} - k_{有效}}{k_{固体} + 2k_{有效}}\right) + V_{空气}\left(\frac{k_{空气} - k_{有效}}{k_{空气} + 2k_{有效}}\right) = 0 \quad (3-33)$$

相比于前两个模型，该模型在计算中与实际多孔材料的结构更加吻合，结果往往更接近于真实值。

4. 边界接触模型

上述三个模型，均是依据材料气孔分布的情况，进行简单的建模与估算获得其有效热导率。但实际上，对于复杂的结构，采用这些方法计算得到的热导率与实际差别很大。因此需要更加详细且精确的方法，从材料的结构入手，计算获得多孔结构的有效热导率[95]。

在边界接触模型中，固体骨架中的气孔为球体，且球体与球体之间可能会发生有限的面积接触，即气孔的球体并不是完美的。多孔材料的结构建模如图 3-7 所示，主要包括三部分：固体骨架部分（环柱），气体部分（圆柱）与固体–气体接触层（球体去除中心圆柱）。依据各部分占据的体积分数计算，则

$$k_{有效} = \left(1 - \frac{1}{R^2}\right)k_{空气} + \left(\frac{1-r^2}{R^2}\right)k_{接触} + \left(\frac{r}{R}\right)k_{固体} \quad (3-34)$$

式中，R 为气孔球的半径；r 为气孔球接触时接触部分的半径；$k_{接触}$ 为接触部分的有效热导率，即：

$$k_{接触} = 2k_{空气}(1+\beta B)^2 \int_0^1 \frac{(1+\beta)Bz\mathrm{d}z}{\left[1 + \left(\dfrac{k_{空气}}{k_{固体}} - 1\right)z\right]\left[(1+\beta)B - (B-1)z\right]^3} \quad (3-35)$$

式中，β 为球面的变形系数，量纲为一，用于描述气孔的球体的非球形形状；B 为固体的形状因数，量纲为一，用于表示固体骨架在整个坐标系中的占比：当其趋于 0 时，气孔在固体中没有占比；当其为 1 时，表示整个固体骨架是球形；当其趋于无穷时，表示固体骨架充满整个坐标系。

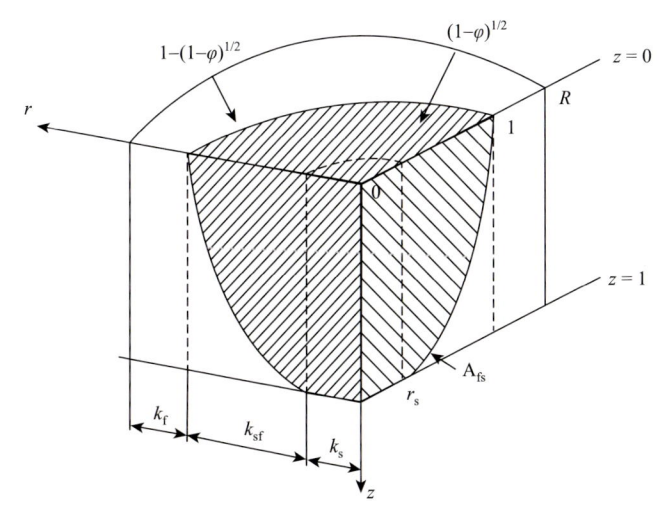

图 3-7 边界接触模型中多孔材料的结构建模[102]

这样，就可以利用解析几何得到多孔材料的有效热导率，即使对于形状不是完美球形的小孔，甚至小孔间包含互相接触等情况，该模型也可以将其有效热导率较为准确地预测出来[102]。

5. 基元法

基元法是将多孔材料的结构简化为一个具体基元结构，这个基元结构由固体骨架和内部的空气组成。下面以广泛研究的多孔材料——气凝胶为例，进行计算。

气凝胶是一种开孔纳米多孔介质，具有三维网络微观结构，如图 3-8（a）所示。通过基元法，可以将其简化为一个立方纳米球阵列，其基元骨架如图 3-8（b）所示，骨架内部填充满了气体。

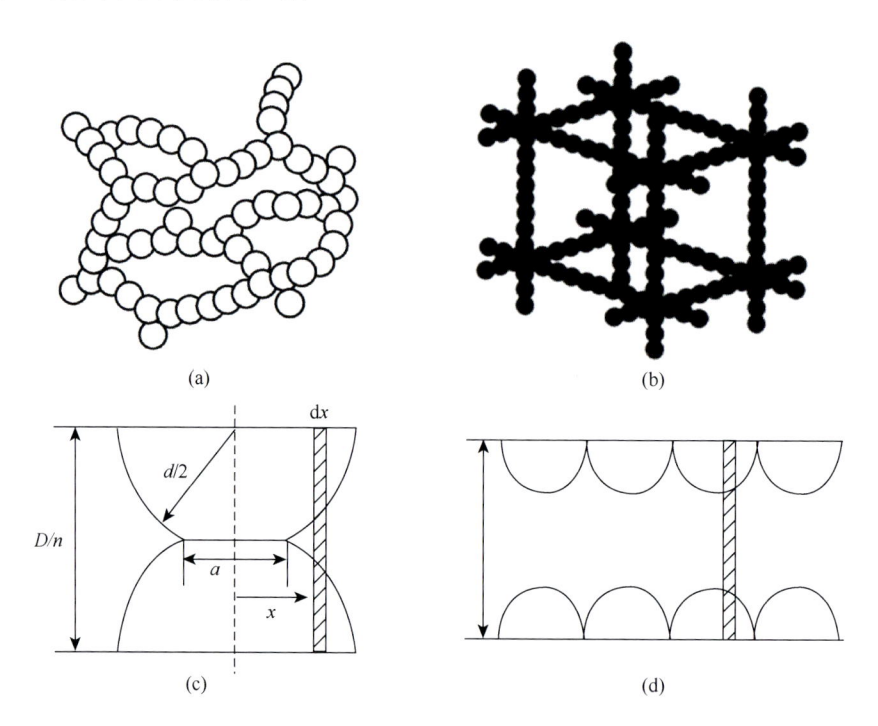

图 3-8　（a）气凝胶结构示意图；（b）基元法简化气凝胶骨架结构示意图；（c）两接触纳米球之间热传导建模；（d）热流在气体与骨架之间传导示意图[103]

考虑基元从底部到顶部表面的一维热传导过程，能量 Q 在固体骨架和气体中传导传递。这里，能量 Q 由四个部分组成：Q_1，间隙中的气体传递，与固体接触的两个球体传递；Q_2，球体直接与固体接触而转移；Q_3，通过气体从底部的球体转移到顶部的球体；Q_4，基元内的气体传递[97]。各项能量的表达式如下[103]：

$$Q_1 = \int_{\frac{a}{2}}^{\frac{d}{2}} \frac{\left(\frac{\Delta T}{n}\right) 2\pi x \mathrm{d}x}{\dfrac{2\sqrt{\dfrac{d^2}{4}-x^2}}{k_{\text{固体}}} + \left[\dfrac{D}{n} - \dfrac{2\sqrt{\dfrac{d^2}{4}-x^2}}{k_{\text{空气}}}\right]} \quad (3\text{-}36)$$

$$Q_2 = \frac{\pi a^2 \Delta T k_{\text{固体}}}{4D} \quad (3\text{-}37)$$

$$Q_3 = \int_0^{\sqrt{\frac{d^2-a^2}{4}}} \frac{2(n-1)\Delta T 2\pi x \mathrm{d}x}{\dfrac{2\sqrt{\dfrac{d^2}{4}-x^2}}{k_{\text{固体}}} + \dfrac{D-2\sqrt{\dfrac{d^2}{4}-x^2}}{k_{\text{空气}}}} \quad (3\text{-}38)$$

$$Q_4 = \frac{(D-d)^2 \Delta T k_{\text{空气}}}{D} \quad (3\text{-}39)$$

式中，a 是两个纳米球之间的接触直径，m；D、d 与 x 是基元[图 3-8（c）与图 3-8（d）]中的结构参数，m；n 是组成每支骨架的圆球数。

由此可以得出，气凝胶有效热导率[103]的表达式为：

$$k_{\text{有效}} = \frac{Q_1 + Q_2 + Q_3 + Q_4}{\Delta TD} \quad (3\text{-}40)$$

相对于边界接触模型，基元法更适合气体体积占据较大比例的结构，因为该模型的基础是较细的骨架与充分的气体填充。对于具体的多孔材料，通过合适模型的选取，可更大程度地提高所预测有效热导率的准确率。

3.3.3 微观固液体系

随着科学技术的进步，高能微电子设备的尺寸趋于小型化，运行时在单位体积内产生的热能越来越高。采用流体散热，其中一个主要的限制是传统传热流体的热导率比金属低两个数量级。因此，使用固体颗粒作为添加剂悬浮于基流体中是一种有前途的、可以提高传热流体导热能力的技术。由于传统的毫米、分米级粒子悬浮在液体中往往会快速沉降或引起设备的堵塞，显然不宜。纳米流体（nanofluid）由直径<100 nm 的固体颗粒悬浮在流体中组成，这种类型的工作流体显示出极高的传热性能。不同类型纳米流体热导率的实验数据表明，在体积分数相同的情况下，颗粒越小，有效热导率越高[104]。

纳米流体的热导率的计算，需从流体的热传输方程着手，并考虑常见流体黏度和密度恒定的不可压缩流动情况（即忽略体积变化引起的黏性效应），流体在温度场驱动下的能量方程可表示为

$$A\nabla \cdot \left(\rho_{流体} C_p \boldsymbol{v}_{流体} T \right) = \nabla \cdot \left(k_{流体} T \right) + \varphi \quad (3-41)$$

式中，$v_{流体}$ 为流体的速度矢量，m/s；C_p 为流体的定压热容，J/(kg·K)；$\rho_{流体}$ 为流体的密度，kg/m³；$k_{流体}$ 为液体的热导率，W/(m·K)；φ 为液体的黏性耗散函数，来自牛顿不可压缩黏性流体中黏性力做的功，其表达式为：

$$\varphi = \mu_{流体} \left\{ 2\left[\left(\frac{dv_x}{dx}\right)^2 + \left(\frac{dv_y}{dy}\right)^2 + \left(\frac{dv_z}{dz}\right)^2 \right] + \left(\frac{dv_x}{dy} + \frac{dv_y}{dx}\right)^2 + \left(\frac{dv_z}{dy} + \frac{dv_y}{dz}\right)^2 + \left(\frac{dv_x}{dy} + \frac{dv_z}{dx}\right)^2 \right\} + \lambda\left(\nabla \cdot v_{流体}\right)^2 \quad (3-42)$$

式中，$\mu_{流体}$ 为流体黏度，单位是 kg·s/m；λ 为第二黏度系数[105]。基于以上分析，关于纳米流体热导率的计算主要有两种方式：单相法与两相法。

1. 单相法

对于单相法而言，纳米流体本质上是固-液两相流体，然而，对于某些条件下的数值模拟，可以做出一些适当的假设，将纳米流体建模为单相流体。在单相模型中，控制方程只针对有效液相求解[105]，主要模型有：均相模型、热分散模型与 Buongiorno 模型。

1）均相模型（homogeneous model）

模拟纳米流体流动最简单的方法是均匀模型。该模型的主要假设有三点：基液和纳米颗粒之间的滑移可以忽略不计；固体颗粒尺寸超细，均匀分散在基流体中；固相和流体相处于热平衡状态。上述假设意味着流体和固体颗粒之间的任何界面力和热交换可以忽略不计。因此，纳米颗粒与基液的混合物可视为具有一定有效材料性质的单相连续体。图 3-9 表明纳米流体在管内流动的单相流近似，在这种情况下，只需计算纳米流体热物理性质与基流体性质的比值，就可以简单地估计流体被强化的传热能力，利用该模型，纳米流体的努塞尔数计算如下所示：

$$\frac{Nu_{nf}}{Nu_{流体}} = \left(\frac{\Lambda_{nf}}{\Lambda_{流体}}\right)^{-m} \left(\frac{\mu_{nf}}{\mu_{流体}}\right)^{-m} \left(\frac{c_{nf}}{c_{流体}}\right)^{-m} \left(\frac{\beta_{nf}}{\beta_{流体}}\right)^{-m} \left(\frac{\rho_{nf}}{\rho_{流体}}\right)^{-m} \quad (3-43)$$

式中，Nu 为努塞尔数，量纲为一，是流体里热量通过热对流与热传导传输的比例；β 为流体的热膨胀系数，K^{-1}；m 的值取决于具体问题中的流体的几何形状和边界条件[105]。

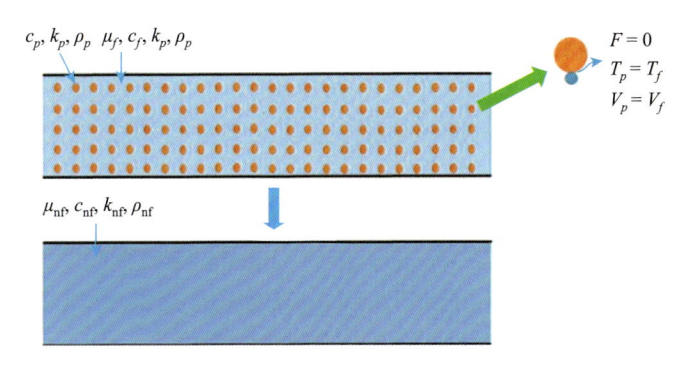

图 3-9　均相模型结构示意图[105]

2）热分散模型

热分散模型是对均相模型的修正。在该模型下，由于纳米固体粒子的随机和不规则运动提高了纳米流体中的能量交换率，体现在流体速度与温度的扰动上，如式（3-44）、式（3-45）所示：

$$v_{nf} = \overline{v} + v' \tag{3-44}$$

$$T = \overline{T} + T' \tag{3-45}$$

式中，v' 和 T' 为速度和温度的微扰项；$\overline{v}$ 和 $\overline{T}$ 为纳米粒子无序运动的速度与温度平均值。在忽略纳米颗粒和流体边界间热阻的情况下，式（3-41）改写为式（3-46）：

$$\nabla \cdot \left(\rho_{nf} c_p \overline{v_{nf} T}\right) = \nabla \cdot \left(k_{流体} \overline{T}\right) - \nabla \cdot \left(\rho_{nf} c_p \overline{v'_{nf} T'}\right) \tag{3-46}$$

式中，方程右边的第二项说明了温度和速度在纳米流体流动中热流密度方面的扰动。纳米流体流动中热分散产生的热流密度计算如下：

$$Q' = \rho_{nf} c_p \overline{v'_{nf} T'} = -k' \nabla T \tag{3-47}$$

式中，k' 为纳米粒子热分散产生的额外热导率。

考虑到纳米流体的动量方程：

$$\rho_{nf}(v_{nf} \nabla)v_{nf} = -\nabla p + \nabla \cdot \left[\mu_{nf}\left(\nabla v_{nf} + \nabla v_{nf}^T\right)\right] \tag{3-48}$$

式中，∇v_{nf}^T 为流体中的黏性剪切项，是随温度变化的函数；p 为流体的压强。由以上推导可以得到，在管状通道中，纳米流体的额外热导率的表达式如下[106]：

$$k' = C(\rho c_p)_{np} \frac{R\varphi}{d_{np}} \frac{dT}{dr} \tag{3-49}$$

式中，C 为常数，根据与实验数值的符合程度进行调整；R 为管状通道的直径，m；d_{np} 为纳米颗粒的尺寸，m；φ 为纳米粒子的体积分数；虽然在式（3-49）

中没有速度项 v'，但通过在式中加入温度梯度（dT），间接考虑了其影响。

上述关系式是在水平管中完全展开流动时提出的，其中纳米粒子的分布是管状通道直径的函数。可以根据不同实际情况进行建模[107-109]。

3）Buongiorno 模型

Buongiorno 模型是对均相模型和热分散模型的补充，考虑了七个动力学因素：惯性、布朗扩散（Brownian diffusion）、热泳（thermophoresis）现象、马格努斯效应（Magnus effect）、排液效应（fluid drainage effect）、扩散电泳（diffusiophoresis）现象和重力效应，并指出，布朗扩散和热泳现象是纳米流体中影响热导率的关键，于是，式（3-46）可改写为：

$$\nabla \cdot \left(\rho_{nf} c_{p,nf} \mathbf{v}_{nf} T \right) = \nabla \cdot \left(k_{nf} T \right) + \left(\rho c_p \right)_{np} \left[D_B \nabla \varphi \cdot \nabla T + D_T \frac{\nabla T \cdot \nabla T}{T} \right] \quad (3-50)$$

其中，D_B 和 D_T 分别为布朗扩散和热泳现象的贡献部分，其表达式如下：

$$D_B = \frac{k_B T}{3\pi \mu_{nf} d_{np}} \quad (3-51)$$

$$D_T = 0.26 \frac{k_{nf} \mu_{nf} \varphi}{\rho_{nf} \left(2k_{nf} + k_{np} \right)} \quad (3-52)$$

式中，$k_B = 1.3806 \times 10^{-23}$ J/K，为玻尔兹曼常数[110]。

式（3-50）为 Buongiorno 模型下纳米流体的能量方程，综合式（3-48）动量方程，即可求得纳米流体在该模型下的热导率。多项工作的开展都说明，该模型在预测纳米流体热导率的工作中，具有重要意义[111-113]。

2. 两相法

实际上，纳米流体是一种具有高效传热性能的流−固两相工质，其热导率的计算通常采用两相法。在两相法中，基液和纳米颗粒被建模为两个具有不同速度和可能不同温度的独立相，因此颗粒可能相对于基液移动（颗粒通过流体的相对速度称为颗粒滑移速度，尽管它与无滑移边界条件无关）。虽然两相方法考虑了流体和纳米颗粒之间的运动，可以得到更真实的结果，但模拟所需的时间更长，模型也更复杂。

下面介绍两种主要的模型：欧拉-欧拉模型（Eulerian-Eulerian model）和欧拉-拉格朗日模型（Eulerian-Lagrangian model）。在欧拉-欧拉模型中，基流体和纳米颗粒相均被认为是相互作用的连续体。而在欧拉-拉格朗日模型中，基流体也被认为是连续的，但纳米颗粒却被认为是离散相，且纳米粒子的路径是确定的（欧拉-拉格朗日方法有时也称为离散相方法），两个模型的示意图如图 3-10 所示。

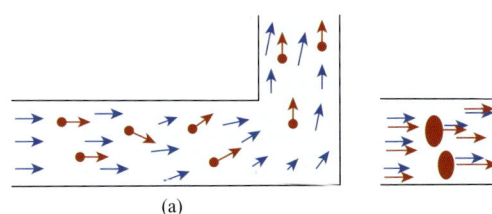

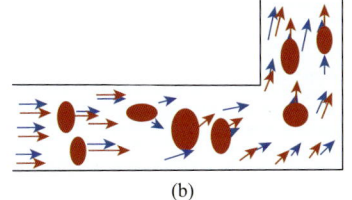

图 3-10　(a) 欧拉-欧拉模型；(b) 欧拉-拉格朗日模型[105]

1) 欧拉-欧拉模型

欧拉-欧拉模型认为所有相都是相互作用的连续体，因而该模型可以用于表征两相甚至多相体系。在该模型中，基流体通过阻力和湍流影响纳米颗粒，而纳米颗粒通过平均动量减小和湍流耗散增强影响基流体，各相之间产生相互作用，且允许相有不同的速度[114]。混合模型（即两相或多相模型）的质量守恒方程和能量方程与单相模型相似，但混合模型中的动量方程有一个额外的项来考虑不同相之间的速度差，其动量方程表达式如下（假设流体中的相数为 n）：

$$\rho_{\text{nf}}(v_{\text{nf}}\nabla)v_{\text{nf}} = -\nabla p + \nabla \cdot \left[\mu_{\text{nf}}\left(\nabla v_{\text{nf}} + \nabla v_{\text{nf}}^T\right)\right] + \nabla \cdot \left[\sum_{k=1}^{n}\delta_k \rho_k (\Delta v)^2\right] \quad (3-53)$$

式中，δ_k 为每一相的体积占比，所有相之和为 1；Δv 为每一相的流速与纳米流体平均流速的差，称为滑移速度，而混合的纳米流体的平均流速表达式为：

$$v_{\text{nf}} = \frac{\sum_{k=1}^{n}\delta_k \rho_k v_k}{\rho_{\text{nf}}} \quad (3-54)$$

混合纳米流体的其他性质，如密度、黏度等，都可以由每一项的参数与体积占比通过加权平均进行计算。考虑到能量方程：

$$\nabla \cdot \sum_{k=1}^{n}\left(\delta_k \rho_k c_{p,k} v_k T_k\right) = \nabla \cdot \left(\Lambda_{\text{nf}} \sum_{k=1}^{n} T_k\right) \quad (3-55)$$

实际上，常见的纳米流体均为两相流体，在两相流体中，湍流耗散体现在滑移速度上，其表达式如下：

$$\Delta v = \frac{\tau_{\text{np}}(\rho_{\text{np}} - \rho_{\text{nf}})}{f_{\text{拖曳}}\rho_{\text{np}}} \cdot a \quad (3-56)$$

式中，τ_{np} 为纳米颗粒的弛豫时间；a 为纳米颗粒的加速度；$f_{\text{拖曳}}$ 为纳米粒子在流体下的拖曳函数。其表达式如下：

$$\tau_{\text{np}} = \frac{\rho_{\text{np}} d_{\text{np}}^2}{18\mu_{\text{液体}}} \quad (3-57)$$

$$a = g - (v_{nf} \cdot \nabla)v_{nf} \tag{3-58}$$

式中，d_{np} 为纳米颗粒的直径；g 为重力加速度。根据研究，拖曳函数 $f_{拖曳}$ 与流体雷诺数有关。当流体雷诺数≤1000 时，拖曳函数的选择值建议为 $(1+0.15Re^{0.678})$；当流体雷诺数>1000 时，建议选择值为 $0.0183Re$。根据以上信息，即可求得具体情况下纳米流体的热导率[105]。

2）欧拉-拉格朗日模型

在欧拉-拉格朗日模型中，流体相被视为连续介质，粒子相通过拉格朗日参考系中的粒子运动理论求解单个粒子运动进行建模。将流体中粒子的影响作为动量和能量方程的源项引入。分散相可以与流体相交换动量、质量和能量。在该模型中，假设分散的纳米颗粒相所占据的体积分数很小，且其斯托克斯参量数值也很小。这些假设提高了计算的收敛速率，并提供了精确计算粒子漂移情况的必要条件。在该模型中，对于两相的纳米流体，动量与能量表达式如下：

$$\rho_{流体}(v_{流体}\nabla)v_{流体} = -\nabla p + \nabla \cdot \left[\mu_{流体}\left(\nabla v_{流体} + \nabla v_{流体}^T\right)\right] + S_m \tag{3-59}$$

$$\nabla \cdot \left(\rho_{流体}c_p v_{流体}T\right) = \nabla \cdot \left(k_{流体}\nabla T\right) + S_e \tag{3-60}$$

式中，S_m 和 S_e 分别代表纳米颗粒与流体之间的动量和能量交换效率，W/m^2；假设单位体积 δV 内，共有 n 个质量为 m_{np} 的纳米颗粒，则 S_m 和 S_e 的表达式如下：

$$S_m = \frac{1}{\delta V}\sum_{p=1}^{n} m_{np}F_{np} \tag{3-61}$$

$$S_e = \frac{1}{\delta V}\sum_{p=1}^{n} m_{np}c_{p,np}\frac{dT_{np}}{dt} \tag{3-62}$$

式（3-61）中，F_{np} 为单位体积内的流体对于单个纳米颗粒的作用力。基于以上两个方程，根据牛顿第二定律确定每个颗粒的运动轨迹，即可求得纳米流体的热导率。

这种方法特别适合建模纳米流体流场的微观力学问题，其规模可达大约 100 万个粒子[105]。

3.4 热系统器件的热管理建模

随着电子产业的不断发展，芯片的集成化程度越来越高，由此产生的热量积累也随之增多。而电子器件与系统的工作允许温度是有限制的，当温度高于临界值时，设备的性能与寿命将会受到严重影响。因此，准确模拟与分析电子设备的传热，并进行有效的热管理至关重要。本节主要介绍热系统与器件相关的热管理建模仿真，主要包括宏观与介观器件、系统网络模型和系统的疲劳与失效三部分。

3.4.1 宏观与介观器件

在热管理中,温度是控制某些过程结果的重要因素,如设备的工作寿命、可靠性、效率和安全。例如,一个电子设备运行时间较长,其温度会高于工作温度,这可能会损坏系统组件,并导致设备烧坏。这种现象可以通过模拟改善,通过最小化误差尽早解决热问题。一般来说,一些基本的热管理问题可以用单一的物理解和相对简单的模型来解决,如单纯的风扇对流散热。但同时具有多种散热方式的复杂过程需要更为细致的热模型。例如,热点将热量转移到其他介质,并消散到空气中,这个物理模型下的解决方案将需要综合模拟与建模[115]。下面介绍两种常用的建模工具,主要针对介观器件和宏观器件的热建模分析。

1. 介观器件结构——分子动力学

在"3.2.1 声子输运"一节中,已经介绍过分子动力学这一计算方法,该方法同样可应用于电子器件中的热管理建模仿真,也常见于碳纳米管(carbon nanotube)等阵列材料的建模仿真。对于生长在多种基底表面的碳纳米管,可以选择用嵌入原子法(embedded atom method)提供碳纳米管与基底原子之间的能量计算,对于每一个原子,其所处势函数表达式如下所示:

$$E_i = \frac{1}{2}\sum_j P(r_{ij}) + \sum_i I(\overline{\varepsilon}_i) \tag{3-63}$$

式中,$\overline{\varepsilon}_i$ 为除嵌入原子自身外的整个体系中所有原子贡献的电子云的能量标度参数,$P(r_{ij})$ 是原子 i 与原子 j 之间相对位移为 r_{ij} 时的势能,$I(\overline{\varepsilon}_i)$ 称为嵌入能。利用特索夫势(Tersoff potential)进行结构优化后,势函数可以表示为:

$$E = \sum_i E_i = \frac{1}{2}\sum_{i \neq j} V_{ij} + \frac{1}{2}\sum_{i \neq j} f_c(r_{ij})\left[A_{ij,\mathrm{A}} f_\mathrm{A}(r_{ij}) + A_{ij,\mathrm{R}} f_\mathrm{R}(r_{ij})\right] \tag{3-64}$$

式中,f_A 和 f_R 分别为两原子间的引力和斥力,其表达式均为随 r_{ij} 指数下降,f_c 为使边界连续的函数,它让整个体系原子间相互作用力之和为零,$A_{ij,\mathrm{A}}$ 和 $A_{ij,\mathrm{R}}$ 分别为基于原子位置和成键角度的吸引与排斥常数。

通过上述建模,利用分子动力学,即可求出以碳纳米管为基础的器件中的相关热力学性质,如对碳纳米管阵列的分析建模(图 3-11),模型设置可应用于 x 和 y 方向的周期边界,z 方向的自由边界,热流从碳纳米管一侧流入(红色区域为热流入口),基底一侧流出(蓝色区域为热流出口)[115];同时基底在 x、y 方向上的尺寸可以进行调整,双壁碳纳米管之间的径向距离和碳纳米管的直径也可调整。在控制变量的过程中改变单一参量,即可模拟出其对以碳纳米管为基础的电子器件热力学性质的影响[116]。该建模方法优点为可准确预测介观器件的热力学行为,不足之处为计算时间过长。

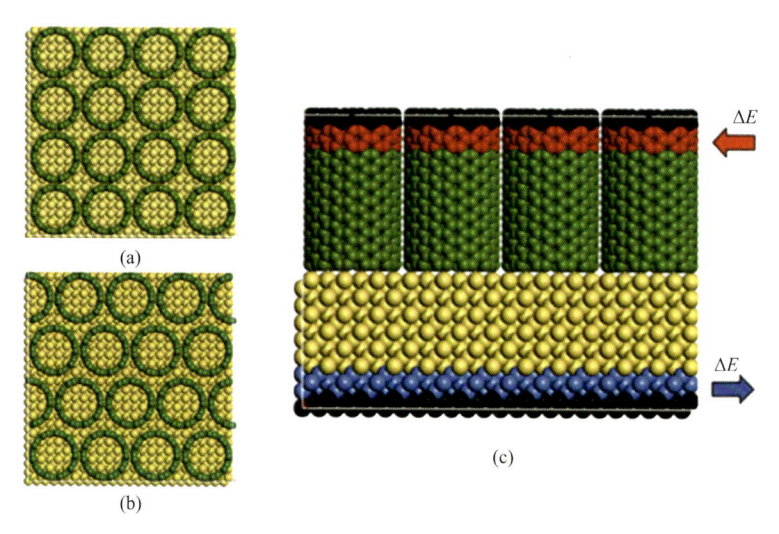

图 3-11　（a）基底上碳纳米管的结构建模；（b）碳纳米管-基底结构俯视图；
（c）碳纳米管-基底结构侧视图

2. 宏观器件结构——有限元分析

有限元分析的基础知识和常见热方程解法在 3.2.2 中有较为详细的讨论，在此不赘述。在对宏观电子器件进行热建模时，同时模拟电流传输和热流传输，往往是十分必要的。在此简单介绍一下计算解法软件（computational MultiSoLver），简称为 COMSOL，这是一款结合模拟与分析的有限元计算软件，在器件的热管理模拟中有着重要的应用。它不仅能单独计算热效应，还可将电、磁等物理效应与热效应一起进行综合分析，适宜于宏观器件与系统的建模仿真。例如，热电发电机的热管理建模常采用 COMSOL 软件，该器件的冷却系统由风扇和散热片组成，其结构与建模细节如图 3-12 所示。在计算过程中，通过细致的网格划分和精确的边界条件，可以准确计算出冷热两侧的温差对器件的影响。更重要的是，佩尔捷效应与焦耳效应产生的额外热量仍然能够并入计算中进行统一考虑，大大增加了建模的方便性与准确性。就像其他有限元分析的过程一样，在利用 COMSOL 解决热管理问题时，准确有效的建模与网格的选取最关键；由于在实际建模过程中，复杂的系统结构与细密的网格空间往往会占据大量计算资源，因而在建模过程中应非常注意[115]。

实际上，除了对于器件进行热建模外，模拟电子设备中流体冷却与散热问题也十分关键。流体的传热由质量守恒、动量守恒和能量守恒方程控制（纳维-斯托克斯方程），求解该偏微分方程的方法采用有限元法；由于方程包含一个可以用迭代法求解的非线性方程，因而可以通过多次迭代确定模型计算的精度。常见的建模工具有 FloTHERM、Ansys Fluent 等，它们可以在固体和流体空间中提供小网格求解每个单元内的守恒方程。这为系统的综合热管理也提供了思路。

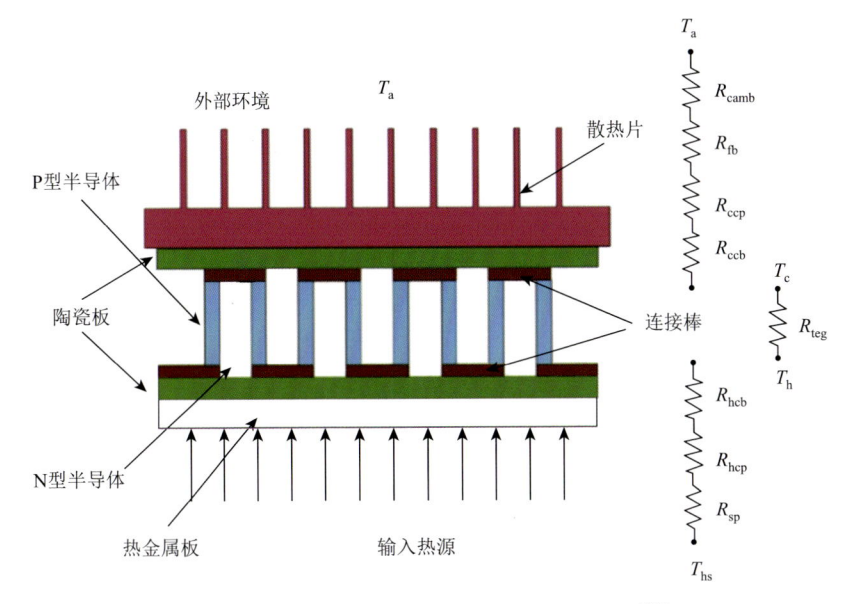

图 3-12　热电发电机的结构与热建模示意图[115]

3.4.2　系统网络模型

单个电子器件的热模型可以用于模拟器件工作时的温度分布，但其需要较长的计算持续时间。在计算多器件的电路网络时，如计算半导体器件集成于印刷电路板形成芯片，若仍对于单个器件逐步进行模拟，则仿真时间随着分析区域和包含电子器件数目的增加而迅速上升。因此，在分析具有复杂系统的电子电路或半导体器件时，不需要实际的微观模型。在这种情况下，通常使用紧凑型热模型（compact thermal model）进行建模分析电子系统网络[117]。紧凑热模型基于实际进行基本假设：在单个电子器件的有效工作部分，其温度分布是均匀的，因而可以用某个温度指代器件完成建模。

对于紧凑热模型的一维基础形式，可以理解为对一个棒状结构热传导方程的求解。对于每个器件，均拥有独立的热导率和热容，假定在长度为 l、面积为 S 的边界处定义热流的产生，则其热传导方程的解可用式（3-65）求得：

$$T(t) - T_a = R_{th} \cdot p_{th}(t) \cdot \left\{ 1 - \frac{8}{\pi^2} \sum_{n=1}^{\infty} \frac{e^{\left[-\frac{t(2n-1)^2}{\tau_{th}}\right]}}{(2n-1)^2} \right\} \quad (3-65)$$

式中，T_a 为环境温度，K；$p_{th}(t)$ 为系统功率密度，单位是 W/m²；R_{th} 为总热阻，m²k/w；τ_{th} 为系统的热时间常数。对于仅有一个独立器件的系统，可定义为：

$$R_{th} = \frac{l}{S \cdot k} \tag{3-66}$$

$$\tau_{th} = \frac{4}{\pi^2} R_{th} C_{th} \tag{3-67}$$

式中，k 为器件的热导率；C_{th} 为器件热容，J/K。

将热传导等效为电流分析，将独立器件延伸为多器件组成的网络，则共有两种形式：Cauer 网络和 Foster 网络，如图 3-13（a）与图 3-13（b）所示。相比之下，Cauer 网络形式热模型的优点是可以计算电路网络中的每个器件结构的温度，而缺点为对于系统热阻抗与系统边界温升的计算较为复杂，需通过无记忆算法的卷积积分进行计算[118]。具体方法为，先求出具有 N 个独立器件的电路网络总热阻抗表达式：

$$Z_{th}(t) = R_{th} \cdot \left[1 - \sum_{i=1}^{N} w_i \cdot e^{-\frac{t}{\tau_{th,i}}}\right] \tag{3-68}$$

式中，w_i 为每个器件热时间常数的权重系数，量纲为一，与不同器件组成的系统有关。而热传导方程的解可重新表示为如下的卷积形式[118]：

$$T(t) - T_a = \int_0^t Z'_{th}(t-\tau) \cdot p_{th}(\tau) d\tau \tag{3-69}$$

式中，Z'_{th} 为系统热阻抗对于时间的一次导数。

对于 Foster 网络，则不用关注每个器件上的电压与温度值，且易求得每个独立器件单元的热时间常数，而后直接轻松计算出系统边界温升，对于每个器件：

$$R_{th,i} = w_i \cdot R_{th} \tag{3-70}$$

$$C_{th,i} = \frac{\tau_{th,i}}{R_{th,i}} \tag{3-71}$$

可以发现，上述介绍的基本网络模型均为线性模型，忽略了由于瞬态热阻抗产生的功率耗散。若考虑功率耗散对于系统热阻与热容的影响，则网络模型就会变为非线性模型。以 Cauer 网络模型为基础，依然将热通路等效为电路，在热源的作用下，对于每一个器件 i，其非线性的热容变化由热流源 i_{C_i} 表示，非线性的热阻变化由热压源 e_{R_i} 表示，如图 3-13（c）所示。其关系如下：

$$i_{C_i} = C_i \cdot \frac{dV_i}{dt} \tag{3-72}$$

$$e_{R_i} = R_i \cdot i_{R_i} \tag{3-73}$$

式中，V_i 为每个器件上的热压（即温差）；i_{R_i} 为流过每个器件热阻上的热流。

考虑非线性效应后，新的热容与热阻表达式如下：

$$C_{i,\text{new}} = C_{i0} \cdot \left[1 + w_{i1} \cdot e^{-\frac{p_{\text{th}} - P_{i1}}{x_{i1}}} + w_{i2} \cdot e^{-\frac{p_{\text{th}} - P_{i2}}{x_{i2}}} \right] \quad (3\text{-}74)$$

$$R_{i,\text{new}} = R_{i0} \cdot \left[1 + y_{i1} \cdot e^{-\frac{p_{\text{th}} - P_{i3}}{z_{i1}}} + y_{i2} \cdot e^{-\frac{p_{\text{th}} - P_{i4}}{z_{i2}}} \right] \quad (3\text{-}75)$$

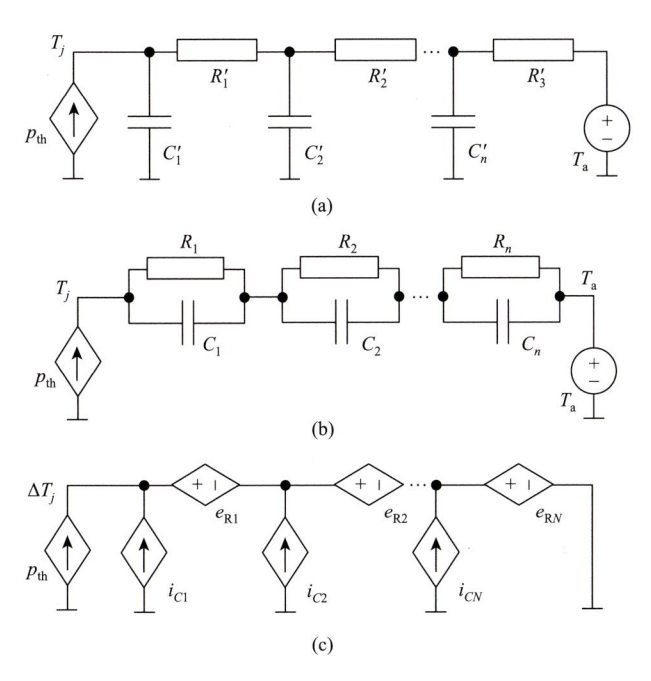

式中，C_{i0}、R_{i0}、P_{i1}、P_{i2}、P_{i3}、P_{i4}、w_{i1}、w_{i2}、x_{i1}、x_{i2}、y_{i1}、y_{i2}、z_{i1}、z_{i2} 均为模型的参数，通过拟合具体的实验测量值而得到。

图 3-13　网络模型示意图[117]：（a）Cauer 网络模型；（b）Foster 网络模型；（c）基于 Cauer 网络的非线性模型

在实际的情况中，电子器件组成的网络传热情况往往是非一维的，是以上述介绍的一维网络模型为基础，在具有外部冷却的实际的电子器件网络组成的设备中，除了电子器件内部产生的热量与自身热阻外，半导体器件外壳与设备外壳中的空气之间也会出现多路热传输。这里主要考虑三种可能的热流方式：①从设备外壳通过焊锡垫到设备外壳空气中的热流；②热量从设备外壳直接传递到设备的空气中；③热量从设备外壳通过外壳自身（作为界面）传播到冷却源中。这三路新增的热流体系同样可以通过紧密热模型进行建模，如图 3-14 所示。图中包含有八个重要的点，W_1 为电子器件的内部温度，W_2 为电子器件的外壳温度，W_3 为焊接区温度，W_4 为设备内部的空气温度，W_5 为整个设备的外壳内界面温度，W_6 定义为设备外壳的外界面温度(此处考虑了整个设备外壳的界面热阻),W_7为设备外部冷却源的温度,T_a为环境温度[119]。该方法将三维的传热模拟为二维平面,且将对流换热与热传导转换为同样的形式,这样整个计算过程变得更加简洁与方便,更有利于大规模电子系统网络的热管理仿真计算。

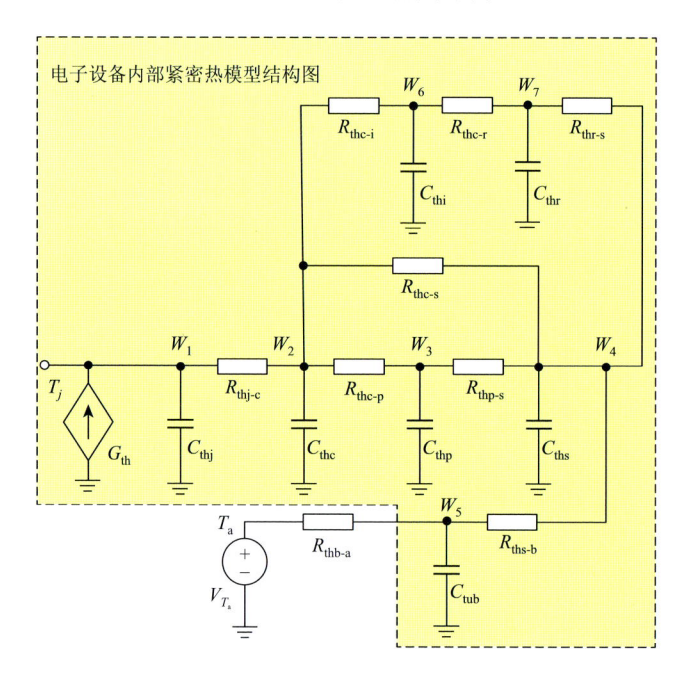

图 3-14　实际电子设备网络的紧密热模型[117]

紧凑热模型的简单性和参数的计算方便,使其广泛应用于电子网络分析中,对于更为复杂的网络,其模型也都可以利用紧凑热模型进行基本的建模与求解分析,具有相当的普适性。

3.4.3　系统疲劳与失效

高集成化使得电子器件的性能得到极大的提升,同时,也产生了更多的热量。高的集成度可使电子器件单位面积发热功率大幅上升;也会造成系统内部的焊点数量的增加。因此,无论是形成器件材料的自身缺陷,还是用于机械支撑和电器连接焊点的脱落,都会致使电子器件系统失效。这里,仅考虑电子器件在使用过程中出现的失效,且失效的主要原因为碰撞脱落、机械弯折与系统过热等。统计结果显示,约55%的电子器件失效是由温度载荷引起的。说明,整个系统的热失效问题在极大程度上决定了电子器件系统的可靠性。本节将介绍电子器件中几种主要的热失效方式[120]。

1. 热机械失效

机械失效包括形变、裂隙和断裂等多种形式。其主要产生原因是材料单位面积上所受到的力高于其屈服强度，或两材料的结合处的连接点承受不了长时间的作用力而产生疲劳。由于绝大多数材料都具有热胀冷缩的性质，温度上升时材料体积发生膨胀，温度下降时材料体积发生收缩；这种性质通过材料的热膨胀系数（thermal expansion coefficient）表征。热胀冷缩现象在温升很高的集成化电子设备上是十分显著的。以封装微电子器件为例，封装的主要部分为芯片和基板，其中通过焊接引线（常用铝、铜或金线）进行电路连接，通过黏合剂进行机械连接，并在外表面进行塑料封装，其主要热机械疲劳包括以下几种形式：

1）引线疲劳

由于引线和封装材料的热膨胀系数不同，电子设备在使用过程中的周期性加热与冷却会在引线上施加循环应力，所以周期性温度变化产生的应力可能会使引线疲劳，从而使得电子设备失效。

2）黏合疲劳

黏合剂的热膨胀系数远大于基板和芯片，过热的情况下黏合剂会产生较大膨胀甚至融化，冷却后使得基板与芯片之间的连接效果变差，长期的累积影响造成疲劳失效。

2. 芯片或基板断裂

目前电子器件中常用的芯片材料为硅、锗、砷化镓等，基板材料为氧化铝、氮化铝等，虽然这些材料的热膨胀系数相似，但在器件工作温度逐步增大的过程中，芯片边沿部分也会因剪应力的作用而产生表面裂纹。在长期使用的情况下，当裂纹达到临界尺寸时，在没有塑性变形的情况下会发生芯片或基板的断裂，使得器件失效。

3. 焊接疲劳

在焊接点附近，周期性的温度变化会导致剪应力的产生。尽管剪应力可能不大，但长久的使用依然会导致其产生疲劳脱落。

4. 热腐蚀失效

电子器件中的腐蚀作用主要是材料与周围环境之间的化学作用，主要有氧化腐蚀与电化学腐蚀。在电子设备实际工作时，其工作环境并非一定是完全干燥的，在潮湿空气中，电子设备可能会形成原电池，从而发生腐蚀；而高的工作温度也可能会促进这一过程的进行，造成设备的腐蚀加快。同时在功率器件中，最大工作温度可能会达到 300℃，甚至更高，其中其他应力原因产生的裂纹扩张速度也会因热腐蚀作用加快，从而造成器件加速失效。

5. 热电气失效

电气失效是指电子设备的电路出现问题导致的失效，它可能是间歇性的，也可能是周期性的。常见的与温度有关的热电气失效主要有以下三种。

(1) 热逸溃（thermal runaway）：热逸溃效应发生于晶体管及相关器件中。由于晶体管的阻抗会随着温度升高而升高，若其中热量没有及时有效扩散，过高的温升会使阻值增加，进而正向反馈造成更大的温升，发生热逸溃现象，导致晶体管及其他电路部分损坏。

(2) 电流过载：电流过载现象主要出现于硅基电子设备中。在温度升高的过程中，硅的阻值下降从而产生更大的电流，更大的电流导致电路中其他器件温度升高，若达到其中某个材料的临界温度时，就会造成设备损坏。

(3) 离子污染：在电子器件的生产过程中，连接、整合与封装工序都有可能引起离子污染，而离子的电迁移率随着温度的升高而增大。在器件工作时，流动的带电离子会产生不受控制的干扰电流，降低器件性能。若工作温度过高，离子污染产生的干扰电流可能会导致电子器件的失效。

3.5 热管理模拟应用实例

前面阐述了电子器件和网络热管理建模的相关基础理论。本节主要介绍热管理模拟应用实例"对以绝缘栅双极晶体管（insulated gate bipolar transistor）为基础的电子器件——IRG4PC40UD 进行热建模"。该模型的结构考虑了设备内部温度和环境温度对设备冷却效率的影响，包括半导体芯片与周围环境之间的传热效率及其所有的传热机制。

IRG4PC40UD 模型的结构基于经典 Cauer 形式网络的紧密热模型，同时考虑了器件内部温度和环境温度对半导体结构到周围环境热流路径中热阻的影响，并以电路的形式对热流方程进行模拟，如图 3-15（a）所示。在该模型中，器件内部温度定义为节点 T_j 中的热压，环境温度 T_a 则用热压源 V_{T_a}。热流路径中的特定组件（半导体芯片、安装底座、外壳、散热器、PCB 等）的温度值用特定节点的电压表示，每个器件的热容用 C_1、C_2、…、C_n 表示（取决于组成每个器件材料的热容、体积和密度）。在模拟过程中，近似假设这些参量不随温度显著变化，在整个模拟过程中取恒定值。根据紧密热模型的非线性效应，器件中耗散的功率用受控热流源 G_p 描述，而热流路径中各元件之间的温差用受控热压源 E_1、E_2、…、E_n 表示，如式 (3-76)：

$$E_i = d_i \cdot i_{E_i} \cdot R_{th} \tag{3-76}$$

式中，d_i 为第 i 个器件热阻与整个系统网络总热阻 R_{th} 的商，量纲为一；i_{E_i} 为热压源 E_i 作用下产生的热流；R_{th} 为总热阻，表达式为：

$$R_{th} = R_{th1} \cdot \left[1 - a(T_a - T_0)\right] \cdot e^{\frac{T_a - T_j}{T_z}} + R_{th0} \cdot \left[1 - b(T_a - T_0)\right] \tag{3-77}$$

式中，R_{th0} 为器件温度等于环境温度（即 $T_a = T_0$）时，热阻的最小值；R_{th1} 为整个系统温度波动中，器件热阻的最大值；参数 a 和 b 表示环境温度对器件热阻的影响，量纲为一；T_j 为器件热阻随温度变化的斜率。该式用于描述电子器件在散热板上的总热阻，其提出基于不同类型的绝缘栅双极晶体管（IGBT）的瞬态热阻抗波形实验数据，涵盖不同冷却条件、设备内部温度和环境温度值下的多次测量结果[121]。

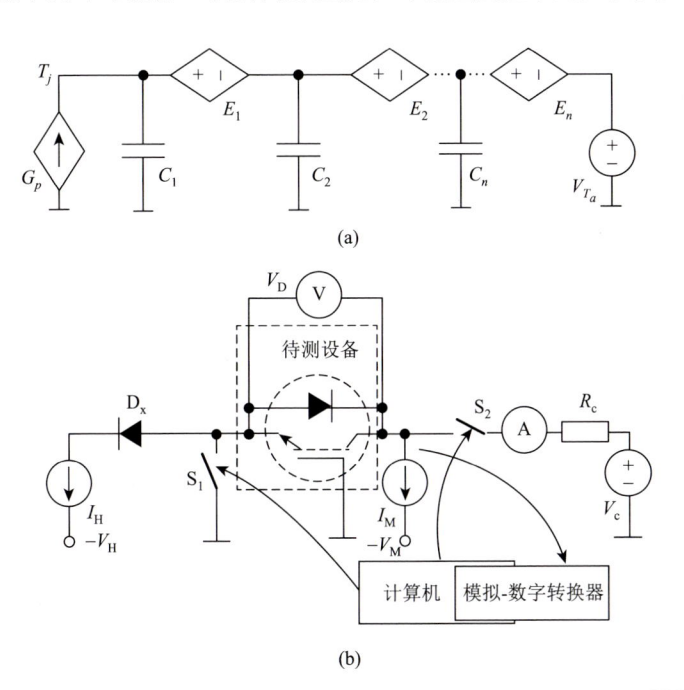

图 3-15 （a）紧密热模型结构；（b）IRG4PC40UD 电学测量装置[122]

考虑到以上描述的多个参数，且对于不同器件而异。为了准确进行建模，需要首先对所使用的器件参数进行电学测量，主要包括热阻抗和热容的确定。IRG4PC40UD 电学测量装置如图 3-15（b）所示，装置组件包括位于温控器中的被测晶体管、两个电流源 I_H 和 I_M、电压源 V_C、电阻 R_C、电流表、电压表、开关 S_1 和 S_2、二极管 D_X、模拟-数字转换器和一台计算机。当开关 S_1 关闭时，二极管 D_X 可以保护电流源 I_H 不受影响，模拟-数字转换器中装有测量放大器，可以在反向二极管上获得等于 0.2 mV 的电压降测量分辨率。

测量得到的热阻抗表达式如下：

$$Z_{th}(t) = \frac{V_D(t) - V_D(0)}{P_{加热}} \quad (3-78)$$

式中，V_D 为计算机施加给被测量器件的热压（即温差）；$P_{加热}$ 为计算机施加给被测量器件的功率。

根据紧凑热模型对于热阻抗的表达式（3-68），即可得到其中每个器件的热弛豫时间，进而计算出每个器件的热容。

对于参量 R_{th0} 和 R_{th1} 的确定，R_{th0} 为环境温度下测量获得热阻的最小值，R_{th1} 和 T_z 根据最小二乘法进行估计，如式（3-79）：

$$\ln(R_{th} - R_{th0}) = \ln(R_{th1}) - \frac{T_j - T_a}{T_z} \quad (3-79)$$

参数 a 和 b 的值确定，可以通过选取两个环境温度 T_{a1} 和 T_{a2}，对测量温度下 R_{th} 的实测值进行拟合得到。表 3-1 是 IRG4PC40UD 的热参数测量结果。

表 3-1　IRG4PC40UD 的热参数测量结果

参数	测量结果	参数	测量结果
C_1/(J/K)	0.25	a	0.0056
C_2/(J/K)	240.2	b	−0.0057
C_3/(J/K)	553.75	R_{th0}/(K/W)	2.57
d_1	0.09	R_{th1}/(K/W)	1.62
d_2	0.488	T_z/K	48
d_3	0.422	T_0/K	298

基于以上分析和相关参数的获取，可以通过软件进行建模。常用建模软件包括 SPICE 和 PLECS 等，建模结果示于图 3-16，其中，仿真时环境温度设置为 77℃，矩形脉冲的频率为 2 mHz，占空比为 50%，功率为 60 W。

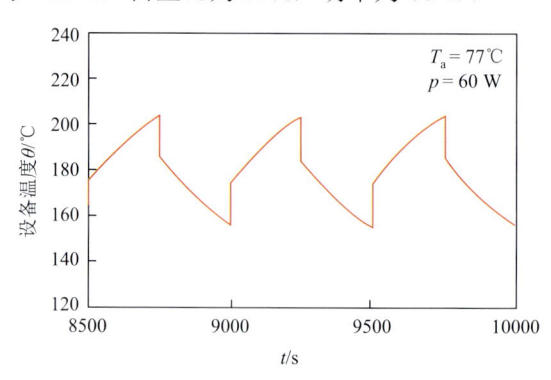

图 3-16　IRG4PC40UD 对于矩形脉冲序列的内部温度响应[122]

参 考 文 献

[1] Kaviany M. Heat Transfer Physics [M]. Cambridge: Cambridge University Press, 2008.
[2] Chen G. Non-Fourier phonon heat conduction at the microscale and nanoscale [J]. Nature Reviews Physics, 2021, 3 (8): 555-569.
[3] Casimir H B G. Note on the conduction of heat in crystals[J]. Physica, 1938, 5 (6): 495-500.
[4] Goodson K E, Ju Y S. Heat conduction in novel electronic films [J]. Annual Review of Materials Science, 1999, 29 (1): 261-293.
[5] Wild E. On Boltzmann's equation in the kinetic theory of gases [J]. Mathematical Proceedings of the Cambridge Philosophical Society, 1951, 47 (3): 602-609.
[6] Chen G. Nonlocal and nonequilibrium heat conduction in the vicinity of nanoparticles [J]. Journal of Heat Transfer, 1996, 118 (3): 539-545.
[7] Glassbrenner C J, Slack G A. Thermal conductivity of silicon and germanium from 3°K to the melting point [J]. Physical Review, 1964, 134 (4A): A1058-A1069.
[8] Asheghi M, Leung Y, Wong S, et al. Phonon-boundary scattering in thin silicon layers [J]. Applied Physics Letters, 1997, 71 (13): 1798-1800.
[9] Wang Z, Alaniz J E, Jang W, et al. Thermal conductivity of nanocrystalline silicon: importance of grain size and frequency-dependent mean free paths[J]. Nano Letters, 2011, 11 (6): 2206-2213.
[10] Li D, Wu Y, Kim P, et al. Thermal conductivity of individual silicon nanowires [J]. Applied Physics Letters, 2003, 83 (14): 2934-2936.
[11] Dames C, Chen G. Theoretical phonon thermal conductivity of Si/Ge superlattice nanowires [J]. Journal of Applied Physics, 2004, 95 (2): 682-693.
[12] Cuffe J, Eliason J K, Maznev A A, et al. Reconstructing phonon mean-free-path contributions to thermal conductivity using nanoscale membranes [J]. Physical Review B, 2015, 91 (24): 245423.
[13] Lee J, Lee W, Lim J, et al. Thermal transport in silicon nanowires at high temperature up to 700 K [J]. Nano Letters, 2016, 16 (7): 4133-4140.
[14] Liu W, Asheghi M. Thermal conductivity measurements of ultra-thin single crystal silicon layers[J]. Journal of Heat Transfer, 2005, 128 (1): 75-83.
[15] Johnson J A, Maznev A A, Cuffe J, et al. Direct measurement of room-temperature nondiffusive thermal transport over micron distances in a silicon membrane [J]. Physical Review Letters, 2013, 110 (2): 025901.
[16] Hu Y, Zeng L, Minnich A J, et al. Spectral mapping of thermal conductivity through nanoscale ballistic transport [J]. Nature Nanotechnology, 2015, 10 (8): 701-706.
[17] Maurer R D, Herlin M A. Second sound velocity in helium Ⅱ [J]. Physical Review, 1949, 76 (7): 948-950.
[18] Prohofsky E W, Krumhansl J A. Second-sound propagation in dielectric solids [J]. Physical Review, 1964, 133 (5A): A1403-A1410.
[19] Ackerman C C, Bertman B, Fairbank H A, et al. Second sound in solid helium [J]. Physical Review Letters, 1966, 16 (18): 789-791.
[20] McNelly T F, Rogers S J, Channin D J, et al. Heat pulses in NaF: Onset of second sound [J]. Physical Review Letters, 1970, 24 (3): 100-102.
[21] Narayanamurti V, Dynes R C. Observation of second sound in bismuth [J]. Physical Review Letters, 1972, 28 (22): 1461-1465.

[22] Lee S, Broido D, Esfarjani K, Chen G. Hydrodynamic phonon transport in suspended graphene [J]. Nature Communications, 2015, 6: 6290.

[23] Huberman S, Duncan R A, Chen K, et al. Observation of second sound in graphite at temperatures above 100K [J]. Science, 2019, 364 (6438): 375-379.

[24] Ding Z, Zhou J, Song B, et al. Phonon hydrodynamic heat conduction and Knudsen minimum in graphite [J]. Nano Letters, 2018, 18 (1): 638-649.

[25] Mezhov-Deglin L P. Measurement of the thermal conductivity of crystalline He^4 [J]. Soviet Physice JETP, 1966, 22: 47-56.

[26] Jackson H E, Walker C T, McNelly T F. Second sound in NaF [J]. Physical Review Letters, 1970, 25 (1): 26-28.

[27] Yang B, Gang C. Lattice dynamics study of anisotropic heat conduction in superlattices [J]. Microscale Thermophysical Engineering, 2001, 5 (2): 107-116.

[28] Luckyanova M N, Garg J, Esfarjani K, et al. Coherent phonon heat conduction in superlattices [J]. Science, 2012, 338 (6109): 936-939.

[29] Chen G. Thermal conductivity and ballistic-phonon transport in the cross-plane direction of superlattices[J]. Physical Review B, 1998, 57 (23): 14958-14973.

[30] Simkin M V, Mahan G D. Minimum thermal conductivity of superlattices[J]. Physical Review Letters, 2000, 84 (5): 927-930.

[31] Cheaito R, Polanco C A, Addamane S, et al. Interplay between total thickness and period thickness in the phonon thermal conductivity of superlattices from the nanoscale to the microscale: coherent versus incoherent phonon transport[J]. Physical Review B, 2018, 97 (8): 085306.

[32] Yao T. Thermal properties of AlAs/GaAs superlattices[J]. Applied Physics Letters. 1987, 51 (22): 1798-1800.

[33] Yu X, Chen G, Verma A, et al. Temperature dependence of thermophysical properties of GaAs/AlAs periodic structure[J]. Applied Physics Letters, 1995, 67 (24): 3554-3556.

[34] Capinski W, Maris H, Ruf T, et al. Thermal-conductivity measurements of GaAs/AlAs superlattices using a picosecond optical pump-and-probe technique[J]. Physical Review B, 1999, 59 (12): 8105.

[35] Ravichandran J, Yadav A K, Cheaito R, et al. Crossover from incoherent to coherent phonon scattering in epitaxial oxide superlattices[J]. Nature Materials, 2014, 13 (2): 168-172.

[36] Regner K T, Majumdar S, Malen J A. Instrumentation of broadband frequency domain thermoreflectance for measuring thermal conductivity accumulation functions[J]. Review of Scientific Instruments, 2013, 84 (6): 064901.

[37] Balandin A A, Ghosh S, Bao W Z, et al. Superior thermal conductivity of single-layer graphene[J]. Nano Letters, 2008, 8 (3): 902-907.

[38] Henry A, Chen G, Plimpton S J, et al. 1D-to-3D transition of phonon heat conduction in polyethylene using molecular dynamics simulations[J]. Physical Review B, 2010, 82 (14): 144308.

[39] Minnich A J, Johnson J A, Schmidt A J, et al. Thermal conductivity spectroscopy technique to measure phonon mean free paths[J]. Physical Review Letters, 2011, 107 (9): 095901.

[40] Regner K T, Sellan D P, Su Z, et al. Broadband phonon mean free path contributions to thermal conductivitmeasured using frequency domain thermoreflectance[J]. Nature Communications, 2013, 4 (1): 1-7.

[41] Ghosh S, Bao W Z, Nika D L, et al. Dimensional crossover of thermal transport in few-layer graphene[J]. Nature Materials, 2010, 9 (7): 555-558.

[42] Jang W, Bao W, Jing L, et al. Thermal conductivity of suspended few-layer graphene by a modified T-bridge

method[J]. Applied Physics Letters, 2013, 103 (13): 133102.

[43] Pettes M T, Jo I, Yao Z, et al. Influence of polymeric residue on the thermal conductivity of suspended bilayer graphene[J]. Nano Letters. 2011, 11 (3): 1195-1200.

[44] Lindsay L, Broido D, Mingo N. Flexural phonons and thermal transport in multilayer graphene and graphite[J]. Physical Review B, 2011, 83 (23): 235428.

[45] Singh D, Murthy J Y, Fisher T S. Mechanism of thermal conductivity reduction in few-layer graphene[J]. Journal of Applied Physics, 2011, 110 (4): 044317.

[46] Kuang Y, Lindsay L, Huang B. Unusual enhancement in intrinsic thermal conductivity of multilayer graphene by tensile strains[J]. Nano Letters. 2015, 15 (9): 6121-6127.

[47] Wei Z, Ni Z, Bi K, et al. In-plane lattice thermal conductivities of multilayer graphene films[J]. Carbon, 201, 49 (8): 2653-2658.

[48] 黄厚诚, 王秋良. 热传导问题的有限元分析[M]. 北京: 科学出版社, 2011.

[49] Callaway J. Model for lattice thermal conductivity at low temperatures[J]. Physical Review, 1959, 113 (4): 1046-1051.

[50] Born M, Oppenheimer R. Zur quantentheorie der molekeln[J]. Annalen der Physik, 1927, 389 (20): 457-484.

[51] Lindsay L. First principles peierls-boltzmann phonon thermal transport: A topical review[J]. Nanoscale and Microscale Thermophysical Engineering, 2016, 20 (2): 67-84.

[52] Sham L J, Ziman J M. The Electron-Phonon Interaction[M]//Seitz F, Turnbull D. Solid State Physics. New York, London: Academic Press, 1963: 221-298.

[53] Broido D A, Malorny M, Birner G, et al. Intrinsic lattice thermal conductivity of semiconductors from first principles[J]. Applied Physics Letters, 2007, 91 (23): 231922.

[54] Ward A, Broido D A, Stewart D A, et al. Ab initio theory of the lattice thermal conductivity in diamond[J]. Physical Review B, 2009, 80 (12): 125203.

[55] Tang X, Dong J. Lattice thermal conductivity of MgO at conditions of Earth's interior[J]. Proceedings of the National Academy of Sciences, 2010, 107 (10): 4539-4543.

[56] Garg J, Bonini N, Kozinsky B, et al. Role of Disorder and anharmonicity in the thermal conductivity of silicon-germanium alloys: a first-principles study [J]. Physical Review Letters, 2011, 106 (4): 045901.

[57] Garg J, Bonini N, Marzari N. High thermal conductivity in short-period superlattices[J]. Nano Letters. 2011, 11 (12): 5135-5141.

[58] Tian Z, Esfarjani K, Shiomi J, et al. On the importance of optical phonons to thermal conductivity in nanostructures [J]. Applied Physics Letters, 2011, 99 (5): 053122.

[59] Lindsay L, Broido D A, Reinecke T L. First-principles determination of ultrahigh thermal conductivity of boron arsenide: a competitor for diamond? [J]. Physical Review Letters, 2013, 111 (2): 025901.

[60] Li W, Carrete J, Katcho N A, et al. ShengBTE: A solver of the Boltzmann transport equation for phonons[J]. Computer Physics Communications, 2014, 185 (6): 1747-1758.

[61] Togo A, Chaput L, Tanaka I. Distributions of phonon lifetimes in Brillouin zones[J]. Physical Review B, 2015, 91 (9): 094306.

[62] Chernatynskiy A, Phillpot S R. Phonon transport simulator (PhonTS) [J]. Computer Physics Communications, 2015, 192: 196-204.

[63] Tadano T, Gohda Y, Tsuneyuki S. Anharmonic force constants extracted from first-principles molecular dynamics: applications to heat transfer simulations[J]. Journal of Physics: Condensed Matter, 2014, 26 (22): 225402.

[64] Poltavsky I, Tkatchenko A. Modeling quantum nuclei with perturbed path integral molecular dynamics[J]. Chemical Science, 2016, 7 (2): 1368-1372.

[65] Dove M T, Condat C A. Introduction to lattice dynamics [J]. American Journal of Physics, 1994, 62: 1051-1052.

[66] Gordiz K, Singh D J, Henry A. Ensemble averaging vs. time averaging in molecular dynamics simulations of thermal conductivity[J]. Journal of Applied Physics, 2015, 117 (4): 045104.

[67] Green M S. Markoff random processes and the statistical mechanics of time-dependent phenomena. II. Irreversible processes in fluids [J]. The Journal of Chemical Physics, 1954, 22: 398-413.

[68] Allen M P, Tildesley D J. Computer simulation of liquids[M]. Oxford: Oxford University Press, 1988.

[69] Müller-Plathe F. A simple nonequilibrium molecular dynamics method for calculating the thermal conductivity[J]. The Journal of Chemical Physics. 1997, 106 (14): 6082-6085.

[70] Xu X F, Pereira L F C, Wang Y, et al. Length-dependent thermal conductivity in suspended single-layer graphene[J]. Nature Communications. 2014, 5: 3689.

[71] Kuang S, Gezelter J D. Velocity shearing and scaling RNEMD: a minimally perturbing method for simulating temperature and momentum gradients[J]. Molecular Physics, 2012, 110 (9-10): 691-701.

[72] Lampin E, Palla P L, Francioso P A, et al. Thermal conductivity from approach-to-equilibrium molecular dynamics[J]. Journal of Applied Physics, 2013, 114 (3): 033525.

[73] Iftimie R, Minary P, Tuckerman M. Ab initio molecular dynamics: Concepts, recent developments, and future trends[J]. Proceedings of the National Academy of Sciences of the United States of America, 2005, 102: 6654-6659.

[74] Knoop F, Purcell T A R, Scheffler M, et al. Anharmonicity measure for materials[J]. Physical Review Materials, 2020, 4 (8): 083809.

[75] Hellman O, Abrikosov I A, Simak S I. Lattice dynamics of anharmonic solids from first principles[J]. Physical Review B, 2011, 84 (18): 180301.

[76] Hellman O, Steneteg P, Abrikosov I A, et al. Temperature dependent effective potential method for accurate free energy calculations of solids[J]. Physical Review B, 2013, 87 (10): 104111.

[77] Shulumba N, Alling B, Hellman O, et al. Vibrational free energy and phase stability of paramagnetic and antiferromagnetic CrN from ab initio molecular dynamics[J]. Physical Review B, 2014, 89 (17): 174108.

[78] Mozafari E, Shulumba N, Steneteg P, et al. Finite-temperature elastic constants of paramagnetic materials within the disordered local moment picture from ab initio molecular dynamics calculations[J]. Physical Review B, 2016, 94 (5): 054111.

[79] Ciarlet P G, Oden J T. The finite element method for elliptic problems[J]. Journal of Applied Mechanics, 1978, 45: 968-969.

[80] Metropolis N, Ulam S. The monte carlo method[J]. Journal of the American Statistical Association, 1949, 44 (247): 335-341.

[81] Andrieu C, de Freitas N, Doucet A, et al. An introduction to MCMC for machine learning[J]. Machine Learning, 2003, 50 (1): 5-43.

[82] Hao Q, Chen G, Jeng M S. Frequency-dependent monte carlo simulations of phonon transport in two-dimensional porous silicon with aligned pores[J]. Journal of Applied Physics, 2009, 106 (11): 114321.

[83] Péraud J P M, Landon C, Hadjiconstantinou N G. Monte carlo methods for solving the Boltzmann transport equation[J]. Annual Review of Heat Transfer, 2014, 17: 205-265.

[84] Swartz E T, Pohl R O. Thermal boundary resistance[J]. Reviews of Modern Physics, 1989, 61 (3): 605-668.

[85] Giri A, Hopkins P E. A review of experimental and computational advances in thermal boundary conductance and nanoscale thermal transport across solid interfaces[J]. Advanced Functional Materials, 2020, 30(8): 1903857.

[86] Little W A. The transport of heat between dissimilar solids at low temperatures[J]. Canadian Journal of Physics, 1959, 37: 334.

[87] Xu Z. Heat transport in low-dimensional materials: A review and perspective[J]. Theoretical and Applied Mechanics Letters, 2016, 6(3): 113-121.

[88] Cheng Z, Koh Y R, Ahmad H, et al. Thermal conductance across harmonic-matched epitaxial Al-sapphire heterointerfaces[J]. Communications Physics, 2020, 3(1): 115.

[89] Landry E S, McGaughey A J H. Thermal boundary resistance predictions from molecular dynamics simulations and theoretical calculations[J]. Physical Review B, 2009, 80(16): 165304.

[90] Wu X F, Luo T F. The importance of anharmonicity in thermal transport across solid-solid interfaces[J]. Journal of Applied Physics, 2014, 115(1): 014901.

[91] Sääskilahti K, Oksanen J, Tulkki J, et al. Role of anharmonic phonon scattering in the spectrally decomposed thermal conductance at planar interfaces[J]. Physical Review B, 2014, 90(13): 134312.

[92] Feng T L, Zhong Y, Shi J J, et al. Unexpected high inelastic phonon transport across solid-solid interface: Modal nonequilibrium molecular dynamics simulations and Landauer analysis[J]. Physical Review B, 2019, 99(4): 045301.

[93] Li Q S, Liu F, Hu S, et al. Inelastic phonon transport across atomically sharp metal/semiconductor interfaces[J]. Nature Communications, 2022, 13(1): 4901.

[94] Barea R, Osendi M I, Ferreira J M F, et al. Thermal conductivity of highly porous mullite material[J]. Acta Materialia. 2005, 53: 3313-3318.

[95] Gong L L, Wang Y H, Cheng X D, et al. A novel effective medium theory for modelling the thermal conductivity of porous materials[J]. International Journal of Heat and Mass Transfer, 2014, 68: 295-298.

[96] Leach A G. The thermal conductivity of foams. I. Models for heat conduction[J]. Journal of Physics D: Applied Physics, 1993, 26(5): 733.

[97] Brown W F. Solid mixture permittivities[J]. The Journal of Chemical Physics, 1955, 23(8): 1514-1517.

[98] Eucken A. Allgemeine gesetzmäßigkeiten für das wärmeleitvermögen verschiedener stoffarten und aggregatzustände[J]. Forschung auf dem Gebiet des Ingenieurwesens A. 1940, 11(1): 6-20.

[99] 付文强, 高辉, 薛征欣, 等. 多孔材料有效导热系数的实验和模型研究[J]. 中国测试, 2016, 42(5): 124-130.

[100] Hashin Z, Shtrikman S. A Variational Approach to the theory of the efective magnetic permeability of multiphase materials[J]. Journal of Applied Physics, 1962, 33(10): 3125-3131.

[101] Landauer R. The electrical resistance of binary metallic mixtures[J]. Journal of Applied Physics, 1952, 23(7): 779-784.

[102] Hsu C T, Cheng P, Wong K W. Modified zehner-schlunder models for stagnant thermal conductivity of porous media[J]. International Journal of Heat and Mass Transfer, 1994, 37(17): 2751-2759.

[103] Wei G, Liu Y, Zhang X, et al. Thermal conductivities study on silica aerogel and its composite insulation materials[J]. International Journal of Heat and Mass Transfer, 2011, 54(11): 2355-2366.

[104] Aybar H Ş, Sharifpur M, Azizian M R, et al. A review of thermal conductivity models for nanofluids[J]. Heat Transfer Engineering, 2015, 36(13): 1085-1110.

[105] Mahian O, Kolsi L, Amani M, et al. Recent advances in modeling and simulation of nanofluid flows-Part I: Fundamentals and theory[J]. Physics Reports, 2019, 790: 1-48.

[106] Mojarrad M S，Keshavarz A，Shokouhi A. Nanofluids thermal behavior analysis using a new dispersion model along with single-phase[J]. Heat and Mass Transfer，2013，49（9）：1333-1343.

[107] Bahiraei M，Hosseinalipour S M. Thermal dispersion model compared with Euler-Lagrange approach in simulation of convective heat transfer for nanoparticle suspensions[J]. Journal of Dispersion Science and Technology，2013，34（12）：1778-1789.

[108] Amani M，Amani P，Kasaeian A，et al. Two-phase mixture model for nanofluid turbulent flow and heat transfer：Effect of heterogeneous distribution of nanoparticles[J]. Chemical Engineering Science，2017，167：135-144.

[109] Ding Y，Wen D. Particle migration in a flow of nanoparticle suspensions[J]. Powder Technology，2005，149（2）：84-92.

[110] Buongiorno J. Convective transport in nanofluids[J]. Journal of Heat Transfer，2005，128（3）：240-250.

[111] Garoosi F，Jahanshaloo L，Rashidi M M，et al. Numerical simulation of natural convection of the nanofluid in heat exchangers using a Buongiorno model [J]. Applied Mathematics and Computation，2015，254：183-203.

[112] Garoosi F，Garoosi S，Hooman K. Numerical simulation of natural convection and mixed convection of the nanofluid in a square cavity using Buongiorno model [J]. Powder Technology，2014，268：279-292.

[113] Malvandi A，Moshizi S A，Soltani E G，et al. Modified Buongiorno's model for fully developed mixed convection flow of nanofluids in a vertical annular pipe [J]. Computers & Fluids，2014，89：124-132.

[114] Kakaç S，Pramuanjaroenkij A. Analysis of convective heat transfer enhancement by nanofluids：Single-phase and two-phase treatments [J]. Journal of Engineering Physics and Thermophysics，2016，89（3）：758-793.

[115] Bahru R，Zamri M F M A，Shamsuddin A H，et al. Simulation design for thermal model from various materials in electronic devices：A review [J]. Numerical Heat Transfer，Part A：Applications，2022，82（10）：640-665.

[116] Feng Y，Zhu J，Tang D. Dependence of carbon nanotube array-silicon interface thermal conductance on array arrangement and filling fraction [J]. Applied Thermal Engineering，2018，145：667-673.

[117] Górecki K，Zarębski J，Górecki P，et al. Compact thermal models of semiconductor devices：A Review [J]. International Journal of Electronics and Telecommunications，2019，65（2）：151-158.

[118] Zarębski J，Górecki K. Properties of some convolution algorithms for the thermal analysis of semiconductor devices [J]. Applied Mathematical Modelling，2007，31（8）：1489-1496.

[119] Górecki K，Zarębski J. Paths of the heat flow from semiconductor devices to the surrounding [C]. Proceedings of the 19 th International Conference Mixed Design of Integrated Circuits and Systems - MIXDES，2012.

[120] Younes S. 传热学：电力电子器件热管理[M]. 余小玲，吴伟烽，六飞龙，译. 北京：机械工业出版社，2013.

[121] Górecki K，Górecki P. A new form of the non-linear compact thermal model of the IGBT [C]. 2018 IEEE 12 th International Conference on Compatibility，Power Electronics and Power Engineering（CPE-POWERENG 2018），2018.

[122] Górecki K，Górecki P. Nonlinear compact thermal model of the IGBT dedicated to SPICE [J]. IEEE Transactions on Power Electronics，2020，35（12）：13420-13428.

第4章

低维高导热碳材料：石墨烯、碳纳米管、泡沫碳

现代社会科学技术飞速发展，人民日益增长的美好生活需要有很多正通过电子产品越来越广泛的运用得到不断满足。从便携可穿戴设备到航空航天飞行器，设备中元器件尺寸不断减小、功率密度持续增加，运行时产生的热量越来越多，工作环境温度越来越高[1]。通常情况下，设备元器件所处的工作环境温度对设备整体性能和使用寿命等影响很大。例如，当元器件温度达到70~80℃时，温度每升高1℃，设备的可靠性就会下降5%，有超过55%的电子设备因为元器件温度高于规定的工作温度而失效[2]。又如，智能手机、平板电脑等电子产品越来越轻薄化，电子产品散热空间越来越小，而芯片的发热量越来越大，常出现耗电过快、操作失灵、寿命缩短等问题；5G通信设备运行速度快，发热量大，功耗大，过多的热量若不能及时移除会导致设备温度升高，降低通信速率和缩短元器件寿命；空间飞行器如卫星等，由于体积小、性能高，设备集成度较大，元器件功率密度高，运行时产生大量的热，过多的热量会降低元器件的性能，缩短其寿命。因此，高性能、低成本散热薄膜材料已经成为关系消费电子、信息技术乃至人工智能等许多领域未来发展的关键[3-5]。

传统的金属导热材料，如铝、铜、银等，由于存在密度较大、易氧化、比热导率（热导率和体积密度之比）较低、热膨胀系数较高等局限性，已经很难满足当前微电子领域电子器件日益增长的散热需求。对导热型热管理材料而言，材料自身具有较高的比热导率和良好的热态环境服役性能尤为重要。

碳基材料具有特殊的结构和优异的导电、导热、耐高温等性能。源于碳原子电子轨道的多样性，可分别形成sp、sp^2和sp^3杂化，进而造成碳元素的各种同素异形体具有不同的性质。即组成碳基材料的碳基元微晶排列复杂、取向多样、种类繁多。从传统的碳基材料（木炭、炭黑、活性炭、焦炭、天然石墨、石墨电极、炭刷、炭棒、铅笔等）到新型碳基材料（碳基复合材料、碳纤维、柔性石墨、碳纳米材料）展现出一幅恢宏画卷，尤其是新型碳纳米材料（富勒烯、碳纳米管、石墨烯、石墨炔等）备受关注。碳基材料因具有较低的体积密度、热膨胀系数、优异的热力学性能以及高的热导率，迅速发展成为一类最具前景的导热材料，被广泛应用于能源、计算、通信、电子、激光和空间科学等高科技领域[6-10]。

碳基材料的室温热导率，从热导率最低的无定形碳[0.01 W/(m·K)]到热导率最高的石墨烯[5300 W/(m·K)]和碳纳米管，跨度达 5 个数量级（图 4-1）[11]。其中，热导率非常低的无定形碳，通常被用作隔热保温材料；而以纯 sp^2 和 sp^3 杂化成键的碳基材料（类金刚石碳膜、碳纳米管和石墨烯等）的热导率却较高，而且，在纳米尺度上结构的变化可以改变材料的导热性能。例如，纳米线的导热能力远不如块体的导热能力，就是因为声子散射边界的增加和声子色散的改变[12,13]。二维金刚石在温度接近 77 K 时，热导率高达 10000 W/(m·K)。碳纳米管宏观体是优异的块体热导体，在室温热导率为 3000～3500 W/(m·K)。石墨烯的发现使严格二维晶体中的热传递在实验上成为可能，石墨烯热导率的第一次测量是由 Balancedin 教授课题组[14]通过拉曼表征测试开展的，得到的热导率高达 5300 W/(m·K)，超过了石墨的上限，引起了热管理领域研究者们的广泛关注。

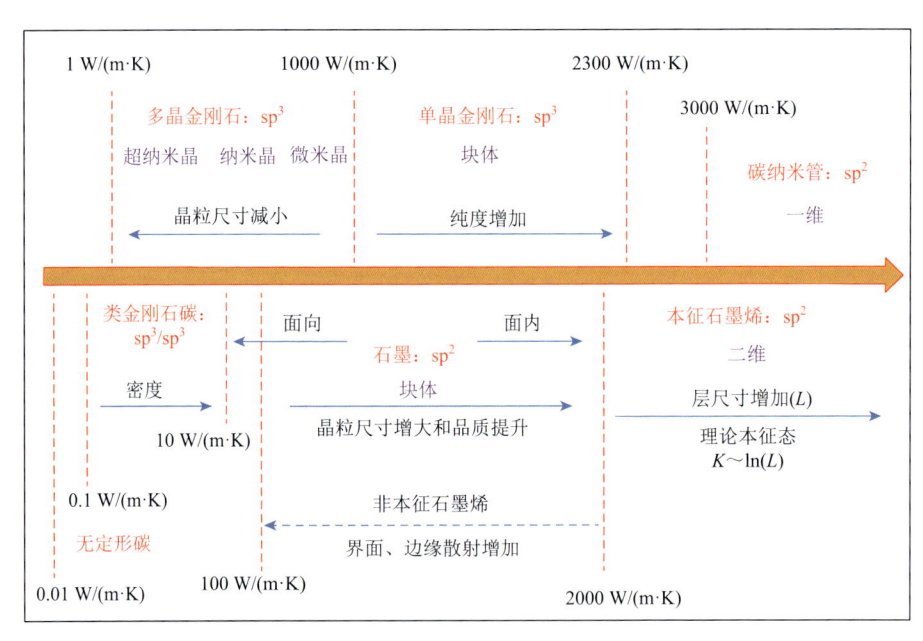

图 4-1 碳的同素异形体及其衍生物的热学性能[9]

4.1 石墨烯的导热性能及其应用

完美的石墨烯具有理想的二维晶体结构，由六边形的晶格组成。每个碳原子

通过很强的 σ 共价键与其他三个碳原子相连接，形成了牢固的 C—C 键，并且每个碳原子都能贡献出一个未成键的 π 电子，这些 π 电子与平面成垂直的方向可形成 π 轨道，π 电子则可在晶体中自由移动，赋予石墨烯良好的机械强度和导电性（图 4-2）[15]。

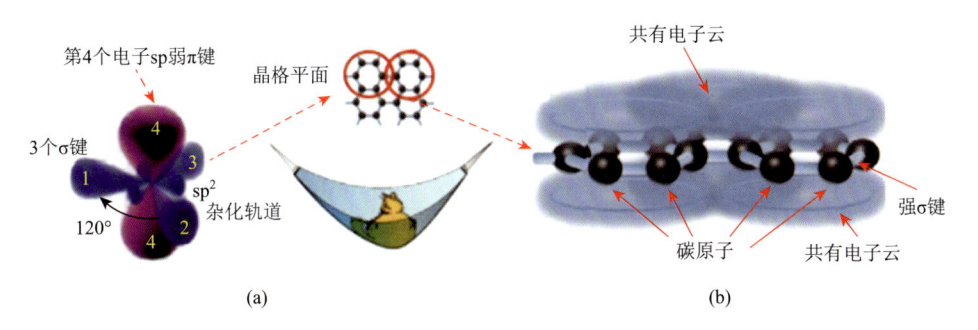

图 4-2 石墨烯的力学、热学和电学性质与杂化轨道的关系[15]
（a）超强力学性质源于强 σ 键电子；（b）良好导热导电性源于弱 π 键电子

作为一种独特的二维晶体，石墨烯具有超大的比表面积，理论值为 2630 m²/g[16]；杨氏模量达 1.0TPa[17]；热导率为 5300 W/(m·K)[14]，是铜热导率的 10 多倍[18]（图 4-3）；且密度小、化学稳定性与柔性好。近年来，人们在热管理材料方面除使用传统的金属（铜、铝等）材料外，石墨烯基薄膜受到人们的极大关注[4,5]。由于石墨烯基薄膜材料集轻质、柔性和高导热特点于一体，极具低成本、大规模工业化生产潜力；并对发展小型轻量化、功能多样化和性能高效化电子设备有很大的促进作用。

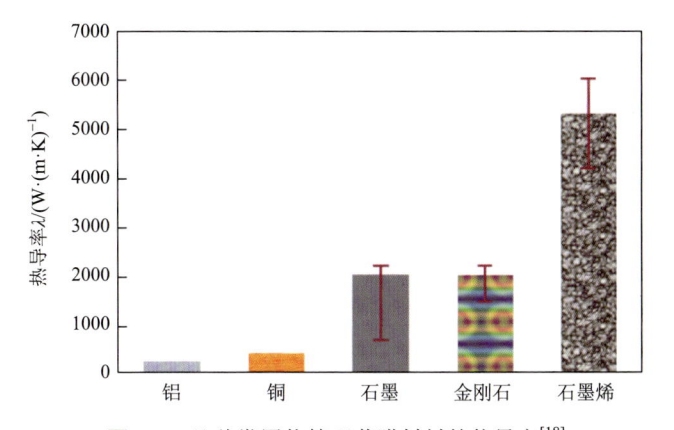

图 4-3 几种常用热管理薄膜材料的热导率[18]

石墨烯热学性质的测试通常采用两种方式：悬挂石墨烯和支撑石墨烯。前者石墨烯两端固定，其余部分处于自由状态；后者整个石墨烯片和基底接触。测定石墨烯热导率的方法主要有微拉曼光谱法、微电阻测温法、自加热法等。表 4-1 列出了采用不同测试方法测得不同制备工艺获得的单层和少数层石墨烯的热导率。

表 4-1　单层和少数层石墨烯的热导率[19]

石墨烯样品	制备方法	热导率 λ [W/(m·K)]	测试方法	文献
单层石墨烯（悬挂）	机械剥离	5300	微拉曼光谱法	[14]
单层石墨烯（悬挂）	化学气相沉积	2500（350 K）	微拉曼光谱法	[20]
少层石墨烯（悬挂）	机械剥离	1300～2800	微拉曼光谱法	[21]
石墨烯（悬挂）	机械剥离	630	微拉曼光谱法	[22]
石墨烯（支撑）	化学气相沉积	370	微拉曼光谱法	[20]
石墨烯（支撑）	机械剥离	600	微电阻测温法	[23]
三层石墨烯（支撑）	机械剥离	1250	微电阻测温法	[24]
双层石墨烯（支撑）	机械剥离	560～620	微电阻测温法	[25]
少层石墨烯带	机械剥离	1100	自加热	[26]
石墨烯（悬挂）	机械剥离	370（1000 K）	自加热	[27]
石墨烯（包裹）	机械剥离	160	微电阻测温法	[28]
石墨烯纳米带（65 nm）	机械剥离	100	微电阻测温法	[29]

4.1.1　石墨烯制备的主要方法

石墨烯是目前已知的热导率最高的二维材料，由它组装成的石墨烯基薄膜是最具发展前景的热管理材料。无疑，只有实现低成本、大规模生产的高品质石墨烯，才能有效满足人们对高性能热管理薄膜材料的大量需求。

石墨烯制备的方法主要包括机械剥离法、碳纳米管剖开法、外延晶体生长法、化学气相沉积法（CVD 法）、还原氧化石墨法、有机合成法、电化学法、高温常压法和低温负压法等（图 4-4）[30-37]。其中，机械剥离法、外延晶体生长法、CVD 法虽然能制备缺陷较少的石墨烯，可以用于电子器件及理论研究，但是产能难以扩大；高温常压法尽管可以制备出高品质的石墨烯，但需要温度极高，对设备要求苛刻，技术难度大，生产成本高；而电化学法和低温负压法则是现今低成本宏量获得石墨烯材料的最有前景的方法。

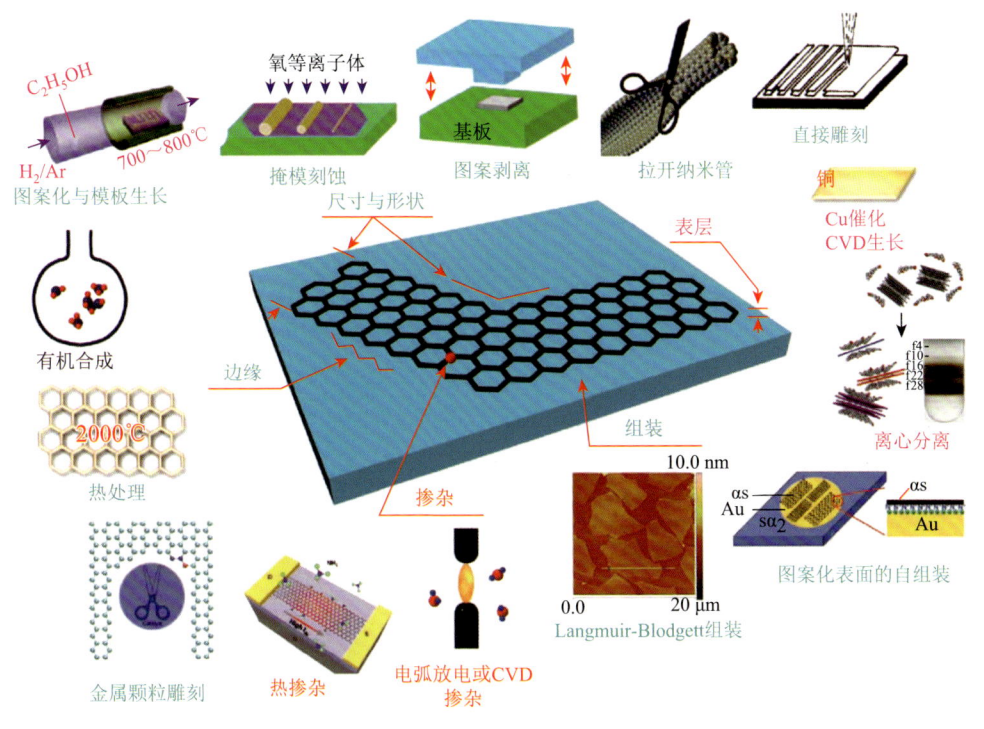

图 4-4　石墨烯的制备方法[30]

1. 石墨烯粉末的制备

1）电化学法

电化学法是在电解质溶液中，利用石墨的导电性将其作为工作电极（阳极或阴极），在电解液中对其施加一定的电压，在外加电压作用下，电解液解离出的阴离子向阳极移动，插入石墨层间，使得石墨的本征层间距 0.335 nm 增大至 0.4～1.2 nm[37]，降低了石墨层间的范德华力，随之电解过程中水和阴离子分解产生气体也会促进石墨膨胀、剥离成片状单层或少层石墨烯（图 4-5）[34-35]。相比于其他制备方法，电化学法是一种绿色简单且易重复操作的方法，具有电解剥离效率高、绿色环保等特点，被认为是最有可能让石墨烯工业化生产的方法之一。

根据插层情况的不同，形成的石墨层间化合物具有不同的阶结构，如图 4-6 所示。阶数越小，插层越充分。其中一阶石墨层间化合物的形成为制备单层石墨片（石墨烯）提供了可能的路线。

电化学"插层-氧化-剥离"工艺具有较高的石墨剥离效率和较好的剥离效果。常用的电化学石墨烯制备工艺主要有"一步法"和"二步法"，其中，"一步法"指石墨的电化学"插层-氧化-剥离"过程在同一电解液体系中进行，而"二步法"则是在两种不同电解液体系中进行。

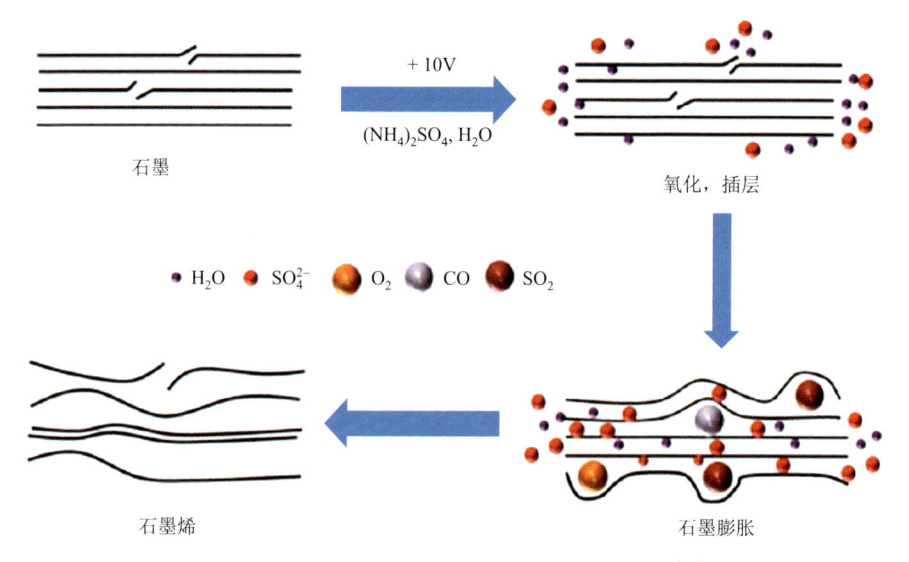

图 4-5　石墨的电化学"插层-氧化-剥离"机理[34]

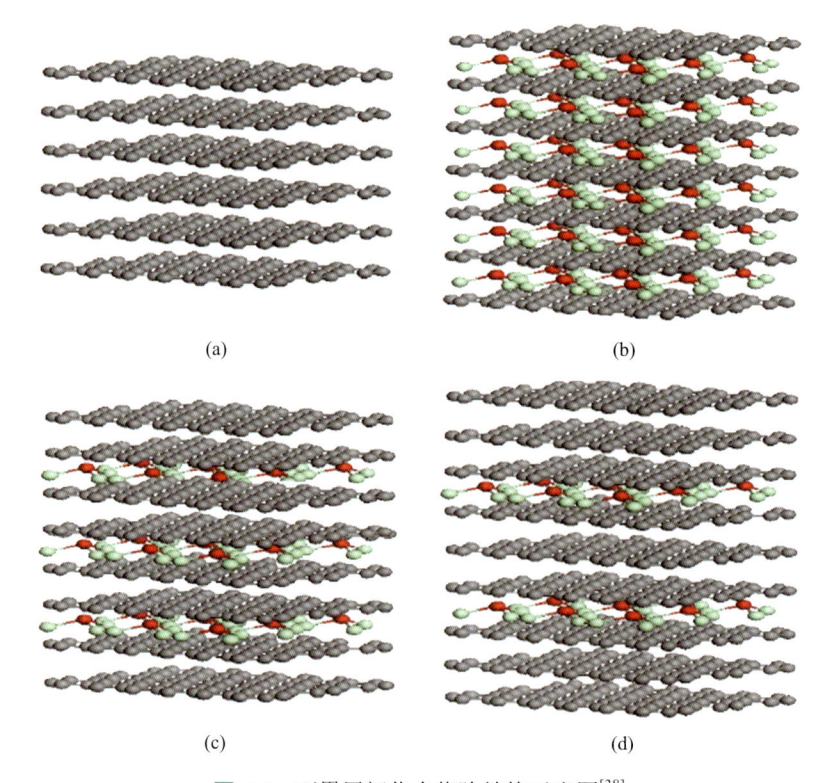

图 4-6　石墨层间化合物阶结构示意图[38]

（a）石墨结构（ABAB 型）；（b）一阶石墨层间化合物结构；（c）二阶石墨层间化合物结构；
（d）三阶石墨层间化合物结构

实用案例：

（1）一步法。

Ding 等[39]选用浓度 0.05 mol/L 的 Oxone（过硫酸氢钾，$KHSO_5 \cdot 0.5KHSO_4 \cdot 0.5K_2SO_4$）溶液为电解液，石墨块为工作电极，铂箔为对电极，在工作电压为 +50V、电解时间为 4 min 条件下，实施石墨的插层-氧化-剥离，可以获得 2~5 层的亲水性石墨烯片（氧化石墨烯片），含氧量为 16.37%（原子分数），收率约 60.1%，且具有优异的水分散性和稳定性。在不加任何添加剂的条件下，剥离产物在水中浓度可达 1.04 mg/mL。

（2）二步法。

Cao 等[40]将石墨纸置于浓硫酸（>95%）电解液中，在 2.2V 电压下，电解 20 min，形成一阶 H_2SO_4-石墨层间化合物；随后，将其移入 0.1 mol/L 的硫酸铵电解液中，在 10V 电压下，电解 5~10 min，即可获得：产率>71%、单层率>90%、氧含量 17.7%（原子分数）、平均横向尺寸为 2~3 μm、厚度~1 nm 的氧化石墨烯片，和文献报道的单层氧化石墨烯一致[41, 42]。

2）低温负压法

低温负压法属热化学解理（剥离）法。石墨的热化学解离法包括高温常压解离法与低温负压解离法，解离机制示于图 4-7。

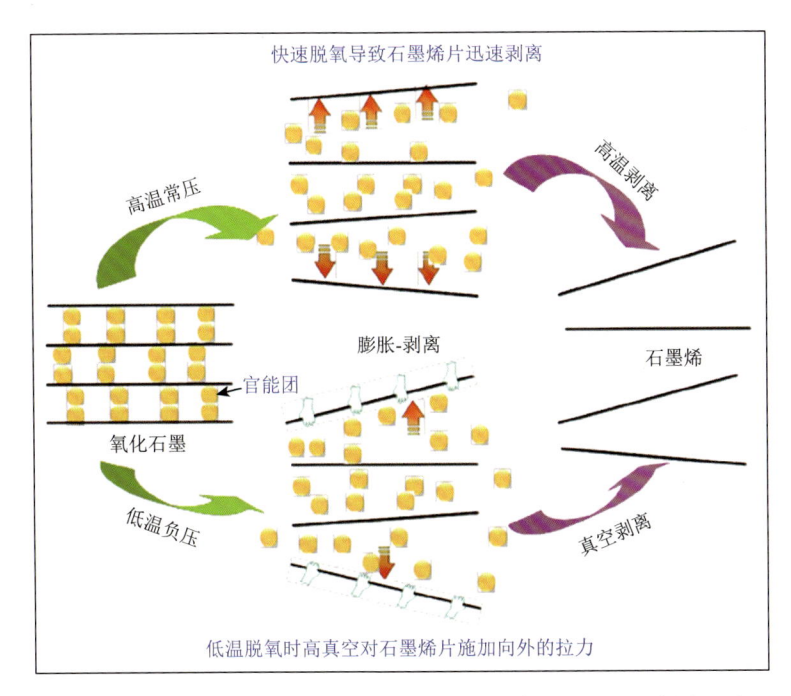

图 4-7 高温（>1000℃）常压（上）和低温（低至 200℃）负压（下）工艺制备石墨烯的示意图[36]

从图 4-7 中可以看到：两种石墨的热化学解理法的原料均为氧化石墨（石墨层间化合物），通过高温常压或低温负压工艺，均可以实现氧化石墨的剥离，获得石墨烯。通过石墨的氧化插层，在其层间引入含氧基团（如 SO_4^{2-}、ClO_4^-、CH_3COO^- 等）形成的氧化石墨，在增大石墨层间距的同时部分改变碳原子的杂化状态（增加 sp^3 成分），减小了石墨的层间相互作用。这种氧化石墨通过高温常压或低温负压处理，即可引起石墨层的解理，实现石墨的层-层剥离，获得石墨烯。其中高温常压法是将氧化石墨通过快速高温处理，使石墨层间的含氧官能团受热以高压气体状态迅速释放，造成强大的内应力，导致石墨片层内外产生很大的压力差，进而快速脱氧导致石墨烯片迅速剥离。而低温负压法则是通过降低环境的压力（<1Pa），营造真空环境，造就氧化石墨内外的压力差；然后以 10～50℃/min 的升温速度，升至 200～400℃，使得含氧基团从氧化石墨层间受热脱除时仍能产生强大的内外压差，进而实现石墨烯片层的快速剥离。

相比之下，高温常压法工艺简单，易于产业化[43]。但实际上，这种氧化石墨的高温常压剥离一般在 1100℃的高温下进行，也就是，在 1100℃的高温下，才能实现氧化石墨的完全剥离[44]。同时，高温常压化学剥离制备条件相对苛刻。其一，快速升温和高温过程对设备的要求较高，耗能高，成本偏高；其二，快速升温、高温膨化这样的非稳态过程剥离会造成多缺陷的石墨烯产物，难于控制材料的结构，进而制抑石墨烯物性研究的深入及其应用的领域。而低温负压法可以低成本、宏量获得低缺陷浓度、具有优异热导率和电导率的高品质石墨烯粉体材料[45]，可以制备出石墨烯膜、石墨烯纤维、石墨烯宏观体等三维结构，应用于热管理、储能等领域[3-4, 36]。下面主要介绍高导热石墨烯薄膜的制备与应用。

2. 石墨烯薄膜的制备

石墨烯基薄膜是以石墨烯或氧化石墨烯为基本单元组装而成的薄膜状（或纸状）材料，这类材料不仅保持了石墨烯固有的优良理化性质，而且具有宏观可操作性等优点，所以在电子、能源、环境以及生物等各个领域具有非常广阔的应用前景。目前，石墨烯基薄膜材料的制备方法主要有过滤法、化学气相沉积（CVD）法、涂覆法等[46]。

1）过滤法

过滤法是广泛使用的一种制备石墨烯基膜状材料的方法，包括常压过滤和真空抽滤两种方式。2007 年，Ruoff 组[47]最先使用过滤法获得具有层状结构的氧化石墨烯薄膜材料，进而制备出力学性能优异的石墨烯薄膜。随后，陈成猛等[48]也采用过滤法制备出石墨烯薄膜，具体方法是：首先通过 Hummers 法制备氧化石墨，将其研磨、超声处理和离心分离得到均质稳定的氧化石墨烯胶状悬浮液；然后经过滤、烘干获得氧化石墨烯薄膜；再用 $NaBH_4$ 预还原，高温（1300℃）碳化即可制备出石墨烯薄膜。采用该方法制备得到的石墨烯薄膜，较高温碳化法石墨烯薄膜具有残碳率高的特点（由质量分数约 15%上升至约 47%）。同期，Xu 等[49]选用过滤法也制备出石墨烯薄膜。

过滤法也是制备石墨烯基复合物薄膜的常用方法之一。Putz 等[50]运用过滤法制备出了氧化石墨烯/聚甲基丙烯酸甲酯（polymethyl methacrylate，PMMA）及氧化石墨烯/聚醋酸乙烯酯（polyvinyl acetate，PVA）复合薄膜，将质量分数 44%~77%的氧化石墨烯均匀掺杂于复合膜中，复合薄膜表现出良好的机械性能。

不足之处是：由于过滤法是依靠液流使石墨烯基材料在滤膜上成膜，难以控制薄膜的厚度和均匀度，也很难保证薄膜与滤膜基体的分离及分离后薄膜的质量。因此，这种方法虽然简便易操作，但在应用中存有一定的缺陷。

2）化学气相沉积法

化学气相沉积（CVD）法是制备单层或者少层石墨烯薄膜的最常见方法。一般是以 Cu 或者 Ni 作为基底，使用 CH_4 作为碳源，H_2 作为还原介质，在高温下沉积得到石墨烯薄膜（图 4-8）[51]。

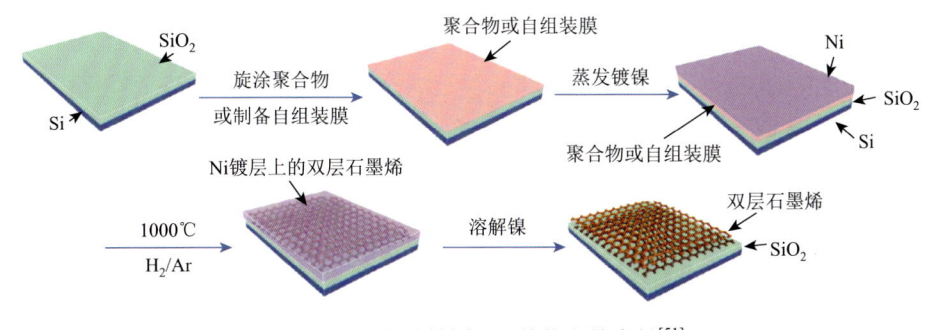

图 4-8　双层石墨烯在 Ni 基体上的生长[51]

CVD 法的优势在于制备的石墨烯片层缺陷少，形成薄膜的层数精密可控。Reina 等[52]首次在常压下通过 CVD 方法在多晶镍基体上获得了厘米量级的单层至多层石墨烯薄膜，其中单层和双层石墨烯的尺寸可达 20 μm，薄膜的整体尺度取决于 Ni 基体的面积，而且这种薄膜可以转移到多种其他基体上。Kim 等[53]以铜箔为基体通过 CVD 法沉积得到单层石墨烯膜，随后利用旋涂和转移法得到了聚合物-石墨烯-聚合物形式的三明治柔性薄膜，这种柔性膜具有极佳的介电性能：介电常数为 51，且在 1 kHz 时介电损失为 0.05。成会明课题组[54,55]通过 CVD 方法在铜箔上生长出大尺寸、高导电的透明石墨烯薄膜，并在后期的研究中以泡沫镍为模板使用 CVD 法得到了内部为三维搭接结构的宏观石墨烯薄膜；该材料还可以涂覆 PMMA 或聚二甲基硅氧烷（polydimethylsiloxane，PDMS）制成一种高机械强度的石墨烯复合薄膜。近来，刘忠范教授研究组和彭海琳教授研究组[56,57]首次发现并阐明了化学气相沉积法制备石墨烯薄膜的本征污染问题及其普遍性，确认了石墨烯薄膜表面污染物的主要成分是无定形碳，并对其结构和成因进行了深入系统的研究。他们提出了"助催化"策略对气相反应进行调控，通过构筑泡沫铜/铜箔垂直堆垛结构和选用含铜碳源——醋酸铜，保证了在石墨烯生长过程中黏滞层内铜催化剂的持续有效供给，从而促进了气相活性炭物种的充分裂解，抑制了生成无定形碳污染物的副反应的发生，最终率先实现了超洁净石墨烯薄膜的直接制备（图4-9）。

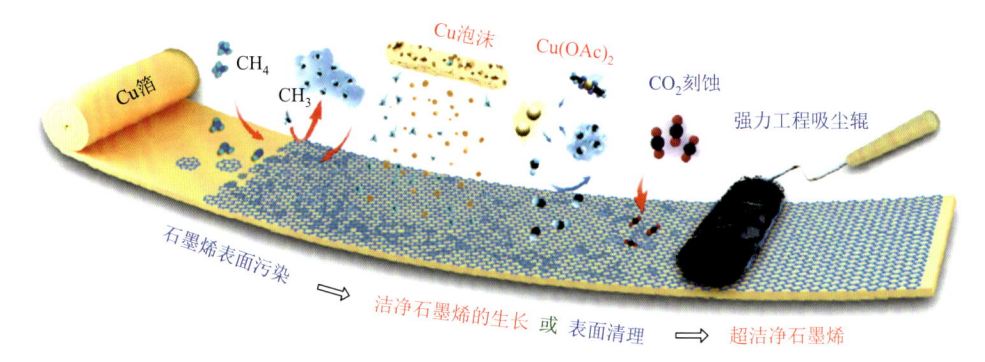

图 4-9　超洁净石墨烯薄膜的制备方法[58]

生长在铜金属表面的石墨烯薄膜转移至特定功能基底上才能有效发挥作用。非洁净石墨烯转移后表面通常有大量的高聚物残留，而洁净生长的石墨烯薄膜转移后仍能保持高洁净度[56-60]。特别值得指出的是，超洁净石墨烯薄膜表现出优异的电学、光学、热学性质和本征亲水性[56-60]。其中，超高的载流子迁移率[1083000 $cm^2/(V·s)$]和极低的接触电阻率（96 $\Omega·\mu m$）均优于目前文献报道的所有 CVD 石墨烯薄膜的测量结果[56,60]。超洁净石墨烯的成功制备将大大促进石墨烯的基础研究与应用开发，加快推动 CVD 制备的石墨烯薄膜的实际应用[58]。

3）涂覆法

涂覆法是一种简便易行的成膜方法，涂覆方式通常采用喷涂或旋涂。Becerril 等[61]采用涂覆法制得石墨烯薄膜，其过程为：首先用 Hummers 法制备氧化石墨，然后用离子交换树脂去除氧化石墨中的酸，再经超声处理，并通过离心分离去除多层氧化石墨，随后将离心后的溶液旋涂于石英基体表面、烘干获得氧化石墨烯薄膜；最后采用化学还原法或热处理法将氧化石墨烯薄膜还原或碳化制成石墨烯薄膜。其中，化学还原法以联氨蒸气为还原剂；热处理法是在高温下进行碳化处理。这两种方法制得的石墨烯薄膜的主要区别是：热处理法制备的石墨烯薄膜含氧量更低，具有更好的热学、电学性质。

4）流延成型法

流延成型是一种常用的成型方法，在陶瓷生产中已广泛应用，但在特定取向的石墨制品的工业生产中却鲜有报道。流延工艺是将基料粉体与专用调配的试剂混合，使之形成具有一定黏性的浆料，然后通过挤出或刮刀使浆料均匀涂布在基板（铜箔、镍箔、聚酯薄膜等）上，待浆料中的溶剂挥发后，形成一定厚度的薄膜（图 4-10）。流延成型法具有高效、稳定的特点，广泛用于薄膜、电路基板、片式电容电感的工业化生产[15]。

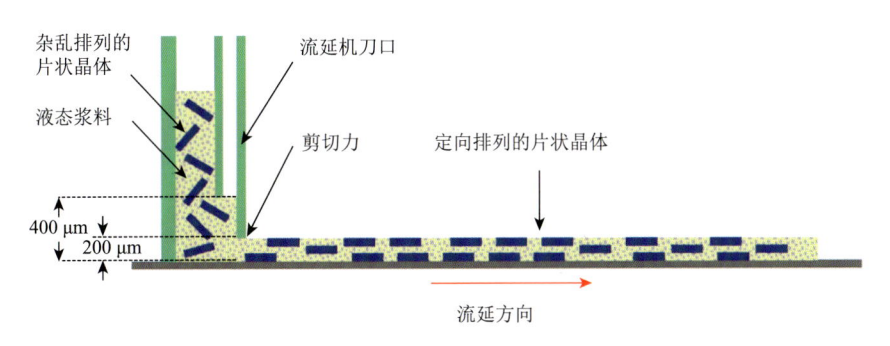

图 4-10 流延工艺示意图[15]

流延工艺除起到成型作用外，还具有使特定形状的晶体基料（如石墨粉、石墨烯等）在浆料中定向排列的作用。这种作用是通过流延刀口对浆料的剪切力实现的，浆料在快速通过刀口时，浆料中原本杂乱排列的石墨烯等基料粉粒在剪切力的作用下转向/倒伏，沿剪切力的方向定向排列，如图 4-10 所示。流延工艺定向的优点在于晶体基料粉粒在液态浆料中的转向阻力小，因而很易形成排列较好的定向结构。

著者课题组[62]以天然鳞片石墨为原料，以聚乙烯醇缩丁醛（polyvinyl butyral，PVB）为黏结剂，以聚乙二醇（polyethylene glycol，PEG）和邻苯二甲酸二丁酯（dibutyl phthalate，DBP）混合物为增塑剂，通过流延工艺在室温下制备了定向排列的石墨/聚合物片层复合材料。系统分析了不同黏结剂用量和流延刀口高度下复合片层材料的定向排列状况，并探讨了定向排列程度对其热导率的影响。XRD 和 SEM 的结果表明，石墨/聚合物复合片层材料显示了不同程度的定向排列。热导率测试结果表明，片层复合材料的热导率随着定向排列程度的提高而增大。通过优化黏结剂的用量和流延刀口高度制备出具有较高热导率的片层复合材料，其热导率最高可达 490 W/(m·K)。

石墨烯具有二维晶体结构，在流延工艺中很易进行定向排列，制备出高热导率定向石墨烯薄膜。

4.1.2 石墨烯导热薄膜的制备工艺与导热性能

著者课题组[63]以石墨烯水溶性浆料为原料，采用抽滤的方法制备出石墨烯薄膜，并比较研究了加压方式、热处理温度对石墨烯薄膜导热性能的影响。

1. 石墨烯导热薄膜的制备工艺

将质量分数 0.5%的石墨烯水溶性浆料置于抄片器中，抽滤成膜；接着在常温下通过平压或辊压方式压实，膜厚控制在 30 μm 左右；而后分别在 1200℃、1800℃ 和 3000℃真空热处理 2 h。同时，还进行了 1800℃-5 MPa 下真空热压 2 h 的实验，考察热处理过程中压力对石墨烯薄膜性能的影响。

2. 加压方式对石墨烯薄膜密度的影响

研究发现：辊压可使石墨烯薄膜的密度高达 2.15 g/cm^3，非常接近石墨的密度（2.09～2.33 g/cm^3）；而对于平压，即使压力达到 50 MPa，石墨烯薄膜密度也仅有 1.75 g/cm^3。这是由于石墨烯浆料在抽滤过程中很难均匀平铺成膜，平压时只有个别位置可以达到密度极限，平均密度并没有提高很多。相比之下，抽滤成型的石墨烯薄膜在辊压过程中，石墨烯片间横向运动，加之其本身的自润滑特性，很易形成厚度均匀的致密化石墨烯膜。即辊压可以大幅提高石墨烯薄膜密度。这种致密化的石墨烯薄膜在热处理过程中更易形成石墨单晶，具有更好的导热性能。

3. 热处理条件对石墨烯薄膜结构、形貌及其导热性能的影响

石墨烯的热传导主要由声子贡献[3, 11]，而石墨膜内部的官能团结构和残留的高分子杂质由于声子的散射效应会影响材料的热导率，因此消除杂质、还原官能团，提高石墨化程度将有效改善石墨膜导热性能。

1）石墨烯薄膜的结构与形貌

图 4-11 和图 4-12 分别是不同温度热处理条件下石墨烯薄膜的拉曼光谱与 3000℃高温处理和 1800℃-5 MPa 条件下热压获得石墨烯薄膜的 SEM 图像。

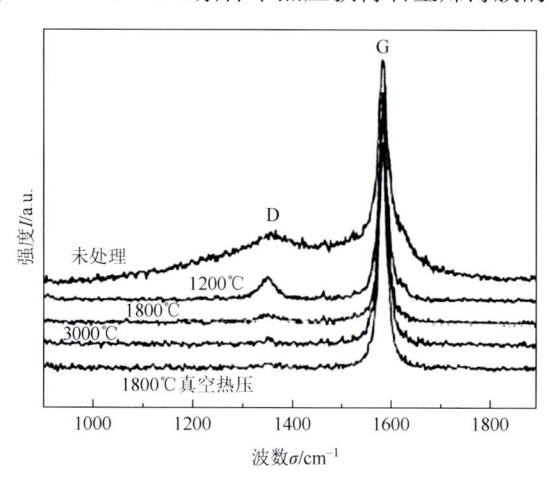

图 4-11　不同温度热处理条件下石墨烯薄膜的拉曼光谱[63]

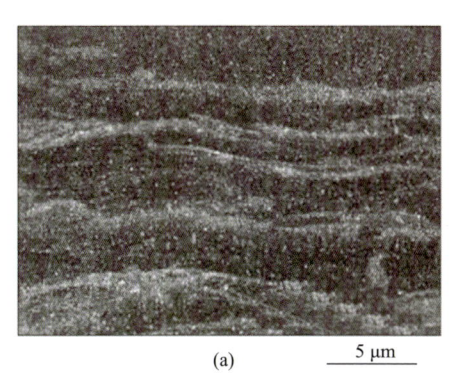

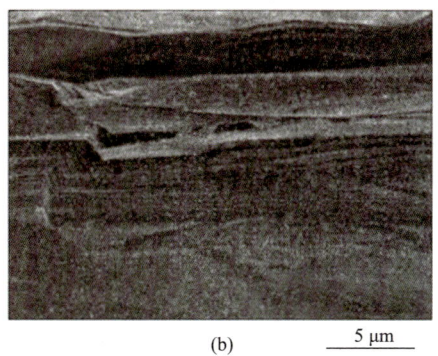

图 4-12　不同热处理条件下石墨烯薄膜的 SEM 图像[63]

（a）3000℃高温处理；（b）1800℃-5 MPa 条件下热压

图 4-11 中的 D 峰代表碳原子的晶格缺陷程度，G 峰代表的是 sp^2 杂化的面内伸缩振动，G 峰与 D 峰的比值越大，表明材料石墨化程度越高。不难发现：石墨烯薄膜拉曼光谱中的 G 峰与 D 峰积分强度比值随着热处理温度的升高而增高，在温度达到 1800℃时，D 峰几乎已经消失，说明此时石墨烯薄膜中的碳原子基本已形成 sp^2 杂化状态，材料晶格缺陷程度非常低。

研究发现：热处理后的石墨烯薄膜厚度增加了 2～4 μm，密度却从热处理前的 2.15 g/cm^3 降为 1.94 g/cm^3。关联 3000℃高温处理后石墨烯薄膜的 SEM 形貌[图 4-12（a）]，可以明显看到薄膜内部的孔隙较多，且石墨片层相距较远。由此可以认为：石墨烯薄膜厚度增加、密度降低的缘由是薄膜内部的含氧官能团和残留的高分子杂质在热处理过程中气化逸出时产生的孔隙所致。相比之下，1800℃-5 MPa 条件下热压制备的石墨烯薄膜[图 4-12（b）]的膜致密性明显优于 3000℃高温法处理后的石墨烯薄膜，且隐约可见类似石墨的单晶结构。这是由于石墨烯薄膜在热处理过程中产生的孔隙在热压作用下被消除，因而石墨烯薄膜展示出更好的致密性和取向性。

2）石墨烯薄膜的导热性能

经不同温度热处理后石墨烯薄膜的热导率如图 4-13 所示。可以看到：石墨烯薄膜的热导率随热处理温度的提高而上升，1200℃处理后，薄膜的热导率大幅提高，由热处理前的 330 W/(m·K)上升至 560 W/(m·K)，提高幅度高达 70%；进一步提高热处理温度，石墨烯薄膜的热导率虽有上升，但提高幅度越来越小，如在 1200～3000℃区间，石墨烯薄膜的热导率仅提高 14%；其中 1800℃较 1200℃提高 11%，3000℃较 1800℃提高率只有 3%。说明在 1200℃以上，进一步提高热处理温度对石墨烯薄膜热导率的影响不大。相比之下，在 1800℃-5 MPa 条件下真空热压获得石墨烯薄膜的热导率高达 910 W/(m·K)，热导率较未热处理石墨烯薄膜提高逾 175%，远高于 3000℃热处理后热导率的上升率 94%。

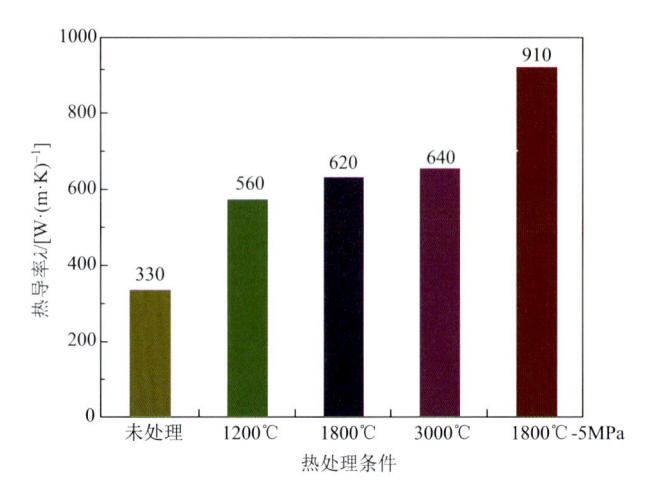

图 4-13　不同热处理条件下石墨烯薄膜的热导率[63]

综合图 4-11～图 4-13，即可得出：材料的宏观性能是其微观结构的体现；杂原子含量少，碳原子结构为 sp^2 杂化态，晶格缺陷低、致密性和取向性高的石墨烯薄膜具有更高的热导率。加压热处理是提高石墨烯薄膜热导率的有效措施。

4.1.3　石墨烯薄膜在散热领域中的应用

1. 手机散热膜

手机散热一直是困扰手机发展的一大问题。现在，主流手机内部的散热方式大都是石墨片散热，部分金属外壳的手机还增加了金属背部散热。这是由于手机温度一旦高于常规标准，就会出现卡顿、反应慢等问题，尽管通过大面积的金属背板、限制最高温度，一定程度上可以实现手机温度控制，但效果都不尽如人意。

现有的手机散热薄膜主要采用聚酰亚胺（polyimide，PI）薄膜经过炭化和高温石墨化后形成的人工石墨膜。制备工艺复杂、成本昂贵。相比之下，石墨烯散热薄膜优势明显，工艺过程易控、成本低、环境友好，性能与现有人工石墨膜相当，甚至更好。然而，石墨烯散热膜目前市场尚无成熟产品。尽管文献报道石墨烯散热膜可望实现高 1500～1900 W/(m·K)的热导率，但实际测量值远低于此结果[4]。

2018 年 10 月，华为公司发布了华为 Mate 20 系列手机，其中最大的黑科技是石墨烯散热技术。如，华为 Mate 20 X 在多款游戏中均可达到接近满帧的表现，较 iPhone XS Max、三星 Note 9 游戏体验更佳。实测显示，游戏 1 h 后，华为 Mate 20 X 的正反面温度分别只有 37.4℃、38.1℃，明显低于三星 Note 9 和 iPhone XS Max。温度的降低得益于采用石墨烯散热膜进行热传导。华为 Mate 20 系列手机不仅在手机上全球第 1 次使用了石墨烯散热膜，同时也是全球首款搭载真空腔均热板技术的手机[4]。

华为 Mate 20 手机上使用的石墨烯导热膜产品，是以石墨烯为原料，采用多层石墨烯堆叠而成的高定向导热膜；与市场其他同类散热材料相比，具有机械性能好、导热系数[*]高、质量轻、材料薄、柔韧性好等特点。同时，华为 Mate 20 X 手机上石墨烯散热膜的成功运用，既填补了国内外石墨烯高导热性应用产业化的空白，也为电子、航空航天、医疗等行业提供了高品质、经济化的整套散热解决方案。

  2020 年 6 月 23 日，据工信部网站消息[64]，继石墨烯薄膜在华为 Mate 20 X 中实现首次产业化应用之后，又在超强 5G 平板——华为 MatePad Pro 5G，搭载了超厚 3D 石墨烯散热技术，总厚度达到 400 μm。该技术以石墨烯为原料，采用多层石墨烯堆叠而成的高定向导热膜，具有机械性能好、导热系数高、质量轻、材料薄、柔韧性好等特点。

  在电子设备高性能、小型化的发展趋势下，散热设计在电子设备开发中的重要性持续提升。随着 5G 手机换机潮和基站建设高峰到来，石墨烯薄膜有望迅速扩展于电子设备散热方案中的应用。

2. LED 灯的散热

  LED（light emitting diode，发光二极管），是 21 世纪最有价值的新光源。LED 灯节能、环保、显色性与响应速度好。与白炽灯相比，白光 LED 灯照明可节电 80%～90%、与荧光灯相比可节电 50%；寿命可达 8×10^4～10×10^4 h，是白炽灯的 20～30 倍，荧光灯的 10 倍；尤其是与太阳能电池、电磁感应电池联合使用，更是一种极具竞争力的绿色光源[65, 66]。

  近年来，随着大功率 LED 灯件的出现和超高集成度电子元器件向高频、高速和微型化快速发展，LED 及电子元器件的发热量越来越大，热流密度和表面温度越来越高，在一定程度上影响了器件的可靠性和使用寿命，对散热提出了更高的要求。研究发现：大功率 LED 电光转换效率为 30%，有 70% 的电转换为热[67, 68]。大约七成的 LED 灯具失效皆由结温过高导致，当结温大于一定值时，灯具的失效率将呈指数规律上升，结温每上升 2℃，灯具的可靠性就下降 10%[69, 70]。无疑，随着对 LED 灯及其照明设备提出更高功率的需求，控制 LED 灯具的结温值成了 LED 灯大规模应用的一大挑战。

  LED 灯具的散热方式分为两大类：主动式散热和被动式散热。常见的主动式散热方式有：风冷散热、液冷散热、压缩机制冷散热和电子制冷散热等。被动式散热包括以自然对流散热为主的均温板外布翅片散热、平板热管散热、回路热管散热及翅片式热管散热等技术。被动式散热是目前 LED 灯具采用最广泛的一种散热方式。LED 灯具的封装结构中含有灯珠、散热垫、热沉、散热器以及导热硅胶垫，由于这些封装材料导热性能较差、导热系数低、热阻大，进而导致散热成为 LED 灯具发

---

 [*] 又称热导率。

展的一大瓶颈。显然，优异的高导热材料是解决电子器件和设备散热的关键。

1）石墨烯散热 LED 灯的结构

图 4-14 为石墨烯散热单颗 LED 灯的结构示意图，其中 LED 的基本传热路径为：LED 灯芯—散热垫-铜板—石墨烯—散热器—空气。石墨烯具备优良的导热性能，可将 LED 结温快速均匀地传导到散热器表面，通过散热器与空气对流方式传递到空气中。

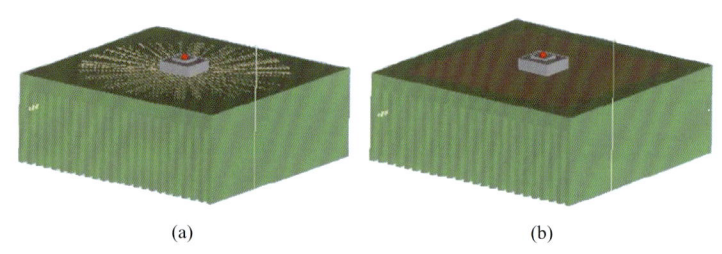

(a)　　　　　　　　　　　　(b)

图 4-14　石墨烯散热单颗 LED 灯的结构示意图[70]

（a）圆形石墨烯散热膜；（b）矩形石墨烯散热膜

2）石墨烯薄膜厚度对 LED 灯散热性能的影响

龚美等[69, 70]采用热分析软件 Ansys Icepak 和仿真技术，在 Icepak 15.0 版本中建立 LED 散热仿真模型：主要由 LED 灯、导热介质和散热器组成。而后对 LED 灯珠进行热学仿真，分析了无石墨烯散热膜 LED 灯和带不同厚度石墨烯散热膜 LED 灯的散热效果。

他们考虑到 LED 内部热阻是一稳定值，在热学仿真时将模型中每个 LED 灯珠看成一个热源，设置每个 LED 灯珠为温度监控点；采用自然对流模式，空气的自然对流系数取 7.5 W/(m·K)；设置室温为 25℃，石墨烯水平导热系数取 2200 W/(m·K)，垂直导热系数取 20 W/(m·K)，硅胶导热垫水平导热系数和垂直导热系数均为 4 W/(m·K)。

图 4-15 展示出无石墨烯 LED 单颗灯珠和四颗灯珠的热学仿真结果，可以看到：没有添加石墨烯散热介质时，LED 单颗灯珠和四颗灯珠的结温分别是 103.321℃和 109.557℃。

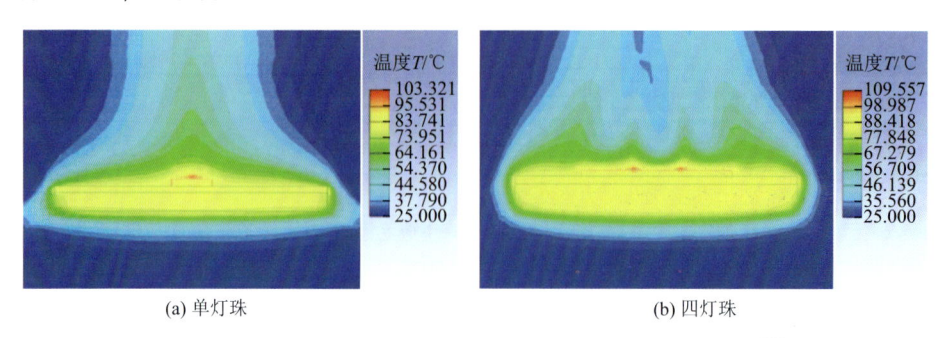

(a) 单灯珠　　　　　　　　　　　　(b) 四灯珠

图 4-15　无石墨烯 LED 单灯珠和四灯珠的热学仿真结果图[69]

依据添加不同厚度石墨烯前后 LED 单颗灯珠和四颗灯珠热学仿真结果,绘制出的石墨烯散热膜厚度与 LED 灯结温值的关系曲线示于图 4-16。

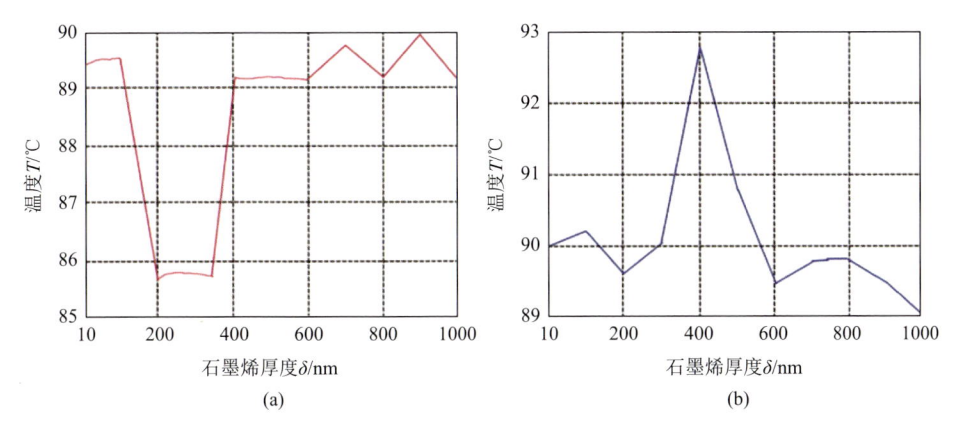

图 4-16 不同石墨烯散热膜厚度 LED 灯的结温值[69]

(a) 单颗 LED 灯珠;(b) 四颗 LED 灯珠

从图 4-16 可以看到:添加石墨烯导热介质对 LED 灯的散热效果比较理想。①对于 LED 单颗灯珠,添加石墨烯导热介质后,总体可使结温值降低 15~20℃ 左右 [图 4-16(a)]。其中,石墨烯散热膜的厚度在 200~350 nm 之间时,结温值下降最多,可以达到 18℃;其他厚度的散热膜可使温度下降约 15℃。这是因为石墨烯散热膜的厚度小于 200 nm 时,由于石墨烯膜较薄,对 LED 灯发出热量的存储容量有限,以致产热速度大于散热速度,不能及时将 LED 灯产生的热量传导至散热器;随着石墨烯厚度从 200 nm 增加到 350 nm,散热膜容纳热量的能力随之增加,散热效率相应提高,结温值下降;但当石墨烯厚度大于 350 nm 后,随着其厚度的增加,散热效率却逐渐减弱,结温值呈现下降趋势;这是由于随着石墨烯薄膜厚度的增加,石墨烯层间的缝隙增加,加之石墨烯的垂直热导率较低,因而当石墨烯薄膜厚度增加至一定值后,就会导致其导热性能明显下降[63]。②导热介质石墨烯的添加对四颗大功率 LED 灯珠阵列的散热效果有很大的改善作用,可以使其结温值下降 16~20℃ [图 4-16(b)];且随石墨烯薄膜厚度的改变,结温值的差异很小,最低结温值和最高结温值仅相差 3~4℃。究其缘由,应归因于导热介质石墨烯薄膜的面积足够大,能满足存储 LED 灯传导出的热量之需,并能将其迅速传递至散热器。

龚美等在研究中还发现:在石墨烯散热膜的厚度和面积相同的情况下,改变石墨烯的形状,对 LED 的散热效果影响很小,圆形石墨烯模型比矩形石墨烯模型仅下降 1℃ 左右,完全在误差范围之内,可忽略不计。例如,采用石墨烯散热膜的四颗阵列大功率 LED 灯具,每颗 LED 灯珠的结温值很接近;在石墨烯散热膜厚度为 200 nm

时，矩形石墨烯散热膜和圆形石墨烯散热膜的结温值仅相差 0.15℃，完全在误差范围之内。即导热介质石墨烯薄膜形状的改变对 LED 灯散热效果的影响很小[70]。

3）石墨烯 LED 灯管

石墨烯 LED 灯管，是一种基于石墨烯散热技术，在 LED 灯管外涂覆石墨烯膜的高光效 LED 灯管；也是目前已知的、节能效果最为显著的 LED 直管灯，广泛适用于家庭照明场所[71]。石墨烯 LED 灯管，不仅解决了 LED 直管灯不能以相同的光通量替代三基色荧光灯的重要技术难题，为 LED 灯管在室内照明领域完全彻底地取代传统荧光灯照明光源铺平了道路；同时也解决了大功率玻璃 LED 直管型灯管的散热问题，使得光效和光通量达到了同尺寸三基色荧光灯的水平。石墨烯 LED 灯管用于替代传统荧光灯的新领域产品的主要技术指标是：显色指数 $Ra \geqslant 80$；初始光效 $K \geqslant 135 lm/W$[71]。

3. 石墨烯散热涂料

散热涂料是提高物体表面的散热速度和效率，降低材料表面温度的特种工业涂料。主要通过传导散热、对流散热、辐射散热、蒸发散热等 4 种方式传递热量，降低基材温度。随着材料科学与工程的快速发展，测试仪器、生产设备、零部件的设计与生产等，均向着轻量化、小型化、集成化、高效化方向发展，尤其是超大规模集成电路的高速发展，使得电子器件的高功率密度特征越来越明显，以致电子器件表面的温度越来越高，直接影响到电子器件的工作稳定性和使用寿命。同时也使常规冷却系统和散热材料的效率受到极大挑战，相同的问题也出现在汽车、新能源、军工、核工业、农业、化工、电子通信、信息工程等领域。

一般的散热涂料是以聚合物作为基材，再加入一些导热性能好的金属填料（包括传统的金、铜、铝等），以及一些导热系数较高的非金属填料（如氮化铝、氮化硅、氧化铝、氧化铍、氧化镁、碳纤维、碳化硅、碳纳米管等）。同理，石墨烯散热涂料也是在现有的涂料体系中加入石墨烯而成的一种复合涂料，但其拥有较其他散热涂料更加优异的导热散热性能。

将石墨烯涂料涂覆于金属基材上不仅可以增大热辐射系数，加快热交换效率；同时还会使涂层具备更优异的防腐蚀性能，极大地提高产品的使用寿命。与普通涂料相比，将石墨烯导热涂料，用于金属元器件上，除显著提升其导热效率外，还能保留其良好的机械性能[3-4, 72-75]。例如，王朝生等[78]以聚硅氧烷为成膜物质，石墨烯为导热填料，制备出一种导热散热复合涂层。在石墨烯/聚硅氧烷质量比为 12%时，制得复合涂层的热导率可以达到 1.02 W/(m·K)，比纯聚硅氧烷涂层提高了近 4 倍。红外成像仪测试结果表明，石墨烯/聚硅氧烷复合涂层的导热散热效果良好，在 100℃热源下，温差可达 7℃。此外，该复合涂层还具有一定的疏水自洁性、良好的附着能力和较高的硬度。

配电变压器的安全稳定运行直接关系到电网的运行稳定性，随着经济的发展，配电网络的负荷日益增加。如，随着电动车普及和大功率直流充电桩的兴建，短期内越来越多的大功率脉冲负载投入运行，很多地区的配电变压器有可能不堪重负出现故障，有可能引起火灾。然而，变压器扩容和更换变压器等方式都成本高昂、人力物力消耗巨大。姚叶等[75]针对现有配电变压器固有散热系统的散热能力不足以应对过负荷现象的情况，基于石墨烯辐射强化散热的变压器过载能力提升技术，设计了一款可安装于现有变压器散热筋上的石墨烯辅助散热模块（图4-17）。

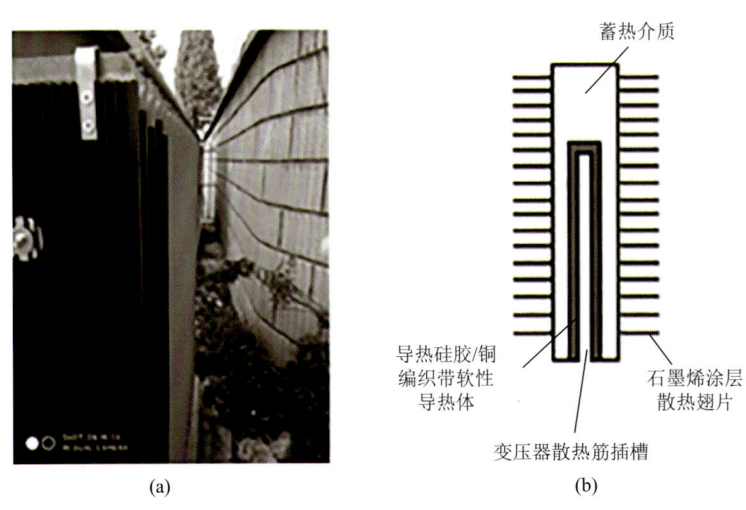

图 4-17　石墨烯辅助散热模块[75]

（a）加装辅助散热模块的变压器；（b）辅助散热模块的结构

现场验证结果显示：在现有变压器上加装该辅助散热模块后，可以强化提升现有变压器的散热效率，有效降低绕组绝缘温度和油温。如表 4-2 所示，在负载率为100%～120%时，加装辅助散热模块后，油温和绕温可分别降低11～12℃与8～13℃，使得变压器在偶发过负荷条件下二者不越限，保持安全运行。说明在现有变压器上加装石墨烯辅助散热模块，是一种解决变压器短时过负荷的最经济可行的方法，具有很好的实用价值。

表 4-2　加装石墨烯辅助散热模块前后变压器的散热效率[75]

负载率 λ/%	加装辅助散热模块前		加装辅助散热模块后	
	油温 T/℃	绕温 T/℃	油温 T/℃	绕温 T/℃
30	31	33	2	29
100	62	66	53	58
120	83	89	71	76

注：①绕温——变压器绕组绝缘温度；②试验环境温度为20℃。

需要说明的是：依据变压器老化的"六度法则"，变压器绕温在 80～130℃ 区间，温度每升高 6℃，其绝缘老化速度将增高 1 倍，绝缘寿命就降低 1/2。控制变压器绕温＜80℃、油温＜绕温，是保证变压器安全稳定运行的必要条件。

4.2 碳纳米管的导热性能与应用

碳纳米管（carbon nanotube，CNT）是 1991 年 Iijima[76]研究石墨电弧放电产物时发现的一种具有纳米级无缝管状结构的碳材料。这种理想的一维纳米结构是低维物理基础研究的极好对象；同时，碳纳米管本身优异的电学、热学、力学性能使其拥有广阔的应用前景，激起了人们的广泛关注和研究热情。

4.2.1 碳纳米管的结构

理想的单壁碳纳米管（single-walled carbon nanotube，SWCNT）可以看成是由单层石墨烯片卷曲而成的无缝管，两端各以半个富勒烯封口（图 4-18）。在碳纳米管中，每个碳原子和相邻的三个碳原子由共价键连接，形成六角形网状结构，其中的碳原子主要以 sp^2 杂化为主，由于管形结构产生的弯曲，部分碳原子也会形成一定的 sp^3 杂化键。对于直径较小的单壁碳纳米管，曲率较大，碳原子 sp^3 杂化的比例相对较高；随着碳纳米管直径的增加，碳原子 sp^3 杂化的比例逐渐减小[77-79]。

碳纳米管依其结构特征可以分为三种基本类型[77-79]：扶手椅型碳纳米管[图 4-18（a）]，锯齿型碳纳米管[图 4-18（b）]和螺旋型碳纳米管[图 4-18（c）]。用螺旋矢量（n, m）和螺旋角[$\theta/(°)$]可以准确地表征这三种类型的碳纳米管，即扶手椅型：$n = m$（$m \neq 0$），$\theta = 30°$；锯齿型：$n > m$，$m = 0$，$\theta = 0°$；螺旋型：$n \neq m$，$n > 0$，$m > 0$，$0° < \theta < 30°$。

(a)

(b)

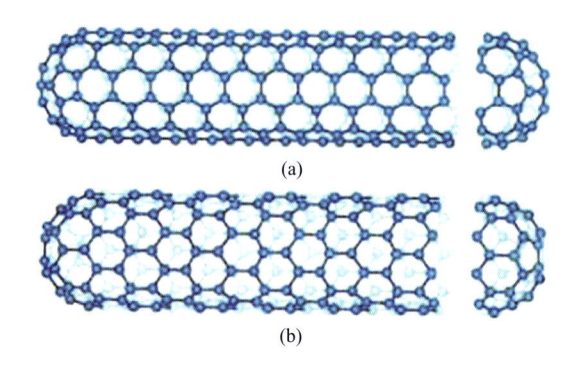

(c)

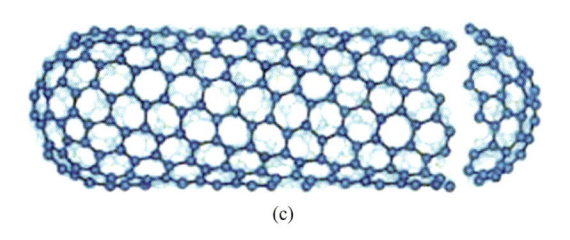

图 4-18　碳纳米管结构示意图[78]

(a) 扶手椅型；(b) 锯齿型；(c) 螺旋型

除了单壁碳纳米管，在实验中人们还得到双壁碳纳米管（double-walled carbon nanotube，DWCNT）和多壁碳纳米管（multi-walled carbon nanotube，MWCNT）。DWCNT 和 MWCNT 可以分别看作由两个和多个 SWCNT 嵌套而成，管内层间距为 0.34 nm。单壁、双壁和多壁碳纳米管的 TEM 图像示于图 4-19。不同壁数碳纳米管的直径及各层管的螺旋度都有很大的差异。

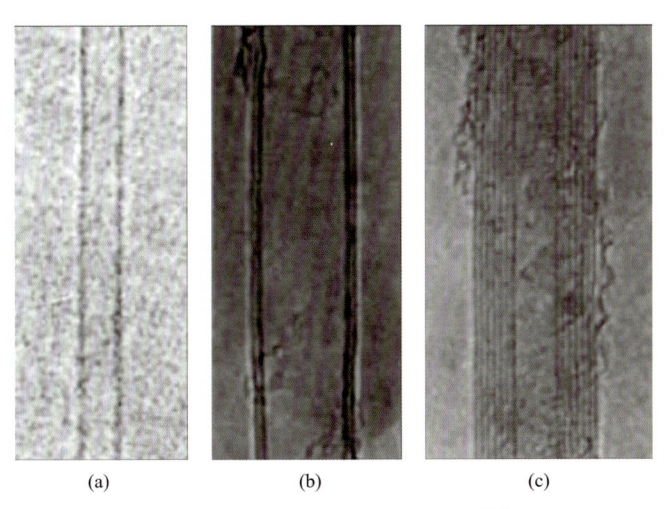

(a)　　　　　　　(b)　　　　　　　(c)

图 4-19　碳纳米管的 TEM 图像[77]

(a) 单壁；(b) 双壁；(c) 多壁

4.2.2　碳纳米管的热学性能

碳纳米管拥有很强的 sp^2 杂化键，加之其直径为纳米级、长度为微米级，是介于宏观与微观之间的一种介观材料；这种独特的结构和尺寸不仅赋予其优异的力学性能，同时也使其具有卓越的导热性能[66, 76-84]。

1. 碳纳米管的热导率

早期有关碳纳米管热导率的报道大部分基于理论计算[66, 81, 82]，一根完整多壁碳纳米管的轴向热导率约为 3000 W/(m·K)，单壁碳纳米管的热导率最高可达 6600 W/(m·K)。2001 年，Kim 等[83]采用悬空微器件，首次成功直接测出室温下单根多壁碳纳米管的热导率超过 3000 W/(m·K)，与理论计算值相近。

2. 碳纳米管的热导率随长度的变化

与金属不同，碳纳米管中主要的传热载流子为声子，而非电子。碳纳米管完美的晶格结构、原子间超强的碳-碳共价键，使得声子的平均自由程很长，从而具有超高的热导率。与体材料类似，碳纳米管热导率也会随材料中的缺陷、同位素掺杂等因素而降低[85]。

Zhang 等[86]基于分子动力学计算研究了单壁碳纳米管热导率随长度的变化关系，研究结果示于图 4-20（a）。可以看到：单壁碳纳米管的热导率随长度增加呈发散性增加。在双对数坐标中，单壁碳纳米管的热导率随长度的变化呈现出明显的线性规律；相应热导率（κ）对长度（L）的依赖关系为 $\kappa \sim L^\beta$。这种碳纳米管热导率随长度增加而增加的效应，得到了 Chang 等[87]实验结果的直接证实。他们在两个电极间悬空放置一根碳纳米管，其左端和电极通过金属沉积"焊点"牢固结合，右侧通过在不同位置 1~5 处沉积"焊点"，减小有效热传导长度［图 4-20（b）］；进而获得碳纳米管随长度变化的热导率。研究表明：实验测量结果与理论预言的指数发散规律符合得很好，但与傅里叶定律给出的依赖关系差别很大［图 4-20（c）］。

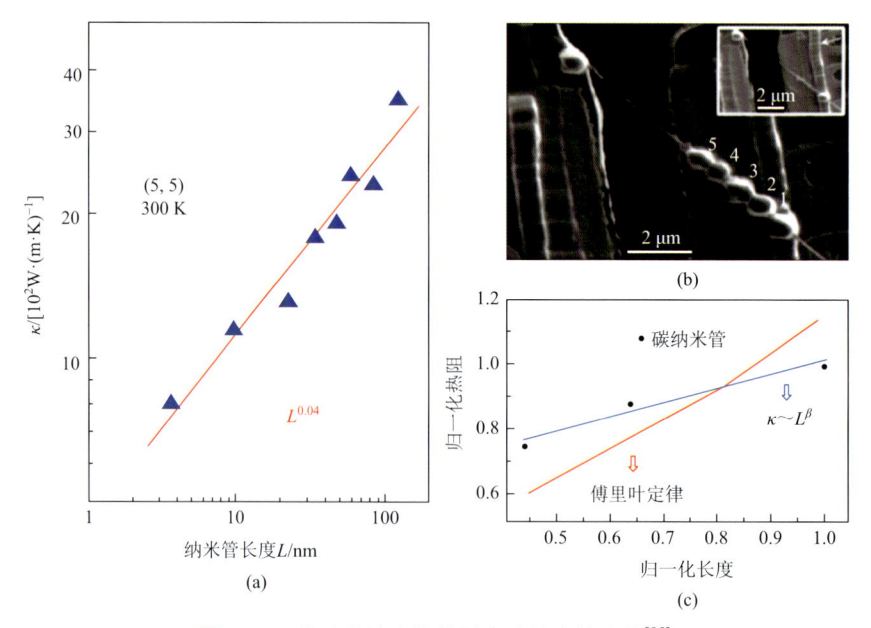

图 4-20 单壁碳纳米管热导率随长度的变化[85]

（a）分子动力学计算结果[86]；（b）测量碳纳米管热导率的"热桥"平台[87]；（c）实测值、理论值及傅里叶定律值的比较[87]

在体材料中，依据傅里叶定律得到材料热导率只依赖材料的组分和温度，而与材料的尺寸、形状无关，通常将这种现象称为正常热导。而把在纳米材料中发现的热导率（理论与实测）随材料尺寸而变化的现象却称为反常热导，在某些文献中也称傅里叶定律在纳米体系热传导中不再成立[85]。

3. 碳纳米管的热导率随温度的变化

Berber 等[82]报道了碳纳米管的热导率与温度的变化关系。他们利用平衡态和非平衡态相结合的 Green-Kubo 法 Tersoff 势计算了手性（10，10）的单壁碳纳米管的热导率，发现其热导率强烈地依赖于温度。如图 4-21（a）所示，在不同温度下，热导率会有 5 倍以上的变化；随着温度的升高，热导率先增大后减小，室温下碳纳米管热导率为 6600 W/(m·K)，100 K 时达到最大值 37000 W/(m·K)。他们还计算了其他碳的同素异形体，发现在温度大于 200 K 时，热导率都随着温度的升高而降低；热导率从高到低的排序为：石墨烯、碳纳米管、多层石墨。

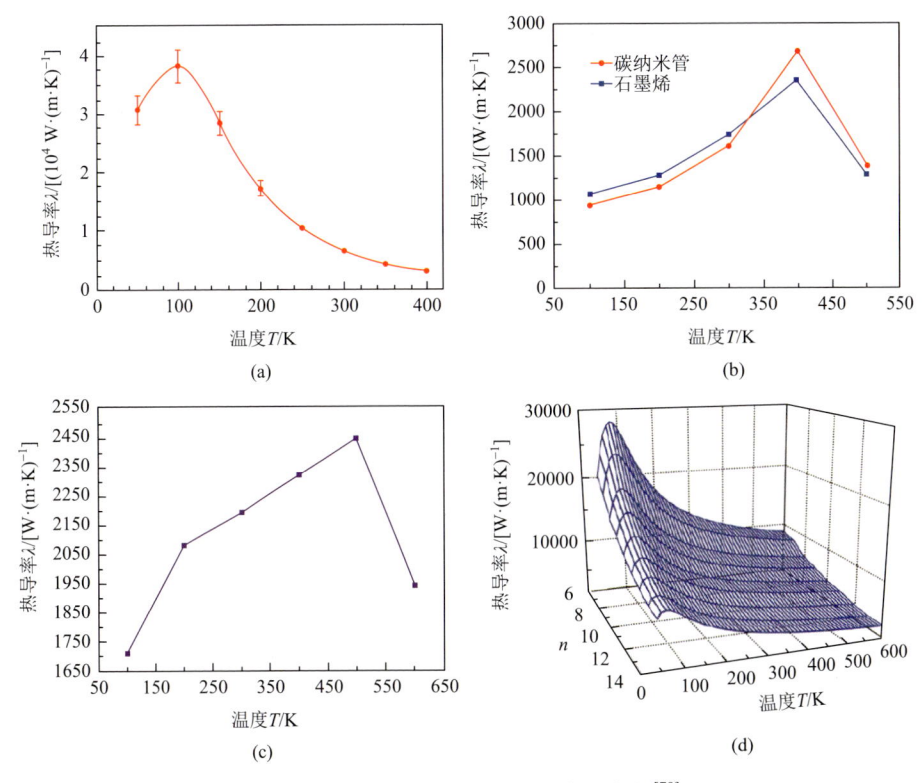

图 4-21 碳纳米管热导率随温度的变化[79]

（a）非平衡态 Green-Kubo 法 Tersoff 势计算（10，10）碳纳米管热导率[82]；（b）直接法 Tersoff-Brenner 势计算（10，10）碳纳米管（红线）和石墨烯（蓝线）的热导率[84]；（c）非平衡态 Green-Kubo 法 Brenner 势计算（10，10）碳纳米管的热导率[88]；（d）声子谱法计算手性为（n，0）的碳纳米管的热导率随温度和 n（n = 6~14）的变化[89]

2001 年，Osman 等[84]利用直接法 Tersoff-Brenner 势计算了不同手性的碳纳米管的热导率［图 4-21（b）］。发现热导率最高点的温度明显高于 Berber 等[82]计算的温度，（10，10）碳纳米管的热导率最高点出现在 400 K，此时碳纳米管的热导率超过了石墨烯；该碳纳米管在室温下的热导率约为 1600 W/(m·K)。

2004 年，Zhang 等[88]利用非平衡态 Green-Kubo 法 Brenner 势计算了手性为（10，10）的碳纳米管的热导率［图 4-21（c）］，得出该碳纳米管在 500 K 时热导率最高，约为 2450 W/(m·K)，在室温 300 K 下，热导率为 2200 W/(m·K)，与 Osman 等[84]的结果相近。同期，Cao 等[89]利用声子谱（phonon spectrum，PS）法计算了（6，0）碳纳米管的热导率，发现（6，0）碳纳米管的热导率在 85 K 时达到最大值 28000 W/(m·K)，室温下约为 9000 W/(m·K)。同时他们还计算了不同直径的锯齿型碳纳米管的热导率随温度的变化[89]［图 4-21（d）］。

纵观图 4-21（a）～（d）可以发现：随温度的升高，四种方法计算的碳纳米管热导率均呈现出先增大后减小的变化趋势。这是由于碳纳米管的热导率正比于声子热容和声子平均自由程。低温下，碳纳米管的声子自由程基本不变，热导率与热容的变化规律均随温度升高而增大；而在高温下，碳纳米管热容基本为常数，其声子自由程却随温度升高而减小，进而引起热导率的降低。说明碳纳米管的热导率与温度有较强的依赖关系。即碳纳米管的热容随温度升高而增大，而其声子的平均自由程则随温度升高而减小，二者互相竞争并共同影响着热导率的变化和最高点的位置。

4. 碳纳米管的热导率与直径和手性的关系

Osman 等[84]的计算表明，碳纳米管的直径越大，热导率最高点的温度越高［图 4-22（a）］，而与其手性没有明显的关系［图 4-22（b）］。虽然不同直径碳纳米管的热导率，均随温度的升高呈现先增大后减小，但是碳纳米管的直径却影响着热导率最高点温度的位置。他们认为：这是因为随着碳纳米管直径的增大，对倒逆（umklapp）散射开始有明显作用的起始温度也在升高，以致直径较大的碳纳米管热导率温度的最高点"后移"。

(a)

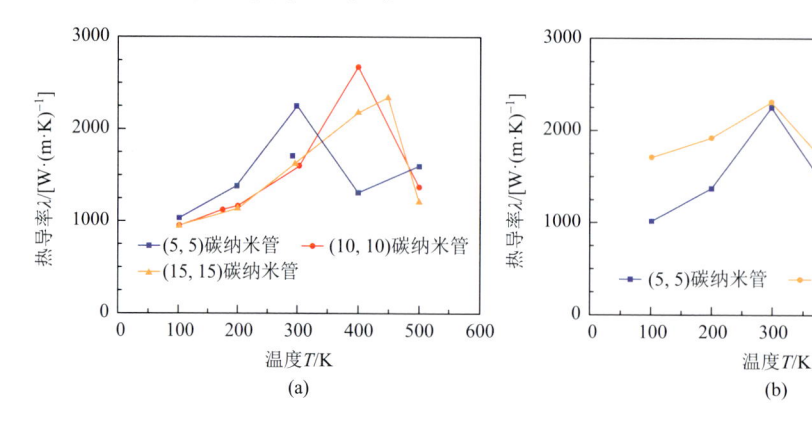

(b)

第 4 章　低维高导热碳材料：石墨烯、碳纳米管、泡沫碳　109

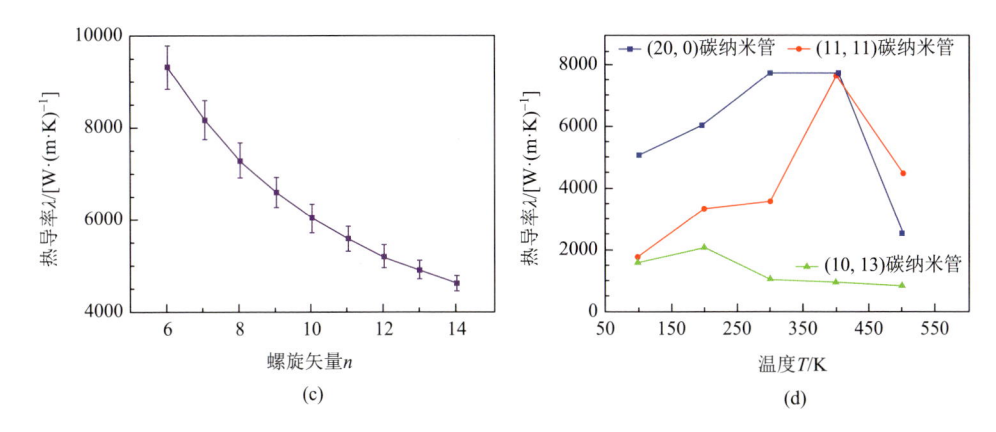

图 4-22　碳纳米管的热导率与直径和手性的关系[79]：（a）扶手椅型碳纳米管的热导率随直径的变化[84]；（b）锯齿形碳纳米管与扶手椅型碳纳米管的热导最高点位置[84]；（c）在 300K 下，锯齿型（n, 0）碳纳米管的热导率随 n 的变化关系[89]；（d）碳管的热导率与手性的关系[88]

Cao 等[89]计算了（n, 0）碳纳米管（n = 6~14）的热导率变化，发现锯齿型碳纳米管的热导率随着直径的增大而变小［图 4-21（d）］；在 300 K 下，热导率与碳纳米管的直径近似地成反比关系［图 4-22（c）］。他们解释为：随着碳纳米管直径的增大，会引起声子群速度降低，使得倒逆过程发生的概率增大，导致大直径碳纳米管的热导率更低。此外，Chantrenne 等[90]利用 PS 法的计算结果与 Cao 等的结果类似。

对于碳纳米管的热导率与其手性变化的关系，Zhang 等[88]通过计算"直径相近的锯齿型（20, 0）、扶手椅型（11, 11）和螺旋型（10, 13）碳纳米管的热导率"得出了明确的结论：锯齿型碳管的热导率最高，扶手椅型碳管次之，螺旋型碳管热导率最低［图 4-22（d）］。对此他们解释为：扶手椅型碳管和螺旋型碳管沿着圆周方向的 σ 键承受的应力大于锯齿型碳管，会产生更多的声子散射，因而锯齿型碳管的热导率最高；与扶手椅型碳管相比，螺旋型碳管的原子链方向与管轴不平行，较长的声子传输通道易使声子动量沿径向传播，所以螺旋型碳管的热导率最低。

另外，Grujicic 等[91]利用平衡态 Green-Kubo 法计算了三种直径相近、手性不同碳纳米管的热导率，他们发现手性导致碳纳米管热导率的变化不超过 20%；而且计算结果显示：扶手椅型碳管的热导率最高，锯齿型碳管次之。与 Zhang 等[88]的计算结果有一定出入。

依据理论计算基本可以得出：碳纳米管的热导率随其直径的增大而减小；而手性对碳纳米管热导率影响的大小，以及直径相近手性不同的碳纳米管热导率的大小顺序还有待进一步探索。

5. 缺陷和化学吸附对碳纳米管热导率的影响

一般有关碳纳米管热导率的理论计算均基于"晶格完美"的碳纳米管，而实际上空位、缺陷、化学吸附等都对碳纳米管的热导率有着不同的影响。

Che 等[92]的计算表明：碳纳米管的热导率随着碳管中空位和缺陷比例的增加而下降，即使空位或缺陷浓度很低，碳管的热导率下降幅度也很大[图 4-23（a）、（b）]。他们在计算中引入了（5，7，7，5）缺陷（四个六边形变成两个五边形和两个六边形），随着缺陷浓度的升高，碳管热导率下降的程度比空位更加明显。这种现象可以理解为空位或缺陷的存在，会增加碳管的声子散射，降低声子平均自由程。

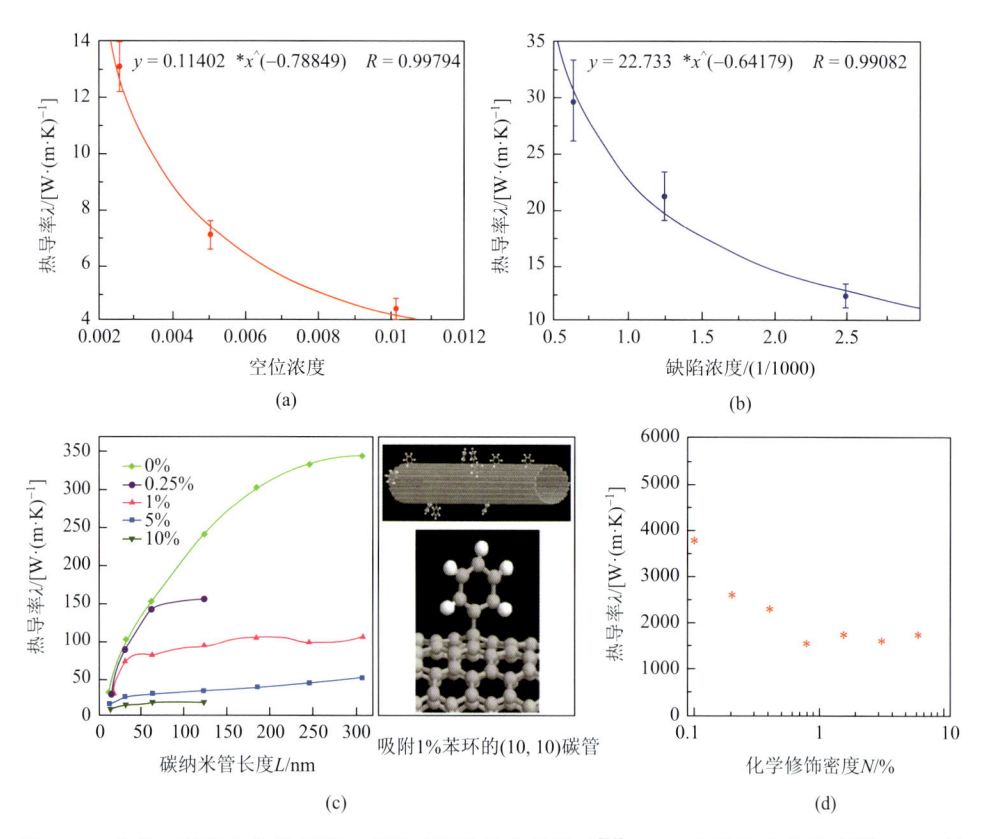

图 4-23 空位、缺陷和化学吸附对碳纳米管热导率的影响[79]：（a）空位浓度的影响[92]；（b）缺陷浓度的影响[92]；（c）苯环吸附比例的影响[93]；（d）化学修饰密度的影响[94]

Padgett 等[93]计算了碳纳米管表面苯环共价键化学吸附对碳管热导率的影响。在计算中发现：当苯环吸附比例为 1%时，碳管的热导率就会下降到原来的 1/3 [图 4-23（c）]。他们将该现象解释为：化学吸附会缩短碳管的声子平均自由程，进而导致其热导率急剧降低。

同年，Shenogin 等[94]通过平衡态 Green-Kubo 分子动力学模拟计算了化学修饰对碳纳米管热导率的影响，他们也发现化学吸附会使碳纳米管的热导率大大降低。但是，在化学修饰密度较高的情况下（修饰密度＞1%），碳管本征热导率降低的比率与修饰密度基本不相关［图 4-23（d）］。

纵观图 4-23［(a)～(d)］，可以得出：无论是碳纳米管本身的空位、缺陷，还是外在的化学吸附和化学修饰，都会使碳纳米管的热导率大幅降低。即内在结构的不规则或外在的化学修饰和化学吸附，都会缩短碳纳米管的声子平均自由程，降低碳管的热导率。

4.2.3 碳纳米管在热管理领域中的应用

碳纳米管在热管理领域中的应用方向主要包括[95]：①作为添加剂改善各种聚合物基体内的热传递网络结构，进而发展高性能导热树脂、电子填料或黏合剂；②构建自支撑碳纳米管薄膜结构，通过调制碳纳米管取向分布实现不同方向的传热；③发展碳纳米管竖直阵列结构，通过管间填充、两端复合实现热量沿着碳纳米管高热导率的轴向方向传输，为两个界面间热的输运提供有效的通道[96]。

碳纳米管优异的导热性能推动了改善聚合物基复合材料导热性能的研究。研究表明[66,95-99]，将碳纳米管作为填料对改善聚合物基复合材料的热传导有显著的效果。

1. 碳纳米管长度对碳纳米管-硅脂导热性能的影响

1）不同长度多壁碳纳米管-硅脂的导热性能

勾昱君等[66,99]选用 LED 模拟热源，研究了添加不同长度多壁碳纳米管后硅脂的导热性能。结果表明：多壁碳纳米管-硅脂的导热性能，随着碳管长度增加而降低，只有当碳管长度小于一定值后，才能有效提高硅脂的导热性能，否则可能会产生相反的效果（表 4-3）。

表 4-3 多壁碳纳米管-硅脂的导热性能[66]

样品性能	普通硅脂	添加不同长度多壁碳纳米管*的硅脂		
		50～60 μm	20～30 μm	2～3 μm
硅脂层两侧的温差 T/K	1.68	2.03	1.78	0.56
铜柱温度梯度ΔT/(K·m^{-1})	15.07	15.1	15.4	15.4
热流密度 q/(kW·m^{-2})	5.82	5.83	5.94	5.94
导热系数 κ/[W·(m·K)$^{-1}$]	0.694	0.565	0.665	2.121
热阻 R/[(10^{4}m^2·K)·W^{-1}]	2.882	3.515	3.001	0.943
$N(R_{复合物}/R_{普通硅脂})$/%	100	122%	104%	33%

* 多壁碳纳米管的直径 D = 8 nm；添加量为质量分数 2%。

添加不同长度多壁碳纳米管后硅脂层两侧温差随时间的变化示于图4-24，可以看到：250 min以后四组铜柱端面的温度变化趋于平稳。其中，碳管长度为50～60 μm时，多壁碳纳米管-硅脂层两侧的温差达到2.03 K，比普通硅脂层两侧温差1.68 K，还高出0.35 K；碳管长度为20～30 μm时，多壁碳纳米管-硅脂层两侧的温差为1.78 K，较普通硅脂层两侧温差的1.68 K，仍高出0.10 K；但在碳管长度减小为2～3 μm时，多壁碳纳米管-硅脂层两侧的温差则迅速降低，仅有0.56 K。

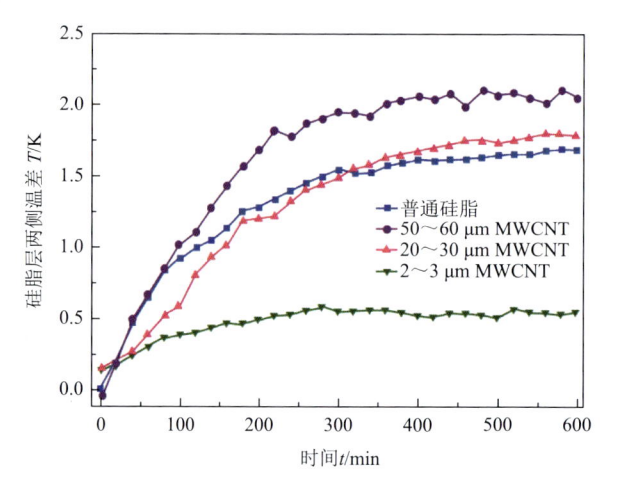

图 4-24 不同长度多壁碳纳米管-硅脂层两侧温差随时间的变化[66, 99]

2）不同长度多壁碳纳米管-硅脂的导热机制

图4-25是不同长度多壁碳纳米管的TEM图，图中红圈内为缠绕在一起的碳纳米管。可以看到：①多壁碳纳米管越长，其缠绕团聚的现象越明显，在硅脂中越难被均匀分散；这种缠绕在一起的碳纳米管在硅脂中就会形成一个个碳球[图4-25（a）]，这些碳球由于接触热阻的存在，当热流通过它时的热阻比普通硅脂还大，不仅不会强化热量的流通，反而会起到减弱热流的作用。这就是添加长度50～60 μm的多壁碳纳米管于硅脂中，没有改善硅脂的散热能力，却增大了硅脂热阻的原因。②多壁碳纳米管的团聚程度随着碳管长度的减小，逐步减弱[图4-25（b）、图4-25（c）]，添加于硅脂中后的分布均匀性随之增强，更多的碳纳米管会沿着热流的方向排布。由于沿碳管长度方向的导热系数最大，于是更多的热量流通桥梁通过这些有序排列的碳管而建立。这正是长度2～3 μm多壁碳纳米管添加于硅脂后，导热系数提高的根本。

2. 碳纳米管表面功能化对碳纳米管-硅脂导热性能的影响

为了避免碳纳米管在硅脂中团聚，提高碳纳米管/硅脂复合材料的导热性能。

第 4 章 低维高导热碳材料：石墨烯、碳纳米管、泡沫碳　113

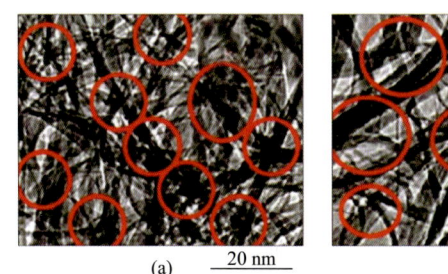

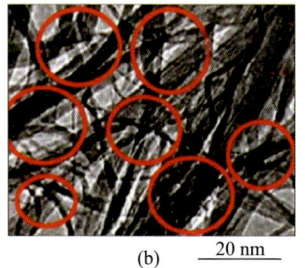

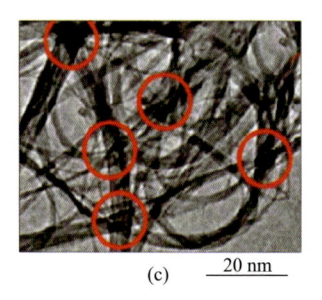

图 4-25　不同长度多壁碳纳米管的 TEM 图[66, 99]：(a) 50～60 μm；(b) 20～30 μm；(c) 2～3 μm

勾昱君等[66, 99]首先采用强酸与强碱对多壁碳纳米管（$D = 8$ nm、$L = 2～3$ μm）进行功能化处理，赋予碳管表面一定的官能团，减弱碳管间的团聚；而后再将其添加于硅脂中，以提高其多壁碳纳米管-硅脂导热性能。

1）表面功能化多壁碳纳米管-硅脂的导热性能

表 4-4 列出了添加表面功能化多壁碳纳米管后硅脂的导热性能；相应多壁碳管-硅脂层两侧温差随时间的变化示于图 4-26。从表 4-4 中可以看到：添加强酸功能化多壁碳纳米管后，硅脂的导热性能较普通多壁碳管-硅脂的导热性能明显提高；添加强酸/强碱功能化多壁碳纳米管后，硅脂的导热性能又高于强酸功能化多壁碳管-硅脂。同时，从图 4-26 也可发现：100 min 以后，三组采用多壁碳管-硅脂层铜柱端面的温度变化均已趋于平稳，复合硅脂层两侧温差随时间的变化 $T_{强酸/强碱处理MWCNT-硅脂} < T_{强酸处理的MWCNT-硅脂} < T_{普通MWCNT-硅脂} < T_{普通硅脂}$。表明在硅脂中添加强酸或强酸/强碱功能化处理后的极短（2～3 μm）多壁碳纳米管，对改善硅脂的导热性能较添加普通碳纳米管更为有效；尤其是添加强酸/强碱处理后的多壁碳纳米管，对改善硅脂导热性能的效果更好。

表 4-4　表面功能化多壁碳纳米管-硅脂的导热性能[66]

样品性能	普通硅脂	添加多壁碳纳米管的硅脂		
^	^	普通碳纳米管	强酸处理的碳纳米管	强酸/强碱处理的碳纳米管
硅脂层两侧的温差 T/K	1.68	0.56	0.42	0.27
铜柱温度梯度 ΔT/(K·m^{-1})	15.07	15.4	16.3	14.9
热流密度 q/(kW·m^{-2})	5.82	5.94	6.31	5.76
导热系数 κ/[W·(m·K)$^{-1}$]	0.694	2.121	3.005	4.286
热阻 R/[10^4(m^2·K)·W^{-1}]	2.882	0.943	0.667	0.467
$N(R_{复合物}/R_{普通硅脂})$/%	100	33%	23%	16%

*. 多壁碳纳米管的直径、长度与添加量：$D = 8$ nm，$L = 2～3$ μm，质量分数 2%。

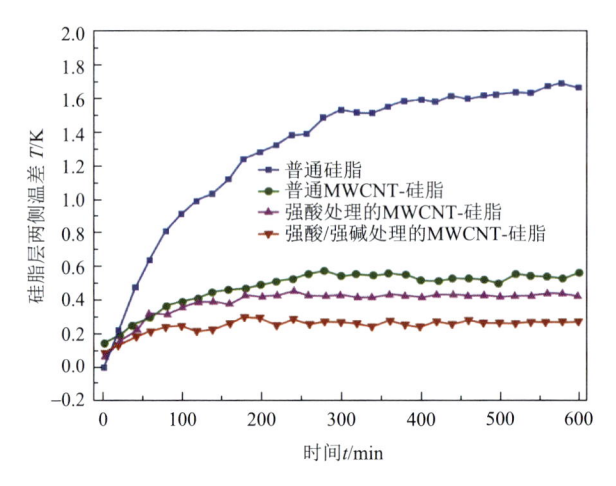

图 4-26 表面功能化多壁碳纳米管-硅脂层两侧温差随时间的变化[66, 99]

2）表面功能化多壁碳纳米管-硅脂的导热机制

图 4-27 是表面功能化前后多壁碳纳米管的 TEM 图。可以看到：与功能化前的多壁碳纳米管［图 4-27（a）红圈内］相比，经过强酸（一定配比的浓硫酸和硝酸）处理后，多壁碳纳米管的团聚现象明显减弱［图 4-27（b）红圈内的碳纳米管］；尤其是经过强酸/强碱处理的多壁碳纳米管［图 4-27（c）红圈内的碳纳米管］，在硅脂中分散得更好。说明：通过强酸或强酸/强碱功能化处理，在碳纳米管的表面引入羧基 COOH⁻（强酸处理）或羟基 OH⁻（强碱处理），可以提高碳纳米管在硅脂中的分散性[66, 99]。

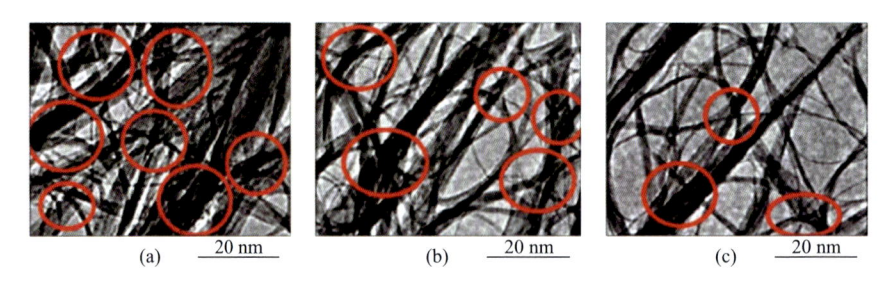

图 4-27 功能化前后多壁碳纳米管的 TEM 图[66, 99]：（a）普通多壁碳纳米管；（b）强酸功能化多壁碳纳米管；（c）强酸/强碱功能化多壁碳纳米管

功能化前后长度 2～3 μm 单根多壁碳纳米管的 TEM 图像示于图 4-28。可以看到：未经功能化的普通碳管［图 4-28（a）］，表面非常光滑，两根或多根碳管彼此搭接或黏结在一起的概率较大；经过强酸处理的碳管［图 4-28（b）］，表面出现了许多褶皱，不再光滑；经过强酸/强碱处理的碳管［图 4-28（c）］，表面变得非常粗糙。这是由于，功能化过程中强酸和强碱的作用下，在碳管表面既引入一

些羧基 COOH⁻，又引入一些羟基 OH⁻，这些基团的活性较强，本身又带有一定极性，当这些基团之间的相互排斥力大于分子间的范德华力时，碳管之间的作用就表现为相互排斥，随之碳管之间的团聚程度减弱，分散性增强；将它们添加于硅脂中，碳管就能比较均匀地分散在硅脂中，建立起良好的热量传递通道，进而使得硅脂的导热性能增强。

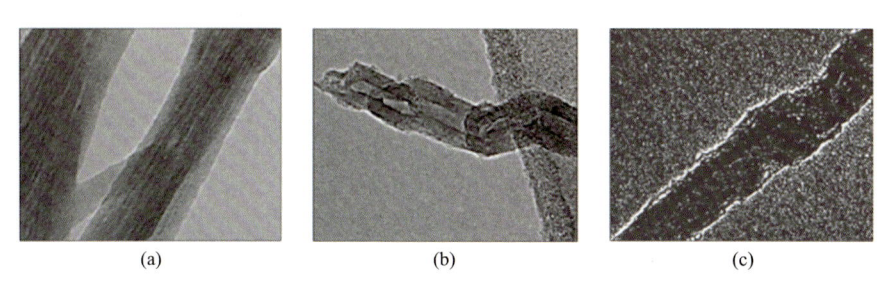

图 4-28 功能化前后多壁碳纳米管的 TEM 图[66, 99]

（a）普通多壁碳纳米管；（b）强酸处理的多壁碳纳米管；（c）强酸+强碱处理的多壁碳纳米管

3. 碳纳米管与石墨烯协同提高树脂的导热性能

在聚合物中添加碳纳米管对聚合物的热传导有显著的改善效果。例如，在环氧树脂中添加质量分数 1%的单壁碳纳米管后，单壁碳管-环氧树脂室温下的热导率，相对于纯环氧树脂的热导率[0.2 W/(m·K)]可提高 125%[97]；增加碳纳米管添加量为质量分数 3%，单壁碳纳米管-环氧树脂热导率提高率达到 300%[98]。尽管如此，与单根碳纳米管的热导率[6600 W/(m·K)]相比却是微乎其微的。

基于目前碳纳米管改性聚合物基复合材料导热性能的研究[66, 94-99]，不论是否改进碳纳米管在树脂基体中的分散、界面、取向程度、含量等，获得的碳管-聚合物复合材料的热导率大多低于 1 W/(m·K)[95]。这主要是由于仅靠碳纳米管单一组分在聚合物中组构的导热网络，发挥的效果有限。若能在聚合物中同时引入碳纳米管和其他导热材料，构成三维导热网络结构，必然会改善并提高聚合物基复合材料导热性能。

石墨烯和碳纳米管在热学、电学和力学等方面有着相似的性质，又分别体现出二维和一维材料的特点。即，石墨烯在其石墨片层面内的两个方向均具有极高的热导率，而碳纳米管仅在其轴向方向上具有高的热导率。研究者们以碳纳米管和石墨烯作为导热添加剂，同时加入聚合物中，制备出了性能优异的聚合物基复合导热材料，充分体现了碳纳米管和石墨烯显著的协同改性效果[95, 100-102]。

Yu 等[100]将单壁碳纳米管（平均直径为 1.4 nm、长度为 0.3～1 μm、束径为 4～5 nm）和石墨烯片（层数<4 层）同时加入环氧树脂（环氧树脂 862）中制备出

复合材料，考察研究了碳纳米管-石墨烯混合添加剂对提高环氧复合材料热导率的协同效应。结果表明：石墨烯-碳纳米管混合物（石墨烯与碳纳米管的质量比为 3∶1）在环氧树脂基体中的添加量为质量分数 10%时，石墨烯与碳纳米管对环氧树脂基体呈现出强烈的协同效应，所制石墨烯-碳纳米管/环氧树脂复合材料的导热系数：$\kappa_{石墨烯\text{-}碳纳米管/环氧树脂} = 1.75\ \text{W}/(\text{m·K})$；高于同一添加量时，采用单一导热填料石墨烯或者碳纳米管制备的石墨烯/环氧树脂复合材料的导热系数：$\kappa_{石墨烯/环氧树脂} = 1.49\ \text{W}/(\text{m·K})$，$\kappa_{碳纳米管/环氧树脂} = 0.85\ \text{W}/(\text{m·K})$。

Yu 等认为[100]：这是石墨烯和碳纳米管二者在环氧树脂基体中协同作用，形成了更高效的导热网络，降低了环氧树脂的界面热阻的结果。同时提出了如图 4-29 所示的石墨烯-碳纳米管/环氧树脂复合材料导热结构模型。混合导热添加剂中的单壁碳纳米管（一维）连接相邻的石墨烯纳米片（二维），为绕过环氧树脂基体的热流提供了额外的通道［图 4-29（a）和图 4-29（b）］；一些桥接碳纳米管末端的石墨烯片沿其层面排列，层间柔性碳纳米管的伸展在空间上受到石墨烯片的限制［图 4-29（b）］；进而使得石墨烯-碳纳米管在环氧树脂基体中形成了高效的导热网络［图 4-29（c）］。

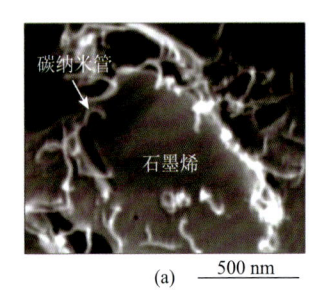

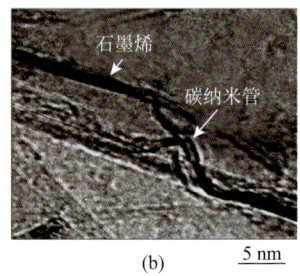

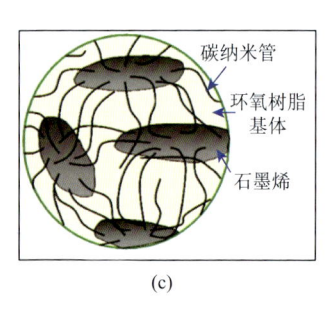

图 4-29　石墨烯-碳纳米管/环氧树脂复合材料形貌与导热模型[100]：
　　　　（a）SEM 图像；（b）TEM 图像；（c）导热结构模型

4.3　泡沫碳的制备与热管理应用

泡沫碳（carbon foam），也称碳泡沫，是一种由孔泡和相互连接的孔泡壁组成的具有三维网状结构的轻质多孔材料（图 4-30）；依据其孔壁的微观结构，可以分为石墨化和非石墨化泡沫碳。泡沫碳除具有碳材料的常规性能外，还具有密度小、强度高、抗热震、易加工等特性和良好的导热、导电、吸波等物理和化学性能，通过与金属或非金属复合，可以获得高性能的结构材料。正是这些优异的性能，使得泡沫碳在化工、航空航天、电子等诸多技术领域具有很好的应用与发展潜力[103-106]。

第 4 章　低维高导热碳材料：石墨烯、碳纳米管、泡沫碳　117

图 4-30　泡沫碳的典型微观结构[105]

20 世纪 60 年代中期，Ford[107]首次发现由热固性酚醛泡沫高温热解可形成蜂窝状或网状玻璃态泡沫碳［图 4-31（a）］。这种泡沫碳为非石墨化结构，具有很大的开孔和柱状韧带，柱状韧带交联组成大量五边形的十二面体网状结构，表现出优异的绝热性能，可用作高温绝热材料［热导率通常小于 1 W/(m·K)］。由于早期泡沫碳的制备主要以有机聚合物为原料，受原料性质的限制，制备的泡沫碳虽然有一定强度，但脆性较大。为克服这一缺陷，人们通过不同的手段调变泡沫碳的结构，包括在制备原料中添加各种增强剂、优化工艺参数以及尝试使用不同原料等，以达到改善其性能的目的[108]。

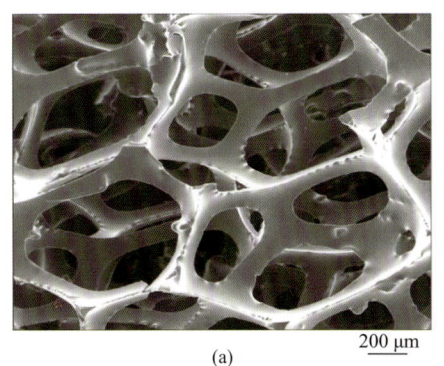

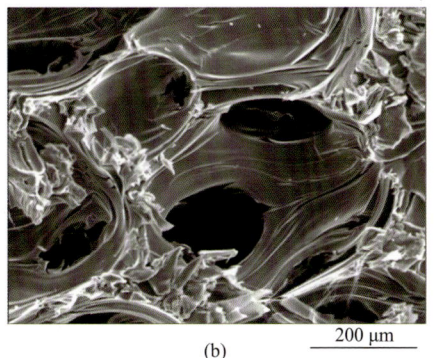

图 4-31　泡沫碳的典型微观结构[106]

（a）玻璃态五边形十二面体结构；（b）韧带式球形气孔状结构

中间相沥青基泡沫碳是 20 世纪 90 年代出现的新一代泡沫碳[108]。中间相沥青基泡沫碳呈现典型的韧带式网状球形开口结构，多数泡孔由开口且相互连通的孔洞相连。在孔泡（气泡）的生长过程中，由于沿着孔壁两个轴向存在较高的压力，可使中间相沿孔壁方向排列，形成韧带状结构；加之在随后石墨化过程中，分子的重排和高温热应力又会使这些中间相韧带状结构形成有序排列的石墨韧带结构[图 4-31（b）]。这种高度有序排列的石墨韧带结构明显不同于典型的网状（柱状韧带）玻璃质泡沫碳。也正是源于这种单元孔壁高度有序排列的石墨韧带结构，使得中间相沥青基泡沫碳拥有高的等效导热系数[106, 109]。

需要说明的是：在孔泡生长与随后的石墨化过程中，由于孔泡韧带间结点处的受力很小，中间相韧带微晶较难产生重排，因而会造成中间相沥青基石墨化泡沫韧带结点局部排列的有序度较差，形成更多的叠层结构。

1993 年，在第 21 届国际双年度碳会议上，Hager[110]结合自己的一些前期研究工作，通过模型分析预测了不同于玻璃质泡沫碳网状结构的韧带式网状结构石墨化碳泡沫的存在。1998 年，美国橡树岭国家实验室 Klett[111]从沥青制备碳材料时偶然发现了一种石墨化多孔碳材料（石墨化泡沫碳），因此他还获得了 1999 年度 R & D Magazine 评选的 100 个杰出贡献奖之一[112]。

中间相沥青基泡沫碳一经问世就受到各国政府、科研机构和潜在用户的广泛关注，泡沫碳潜在的多种用途使其迅速成为碳材料研究领域的又一热点。我国学者对泡沫碳的制备也主要集中于以中间相沥青为原料，并已取得了良好的进展。如，Min 等[113]研究比较了不同沥青制得泡沫碳的结构与性能；Li 等[114]将中间相碳微球与中间相沥青混合后制备得到具有高抗压强度的泡沫碳；邱介山等[115]研究了在中间相沥青中添加 Fe(NO$_3$)$_3$ 后制得泡沫碳的孔泡结构，表明 Fe 物种的存在有利于提高泡沫碳的石墨化程度。Wang 等[116]通过改变发泡模具自由空间的大小调控生成泡沫碳的孔径，制备出不同孔径的泡沫碳。

4.3.1 泡沫碳的制备

泡沫碳的制备一般包括发泡和后处理（氧化固定、碳化、石墨化）两个过程，其中发泡过程是控制其孔径大小和形状的重要步骤，也是最终决定泡沫碳体积密度、强度、导电/导热等性能的关键步骤。早期的泡沫碳主要由热固性树脂的热解制得，现阶段更多的研究集中于中间相沥青制备泡沫碳。

值得一提的是：中间相沥青基碳材料的结构与性能由中间相前驱体的结构和后处理条件共同决定；因此发泡中间相沥青的可控调制，对制备高性能中间相沥青基泡沫碳也非常重要。

1. 发泡用中间相沥青的特征

依据中间相生成理论[108]，用于制备泡沫碳的中间相沥青应为广域型织构（图 4-32），并具有高热变形性能和窄相对分子质量分布。

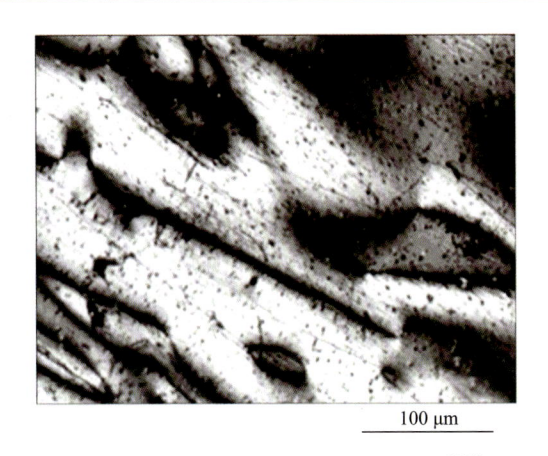

图 4-32 中间相沥青的偏光显微照片[117]

研究表明：催化裂化油浆系中间相沥青[117]和萘系中间相沥青[118,119]是制备优质中间相泡沫碳的首选原料。表 4-5 列出了典型催化裂化油浆系和萘系中间相沥青的族组成和软化点，相应的热重曲线示于图 4-33。

表 4-5 催化裂化石油油浆系和萘系中间相沥青的族组成和软化点[117,119]

中间相沥青	TI 质量比/%	QI 质量比/%	TI-QS 质量比/%	软化点 T/℃
催化裂化油浆系	98.3	85.7	12.6	305
萘系	68.2	42.5	25.7	220

注：TI（toluene insoluble）为甲苯不溶物；QI（quinoline insoluble）为喹啉不溶物；TI-QS（quinoline soluble）为甲苯不溶物-喹啉可溶物。

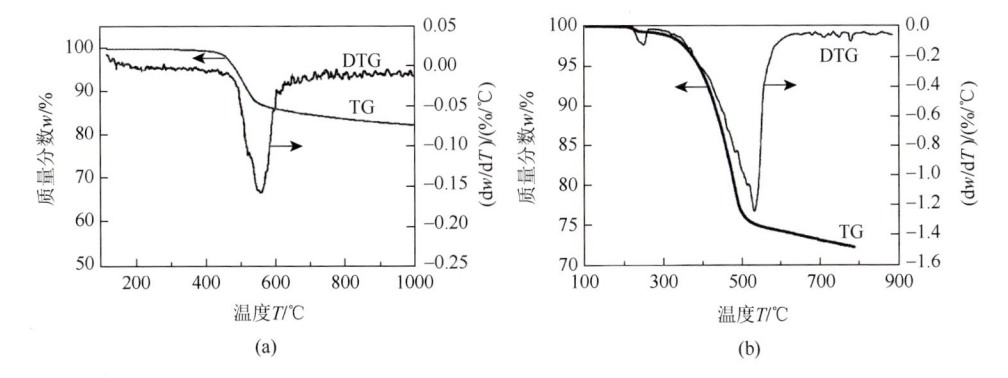

图 4-33 中间相沥青的 TG-DTG 曲线：（a）催化裂化油浆系[117]；（b）萘系[119]

从图 4-33 看到，催化裂化油浆系和萘系中间相沥青的 TG-DTG 曲线相似，二者的 DTG 曲线均在 550℃ 左右存在一个最大失重速率峰，且峰形较窄，并对应于各自 TG 曲线上的明显失重段，说明二者轻组分相对分子质量的分布较窄。

2. 中间相沥青泡沫的制备

1）发泡方法

近年来，围绕泡沫碳的制备及应用研究科学家们展开了大量的工作，根据所用原材料以及成品的应用领域，开发出了许多各具特色的发泡工艺，常用于中间相沥青的发泡方法主要有：

（1）压力释放发泡法[120]　这种方法也被称为"吹气法"，如图 4-34 示。将中间相沥青置于发泡炉内，抽真空，加热至高于沥青软化点，通入惰性气体如氮气，继续升温引起气体膨胀，从而使沥青膨胀发泡形成泡沫体。

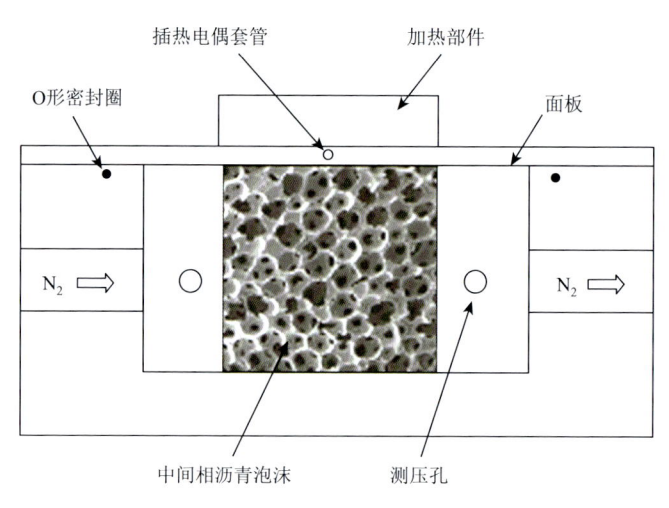

图 4-34　压力释放发泡法示意图[108]

（2）高压充气发泡法[121]　将中间相沥青置于发泡炉内进行高压充气膨化，形成泡沫体。

（3）添加发泡剂发泡法[122]　将中间相沥青研磨成粉末，干燥后与化学发泡剂混合放入发泡炉内，在氮气保护下将混合物加热至发泡剂分解温度以上，在熔融状态下发泡。这种方法要求中间相沥青和发泡剂尽可能混合均匀。

（4）自挥发发泡法（自发泡法）[123]　将中间相沥青置于发泡炉内，无须添加任何发泡剂类物质，首先通入惰性气体并控制其初始压力，然后开始加热，随着温度的不断升高，沥青逐渐软化，达到软化点温度后中间相沥青开始变成熔融流体（简称：熔体），随着温度进一步升高，沥青熔体发生热分解逸出轻组分气体，同时沥青黏度由开始的降低转为逐步升高，当沥青熔体的黏度（黏弹性）达到足够高时，逸出的轻组分气体就会促使沥青熔体自行发泡膨化，形成泡沫体。此技术在一定程度上克服了传统发泡技术工艺复杂、耗费时间多、成本高的缺点。

（5）限定尺寸法[124]　利用发泡模具的器壁限制中间相沥青在发泡过程中的过度发泡，进行不同孔径泡沫碳的可控制备。图 4-35 是限定尺寸发泡模具的示意图。

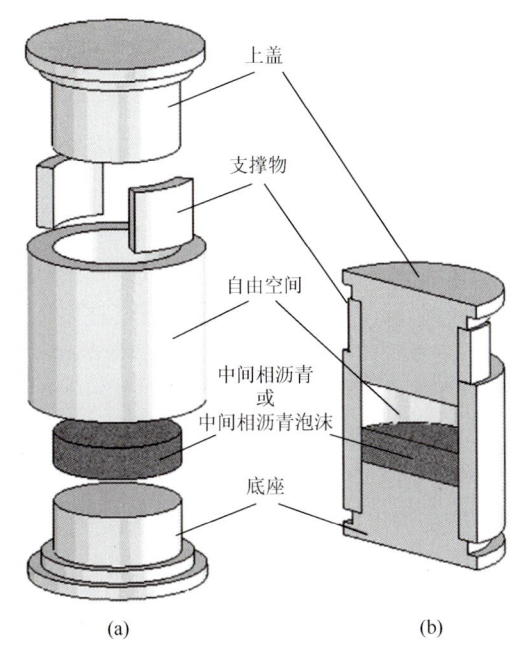

图 4-35　发泡模具示意图[108]：（a）部件；（b）装配后的断面图

2）发泡条件

中间相沥青基泡沫碳的性能和发泡条件密切相关，发泡条件通常指：发泡温度、发泡压力、升温速率和发泡时间[125-130]。

（1）发泡温度　实验发现中间相沥青在温度接近软化点时开始变为熔融流体状态，随着温度的继续升高沥青熔体发生热解产生挥发分，同时体系的黏度升高，沥青熔体产生自发泡形成泡沫体[131, 132]。很明显，中间相沥青的挥发分是构成孔泡结构的必要条件，而发泡温度则是中间相沥青孔泡形成的首要因素；但要维持孔泡的结构，还需熔融沥青流体黏度处于一个合适的范围。研究表明[134, 135]：沥青熔体的最大膨胀率对应于其最大流动性，且位于最佳发泡温度区间。即中间相沥青的发泡温度应选择在其 TG 曲线最大失重速率峰值对应温度的附近，如图 4-36 所示的红线区域之间。

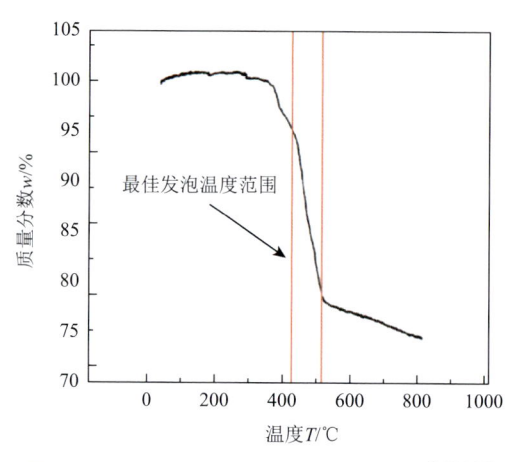

图 4-36 ARA24 中间相沥青的 TG 曲线[108, 131]

（2）发泡压力　中间相沥青熔体的膨胀率取决于其在发泡过程中逸出轻组分的量。在发泡温度确定以后，发泡压力就是决定孔泡结构的关键因素[118,127]。发泡压力对中间相沥青中轻组分气体的挥发有一定的抑制（指的是少发泡）和压缩（指的是发泡后的气体）作用，在发泡温度一定的条件下，随着发泡压力的增大，可引起孔泡的尺寸减小、孔隙率下降、密度增加，同时又可使孔泡变得均匀（图 4-37）。也就是，通过调节发泡压力，可以控制中间相沥青中轻组分的逸出速率和逸出的量，制备出不同孔泡结构的中间相沥青泡沫体。但需注意的是：当发泡压力增大至一定程度后，会出现闭孔，如图 4-37（c）所示。基于安全制备和减少设备成本要求的考虑，通常选择较低的发泡压力，如 0.5～2.0 MPa。

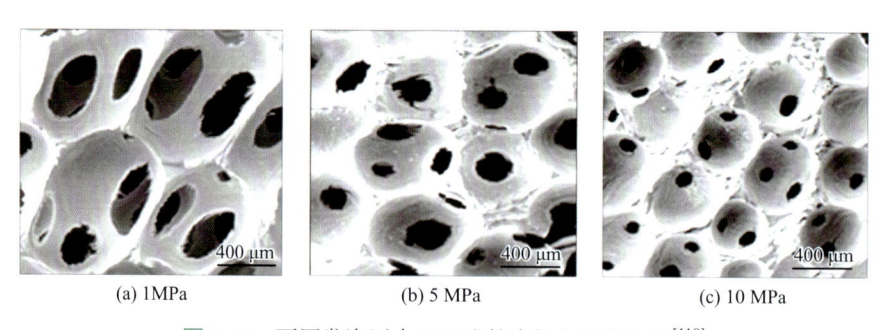

图 4-37　不同发泡压力下形成的中间相沥青孔泡[118]

（3）升温速率　升温速率是影响中间相沥青孔泡结构的又一重要因素。发泡温度和发泡压力确定以后，升温速率太慢，沥青熔体的热解速率增长缓慢，单位时间内逸出的轻组分气体数量减少，不易克服黏稠沥青的阻力，易造成分解气体聚集，形成大的孔泡；另外沥青处于黏流状态的时间较长，还会引起形成的孔泡融并，降低泡沫碳的孔隙率。而升温速率过快，又会引起沥青的黏度增长过于迅速，以至轻组分或反应生成的小分子一经逸出，就被固定在基体中，在一定程度上抑制了形成孔泡的生长发育，导致获得中间相沥青泡沫体孔泡的大小不同、结构不均匀。

为了制备出孔泡结构均匀的中间相沥青泡沫体，在发泡过程中，当中间相沥青的温度超过软化点之后需采用适宜的升温速率，研究表明[108,119,123,136]：中间相沥青发泡过程中，适宜的升温速率为 0.5～5℃/min。

在发泡温度为 600℃、发泡压力为 5 MPa、发泡时间为 1 h 的条件下，采用 0.5～5℃/min 升温速率获得中间相沥青泡沫体的表面形貌示于图 4-38。可以看到：在 0.5～5℃/min 的升温速率下，形成沥青泡沫的孔径均较均匀；随着升温速率的增加，形成沥青泡沫的泡孔变小、孔径分布变窄、单位面积的孔密度增大。这就意味着在基本发泡条件（温度、压力和时间）确定以后，利用升温速率可以调节中间相沥青泡沫孔径的大小。

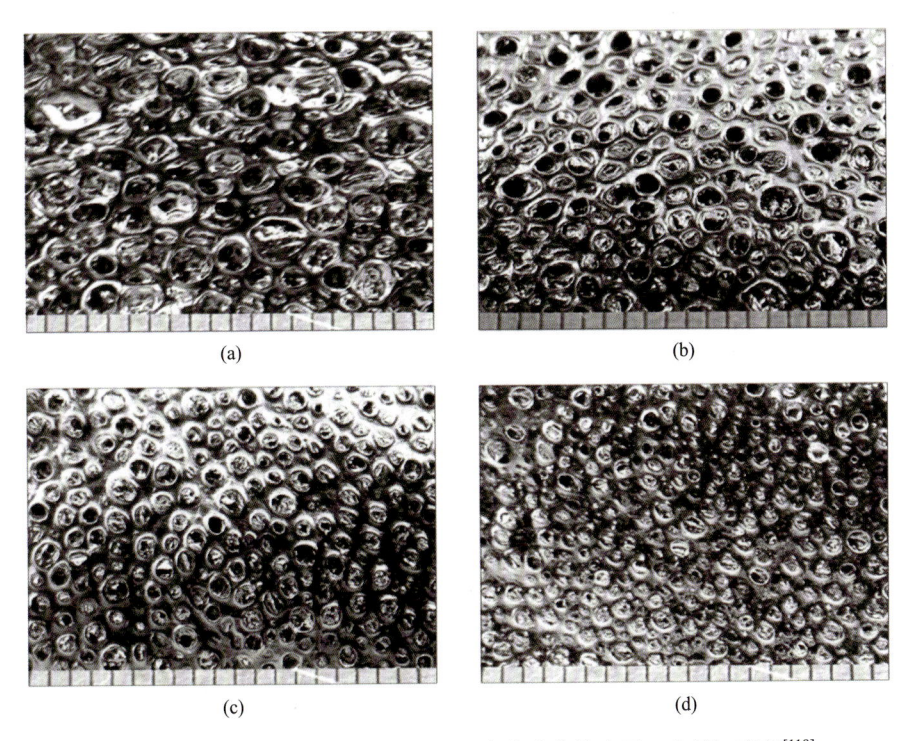

图 4-38　不同升温速率形成中间相沥青泡沫体的表面（表层）形貌[119]
(a) 0.5℃/min；(b) 1.0℃/min；(c) 3.0℃/min；(d) 5.0℃/min

（4）发泡时间　分布均匀的温度场是制备孔泡均匀、外形规整中间相沥青泡沫体的关键因素。为了获得均匀温度场的孔泡，在发泡温度下需要保持恒温一定的时间,即发泡时间。研究发现[108,125]:中间相沥青在发泡温度下恒温0.5 h,开始产生少量气泡;恒温1.0 h,形成的孔泡大小不均匀;延长恒温时间至1.5 h时,形成的孔泡比较均匀;在恒温时间不低于2 h后,可以获得孔泡结构更加均匀的中间相沥青泡沫体。表4-6列出了发泡时间2~4 h条件下,获得中间相沥青泡沫碳的基本性能。

表4-6 不同发泡时间获得中间相沥青泡沫的基本性能[125]

发泡时间 t/h	体积密度 ρ_v/(g·cm^{-3})	真密度 ρ_s/(g·cm^{-3})	孔隙率 q/%	孔泡形貌
2.0	0.251	1.399	82.06	均匀
2.5	0.249	1.391	82.10	均匀
3.0	0.255	1.403	81.82	均匀
4.0	0.252	1.424	82.30	均匀

3. 中间相沥青泡沫结构的固化

中间相沥青泡沫体,类似于中间相沥青纤维,属热塑性材料,如果将其直接进行碳化处理,就会使泡沫体融化并产生二次发泡、膨大形成疏松的网状结构,进而破坏孔泡结构。因此在碳化前须对形成的中间相沥青泡沫体进行固化处理,使其从热塑性转变为热固性。

中间相沥青泡沫结构的固化通常采用焦化固化或氧化固化两种方式。其中,焦化固化[108]:中间相沥青在拟定的发泡条件(温度、压力与时间)下发泡结束后,继续保持发泡条件不变,停留8~10 h,而后冷却至室温,获得固化中间相沥青泡沫。氧化固化[108]:中间相沥青在拟定的发泡条件下发泡结束后,冷却至室温;而后在1 m^3/h的空气中250℃下氧化20 h,获得固化中间相沥青泡沫。

4. 固化中间相沥青泡沫的碳化与石墨化

固化后中间相沥青泡沫的碳化,通常在氮气氛中1000℃左右进行。在碳化过程中,中间相沥青基泡沫可以脱除其中的非碳原子,形成主要由碳元素组成(质量分数>96%)的二维平面网状乱层石墨结构的中间相沥青基泡沫碳。

中间相沥青基泡沫碳属于易石墨化碳,经过石墨化处理可转化为规整的石墨片层结构。若将所获中间相沥青基泡沫碳进一步进行2500℃以上的石墨化处理,继续排出其中的杂原子,其孔泡结构单元也可由乱层无序趋向三维有序,可获得石墨化中间相沥青基泡沫碳(中间相沥青泡沫石墨)。

图4-39为Griffiths-Marsh模型,直观地描述了易石墨化碳材料在碳化、石墨化过程中碳层的变化趋势[137]。固化后中间相沥青泡沫在碳化和石墨化过程中孔结构的变化(侧重表示开孔度和取向片层结构变化)示于图4-40。

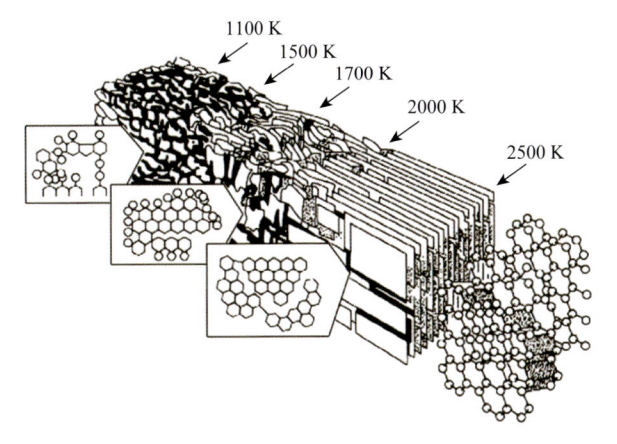

图 4-39 热处理过程中易石墨化碳材料的碳层变化趋势[137]

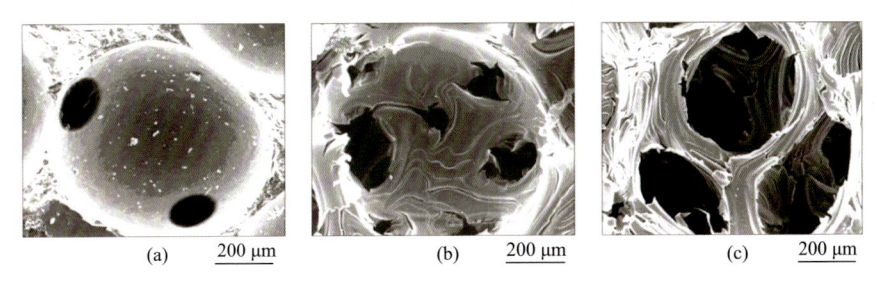

图 4-40 固化中间相沥青基泡沫碳在碳化和石墨化过程中孔结构的变化[108, 120]
(a) 500℃；(b) 1000℃；(c) 2800℃

4.3.2 泡沫碳的导热性能

中间相沥青基泡沫碳经过石墨化后称为石墨泡沫，具有泡沫状。石墨泡沫是一种接近各向同性的多孔蜂窝结构材料，蜂窝壁面为韧带状石墨片层结构，沿蜂窝壁面的导热系数高达 1300～1700 W/(m·K)[109]，材料的平均导热系数为 180 W/(m·K)[109]。石墨泡沫的孔隙率通常为 70%～80%，其中 90%左右是开口相通的蜂窝状孔洞。多孔结构使得石墨泡沫具有很低的密度（小于 0.55 g/cm^3）和很大的比表面积（大于 4 m^2/g），其开口蜂窝结构会使流体与石墨泡沫之间的传热得到极大提高，因而石墨泡沫的比导热系数（导热系数与密度之比）远高于一般金属材料，是铝合金的 5 倍、铜的 7 倍[138]。

在泡沫碳中的热量传递过程，比石墨烯和碳纳米管中的情况要复杂得多。即使只考虑纯导热，不考虑孔隙内的对流与辐射换热，也会因其几何结构复杂，使得热流在固体碳骨架（孔壁）和孔隙内流体中的"路径"变得非常曲折，且难以准确描述。从微观上看，泡沫碳已不是通常意义下的连续介质，因此泡沫碳的导热性能，除取决于固体碳骨架和孔隙内流体的性能外，还与其孔隙结构紧密相关[138, 139]。

1. 泡沫碳等效导热系数的理论计算

等效导热系数方法是研究多孔介质内部传热最常用的方法。该方法是将多孔介质视为一种连续介质,将多孔介质中固体骨架与各种流体的传热模式(导热、对流、辐射)折合成一个综合的传热问题[138,139]。

等效导热系数的研究通常采用实验测试法、理论推导法及数值模拟法。其中,实验测试法准确性高,但每种传热模式对等效导热系数的影响很难确定,且成本高;理论推导法虽然物理意义明确、适用性广,但与实测结果有较大的偏差,且有些方法还需与实验相结合;"数值模拟法"尽管建模较复杂,但模拟结果与实验数据较接近。

泡沫碳的孔网结构非常复杂,精确地采用几何描述相当困难。通常用于数值模拟法计算泡沫碳等效导热系数的模型主要有:正立方框架单元体模型[140]、元胞体模型[141]和单位分形元泡体模型[142,143]。

1)正立方框架单元体模拟法

吕兆华[140]根据泡沫型多孔材料的结构特点,将其简化成"以孔隙为中心,由长宽为 D 的方杆构成规则正立方框架单元"模型(图 4-41),每一单元体边长为 L,并使它的孔隙率(q)与实际泡沫多孔材料的孔隙率相等。

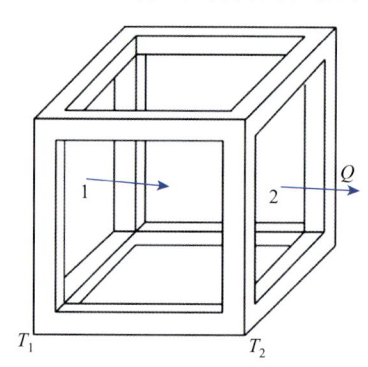

图 4-41 泡沫材料的正立方框架单元体模型[140]

依据孔隙率的定义 $q = V_q/V$(V_q 为泡沫的孔隙体积,V 为泡沫的体积),应用相应简化单元体的几何关系,可以得出孔隙率 q 与无量纲支杆粗细 $\overline{D}$ 之间的关系式:

$$q = 1-3\pi \overline{D}^2 (1-0.6\overline{D})/4 \tag{4-1}$$

式中,$\overline{D} = D/L$。

在孔隙率 q 一定时,解得等效体支杆直径 $\overline{D}$:

$$\overline{D} = 5\left[2\cos\left(\frac{\varphi - 360}{3}\right) + 1\right]/9 \tag{4-2}$$

式中,$\varphi = \arccos[1-162(1-q)/25\pi]$。

第4章　低维高导热碳材料：石墨烯、碳纳米管、泡沫碳

同时，还可得到泡沫材料的平均孔径 $\overline{D}_q$ 和等效体支杆直径 $\overline{D}$ 之间的关系：

$$\overline{D}_q = D_q/L = 4P/[4 + (3\pi-8)\overline{D} - (3\pi-4)\overline{D}^2] \quad (4-3)$$

将多孔介质等效导热系数简化为成单元体的等效导热系数。设图4-41中垂直于热流 Q 两表面（1和2）的温度差为 ΔT，根据傅里叶定律，则有

$$Q = \lambda_e \Delta T/L \quad (4-4)$$

式中，λ_e 为等效导热系数，它反映了固相和气相的传导换热、孔内的辐射换热以及对流换热的总效应。通常不考虑对流换热的影响。

（1）等效导热系数的计算。

在不考虑对流换热影响的条件下，利用最小热阻法分别导出泡沫型多孔材料气固两相的综合导热系数 λ_c、辐射等效导热系数 λ_r 和总等效导热系数 λ_e。

a. 气固两相的综合导热系数 λ_c

$$\lambda_c = \lambda_{cm} - f_\lambda(\lambda_{cm} - \lambda_{cn}) \quad (4-5)$$

式中，λ_{cm} 为最大导热系数，$\lambda_{cm} = \lambda_s[\overline{D}^2(2-\overline{D}) + 2f_\lambda(1-\overline{D})]/(2 - 2\overline{D} + 3\overline{D}^2)$；$\lambda_{cn}$ 为最小导热系数，$\lambda_{cn} = \lambda_s(\overline{D}^2 + 2f_\lambda\overline{D}^2 + f_\lambda)$；$f_\lambda$ 为气相与固相导热系数的比值，即 $f_\lambda = f_g/f_s$，$0 \leqslant f_\lambda \leqslant 1$。

b. 热辐射等效导热系数 λ_r

$$\lambda_r = 4\sigma\left(T_1^2 + T_2^2\right)(T_1 + T_2)/(3\beta) \quad (4-6)$$

式中，σ 为斯特藩-玻尔兹曼常数，$\sigma = 5.67 \times 10^{-8}$ W/(m²·K⁴)；β 为多孔介质辐射衰减系数；T_1 与 T_2 分别为热流进口温度和出口温度。

c. 总等效导热系数 λ_e

考虑单元体中导热与辐射对传热的共同作用，多孔介质的有效导热系数为

$$\lambda_e = \lambda_c + \lambda_r \quad (4-7)$$

（2）计算值与实测结果比较。

吕兆华[140]以孔隙率为89%的7.9孔/cm 董青石泡沫陶瓷为试样，进行辐射衰减系数 β 和不同温度下等效导数系数 λ_c、λ_r 和 λ_e 的测试；并与相应的计算值进行比较（表4-7）。

表4-7　董青石泡沫陶瓷热学性能的计算值和实测结果[140]

$q/\%$	$\overline{D}$	β/m^{-1}	T/K	\multicolumn{4}{c}{$\lambda_{et}/[\text{W} \cdot (\text{m} \cdot \text{K})^{-1}]$}	误差/%
				λ_c	λ_r	λ_e（计算）	λ_e（实测）	
89	0.233	675	305	0.1653	0.0129	0.1782	0.1838	3.1
			348	0.1682	0.0192	0.1874	0.1922	2.5
			887	0.1986	0.3137	0.5123	0.4946	-3.6
			1155	0.2103	0.6918	0.9021	0.8992	-0.3

从表 4-7 中看到：①计算值 $\lambda_{e(计算)}$ 与实测值 $\lambda_{e(实测)}$ 有较好的一致性（误差＜±4%）；表中误差值的计算，误差 = $(\lambda_{e(实测)}-\lambda_{e(计算)})/\lambda_{e(实测)}$。②气固两相的综合导热系数 λ_c 与辐射等效导热系数 λ_r 均随介质的温度变化而变化，其中 λ_r 随温度的变化率远高于 λ_c；说明热辐射在多孔介质传热中起着重要作用。③温度较低时，总等效导热系数中气固两相热传导的影响较大；在高温情况下，热辐射却占了很大优势。正是泡沫材料的这种独特热传导性能，使得泡沫碳成为一种理想的轻质型碳基热管理高导热材料。

2）元胞体模拟法

Leong 等[141]构建了一个易于计算泡沫石墨等效导热系数的"元胞模型"，如图 4-42 所示。

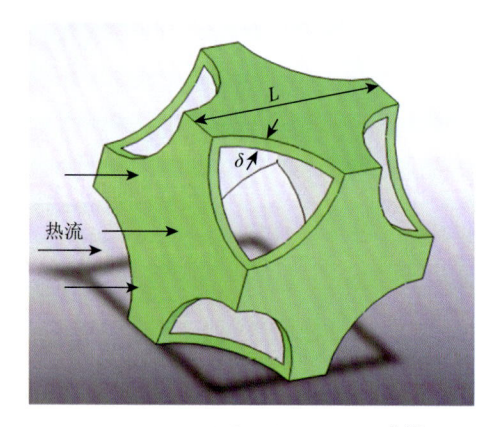

图 4-42 石墨泡沫的元胞模型[141]

该模型视泡沫石墨的孔泡单元为一种"在正立方体型孔泡（边长 L、厚度 δ）的每个角上切有相同直径球弧形开口"的多孔材料。通过单元模型几何尺寸的微小改变，即可体现泡沫石墨中不同的孔隙结构。与正立方框架结构单元体模型相比，这种元胞模型在反映泡沫石墨微观结构特征多样性方面更加灵活。同时，该模型可以分为如图 4-43 所示的顶、中、底三部分。

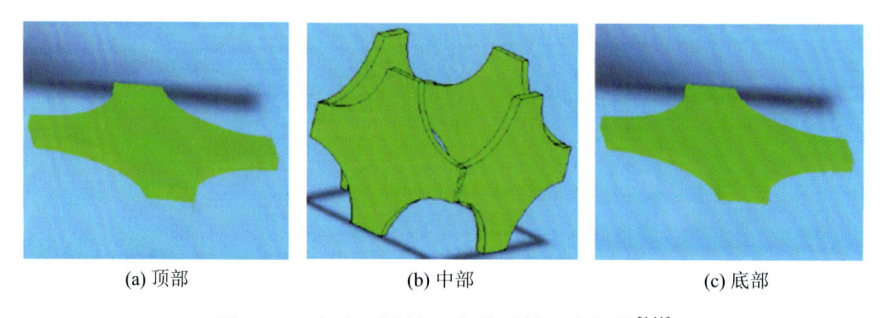

(a) 顶部   (b) 中部   (c) 底部

图 4-43 泡沫石墨的元胞模型的三个组件[141]

这样，整体单元的有效导热系数λ_e就可以通过下式获得[141]：

$$\lambda_e L = \lambda_{e(顶部)}\delta + \lambda_{e(中部)}(L-2\delta) + \lambda_{e(底部)}\delta \tag{4-8}$$

式中，$\lambda_{e(顶部)}$、$\lambda_{e(中部)}$和$\lambda_{e(底部)}$分别为元胞模型顶部、中部和底部的有效导热系数[W/(m·K)]，其中$\lambda_{e(顶部)} = \lambda_{e(底部)}$；$L$为元胞边长，m；$\delta$为元胞的孔壁厚度，m。

Leong等[141]将元胞模型的计算数据[141]与文献[109]和文献[144]报道的数据进行比较（图4-44），发现三组数据的吻合度很好；且随着试样孔隙率的增加，吻合度不断提高，尤其在泡沫石墨的孔隙率>0.7以后。

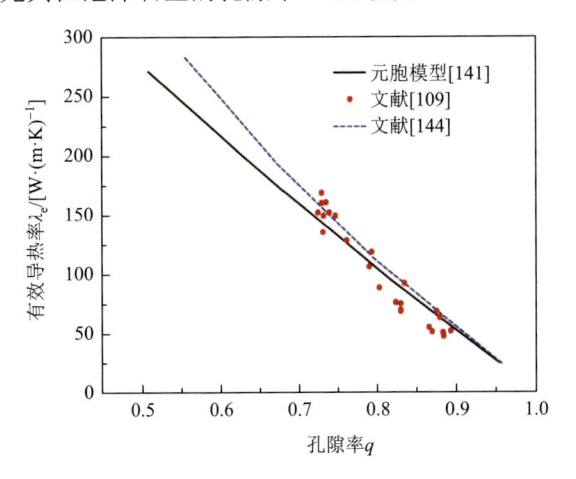

图 4-44 元胞模型数据与文献数据的吻合度[141]

同时，Leong等[141]还测得泡沫石墨固体韧带的导热系数为1300 W/(m·K)，空气流体的导热系数为0.025 W/(m·K)；前者是后者的5.2×10^4倍[141]。他们还发现，孔隙度与开孔直径的增加均会降低泡沫石墨的等效导热系数（图4-45）；当流体相的导热系数增加到100倍，整体有效导热系数才略有增加（图4-46）。因此，

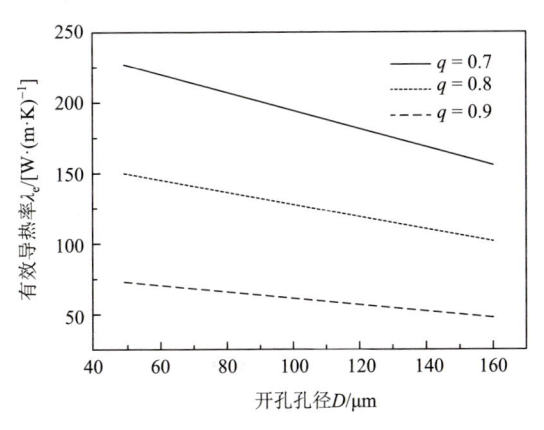

图 4-45 整体有效导热系数随开孔直径的变化[141]

泡沫石墨的整体有效导热系数主要是其固体相的贡献，流体的导热系数对整体等效导热系数的影响可以忽略。

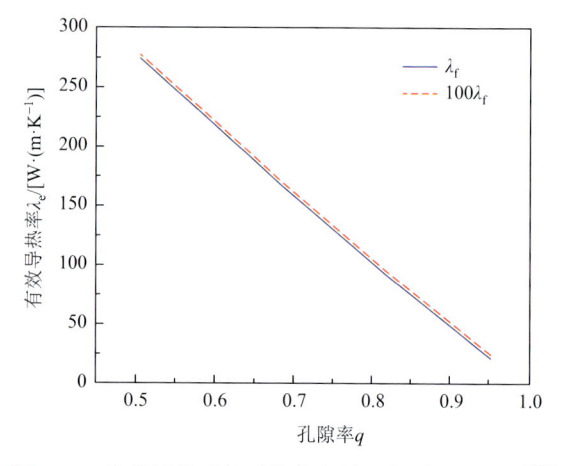

图 4-46　流体导热系数对整体有效导热系数的影响[141]

3) 单位分形元泡体模拟法

分形几何学是一门以非规则几何形状为研究对象的几何学。直接从非线性复杂系统本身入手去认识其内在的规律性，是分形理论与线性处理方法的本质区别；如果用数学表达式表示[145]则有：

$$N(\delta) \propto \delta^d \quad (4-9)$$

式中，N 为分形物体所占的空间（长度、面积或体积）；δ 为度量尺度；d 为分形维数，可以是整数也可以是非整数。对于一个分形面，d 的值在 1～2 之间。两物体只要满足分形维数相等，则这两个物体就是自相似的。分形维数 d 可以利用 $N(\delta) \propto \delta^d$ 对数坐标图上直线的斜率来确定。

图 4-47 是典型泡沫石墨剖面的 SEM 图像。从宏观角度观察，泡沫石墨的孔

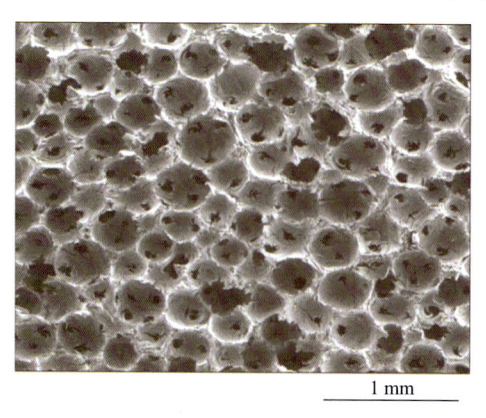

图 4-47　泡沫石墨剖面的形貌[109]

泡形状相似，且相当均匀，孔径分布较窄；而从微观角度审视，却认为泡沫石墨中的蜂窝单元大小各异、结构不同。显然，这种复杂的结构用经典的欧氏几何理论难以准确描述；而采用分形理论却可以提供一种有效分析描述泡沫石墨的结构的方法。

利用盒维数的计算方法，对泡沫石墨剖面的 SEM 图像黑白化处理后进行计算。如果泡沫石墨孔泡面积的平均值 S 和度量尺度 L，在 S-L 对数坐标图上呈线性关系，满足线性关系式：

$$\lg S = \lg \kappa + d \lg L \tag{4-10}$$

式中，κ 为比例系数；d 为分形维数。就证明泡沫石墨样品在不同的度量尺度区间内，泡孔分布具有统计上的自相似性，也就是泡沫石墨剖面泡孔面积的分布呈现分形特征。

将泡沫石墨剖面中的不规则孔泡简化为规则的"圆形"[142-143]或"正立方框架形"[138, 140]等孔泡，并使简化后的剖面和原来的实际剖面具有相同的孔隙面积，且在沿发泡方向和垂直发泡方向拥有相同的局部孔泡面积分形维数，这样就可以按照简化后规则的单位分形元泡模型，通过热阻分析法计算，获得泡沫石墨的有效导热系数。

许志等[142]以图 4-47 所示泡沫石墨的 SEM 图像为研究对象，测得其孔径范围为 150～600 μm，平均直径为 315 μm，而后进行盒维数的计算。计算结果显示（图 4-48）：泡沫石墨样品的泡孔面积平均值 S 和度量尺度 L，在 S-L 对数坐标图上满足线性关系式（4-10），分形维数 $d = 1.9$，比例系数 $\kappa = 1.59$。证明图 4-47 所示泡沫石墨的泡孔分布具有统计上的自相似性，其泡孔面积的分布呈现分形特征。

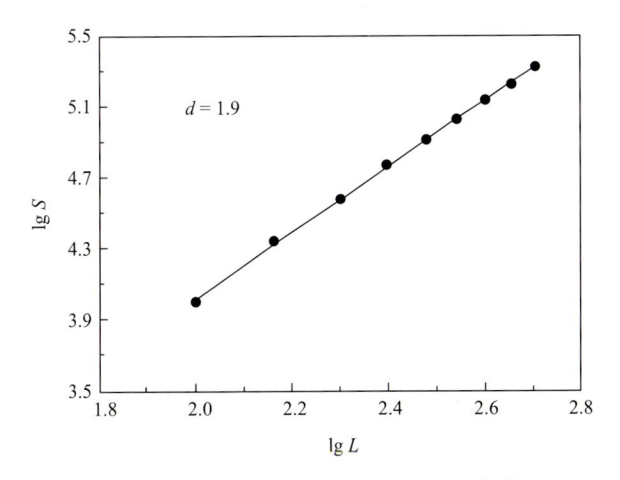

图 4-48　泡沫石墨的孔结构分形维数[142]

随后，许志等[142]从泡沫石墨的分形元泡"圆形单泡"入手，通过热阻法，计算了泡沫石墨的有效导热系数，计算结果列入表 4-8。可以看到，计算值与实测值具有很好的一致性，尤其是 ORNL 样品 A。

表 4-8 泡沫石墨有效导热系数的计算值与文献值的比较[142]

ORNL 样品	λ_a	实测值[109]		计算值		误差/%	
		λ_z	λ_{xy}	λ_z	λ_{xy}	λ_z	λ_{xy}
A	1300	149	42	147	42	−1.34	0
B	1600	181	60	185	55	2.21	−8.33

注：ORNL 为美国橡树岭国家实验室（Oak Ridge National Laboratory）；λ_a 为泡沫石墨固体韧带的热导率，W/(m·K)；λ_z 为泡沫石墨发泡方向的热导率，W/(m·K)；λ_{xy} 为泡沫石墨水平方向（与发泡方向垂直）的热导率，W/(m·K)。

由此可见，通过单位分形元泡模型计算出的结果是可靠的，能对泡沫石墨的导热系数进行有效预测，特别是对泡沫石墨沿发泡方向与垂直发泡方向的导热系数的显著差异的理论推导和合理解释。即用分形理论可以建立起泡沫石墨的导热性与内部结构之间的联系，从理论上为预测泡沫碳各方向的导热性开辟了一条新途径。

2. 制备工艺对泡沫碳导热性能的影响

研究表明[108-109,146]：石墨化中间相沥青基泡沫碳的导热性能与发泡沥青的中间相含量、发泡压力、发泡时间密切相关，而受发泡过程中升温速率的影响却甚微。例如，在中间相含量为 50%～100%（质量分数）、发泡压力为 4～8 MPa、发泡时间为 0.5～4 h 条件下，提高发泡沥青中的中间相含量，或增加发泡压力，或延长发泡时间，均可提升泡沫碳的热导率（图 4-49）[146]。而在相同制备工艺条件下，发泡过程中分别采用缓慢加热（2～5℃/min）和快速加热（6～10℃/min），制得中间相沥青基泡沫碳的热导率，前者为 81.2 W/(m·K)，后者为 81.5 W/(m·K)[146]。

这是由于：①中间相沥青是一种扁盘状的液晶相[108]，具有二维有序的特点，很易石墨化，形成具有高导热能力的石墨化晶体结构。因此，发泡沥青中的中间相含量越高，石墨化后泡沫碳的石墨化程度就越高，相应地泡沫碳的导热性能就越好。如图 4-49（a）所示，在一定的发泡条件下，沥青中的中间相含量为 50%（质量分数）时，获得石墨化中间相沥青基泡沫碳的导热系数为 77.5 W/(m·K)；而在中间相含量为 100%（质量分数）时，制备出的石墨化中间相沥青基泡沫碳的导热系数上升到 110 W/(m·K)。②提高发泡压力，可以增加气泡膨胀的阻力，进而形成细小而均匀的泡沫，既能减小泡沫之间发生融并的概率，又能增加泡壁韧带结构。这种韧带结构具有很高的结晶度[108,109]，易于导热。另外，体系中的高压在降压过程中还可以产生大的压力差，对泡沫间的中间相沥青产生更大的作用力，也利于碳泡沫形成有序的晶体结构，提高泡沫碳的热导率 [图 4-49（b）]。

③延长发泡时间，益于中间相沥青中的小分子进一步融合生长，可使孔泡韧带结构发育更加完善[108,146]，石墨化时更易形成有序的晶体结构，提高泡沫碳的导热性能。从图4-49（c）可以发现，在发泡时间0.5~4 h区间，导热系数随发泡时间的延长上升显著，超过4 h后，上升速度明显地变缓。从经济等综合因素考虑，发泡时间4 h最为理想。④从发泡的机理可知，泡沫碳中的气泡主要由中间相沥青中的轻组分和发泡过程中大分子热解产生的气体贡献，而中间相沥青的热解主要发生在发泡温度的恒温区间，因此升温速率只与中间相沥青在升温过程中轻组分的逸出速度有关。即在升温过程中，升温速率低，轻组分逸出的速度慢，产生的气泡较少，但气泡发育得较好、孔径增大；反之，升温速率高，轻组分逸出的速度快，形成的沥青气泡较多、孔径略小（图4-38）。二者对泡孔结构的变化产生的影响不明显。

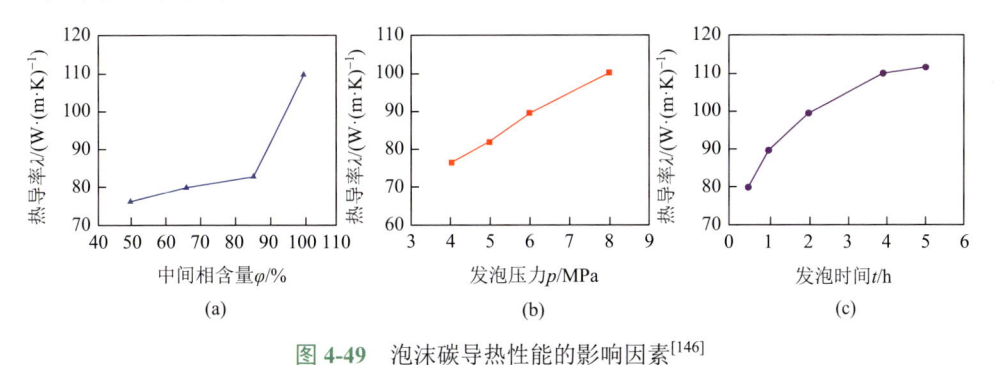

图 4-49 泡沫碳导热性能的影响因素[146]

（a）中间相含量；（b）发泡压力；（c）发泡时间

4.3.3 泡沫碳在热管理领域中的应用

轻质高导热泡沫碳在航空航天、国防和商业等潜在市场具有非常广阔的应用前景[104,112]。

1. 航天器热管理材料

随着我国航天技术的飞速发展，航天器载荷种类及卫星功耗不断增长，各种大规模集成电路广泛应用于各类卫星载荷，小体积化、高集成度、高功率化成为各类电子元器件的发展方向。通过模块化设计，高集成度电子器件可以实现航天器结构小型化和负载轻巧化，有利于完成航天器多功能多目标的探测任务。但是，高度集成化以及紧凑型封装技术会大幅减少器件的散热空间，致使器件的功率密度急剧增加，造成小范围内的热量聚积，使得器件的温度偏离正常工作温度，导致器件的工作性能和可靠性降低，进而影响航天器的探测任务和使用寿命[147]。

航天工程中通常使用相变储能装置实现热量存储和温度控制[148]。常用的传统低温相变材料（石蜡等）和高温相变材料（硅、硼等）的热导率都较低，均需通过设计储能装置进行强化导热[148]。泡沫碳是一种石墨化多孔碳材料，密度低（仅为 0.2～0.6 g/cm³），孔壁的韧带结构与理想石墨结构接近，热导率高达 1300 W/(m·K)，而且工质还可以在孔中进行强制对流[141]，用作多孔热沉材料时同时拥有孔对流和壁传导两种热传递方式，可以更为有效地进行散热[149]。在航天热控领域，利用泡沫碳的特殊毛细结构与轻质、高导热、易加工等特性，可以作为相变储能装置的导热填料。也就是，在相变板或相变储能换热器中嵌入高导热泡沫碳作为骨架，并在其中填充相变材料（赤藻糖醇、石蜡等），利用泡沫碳的高热导率提升相变材料的传热速率，改进相变储能装置的能效比[150]。例如，通过熔融浸渗法制得赤藻糖醇/泡沫石墨相变复合材料，不仅热导率[3.77 W/(m·K)]较赤藻糖醇[0.72 W/(m·K)]提高了 4 倍[151]；同时压缩率也较赤藻糖醇提高了 26%[152]。

飞行器在超声速飞行时面临着严重的气动热问题，尤其是飞行器的翼前缘和头部等部位更是热防护的关键[150]。泡沫碳相变储能复合材料兼具热导率高、相变潜热值大、密度低等特点，用作飞行器前缘热控结构材料具有独特优势。例如，将泡沫碳相变储能复合材料应用于超声速机翼前缘蒙皮内侧，有利于对机翼前缘积聚热量的吸收和疏导，使得机翼前缘的热量被分散到机翼后方，从而改善机翼结构整体的温度分布和热应力分布。

潘远君[150]计算并分析了特定飞行马赫数气动热场环境下，初始温度场为 50℃，运行时长 100s 时，采用热控结构前后机翼前缘结构的最高温度的变化。其中热控结构的组成：相变材料为 KCl(61)-39MgCl₂ 的混合盐，骨架为孔隙率 85%的泡沫石墨。计算结果示于图 4-50，可以看到：与未采用任何防护结构的机翼前缘相比，采用[KCl(61)-39MgCl₂]/泡沫石墨相变复合材料热控结构后机翼前缘结构的最高温度明显降低；尤其是马赫数增加至 4 *Ma* 后，机翼前缘最高温度降低的幅度更大，意味着此时热控结构中的相变材料[KCl(61)-39MgCl₂]发生熔融相变，可以吸收机翼前缘更多的热量，使得机翼前缘温度得到更大程度的降低。这是由于热控单元内相变材料[KCl(61)-39MgCl₂]熔融相变前，热控以显热方式进行，热控效果相对较差，如在 3.5 *Ma* 之前的热控都是以显热方式进行。表明：泡沫石墨相变复合材料热控结构，在相变材料的相变温区应用，可以获得更好的热控效果。

美国国家航空航天局（National Aeronautics and Space Administration，NASA）喷气动力实验室将三水硝酸锂/高导热沥青基泡沫碳相变复合材料，应用于飞行器热能储存单元的改进研究，设计并制备出热能存储设备样机[153]。研究表明[153-157]：样机模块的能量存储容量为 40 kJ/kg，整个模块具有优异的导热性能，即使是在高功率水平下，模块依然可以保持很小的温度梯度。其中，相变材料三水硝酸锂（LiNO₃·3H₂O）密度为 1.5 g/cm³，熔化热为 296 kJ/kg，熔点为 30℃，液态和固态都具有高比热容，与铝不发生反应，处置简单，热能储存容量比石蜡高，也不需要低温环境对熔化材料进行冷冻[154]。

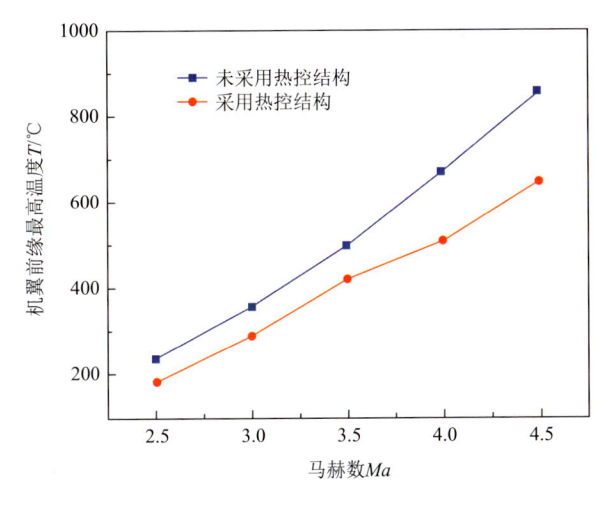

图 4-50 机翼前缘最高温度随不同马赫数的变化[150]

传统空天武器系统微处理器的能量密度为 50 W/cm², 随着科学技术的进步, 高性能计算机芯片的能量密度[154]将达到 200 W/cm²。采用轻质泡沫石墨相变复合材料作为散热器基材的温控系统, 可以提高电子设备的稳定性, 同时降低载荷, 推动更高能量密度的微电子元件在空天武器系统中应用[158, 159]。例如, 采用泡沫碳相变复合材料的温控系统可使芯片能量密度达到 150 W/cm², 而系统的质量和体积均降低 20%左右, 热管理效率提高 10%以上[154]。因此, 高导热泡沫碳是改进航空航天热管理系统的一种性能优异新材料。

2. 雷达热管理材料

雷达不仅是军事上必不可少的电子装备, 而且广泛应用于环境资源的保护开发(气象预报、资源探测、环境监测等)和高科技研究(天体研究、大气物理、电离层结构研究等)。随着微电子技术和制导技术的发展, 雷达载荷内部电子设备集成程度越来越高, 能量密度越来越大, 研发新型高效热传导和散热材料成为了雷达热管理的关键性问题。研究表明[160-162]: 轻质高导热泡沫碳(泡沫石墨)相变复合材料是雷达热管理系统的优选材料之一。

1) 弹载雷达中的应用

弹载雷达不同于地面、航空等平台雷达, 舱内电子设备散热途径非常有限, 同时不断提高的飞行速度会产生大量的外部气动热量, 加之随雷达内部电子设备能量密度的不断提高, 造成对应储热装置的热容需求越来越大。

由于体积与质量直接关乎导弹的战斗能力, 储热装置在散热途径有限且热容量接近饱和的情况下, 不能采用传统的散热方式, 如自然对流、强迫风冷或液冷等方式散热；更不可以通过增加体积、质量等，提升储热、散热能力。而以相变材料为储能介质，借助泡沫石墨骨架的轻质高导热特性，可以解决相变材料本质上的低热导性，从而提升相变热管理系统储热和散热效率[161]。无疑，轻质高导热泡沫碳相变复合材料是弹载雷达热管理系统的优选材料之一。即采用储热的方式可以实现对雷达内部的热管理。

2）星载雷达中的应用

星载雷达，即装在卫星上的天基雷达。轻质高导热泡沫碳相变复合材料，用于卫星天基雷达大平面相控阵天线，可以很好地控制卫星在近地轨道上运行时，由昼夜交替及在雷达电子装置的开、关过程中引起的温度变化，并提供接近等温的运行环境。同时还可以减小天线面密度的设计，显著减轻天线结构的质量[160]。

3）小型机载激光雷达中的应用

小型机载激光雷达的工作时间长，加之其集成度越来越高，由于空间限制，液冷的使用往往受限，而越来越大的热流密度又使得风冷效率遭遇瓶颈。因此，机载激光雷达不能只采用相变储能系统进行热管理，必须通过合理的热设计突破激光雷达的散热瓶颈。例如，采用风冷＋相变热管理的复合形式，将轻质高导热的泡沫碳和高热容的相变材料组合（复合），使其既可储存热能又可调节温度，仅在温度超过一定阈值后发挥作用。美国 Wright-Patterson 空军基地设计了一种闭路循环冷却热管理系统，将泡沫碳/石蜡复合材料应用于机载激光雷达，并使激光器产生的高温热负荷，首先转移至泡沫碳/石蜡相变复合材料，再通过换热器进一步换热[154,162]。这样就可使部分泡沫碳/石蜡复合体在热管理系统中发挥热能储存作用，进而保证雷达热负荷最大时热管理系统的正常运行。

3. 空间热排放系统泡沫碳换热器

随着空间开发需求的不断提高，尤其为了满足载人深空探测的需要，核能的空间利用再次成为发展热点，并以大功率核电源、大功率核推进为发展重点。核电推进系统主要由空间核反应堆热电转换系统、热排放系统、电源管理与分配系统和大功率电推进系统五部分组成，其中热排放系统的功能是将"反应堆热电转换电推力器和飞船电子元器件等组件产生的废热"排放到宇宙中去。对航天器来说，宇宙空间是唯一的冷源，而且只能以热辐射方式耗散余热。换言之，高效辐射散热器是决定空间核电源，乃至整个航天器总体性能的关键要素之一[163,164]。

根据辐射排热原理，提高航天器排热系统排热能力可以通过增大辐射器散热面积实现[165]。但在废热排放规模增大的情况下，单纯通过增加辐射器散热面积会增加辐射器的面积和重量，因此需要对热排放系统各部分进行设计优化。轻质高导热泡沫碳除了具有耐高温、耐腐蚀、强度高、抗冲击、易加工等优良特性外，还兼具高温下高热辐射排热的独特性能[140]，非常适合用作空间热排放系统的换热材料。

泡沫碳换热器是空间堆辐射板散热器的重要子系统，负责冷却剂（钠钾合金）主管道与水热管之间热量交换。栾秀春等[163-164]设计了空间热排放系统泡沫炭换热器（图 4-51）；并利用 ANSYS 软件进行数值模拟，得到四种不同方案泡沫碳换热器二维截面的热流密度分布图（图 4-52），随后根据泡沫碳换热器的换热需求进行了结构优化。验证结果表明：设计的泡沫碳换热器的尺寸、体积和重量满足要求（表 4-9）。

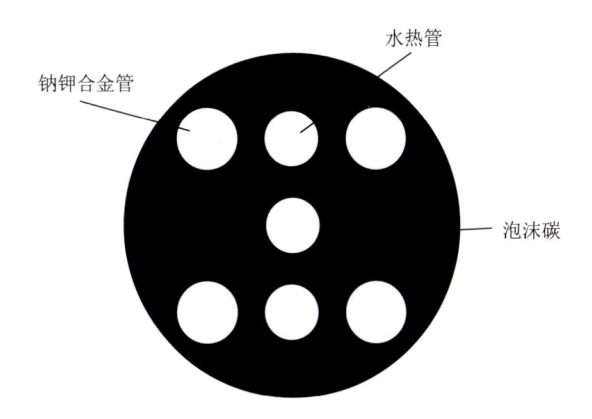

图 4-51　泡沫碳换热器剖面结构示意图[163]

如图 4-51 所示，泡沫碳换热器整体呈圆筒形，由钠钾合金主管道、水热管道和圆柱形通道壳体组成，中间填充泡沫石墨作为换热材料，当系统废热通过钠钾合金冷却回路传递到泡沫碳换热器，泡沫碳换热器再传递给水热管辐射板，然后通过辐射换热释放到太空。

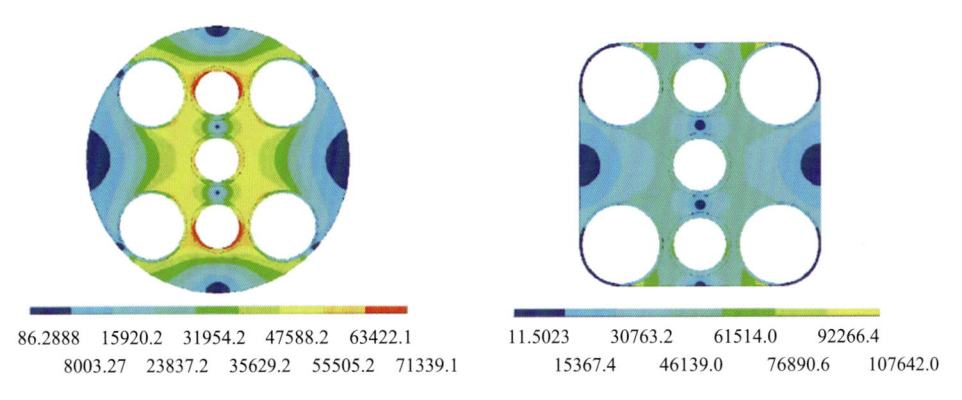

(c)　　　　　　　　　　　　　　　　(d)

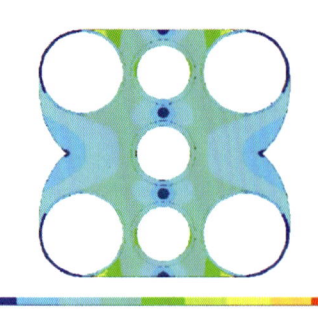

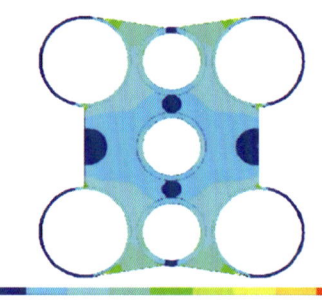

图 4-52　泡沫碳换热器二维截面的热流密度分布图[163]

(a) 方案一；(b) 方案二；(c) 方案三；(d) 方案四

表 4-9　四种方案泡沫碳换热器的基本性能[163]

项目	方案一	方案二	方案三	方案四
温度降低 T/K	10	10	10	10
换热量 $\varPhi$/W	7257.374	6517.837	6498.027	5563.358
总质量 m/kg	2.328	1.845	1.800	1.627
换热量/总质量$(\varPhi \cdot m^{-1})$/(W·kg^{-1})	3118	3533	3610	3419

方案一泡沫碳换热器二维截面的热流密度分布图示于图 4-52(a)，可以看到：泡沫碳换热器中部水热管周围的热流密度很大，最大的位置分别位于顶部水热管与底部水热管的两侧；而钠钾合金主管道之间以及外侧部分热流密度均很小，这是换热器外边界与真空辐射换热量微少导致的。由派生计算得到方案一泡沫碳换热器的换热性能：中间水热管的换热量为 2108.825 W，上下两个水热管的换热量均为 2574.275 W，总换热量为 7257.374 W，横截面积为 1.885×10^{-3} m^2。

鉴于方案一[图 4-52(a)]中主管道外侧部分的热流密度很小，对泡沫碳换热器的换热效率影响不大，方案二对"钠钾合金主管道"两两作切线，将剩余部分切割，得到如图 4-52(b) 所示的热流密度分布云图。由图可见，方案二中泡沫碳换热器中部水热管周围的热流密度依旧很大，但因换热器结构形状的改变，热流密度最大的位置发生了变化，它们分别位于"钠钾合金主管道"上下边界的夹角处，而顶部水热管壁上侧和底部水热管壁下侧的热流密度均明显减小。同样由派生计算获得方案二泡沫碳换热器的换热性能：中间水热管的换热量为 2027.196 W，上下两个水热管的换热量均为 2245.320 W，总换热量为 6517.837 W，横截面积为 1.112×10^{-3} m^2。与方案一比较，尽管方案二泡沫碳换热器的总换热量下降 739.548 W，但横截面积缩小了很多，意味着方案二换热器的总重量较方案一减轻不少。

方案三继续对方案二泡沫碳换热器二维截面的热流密度进行切割优化,将"钠钾合金主管道"之间热流密度较低的部分作弧线切除,得到如图4-52(c)所示的热流密度分布云图。很容易发现,方案三[图4-52(c)]与方案二[图4-52(b)]的热流密度分布云图基本雷同,泡沫碳换热器中部水热管附近区域的热流密度仍很大,热流密度最高处依旧分别位于"钠钾合金主管道"与上下边界的夹角处。由派生计算得到方案三泡沫炭换热器的换热性能为:中间水热管的换热量为2014.406 W,上下两个热管的换热量均为2041.810 W,总换热量为6498.027 W,横截面积为 1.048×10^{-3} m^2。

由于方案三泡沫碳换热器外边界形状涉及弧线,不利于加工制造,方案四继续对换热器结构进行优化。将两组"钠钾合金主管道"之间用直线相连接,顶部和底部的水热管与"钠钾合金管"之间也用直线相连,切除外侧部分,得到如图 4-52(d)所示的热流密度分布云图。可以看到:方案四泡沫碳换热器的热流密度分布较前三种换热器发生了明显的变化,中部水热管附近区域的热流密度大幅下降,顶部水热管上侧管壁和底部水热管下侧管壁的热流密度变得最小。由派生计算得到方案四泡沫碳换热器的换热性能是:中间水热管的换热量为1574.369 W,上下两个水热管的换热量均为1994.494 W,总换热量为5563.358 W,横截面积为 0.773×10^{-3} m^2。

说明一下,四种方案泡沫碳换热器派生计算的边界条件为:①设定水热管内壁面温度为480 K;②设定主管道内"钠钾合金流体"的温度为490 K;③计算中换热器外表面按绝热边界条件处理[163]。

表 4-9 列出了四种方案泡沫碳换热器的数值模拟基本性能,可以看到:方案一到方案四,泡沫碳换热器的换热量依次减少,总质量随之减轻;而单位质量换热量却是方案三最高,方案一最低。考虑到方案三换热器的结构形状涉及弧线,不易于加工制造。相比之下,方案二的结构形状规则,更加符合实际生产要求,且其换热量与总质量之比更接近方案三。表明方案二泡沫碳换热器的结构设计最优,可以满足空间热排放系统的要求。

4. 泡沫碳防火板

随着城市化建设的高速推进,城镇人口急剧增加,进而促使商业民用建筑聚集化、规模大型化。由于城乡新旧建筑建设标准不一、扩建行为不规范等因素,很易形成火灾隐患风险;而城市火灾又极易造成严重人员伤亡与财产损失。据统计 2019 年国内火灾导致的直接经济损失逾 36 亿元[166]。因此,当代的消防形势对防火隔热装修材料的防火性能及环保等指标提出了更高的要求。

1)泡沫碳防火板性能特点

泡沫碳防火板是 A 级不燃材料[167],其阻燃性能见表 4-10,各项指标优于

《建筑材料及制品燃烧性能分级》（GB 8624—2012）中的 A 级要求[168]。最高使用温度可达 1700℃，在火灾中可以有效保持结构完整性，且不会产生有害气体，也不会因长时间受热分解失效崩落。相比于菱镁板、珍珠岩板、纸面石膏板等防火建材的干密度（约 0.8 g/cm^3）[169-171]，泡沫碳防火板表观密度仅为 0.4～0.6 g/cm^3。显然，在具有相似或更高抗压、抗冲击强度的同时，采用泡沫碳防火板可以降低安装节点的强度要求，可使施工快捷、运输方便。

表 4-10　泡沫碳防火板的阻燃性能[167]

项目	国标 A 级标准	产品指标
炉内温升 $\Delta\theta$/℃	≤30	3.6
质量损失率 w/%	≤50	21.1
持续燃烧时间 t/s	0	0
总热值 q/(MJ·m^{-2})	≤1.4	1.3

泡沫碳在高温环境下生产，因其制作的板材本身不含结晶水，加之碳的化学性质稳定，不存在失水崩解、吸潮反卤、酸碱腐蚀等现象，成功地弥补了原料为镁、石膏、岩棉等防火材料耐候性方面的先天不足，不仅提高了正常环境中的耐用性，还可以在潮湿盐碱甚至化学腐蚀环境中使用，安装灵活度大大提高。同时，泡沫碳的多孔结构，还可使其制备的防火板材兼具保温与隔音功能。

值得一提的是：由于泡沫碳防火板大都是以煤炼油工艺的废弃产物为原料，经高温高压发泡、模压成型工艺制备而成的一种在常温下可切割、可贴挂的新型防火板材。因而，泡沫碳防火板的制备，也是减少环境污染、原材料浪费，强化综合利用，发展绿色环保建材的一条可行性途径。

2）泡沫碳防火板的应用前景

泡沫碳防火板，既可制成常规的矩形板，也可在特殊模具中成型，制成弧形板、异形板等；板材在施工现场可裁、可切、可开槽，具有很高的安装灵活度，可以满足不同场景的施工与应用需求。例如，①一般轻质防火隔墙；②防火吊顶；③钢结构防火围护；④各种中控室、数据中心的防火贴面墙；⑤隧道防火保护板等。不足之处是成本仍较高、工艺复杂，仍需进一步研发改进提高，达成建筑耐火工程效果更理想、更经济、更绿色的泡沫碳防火板。

参 考 文 献

[1] 邱海鹏，刘朗. 高导热炭基功能材料[J]. 新型炭材料，2002，17（4）：80.

[2] 郭磊. 电子器件散热及冷却的发展现状研究[J]. 低温与超导，2014，42（2）：62-66.

[3] 宋厚甫，康飞宇. 石墨烯导热研究进展[J]. 物理化学学报，2021，37：2101013.

[4] 罗文谦. 石墨烯在导热散热领域的应用[J]. 新材料产业，2018（11）：35-37.

[5] 邱汉迅，闫廷龙，李幸娟，等. 碳膜材料的热学性能及研究进展[J]. 有色金属材料与工程，2018，39（2）：46-55.
[6] 高晓晴，郭全贵，刘朗，等. 高导热炭材料的研究进展[J]. 功能材料，2006，37（2）：173-177.
[7] Klemens P G, Pedraza D F. Thermal conductivity of graphite in the basal plane[J]. Carbon, 1994, 32(4): 735-741.
[8] Shindé S L, Goela J S. High Thermal Conductivity Materials[M]. New York: Springer, 2005.
[9] 吴召洪. 高性能石墨烯基导热和应变传感复合材料的应用研究[D]. 沈阳: 中国科学院金属研究所，2019.
[10] 崔正威，袁观明，董志军，等. 高定向导热材料的研究进展[J]. 中国材料进展，2020，39（6）：450-457.
[11] Balandin A A. Thermal properties of graphene and nanostructured carbon materials[J]. Nature Materials, 2011, 10（8）：569-581.
[12] Borca-Tasciuc T, Achimov D, Liu W L, et al. Thermal conductivity of InAs/AlSb superlattices[J]. Microscale Thermophysical Engineering, 2001, 5（3）：225-231.
[13] Balandin A, Wang K L. Significant decrease of the lattice thermal conductivity due to phonon confinement in a free-standing semiconductor quantum well[J]. Physical Review, 1998, 58（3）：1544-1549.
[14] Balandin A A, Ghosh S, Bao W Z, et al. Superior thermal conductivity of single-layer graphene[J]. Nano Letters, 2008, 8（3）：902-907.
[15] 康飞宇. 天然石墨的改性与应用[M]. 北京：清华大学出版社，2021.
[16] Stoller M D, Park S J, Zhu Y W, et al. Graphene-based ultracapacitors[J]. Nano Letters, 2008, 8(10): 3498-3502.
[17] Lee C, Wei X D, Kysar J W, et al. Measurement of the elastic properties and intrinsic strength of monolayer graphene[J]. Science, 2008, 321（5887）：385-388.
[18] 陈旭阳. 石墨烯基薄膜的温和工艺制备及导热性能研究[D]. 广州：华南理工大学，2019.
[19] 张勇，刘建影. 石墨烯在散热及热管理中的应用[J]. 电子元件与材料，2017，36（9）：88-93.
[20] Cai W W, Moore A L, Zhu Y W, et al. Thermal transport in suspended and supported monolayer graphene grown by chemical vapor deposition[J]. Nano Letters, 2010, 10（5）：1645-1651.
[21] Ghosh S, Bao W Z, Nika D L, et al. Dimensional crossover of thermal transport in few-layer graphene[J]. Nature Materials, 2010, 9（7）：555-558.
[22] Faugeras C, Faugeras B, Orlita M, et al. Thermal conductivity of graphene in corbino membrane geometry[J]. ACS Nano, 2010, 4（4）：1889-1892.
[23] Seol J H, Jo I, Moore A L, et al. Two-dimensional phonon transport in supported graphene[J]. Science, 2010, 328（5975）：213-216.
[24] Wang Z Q, Xie R G, Bui C T, et al. Thermal transport in suspended and supported few-layer graphene[J]. Nano Letters, 2011, 11（1）：113-118.
[25] Pettes M T, Jo I S, Yao Z, et al. Influence of polymeric residue on the thermal conductivity of suspended bilayer graphene[J]. Nano Letters, 2011, 11（3）：1195-1200.
[26] Murali R, Yang Y X, Brenner K, et al. Breakdown current density of graphene nanoribbons[J]. Applied Physics Letters, 2009, 94（24）：243114.
[27] Dorgan V E, Behnam A, Conley H J, et al. High-field electrical and thermal transport in suspended graphene[J]. Nano Letters, 2013, 13（10）：4581-4586.
[28] Jang W Y, Chen Z, Bao W Z, et al. Thickness-dependent thermal conductivity of encased graphene and ultrathin graphite [J]. Nano Letters, 2010, 10（10）：3909-3913.
[29] Bae M H, Li Z Y, Aksamija Z, et al. Ballistic to diffusive crossover of heat flow in graphene ribbons[J]. Nature Communications, 2013, 4：1734.

[30] 崔同湘，吕瑞涛，康飞宇，等. 从石墨烯的制备及其应用研究进展看 2010 年度诺贝尔物理学奖[J]. 科技导报，2010，28（24）：23-28.

[31] 逯娟. 石墨烯的制备方法及应用领域的研究进展[J]. 能源与环保，2020，40（5）：78-81＋93.

[32] 何延如，田小让，赵冠超，等. 石墨烯薄膜的制备方法及应用研究进展[J]. 材料导报，2020，34（3）：05048-05060，05077.

[33] Wei D C，Liu Y Q. Controllable synthesis of graphene and its applications[J]. Advanced Materials，2010，22（30）：3225-3241.

[34] Parvez K，Wu Z S，Li R J，et al. Exfoliation of graphite into graphene in aqueous solutions of inorganic salts[J]. Journal of the American Chemical Society，2014，136（16）：6083-6091.

[35] 杨晓勇，卫洛，许德平，等. 石墨烯的电化学制备及其在储能领域的应用[J]. 化学工业与工程，2019，36（6）：42-54.

[36] Lv W，Tang D M，He Y B，et al. Low-temperature exfoliated graphenes：Vacuum-promoted exfoliation and electrochemical energy storage[J]. ACS Nano，2009，3（11）：3730-3736.

[37] 李旭，赵卫峰，陈国华. 石墨烯的制备与表征研究[J]. 材料导报，2008，22（8）：48-52.

[38] 张艳. 石墨插层化合物的可控合成及表征[D]. 太原：太原理工大学，2009.

[39] Tian S Y，Yang S W，Huang T，et al. One-step fast electrochemical abrication of water-dispersible graphene[J]. Carbon，2017，111：617-621.

[40] Cao J，He P，Mohammed M A，et al. Two-step electrochemical intercalation and oxidation of graphite for the mass production of graphene oxide[J]. Journal of the American Chemical Society，2017，139（48）：17446-17456.

[41] Li D，Müller M B，Gilje S，et al. Processable aqueous dispersions of graphene nanosheets[J]. Nature Nanotechnology，2008，3（2）：101-105.

[42] Eda G，Fanchini G，Chhowalla M. Large-area ultrathin films of reduced graphene oxide as a transparent and flexible electronic material[J]. Nature Nanotechnology，2008，3（5）：270-274.

[43] Dreyer D R，Ruoff R S，Bielawski C W. From conception to realization：an historial account of graphene and some perspectives for its future[J]. Angewandte Chemie-International Edition，2010，49（49）：9336-9344.

[44] McAllister M J，Li J L，Adamson D H，et al. Single sheet functionalized graphene by oxidation and thermal expansion of graphite[J]. Chemistry of Materials，2007，19（18）：4396-4404.

[45] 吕伟. 石墨烯的宏量制备、可控组装及电化学性能研究 [D]. 天津：天津大学，2012.

[46] 吴思达. 石墨烯基薄膜的气液界面自组装制备及应用研究[D]. 天津：天津大学，2014.

[47] Dikin D A，Stankovich S，Zimney E J，et al. Preparation and characterization of graphene oxide paper[J]. Nature，2007，448（7152）：457-460.

[48] 陈成猛，杨永岗，温月芳，等. 有序石墨烯导电炭薄膜的制备[J]. 新型炭材料，2008，23（4）：345-349.

[49] Xu Y X，Bai H，Lu G W，et al. Flexible graphene films via the filtration of water-soluble noncovalent functionalized graphene sheets[J]. Journal of the American Chemical Society，2008，130（18）：5856-5857.

[50] Putz K W，Compton O C，Palmeri M J，et al. High-nanofiller-content graphene oxide-plymer nanocomposites via vacuum-assisted self-assembly[J]. Advanced Functional Materials，2010，20（19）：3322-3329.

[51] Yan Z，Peng Z W，Sun Z Z，et al. Growth of bilayer graphene on insulating substrates[J]. ACS Nano，2011，5（10）：8187-8192.

[52] Reina A，Jia X，Ho J，et al. Large area，few-layer graphene films on arbitrary substrates by chemical vapor deposition[J]. Nano Letters，2009，9（1）：30-35.

[53] Kim J Y，Lee J，Lee W H，et al. Flexible and transparent dielectric film with a high dielectric constant using

chemical vapor deposition-grown graphene interlayer[J]. ACS Nano，2014，8（1）：269-274.

[54] Gao L B，Ren W C，Zhao J P，et al. Efficient growth of high-quality graphene films on Cu foils by ambient pressure chemical vapor deposition[J]. Applied Physics Letters，2010，97（18）：183109.

[55] Chen Z P，Ren W C，Gao L B，et al. Three-dimensional flexible and conductive interconnected graphene networks grown by chemical vapour deposition[J]. Nature Materials，2011，10（6）：424-428.

[56] Lin L，Zhang J C，Su H S，et al. Towards super-clean graphene[J]. Nature Communications，2019，10：1912.

[57] Jia K C，Zhang J C，Lin L，et al. Copper-containing carbon feedstock for growing superclean graphene[J]. Journal of the American Chemical Society，2019，141（19）：7670-7674.

[58] 成会明. 超洁净石墨烯薄膜[J]. 物理化学学报，2020，36（2）：1909042（1 of 2）.

[59] Zhang J C，Jia K C，Lin L，et al. Large-area synthesis of superclean graphene via selective etching of amorphous carbon with carbon dioxide[J]. Angewandte Chemie-International Edition，2019，58（41）：14446-14451.

[60] Sun L Z，Lin L，Wang Z H，et al. A force-engineered lint roller for superclean graphene[J]. Advanced Materials，2019，31（43）：1902978.

[61] Becerril H A，Mao J，Liu Z F，et al. Evaluation of solution-processed reduced graphene oxide films as transparent conductors[J]. ACS nano，2008，2（3）：463-470.

[62] Zhou S X，Zhu Y，Du H D，et al. Preparation of oriented graphite/polymer composite sheets with high thermal conductivities by tape casting[J]. New Carbon Materials，2012，27（4）：241-249.

[63] 陈威，杜鸿达，孙璞杰，等. 用石墨烯浆料制备导热石墨膜的研究[J]. 炭素技术，2016（4）：1-3.

[64] 申桂英. 石墨烯热控材料在华为5G产品中得到创新应用[J]. 精细与专用化学品，2020，28（7）：24.

[65] 毛兴武，张艳雯，周建军，等. 新一代绿色光源LED及其应用技术[M]. 北京：人民邮电出版社，2008.

[66] 勾昱君.大功率LED热管散热器传热强化研究[D]. 北京：北京工业大学，2014.

[67] Arik M，Becker C A，Weaver S E，et al. Thermal management of LEDs: package to system[C]. Proceedings of the Society of Photo-Optical Instrumentation Engineers（SPIE），2004，5187：64-75.

[68] 杨初，金尚忠，邵茂丰，等. 玻璃基板COB封装的LED性能研究[J]. 激光与光电子学进展，2015，52（1）：012304.

[69] 龚美. 功率型LED阵列热仿真及散热结构优化[D]. 广州：广东工业大学，2018.

[70] 龚美，陈益民. 应用石墨烯材料的大功率LED散热仿真[J]. 机电工程技术，2018，47（5）：22-24，78.

[71] 黄晓明，乔更新，龚守华，等. 基于石墨烯散热技术的高光效LED灯管[Z]. 科技成果，2019-12-23.

[72] 孙慧君. 石墨烯在涂料领域中的应用研究概况[J]. 无机盐工业，2019，51（2）：15-18.

[73] 梁宇，陈凯锋，黄从树，等. 石墨烯在功能涂料中的应用研究进展[J]. 装备环境工程，2019，16（8）：95-101.

[74] 梁天元，王朝生，江振林. 聚硅氧烷/石墨烯导热散热涂层的制备及表征[J]. 涂料工业，2017，47（10）：7-11.

[75] 姚叶，陈君，程翔，等. 基于石墨烯辐射强化散热的变压器过载能力提升技术研究[J]. 电力与能源，2021，42（1）：73-76.

[76] Iijima S. Helical microtubules of graphitic carbon[J]. Nature，1991，354（6348）：56-58.

[77] Saito R，Dresselhaus G，Dresselhaus M S. Physical Properties of Carbon Nanotubes[M]. London：Imperial College Press，1998.

[78] Dresselhaus M S，Dresselhaus G，Saito R. Physics of carbon nanotubes[J]. Carbon，1995，33（7）：883-891.

[79] 李庆威. 碳纳米管热传导研究[D]. 北京：清华大学，2010.

[80] Gou Y J，Liu Z L，Zhang G M，et al. Effects of multi-walled carbon nanotubes addition on thermal properties of thermal grease[J]. International Journal of Heat and Mass Transfer，2014，74：358-367.

[81] Hone J，Whitney M，Piskoti C，et al. Thermal conductivity of single-walled carbon nanotubes[J]. Physical Review

B，1999，59（4）：R2514-R2516.

[82] Berber S，Kwon Y K，Tomanek D. Unusually high thermal conductivity of carbon nanotubes[J]. Physical Review Letters，2000，84（20）：4613-4616.

[83] Kim P，Shi L，Majumdar A，et al. Thermal transport measurements of individual multiwalled nanotubes[J]. Physical Review Letters，2001，87（21）：215502.

[84] Osman M A，Srivastava D. Temperature dependence of the thermal conductivity of single-wall carbon nanotubes[J]. Nanotechnology，2001，12（1）：21-24.

[85] 张刚，段文晖. 纳米材料热传导中的新奇物理效应[J]. 物理，2020，49（10）：668-678.

[86] Zhang G，Li B W. Thermal conductivity of nanotubes revisited: effects of chirality，isotope impurity，tube length，and temperature[J]. Journal of Chemical Physics，2005，123：114714.

[87] Chang C W，Okawa D，Garcia H，et al. Breakdown of Fourier's law in nanotube thermal conductors[J]. Physical Review Letters，2008，101：075903.

[88] Zhang W，Zhu Z Y，Wang F，et al. Chirality dependence of the thermal conductivity of carbon nanotubes[J]. Nanotechnology，2004，15（8）：936-939.

[89] Cao J X，Yan X H，Xiao Y，et al. Thermal conductivity of zigzag single-walled carbon nanotubes: role of the umklapp process[J]. Physical Review B，2004，69（7）：073407.

[90] Chantrenne P，Barrat J L. Analytical model for the thermal conductivity of nanostructures[J]. Superlattices and Microstructures，2004，35（3-6）：173-186.

[91] Grujicic M，Cao G，Roy W N. Computational analysis of the lattice contribution to thermal conductivity of single-walled carbon nanotubes[J]. Journal of Materials Science，2005，40（8）：1943-1952.

[92] Che J W，Cagin T，Goddard W A. Thermal conductivity of carbon nanotubes[J]. Nanotechnology，2000，11（2）：65-69.

[93] Padgett C W，Brenner D W. Influence of chemisorption on the thermal conductivity of single-wall carbon nanotubes[J]. Nano Letters，2004，4（6）：1051-1053.

[94] Shenogin S，Bodapati A，Xue L，et al. Effect of chemical functionalization on thermal transport of carbon nanotube composites[J]. Applied Physics Letters，2004，85（12）：2229-2231.

[95] 邢亚娟，陈宏源，陈名海，等. 碳纳米管在热管理材料中的应用[J]. 科学通报，2014，59（28-29）：2840-2850.

[96] Zhang K，Chai Y，Yuen M M F，et al. Carbon nanotube thermal interface material for high-brightness light-emitting-diode cooling[J]. Nanotechnology，2008，19（21）：215706.

[97] Biercuk M J，Llaguno M C，Radosavljevic M，et al. Carbon nanotube composites for thermal management[J]. Applied Physics Letters，2002，80（15）：2767-2769.

[98] Choi E S，Brooks J S，Eaton D L，et al. Enhancement of thermal and electrical properties of carbon nanotube polymer composites by magnetic field processing[J]. Journal of Applied Physics，2003，94（9）：6034-6039.

[99] 勾昱君，刘中良，张广孟，等. 多壁碳纳米管长度对导热硅脂导热性能的影响[J]. 工程热物理学报，2014，36（6）：1185-1188.

[100] Yu A P，Ramesh P，Sun X B，et al. Enhanced thermal conductivity in a hybrid graphite nanoplatelet-carbon nanotube filler for epoxy composites[J]. Advanced Materials，2008，20（24）：4740-4744.

[101] Yang S Y，Lin W N，Huang Y L，et al. Synergetic effects of graphene platelets and carbon nanotubes on the mechanical and thermal properties of epoxy composites[J]. Carbon，2011，49：793-803.

[102] 安磊，陈立飞，谢华清，等. 碳纳米管与石墨烯协同提高导热硅脂热性能[J]. 工程热物理学报，2021，42（3）：745-751.

[103] 成会明，刘敏，苏革，等. 泡沫炭概述[J]. 炭素技术，2000（3）：30-32.
[104] 曹敏，张书，周建民，等. 炭素泡沫材料的制备和应用[J]. 材料科学与工程学报，2004，22（4）：613-616.
[105] 张翠翠. 泡沫炭的结构控制及其应用探索[D]. 上海：华东理工大学，2005，24（1）：21-25.
[106] Klett J，Hardy R，Romine E，et al. High thermal conductivity，mesophase pitch derived carbon foams：effect of precursor on structure and properties[J]. Carbon，2000，38（7）：953-973.
[107] Ford W. Method of making cellular retractory thermal insulating material：US patent，3121050[P]. 1964.
[108] 王成扬. 碳质中间相理论与应用[M]. 北京：科学出版社，2015.
[109] Klett J W，Mcmillan A D，Gallego N C，et al. The role of structure on the thermal properties of graphitic foams[J]. Journal of Materials Science，2004，39：3659-3676.
[110] Hager J W. Idealized ligament formation and geometry in open-celled foams[C]//Extended Abstracts for 21st Bienniel Conference on Carbon，1993：102.
[111] Klett J W. High thermal conductivity，mesophase pitch-derived carbon foam[C]//Proceedings of the 43rd International SAMPE Symposium and Exhibition，Part 1 of 2，Anaheim，CA，1998，43（1）：745-755.
[112] 李凯，栾志强. 中间相沥青基炭泡沫[J]. 新型炭材料，2004，19（1）：77-78.
[113] Min Z H，Cao M，Zhang S，et al. Effect of precursor on the pore structure of carbon foams[J]. New Carbon Materials，2007，22（1）：75-79.
[114] Li S Z，Song Y Z，Song Y，et al. Carbon foams with high compressive strength derived from mixtures of mesocarbon microbeads and mesophase pitch[J]. Carbon，2007，45（10）：2092-2097.
[115] 邱介山，李平，刘贵山，等. 由中间相沥青制备泡沫炭：Fe（NO$_3$）$_3$的影响[J]. 新型炭材料，2005，20（3）：193-197.
[116] Li T Q，Wang C Y，An B X，et al. Preparation of graphitic carbon foam using size-restriction method under atmosphere pressure[J]. Carbon，2005，43（9）：2030-2032.
[117] 李同起. 碳质中间相结构的形成及其相关材料的应用研究[D]. 天津：天津大学，2005.
[118] 沈曾民，戈敏，迟伟东，等. 中间相沥青基炭泡沫体的制备、结构及性能[J]. 新型炭材料，2006，21（3）：193-201.
[119] 王小军，杨俊和，詹亮，等. 中间相沥青基泡沫炭的制备、结构及性能[J]. 材料科学与工程学报，2008，26（3）：390-394.
[120] 张伟. 中间相沥青及泡沫炭的制备研究[D]. 天津：天津大学，2006.
[121] Hager J W. Idealized strut geometrics for open-celled foams[C]//Materials Research Society Symposium Proceedings，California，1992，270：41-46.
[122] Mehta R，Anderson D P，Hager J W. Graphitic open-celled carbon foams：processing and characterization[J]. Carbon，2003，41（11）：2159-2179.
[123] Klett J W. Process for making carbon foam：US Patent：6033506[P]. 2000.
[124] 李同起，王成扬. 限定尺寸法制备中间相沥青基泡沫炭的方法：200410093854.5[P]. 2004.
[125] 安秉学，李同起，王成扬. 发泡条件对中间相沥青基泡沫炭形成的影响[J]. 炭素技术，2005，24（6）：1-4.
[126] Caluu M，Carcia R，Arenillas A，et al. Carbon foams from coals[J]. Fuel，2005，84：2184-2189.
[127] Reznek S R，Massey R. Carbon foams and methods of making the same：US Patent，6500401[P]. 2002.
[128] Inagaki M，Morishita T，Kuno A，et al. Carbon foams prepared from polyimide using urethane foam template[J]. Carbon，2004，42：497-502.
[129] Gallego N C，Klett J W. Carbon foams for thermal management[J]. Carbon，2003，41：1461-1466.
[130] Klett J W，McMillan A D，Gallego N C，et al. Effects of heat treatment conditions on the thermal properties of

mesophase pitch-derived graphitic foams[J]. Carbon，2004，42：1849-1852.
[131] 渡邉史官，菅野公一，藤浦隆次. 低熱伝導性炭素フォーム：217446[P]. 2004.
[132] 张伟，王成扬，王妹先，等. 石油系中间相沥青基泡沫炭的制备与结构研究[J]. 炭素技术，2006，25（5）：22-27.
[133] Wang M X，Wang C Y，Chen M M，et al. Bubble growth in the preparation of mesophase-pitch-based carbon foams[J]. New Carbon Materials，2009，24（1）：61-66.
[134] Klett J. Method for extruding pitch based foam：US Patent，6344159[P]. 2002.
[135] 李同起，王成扬. 中间相沥青基泡沫炭的制备与结构表征[J]. 无机材料学报，2005，20（6）：1438-1444.
[136] 王妹先.中间相沥青基泡沫炭的制备及性能研究[D]. 天津：天津大学，2008.
[137] Marsh H，Menendez R. Carbons from pyrolysis of pitches，coals and their blends[J]. Fuel processing technology，1988，20：269-296.
[138] 张新铭，彭鹏，曾丹苓. 石墨泡沫新材料导热的分形模型[J].工程热物理学报，2006，27（s1）：82-84.
[139] 郭茶秀，罗志军. 泡沫型多孔介质等效导热系数研究进展[J]. 储能科学与技术，2013，2（6）：577-585.
[140] 吕兆华. 泡沫型多孔介质等效导热系数的计算[J]. 南京理工大学学报，2001，25（3）：257-261.
[141] Leong K C，Li H Y. Theoretical study of the effective thermal conductivity of graphite foam based on a unit cell model[J]. International Journal of Heat and Mass Transfer，2011，54（25-26）：5491-5496.
[142] 许志，王依民，王勇. 运用分形方法预测石墨化碳泡沫方向导热系数[J]. 材料导报，2009，23（8）：74-77.
[143] 王勇，安晴晴，曹玲玲，等. 基于分形理论的碳泡沫有效导热系数研究[J]. 材料导报，2007，21（IX）：267-268，271.
[144] Yu Q J，Thompson B E，Straatman A G. A unit cube-based model for heat transfer and fluid flow in porous carbon foam[J]. Journal of Heat Transfer-Transation of the ASME，2006，128（4）：352-360.
[145] 张济忠. 分形[M]. 北京：清华大学出版社，1995.
[146] 钟继鸣，王新营，郁铭芳，等. 石墨化碳泡沫导热性能研究[J]. 材料导报，2006，20（VI）：268-270.
[147] 雷智博，曹建光，董丽宁，等. 航天器热管理高导热材料应用研究[J]. 中国材料进展,2018,37(12):1039-1047.
[148] 侯增祺，胡金刚. 航天器热控制技术–原理及其应用[M]. 北京：中国科学技术出版社，2008.
[149] Probst K J，Besmann T M，Stinton D P，et al. Recent advances in forced-flow，thermal-gradient CVI for refractory composites[J]. Surface and Coatings Technology，1999，120（121）：250-258.
[150] 潘远君. 飞行器用泡沫炭封装相变储能材料的性能研究[D]. 哈尔滨：哈尔滨工程大学，2019.
[151] Karthik M，Faik A，Blanco-Rodriguez P，et al. Preparation of erythritol-graphite foam phase change composite with enhanced thermal conductivity for thermal energy storage applications[J]. Carbon，2015. 94：266-276.
[152] 骆峰生. 石蜡与赤藻糖醇填充石墨化泡沫炭复合储能材料的研究[D]. 哈尔滨：哈尔滨工业大学，2011.
[153] 李凯，余立琼，奕志强，等. 轻质碳基泡沫的空间应用[C]. 中国空间科学学会空间材料专业委员会 2009 学术交流会论文集. 2009.
[154] 白天，余立琼，龚静，等. 泡沫碳/相变材料复合体研究进展[J]. 宇航材料工艺，2011（5）：6-9.
[155] Cao Y D，Ponnappan R. A liquid cooler module with carbon foam for electronics cooling applications[J]. Journal of Enhanced Heat Transfer，2008，15（4）：313-324.
[156] Shanmugasundaram V，Ramalingam M，Donovan B. Thermal management system with energy storage for an airborne laser power system application [C]//5 th International Energy Conversion Engineering Conference and Exhibit（IECEC），AIAA 2007-4817.
[157] Wirtz R，Narla V，Zhao T W，et al. Non-metallic and structurally efficient thermal energy storage composites for avionics temperature control，part I：Thermal Characterization[C]//42nd AIAA Aerospace Sciences Meeting and

Exhibit，AIAA 2004-343.

[158] Silverman E. Multifunctional carbon foam development for spacecraft applications[J]. Sampe Journal，2005，41（3）：19-27.

[159] Coursey J S，Kim J，Boudreaux P J. Performance of graphite foam evaporator for use in thermal management[J]. Journal of Electronic Packaging，2005，127（2）：127-134.

[160] 殷忠义，刘晓蓓. 轻质高导热碳质材料在雷达中的应用展望[J]. 电子工艺技术，2021，42（1）：6-8，15.

[161] 李响. 一种弹载电子产品储热装置的设计与试验[J]. 电子机械工程，2018，34（2）：13-16.

[162] Fedden A D. Graphitized carbon foam with phase change material[D]. Wright-Patterson AFB，Gradute School of Engineering，Air Force Institute of Technology，2006.

[163] 石佳子，栾秀春，周杰，等. 空间热排放系统泡沫炭换热器的设计与优化[C]. 第十五届全国反应堆热工流体学术会议暨中核核反应堆热工水力技术重点实验室学术年会论文集，2017.

[164] 卢佳鑫，孙贺涛，栾秀春，等. 空间大功率热排放系统设计[J]. 空间电子技术，2021（2）：96-103.

[165] 苏著亭，杨继材，柯国土. 空间核动力[M]. 上海：上海交通大学出版社，2016.

[166] 应急管理部消防救援局. 2019 年全国接报火灾 23.3 万件起[EB/OL].（2020-02-26）[2020-11-14]. https://www. 119.gov.cn/article/3xBeEJjR54K.

[167] 方名聪，李建新. 浅析泡沫碳防火板的性能特点及应用前景[J]. 广东建材，2022（1）：40-41.

[168] 李风，赵成刚，卢国建，等. 建筑材料及制品燃烧性能分级：GB8624—2012[S]. 中华人民共和国国家质量监督检验检疫总局 中国国家标准化管理委员会，2012.

[169] 李富华，张金娜. 菱镁防火板的研究进展[J]. 盐科学与化工，2020，49（4）：7-9.

[170] 向振宇，叶武平. 轻质隔墙板用小粒径膨胀珍珠岩的应用研究[J]. 新型建筑材料，2018（1）：144-146.

[171] 朱方旭. 轻钢龙骨纸面石膏板填充墙易损性与滞回性能研究[D]. 哈尔滨：哈尔滨工业大学，2018.

第5章

人造金刚石薄膜、类金刚石碳膜

金刚石（diamond），俗称"钻石"，又称"金刚钻"，是自然界中最坚硬的物质。金刚石色彩艳丽，光彩夺目，晶莹剔透，具有"宝石之王"的美称。早在18世纪，英国化学家Tennant就证实金刚石由单质元素碳构成，是继石墨之后人类发现的碳的第二种同素异形体（图5-1）[1-3]。1989年著名科学杂志 Science 设置了年度"明星分子"，碳的两种同素异形体"金刚石"和"富勒烯"相继于1990年和1991年连续两年获此殊荣[3]。

金刚石，依据来源可分为天然金刚石与人造金刚石；根据品质及用途又可分为工具级、热沉级、光学级和电子级四个级别。工具级金刚石在超精密加工、航空航天、钻探、超高压物理等领域具有极高的应用价值；热沉级金刚石则凭借其超高的热导率和绝缘性成为卫星热沉材料、芯片散热领域中的新秀；光学级金刚石拥有从紫外波段到远红外波段乃至微波的超宽透过波段很好的透过性能，因而成为高功率激光、微波装备及大通量光源的理想窗口材料；电子级金刚石被誉为"终极半导体"材料，在航空航天、人工智能、5G等尖端科技领域具有极为重要的战略意义[4-9]。此外，金刚石"色心"在量子计算和量子通信领域的应用，以及"深弹性金刚石"的研发[10]，正引领着金刚石材料前沿科学的发展。然而，由于天然金刚石数量稀少、价格昂贵、尺寸有限等因素，人们很难利用金刚石的优异性能。

金刚石和石墨是碳的同素异形体，在一定的条件下可以相互转换。由碳的压力-温度相图（图5-2）可知：金刚石是碳的高压稳定相，石墨是碳的低压稳定相；利用高温高压固态相变可以将石墨转变成金刚石[2-3]。1955年，美国通用电气公司（General Electric，GE）采用高温高压法（high temperature and high pressure，HTHP）合成世界上第一颗人造金刚石[1]，首次实现了由石墨向金刚石的转变。但是，高温高压生产金刚石不仅成本高、周期长、工艺过程难控制，只能合成粉状或粒状，而且杂质含量还较高；仅可利用其优异的力学性能于切割工具、机械加工、光学部件的研磨和抛光等机械领域，而很难用于电子、应用化学、生物医学、航空航天、核能等高新技术领域。

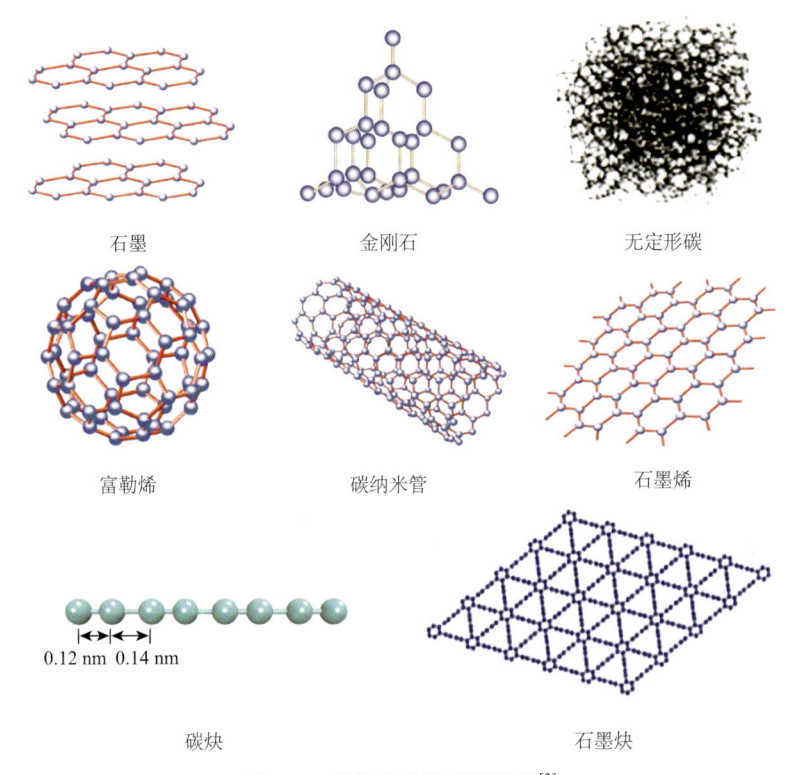

图 5-1　碳的各种同素异形体[3]

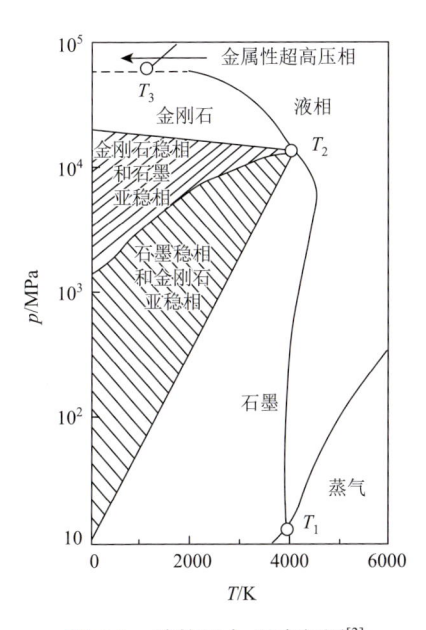

图 5-2　碳的压力-温度相图[3]

1982 年，日本国家无机材料研究所的 Matsumoto 等使用化学气相沉积法成功地制备出高质量的金刚石薄膜[11]，使得金刚石的优异性能得以充分发挥，吸引了各国科学家的注意，掀起了研究金刚石薄膜的全球热潮。1987 年，我国将金刚石薄膜的研究列为国家"863 计划"的重大专项[12, 13]。近年来，大面积、高质量金刚石薄膜的制备技术研究已成为该领域的热点。特别是高速大面积制备工艺技术的突破、成本的降低以及推广应用领域的扩大，有望为金刚石薄膜在力学、热学、电学、声学、光学、精密机械、半导体等领域的应用带来突破，成为 21 世纪最具发展前途的新型功能碳膜材料之一[12-25]。

5.1 人造金刚石薄膜的制备与性能

5.1.1 人造金刚石薄膜的制备

CVD 法制备金刚石薄膜，是在低压（≤100 kPa）条件下，氢气氛中，采用一定的方法激发原料含碳气体，如甲烷（CH_4）等，将碳原子从碳源气体中"剥离"出来，在基底（种晶）上过饱和沉积、生长成金刚石。依据不同的激发方式，如热丝、电子放电（直流、射频或微波等）和燃烧火焰加热等方式，开发出的相应制备金刚石薄膜的方法[13-15, 22-25]。

目前常用的 CVD 金刚石制备技术主要有四种，分别是：热丝 CVD（hot filament CVD，HFCVD）法、直流电弧等离子体喷射 CVD（DC arc plasma jet CVD）法、微波等离子体 CVD（microwave plasma CVD，MPCVD）法、直流等离子体辅助 CVD（direct current plasma assisted CVD，DC-PACVD；也称为"直流热阴极 CVD"）法[13]。表 5-1 列出了四种典型 CVD 合成金刚石薄膜的技术特点。高质量金刚石薄膜的制备主要使用微波等离子体 CVD[16]和直流电弧等离子体喷射 CVD[17]两种方法。其他两种方法，主要用于工具级和热沉级金刚石薄膜的制备，偶有高质量金刚石薄膜的报道[18-19]。

表 5-1 四种典型 CVD 合成金刚石薄膜的技术特点[13-14]

项目	热丝 CVD	直流电弧等离子体喷射 CVD	微波等离子体 CVD	直流热阴极 CVD
激活方式	热激活	电弧放电	电磁激活	辉光放电
薄膜直径 D/mm	150	175	150	203
生长速率 v/($\mu m \cdot h^{-1}$)	1~10	5~930	0.1~34	6~25
优势	低压大面积，工艺简单，设备简易，成本低	线生长速率高，金刚石薄膜品质高	优质金刚石薄膜，控制性好	低压大面积，工艺简单，设备造价低

续表

项目	热丝 CVD	直流电弧等离子体喷射 CVD	微波等离子体 CVD	直流热阴极 CVD
缺点	生长速率低，金刚石薄膜品质低，灯丝剥蚀	沉积区域小，控制性差，功率大，耗气量大，电极污染	需要对谐振腔模拟，难以3D沉积，生长速率低	低压低生长率，电极污染
薄膜的品级	工具级，热沉级	工具级，热沉级，光学级	工具级，热沉级，光学级，电子级	工具级，热沉级

直流热阴极 CVD 技术主要用于快速生长金刚石涂层，应用于大面积工磨具，国内主要研究单位是吉林大学。热丝 CVD 金刚石薄膜技术是国内最早实现产业化的实用性技术，中材人工晶体研究院有限公司（简称人工晶体院）、中国科学院金属研究所和上海交通大学以及相关联单位经过多年的积累，将其应用于涂层刀具、单孔和多孔的拉丝模；随着技术进步和市场需求的牵引，在集成电路的微钻涂层和大面积水处理电极应用方面获得了快速发展。直流电弧等离子体喷射 CVD 技术的优势在于相对较快的沉积速率和较高的综合力学性能，北京科技大学将该技术应用在卫星扩热板方面，极大地推动了金刚石在高功率密度器件的散热应用，也促进了直流电弧等离子体喷射 CVD 的沉积和相关应用技术的发展。微波等离子体 CVD 技术由于无放电电极污染和可控性好等优点，被认为是制备高质量金刚石多晶和单晶的优选方法；随着第三代半导体材料的强力推进，哈尔滨工业大学、西安交通大学、西安电子科技大学、吉林大学等单位相继开展微波等离子体 CVD 金刚石半导体研究，同时自主研发不同模式的微波等离子体 CVD 金刚石薄膜沉积装置，以适应高品级金刚石单晶的需要[13, 20-21]。

1. 热丝 CVD 法

热丝 CVD 法是制备金刚石薄膜的最早方法之一，具有设备简易、成膜速度快、操作简单、成本较低、工艺成熟等优点，已经被广泛应用于工业中生产中。

1）热丝 CVD 法装置

图 5-3 是热丝 CVD 法制备金刚石薄膜的实验装置示意图[25]，主要包括热丝、工作台和反应气源。常用热丝材料为钨丝、钽丝、钼丝和铼丝等，习惯上常称"热丝"为"灯丝"。工作台上附有适宜金刚石薄膜生长的衬底，衬底材料一般选择碳化硅（SiC）、硅（Si）、钼（Mo）、钽（Ta）等。反应气源通常采用 CH_4 和 H_2 的混合气体。

热丝 CVD 法制备金刚石薄膜的基本原理：以设置在衬底附近的热丝为热源，高温促使原料含碳气体（CH_4-H_2 等混合气体）裂解和激发形成活性碳氢基团、自由氢原子、自由电子与离子团等反应粒子，经一系列化学反应沉积在衬底表面，

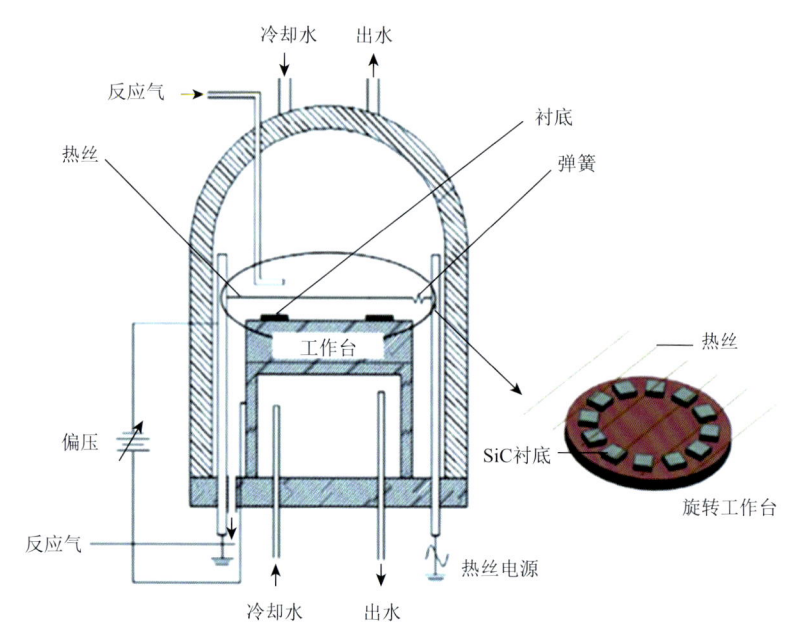

图 5-3　热丝 CVD 法制备金刚石薄膜装置示意图[25]

成核、生长，形成金刚石薄膜[24-28]。若对衬底施加偏压，还可提高金刚石薄膜的生长速率和密度。这是由于高温热丝发射出的电子被偏压加速，轰击生长面可促进生长面上原子氢的解吸，有利于提高金刚石薄膜的生长速率[24-25]。另外，惰性气体 Ar 也常被用作热丝 CVD 法制备金刚石薄膜的辅助性气体，在其他生长参数不变的情况下，随着 Ar 浓度的逐渐增加，金刚石薄膜生长速率逐渐提高，金刚石薄膜的晶粒尺寸逐渐从微米级转变至纳米级[25]。

2）热丝 CVD 法金刚石薄膜的生长模式

热丝 CVD 法金刚石薄膜的生长模式如图 5-4 所示。

在热丝与衬底顶端的距离为 4～7 mm 的沉积炉中，热丝温度为 2000～2700℃、衬底温度为 750～850℃、气压<1.013×10^5 Pa，典型的热丝 CVD 法合成金刚石薄膜的条件下，一部分 H$_2$ 分子在高温热丝表面附近催化分解为原子氢 H，另一部分 H$_2$ 分子在气相中彼此碰撞交换能量进而解离，甲烷气体分子被离解为甲基基团—CH$_3$。在衬底表面附近，原子氢的含量处于超平衡状态，以使一部分原子氢能够吸附在衬底表面，与甲基基团发生合成金刚石的系列反应[27-29]。

金刚石薄膜在衬底上的生长从金刚石晶粒的成核开始，首先在衬底上生成一个大于临界尺寸的金刚石晶核，晶粒成核的"孕育期"一般需要几小时，成核后，生长的表面形貌特征与其组成的金刚石薄膜的晶粒取向有关[30]。金刚石薄膜的沉积时间一般>24 h，具体沉积时间与目标金刚石薄膜的厚度有关，膜越

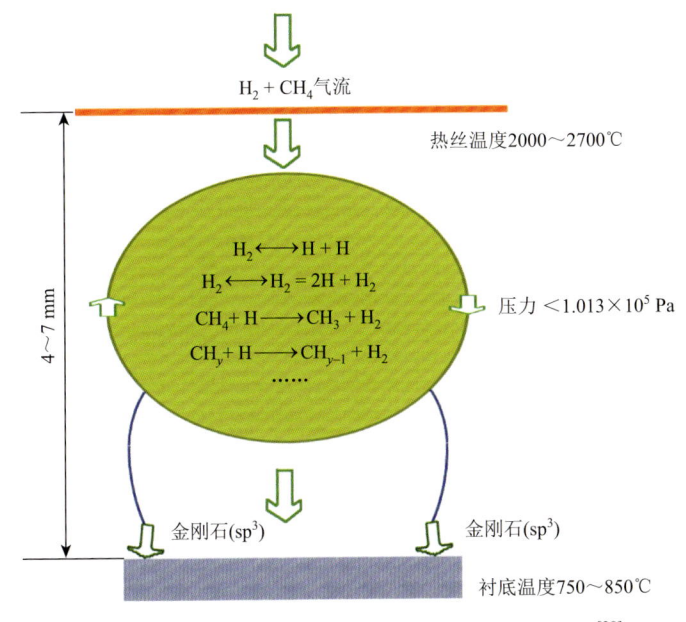

图 5-4　热丝 CVD 法金刚石薄膜的生长模式示意图[29]

厚所需的沉积时间越长。沉积结束，冷却到室温，沉积的金刚石薄膜，在自身内应力的作用下，自动从衬底表面脱落，即可获得完整的具有一定尺寸量级的金刚石薄膜片。

图 5-5（a）和图 5-5（b）是按照生长模式参数控制合成的金刚石薄膜实物形貌（厚度约为 0.6 mm）和拉曼图谱，可以看到：金刚石薄膜的质地均匀致密[图 5-5（a）]；拉曼图谱[图 5-5（b）]中（1332±2）cm^{-1} 附近的峰值最强，这是典型的金刚石 sp^3 键的特征峰[31,32]，表明热丝 CVD 法可以合成质地较好的金刚石薄膜。

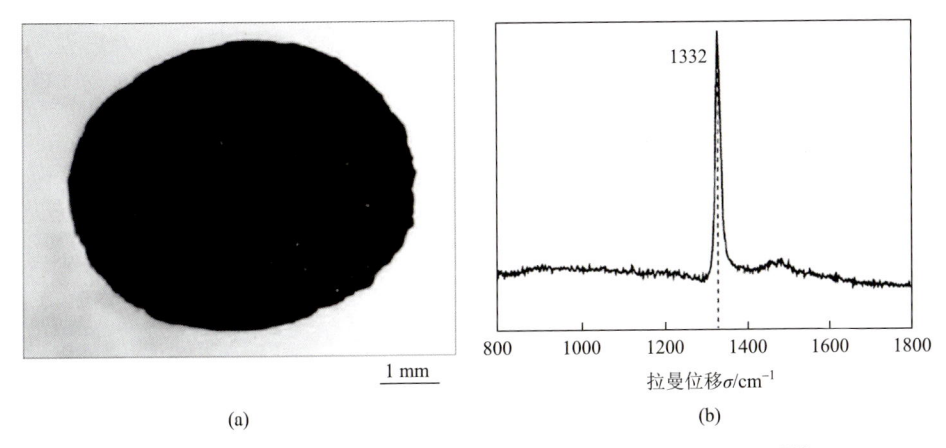

图 5-5　热丝 CVD 法金刚石薄膜的形貌（a）与拉曼图谱（b）[29]

3）热丝 CVD 法制备金刚石薄膜的影响因素

热丝 CVD 法制备金刚石薄膜的影响因素主要包括：碳源浓度、衬底温度和反应室气压等[24]。

（1）碳源浓度

热丝 CVD 法金刚石薄膜的气源主要有碳氢化合物（CH_4、C_2H_2 等）、碳的卤族化合物（CCl_4、CF_4 等）和 H_2、Cl_2、F_2、含氧含氮气源、惰性气体（Ar）等。其中，碳氢化合物选用 CH_4 和 C_2H_2 没有差别；若选用碳的卤族化合物，则有：①加入含氧气源可降低金刚石薄膜的生长温度、提高膜的质量和沉积速率；②加入含氮气源有利于金刚石薄膜（100）定向生长；③加入惰性气体会使膜中金刚石晶粒的尺寸变小[27]。

Matsumoto 等[27, 33, 34]发现：①随着 CH_4 浓度的提高，金刚石晶粒的棱角逐渐变得不明显直至完全变为球形，膜中非金刚石成分含量增加[27]；②较高的碳过饱和度，容易产生金刚石孪晶[33]；③在甲烷浓度 0.3%～1.5%的区间，金刚石薄膜的成核密度和沉积速率均随着甲烷浓度的增大而增大[34]。

（2）衬底温度

Clausing 等[35]研究表明，衬底温度为 1050℃时，金刚石薄膜以三重面构成的金字塔形晶粒为主，膜的质地优异，且有大量孪晶存在。降低衬底温度至 920℃，金刚石薄膜中的晶粒变为球状微晶，类似于 CH_4 浓度较高时晶粒的形状；相比于衬底温度为 1050℃获得的金刚石薄膜，膜的总结晶度下降，品质下降，同时膜中的非金刚石成分含量增加。适度调高衬底温度至 950℃，膜呈（100）定向生长，膜的质量较好。Matsumoto 等[27, 34-37]的研究也得到相似的结果。

Kim 等[34]和 Kondoh 等[36]证实最佳的金刚石薄膜合成衬底温度在 900℃左右。成核密度和沉积速率均与衬底温度呈抛物线关系。成核密度和沉积速率最大值对应的衬底温度分别为 900℃和 950℃。在保持衬底温度不变的条件下，改变热丝-衬底的间距，膜的形貌和晶粒大小不变。提高热丝温度，沉积速率明显增大，而成核密度的增大不明显；但缩小热丝-衬底的间距（10 mm→7 mm），成核密度和沉积速率都增大[34]。

（3）沉积压力

研究发现，降低反应室气压（沉积压力），金刚石薄膜中的晶粒尺寸随之减小、成核密度增大[27]。在沉积压力 50～300 Torr*区间，成核密度随沉积压力的增大而增大；沉积速率与沉积压力呈抛物线型关系，在沉积压力为 150～300 Torr 时，沉积速率最高；当沉积压力>100 Torr 后，膜中非金刚石成分增加，膜的质量下降[34]。在较低沉积压力下（0.1～1.0 Torr），成核密度随沉积压力的降低而增大，膜中晶粒尺寸减小[38]。

---

* 1 Torr = 1mmHg = 133.322 Pa。

在沉积压力恒定的条件下，随着气体总流量的增加（50～150 mL/min），成核密度和沉积速率增大[34]。

2. 直流电弧等离子体喷射 CVD 法

直流电弧等离子体喷射 CVD 法合成金刚石薄膜是利用直流弧光放电，产生高温，将原料气（CH_4-H_2-Ar 等混合气体）高度离子化，并在气场和电磁场的作用下高速喷射至衬底基片合成金刚石薄膜。直流电弧等离子体喷射 CVD 法合成金刚石薄膜装置结构如图 5-6 所示，主要包括电源系统、水冷系统、真空系统、沉积台及等离子体炬等。其中，杆状阴极和筒状阳极之间形成直流电弧等离子体喷射，产生极高的温度（高达 25000K[39]），氢的离解非常充分，体系中原子氢浓度高于热丝 CVD 法和微波等离子体 CVD 法[25]。

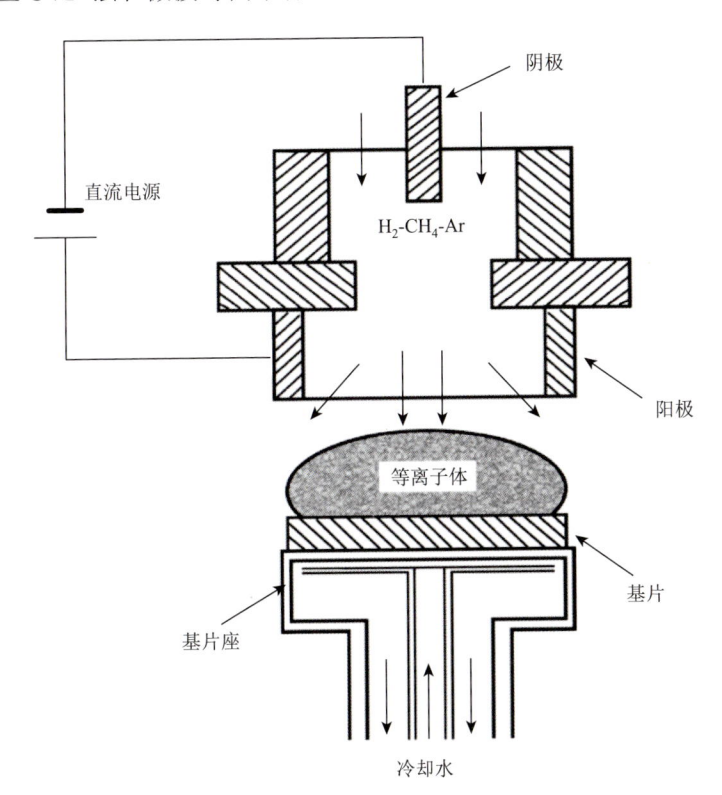

图 5-6　直流电弧等离子体喷射 CVD 法合成金刚石薄膜装置示意图[25]

直流电弧等离子体喷射 CVD 法合成金刚石薄膜技术具有的独特优势是：原料气体的电离程度高、体系中的等离子体密度大、生长速率高（最高可达 930 μm/h[40]），合成的金刚石质量好，且制备成本低，被认为是最具产业化前景的金刚石薄膜制备技术[40-42]。但是，由于早期的直流电弧等离子体喷射大都沿用高功率工业等离子体炬设计，采用超音速等离子体炬，尽管金刚石薄膜的生长速度高，而其沉积面积却过小（约 1 cm²），均匀性很差，没有实用性意义[42]；直到 21 世纪初，这一技术也未在工业界得到广泛应用。唯一值得一提的是 20 世纪 90 年代初，美国 NORTON 公司曾采用直流电弧等离子体喷射技术生长大面积金刚石薄膜[43]，但他们从未透露过有关技术细节，而且 NORTON 公司也早在上世纪末宣布倒闭破产[42]。

北京科技大学和河北省科学院从 1992 年起紧密合作进行直流电弧等离子体喷射 CVD 金刚石薄膜沉积技术的研发，在我国"863 计划"的大力支持下，成功研发出一种基于长通道直流旋转电弧等离子体炬和半封闭式气体循环技术的高功率直流旋转电弧等离子体 CVD 金刚石薄膜沉积系统。经过 20 余年的坚持不懈努力，建成了 100 千瓦级研究型、30 千瓦级研究、生产两用型、30 千瓦级生产型和 20 千瓦级研究型（直喷式，气体不循环）等系列直流电弧等离子体喷射设备装置。可以制备包括工具级、热沉级和光学级的金刚石自支撑膜，最大均匀沉积面积达 D120 mm，最大厚度超过 2 mm，最高热导率 20 W/(cm·K)，已形成年产 1200 万立方毫米以上金刚石自支撑膜产品的生产能力，成为我国 CVD 金刚石自支撑膜生产的两大主力之一（另一主力为热丝 CVD 技术）[42]。

100 千瓦级直流电弧等离子体喷射 CVD 金刚石薄膜的基本性能列于表 5-2，典型样品的实物照片和相应光学性能数据如图 5-7 所示，可以满足许多重要高新技术应用要求[42]。

表 5-2　100 千瓦级直流电弧等离子体喷射 CVD 金刚石薄膜的基本性能[42]

性能	参数
沉积面积	D_{max} = 120 mm
沉积速率	10～30 mm/h
Raman 半高宽	2.6 cm^{-1}（光学级）
氮含量	1.6×10^{-6}（光学级）
8～12 mm 透过率	70.6%（光学级，D60 mm×0.6 mm 窗口样品）
热导率	12～20 W/(cm·K)（热沉积和光学级）
断裂强度	≥300 MPa
断裂韧度	6～10 MPa·m$^{1/2}$
砂蚀速率	1.6×10^{-3} mg/g（180 目 SiC 砂粒，134 m/s）
激光损伤阈值	6～7 J/cm²（YAG 脉冲激光） 1.15～2.26 MW/cm²（CO$_2$ 连续激光）
抗氧化性能	800℃，3 min
抗热震性能	瞬时温差 1300℃ 不炸裂
8～12 μm 光学透过率	70.56%

(a)   (b)

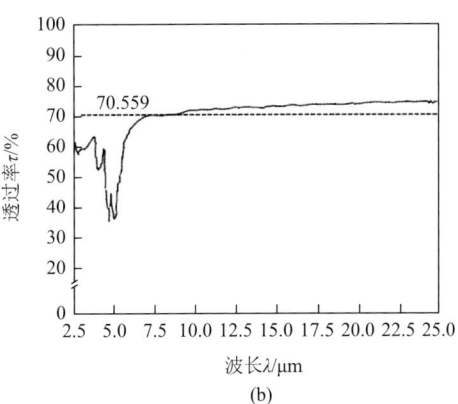

图 5-7 100 千瓦级直流电弧等离子体喷射 CVD 金刚石薄膜的形貌与光学性能[42]

(a) 实物照片（左，D = 120 mm，工具级；右，D = 60 mm，光学级-未抛光）；(b) 红外图谱

3. 微波等离子体 CVD 法

微波等离子体 CVD 法是用电磁波能量激发反应气体。微波等离子体 CVD 法制备金刚石薄膜的双基片结构装置如图 5-8 所示，相对于传统的单基片结构装置，添加了一个与下基片台对称的上基片台，微波源产生微波经过波导通过石英管馈入上、下两个钼基片台之间，通过调节上下基片台之间距离和短路活塞位置可以调控等离子体的状态，使等离子体均匀覆盖在两个温度适宜的钼基片台上。基片台后方采用水冷结构，保证设备能在高功率下正常工作。双基片台-微波谐振腔（沉积腔）中的等离子体呈椭球形，较单基片台微波谐振腔中的半椭球形或半球形等

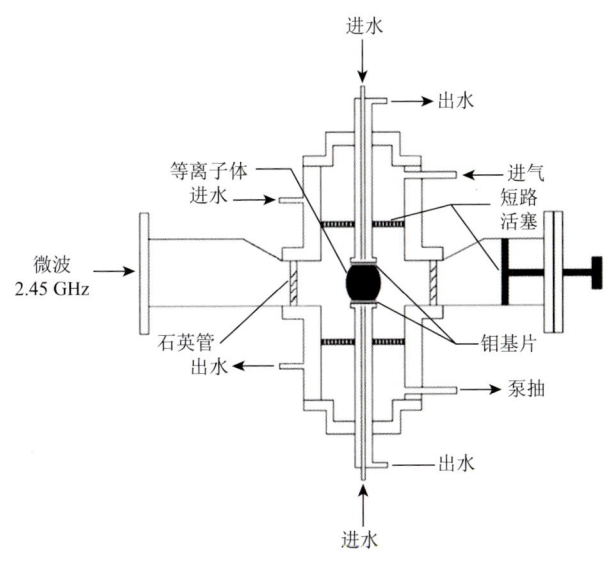

图 5-8 微波等离子体 CVD 法制备金刚石薄膜的双基片结构装置示意图[25, 44]

离子体更为发散。当通入甲烷等碳源气体后，相比于单基片结构，双基片结构的等离子体亮度更强，电场强度更大。

微波放电是无极放电，无气体污染和电极腐蚀，产生的等离子体纯净，合成的金刚石薄膜杂质少；微波的放电区集中且不扩展，能激活产生各种原子基团（原子氢等）的原料气体，电离和分解程度高，原料气体分解充分，形成的等离子体密度高[44, 45]。与热丝 CVD 法相比，微波等离子体 CVD 法避免了因热金属丝蒸发对金刚石薄膜的污染，以及热丝对强腐蚀性气体，如高浓度氧、卤素气体等十分敏感的缺欠，扩大了反应气源的种类[45, 46]。与直流电弧等离子体喷射 CVD 法相比[25]，微波功率的调节连续平缓，可使沉积温度（衬底温度）的变化保持持续稳定，防止直流电弧等离子体喷射 CVD 工艺中因电弧的点火及熄灭，对衬底和金刚石薄膜产生巨大热冲击，造成薄膜从基片上脱落。另外，通过对微波等离子体 CVD 沉积反应室的结构调整，还可使沉积腔中产生稳定的大体积等离子体球，有利于均匀地大面积沉积金刚石薄膜[45, 47-49]。微波等离子体 CVD 法是一种制备高品质金刚石薄膜的理想方法。

河北省激光研究所有限公司、河北普莱斯曼金刚石有限公司与北京科技大学联合开发，采用 915 MHz/75kW 微波等离子体 CVD 法成功制备出直径 127 mm、厚度 1 mm 的光学级金刚石薄膜窗口材料（图 5-9）[25, 50, 51]。

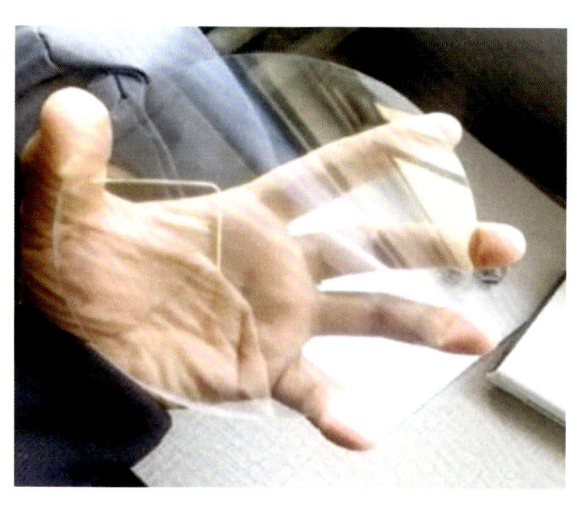

图 5-9　直径 127 mm 的光学级金刚石薄膜[25, 51]

4. 直流热阴极 PCVD 法

直流热阴极 PCVD 法是一种能够快速生长高质量金刚石薄膜的新方法，起源于 Suzuki 等[52]建立的直流等离子体 CVD 法，后经 Hartmann 等[53]和 Lee 等[54, 55]采用脉冲直流辉光放电和均匀排列多阴极对该方法进行改进，又通过吉林大学金曾孙等[56-59]提高阴极温度的进一步改进，使系统在较高的阴极温度和大电流、高气压的条件下，辉光放电也能够长时间稳定地维持，从而建立了直流热阴极 PCVD 法[60]。这种方法能够高效率分解反应气体，实现高质量金刚石薄膜的快速稳定生长。

图 5-10 为直流热阴极 PCVD 装置的示意图。其中，阴极为钽盘；阳极为铜盘，上面放置钼（Mo）基片；其中阴极尺寸大于阳极（基板）尺寸（阴阳极尺寸不相等配置）。通过调节电压、沉积室的气压和原料气（CH_4、H_2 等）的流量，使沉积室内的气体放电充分离解，形成辉光等离子体，在上下平行的阴极和阳极（基板）之间，获得稳定的辉光放电状态（图 5-10 中右小图为 10A 放电电流下的辉光放电状态照片），进而在基片上快速生长出大尺寸高质量的透明金刚石厚膜。

金曾孙等[56]采用直流热阴极 PCVD 法制备出：直径 40～50 mm、膜厚 4.2 mm、热导率 10～12 W/(cm·K) 的大尺寸高品质透明金刚石厚膜。具体制备条件见表 5-3，其中金刚石膜的最高生长速率达到 25 μm/h。

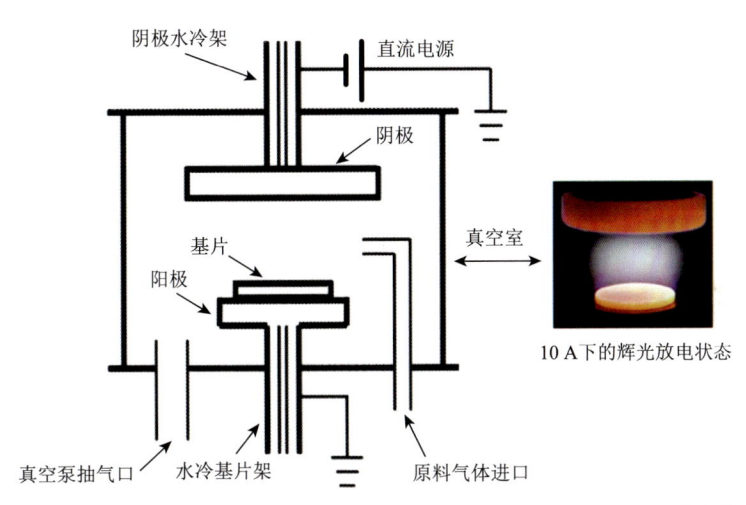

图 5-10 直流热阴极 PCVD 法制备金刚石薄膜的装置结构示意图[56, 58]

表 5-3 热阴极 DC-PCVD 法金刚石厚膜的制备条件[56]

项目	条件参数
反应气源	CH_4，C_2H_5OH，H_2
CH_4 流速	0～5 mL/min
C_2H_5OH 流速	0～5 mL/min
H_2 流速	200 mL/min
直流放电电流	10～15 A

续表

项目	条件参数
直流放电电压	700～1000 V
阴极温度	1100～1500℃
基片温度	800～1100℃

5.1.2 人造金刚石薄膜的性能

材料的宏观性能是其微观结构的体现，表 5-4 列出了低压 CVD 金刚石薄膜的 RHEED（reflection high energy electron diffraction，反射式高能电子衍射）像面间距计算值与 ASTM（American Society for Testing and Materials，美国材料与试验协会）提供的天然金刚石的相关数据[6]。可以看到，二者数据一致度很高，表明高质量 CVD 金刚石薄膜具有与天然金刚石相同的结构。即金刚石薄膜与粒状金刚石一样，除具有高硬度、高强度和高耐磨性等机械性能外，还拥有出色的导热性、高介电性和光学性能等一系列非常优异、独特的物理性能（表 5-5）。

表 5-4　CVD 法金刚石薄膜的 RHEED 像面间距计算值与 ASTM 数据[6]

RHEED 像计算值	文献值（ASTM 6–67.5）	
d/nm	d/nm	[hkl]
2.065	2.0600	[111]
1.262	1.2610	[220]
1.079	1.0754	[311]
1.031	—	[222]
0.899	0.8916	[400]
0.819	0.8182	[331]
0.730	0.7280	[422]
0.688	0.6864	[511], [333]
0.631	0.6305	[400]
0.604	0.6029	[531]
0.565	0.5640	[620]

表 5-5　天然金刚石、CVD 金刚石薄膜的基本物理性能[24]

性质	天然金刚石	CVD 金刚石薄膜
晶格常数 a/nm	0.3567	0.3500
密度 ρ/(g/cm^3)	3.515	2.800～3.500

续表

性质	天然金刚石	CVD 金刚石薄膜
熔点 T/℃	4000	约 4000
热膨胀系数 $\gamma/10^{-6}\cdot℃^{-1}$	1.1	2.0
带隙 E_g/eV	5.54	5.45
击穿电压 $U_{BV}/10^5(V\cdot cm^{-1})$	100	1~10
相对介电常数	5.5	5.5
电阻率 $\rho/(\Omega\cdot cm)$	>10^{16}	>10^{10}
室温热导率 $\lambda/[W\cdot(cm\cdot K)^{-1}]$	20.00	10.00~20.00
折射率 n	2.42	2.40
硬度 H/GPa	980.00	
杨氏模量 E/GPa	1200	1050
纵波声速 v/(m/s)	1800	
热稳定性 t/℃	1600	>1300
化学稳定性	不与任何酸和碱反应	
光透射率 τ/%	71	40~70

所有这些优越的特性，使得 CVD 金刚石膜成为公认的 21 世纪最具有发展前途的新型功能材料之一，随着金刚石膜技术的不断发展，金刚石许多优异性能的应用逐渐成为可能。

5.2 类金刚石碳膜的制备与性能

类金刚石碳（diamond-like carbon，DLC）膜是一种亚稳态的非晶碳膜，微观上属于长程无序而短程有序的结构，其价键结构主要由 sp^3 键和 sp^2 键组成、几乎不含 sp^1 键。采用不同的碳源和沉积工艺，制备的 DLC 薄膜拥有不同的非晶碳结构，碳膜中碳原子的键合状态（C—C 和 C—H）以及 sp^3 键和 sp^2 键的比例差异较大[61-67]。

由原子 H 与 sp^3 键和 sp^2 键杂化构成 DLC 薄膜的三元相图如图 5-11 所示，相图的左下角为石墨碳，含有较多的 sp^2 结构，随 sp^3 组分比例的增加，DLC 薄膜的碳结构逐渐由溅射非晶碳（amorphous carbon，a-C），过渡到四面体非晶碳（tetrahedral amorphous carbon，ta-C），最后变为完全 sp^3 键的金刚石结构。当采用烃类化合物 CH_4、C_2H_2 和 C_2H_4 等和 H_2 为气源制备 DLC 薄膜时，原子 H 与 sp^3

键和 sp² 键杂化,可以获得氢化非晶碳(hydrogenated amorphous carbon,a-C:H)和氢化四面体非晶碳(ta-C:H)[62-65]。

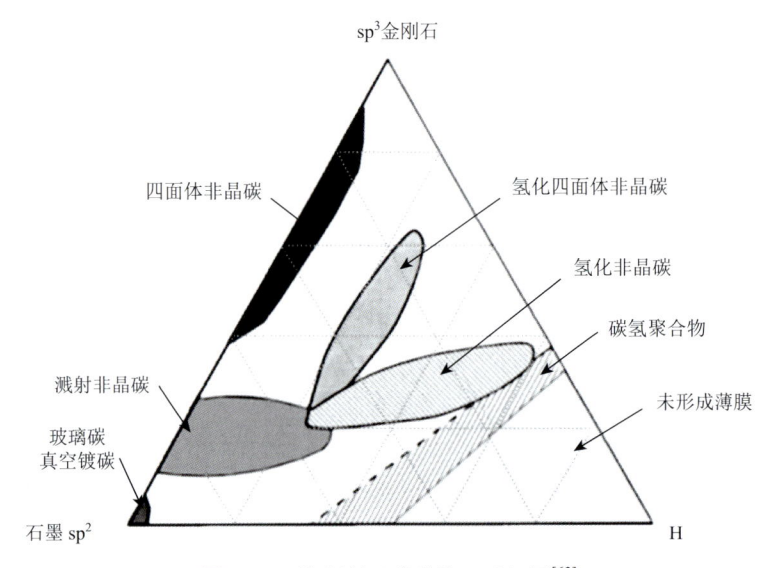

图 5-11 类金刚石碳膜的三元相图[63]

类金刚石碳膜的性质近似于金刚石,作为新型的硬质碳膜材料具有一系列优异的性能,具有高硬度、高耐磨性、高热导率、高电阻率、良好的光学透明性、化学惰性等,可广泛用于机械、热学、电子、光学、声学、医学等领域[61-66]。

5.2.1 类金刚石碳膜的制备方法

与金刚石薄膜相比,DLC 薄膜具有较为宽松的合成条件,几乎所有制备金刚石薄膜的方法都可以制备 DLC 薄膜,包括各种物理气相沉积(physical vapor deposition,PVD)和化学气相沉积(CVD)方法[65-68]。这些制备方法的共同特点是 DLC 薄膜在生长过程中均受中等能量离子束的轰击,也正是由于离子束的轰击使得形成的 DLC 薄膜致密,并具有较多 sp³ 组分。

影响 DLC 薄膜性能的主要参数是膜中 sp³ 键的含量、H 含量以及薄膜的微观结构,而这些参数又直接受控于薄膜生长过程中轰击薄膜生长表面的正离子的能量与强度,以及等离子体中被激发和被离化的、对薄膜生长有贡献的含碳基团的浓度。DLC 薄膜的硬度、密度和 sp³ 键的含量与入射离子能量有关,且随入射离子能量的变化有一极大值,此后再提升能量,沉积的薄膜就会发生石墨化转变。研究表明[69-73],沉积 DLC 薄膜的入射离子最佳能量为 100eV 左右。几种典型 PVD 技术沉积类金刚石薄膜的离子能量范围如图 5-12 所示[70]。

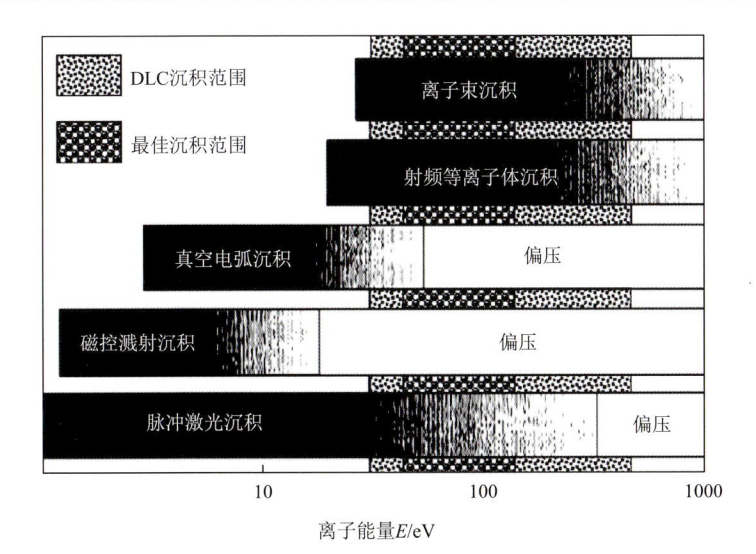

图 5-12　几种典型 PVD 技术沉积类金刚石薄膜的离子能量范围[70]

下面是几种 DLC 薄膜常用的制备方法。

1. 离子束沉积

离子束沉积（ion beam deposition，IBD）是最早用于制备 DLC 薄膜的方法[69, 74-76]。1971 年，Aisenberg 等[69]首次利用 IBD 法制备获得 DLC 薄膜。IBD 法以石墨或烃类气体为碳源，利用电弧蒸发或热丝电子发射产生碳离子或碳氢离子，通过离子枪加速获得能量并射向基片，能量离子作用于基片表面形成 DLC 薄膜。离子束沉积技术的特点，沉积温度低，工艺可控性良好[65-69]。

离子束沉积技术的主要参数是束能，通常为 100～1000 eV[67]；束能决定离子的能量，进而控制 DLC 薄膜的结构。Palshin 等[74]以甲烷气体源，在离子束能 750 eV、束流 2.5 mA/cm^2 的条件下，成功制备出具有中程有序三维网络结构、硬度高达 2900～3300 kgf*/mm^2 的 DLC 薄膜。Oh 等[76]研究了离子束沉积常用的两种气体源——甲烷和苯，对碳膜机械性能和光学性能的影响，发现在相同束能的条件下，苯产生的碳离子数量多于甲烷，但每个碳原子的能量相对较低。与甲烷相比，要获得相似性能的 DLC 薄膜，采用苯作为气体源时，需要较高的能量[67]。

离子束辅助沉积（ion beam assisted deposition，IBAD）法是在离子束技术的基础上发展起来的，也就是在电子束蒸发沉积或离子束溅射沉积的同时，采用能量离子束轰击膜的生长表面提供形成 DLC 薄膜的能量。辅助离子束的轰击，有利于碳膜界面之间的结合[77]，使其生长致密，sp^3 组分的含量增加，DLC 薄膜的性能提高。辅助离子束的束能，通常为 100～800 eV[78]。

---

* 1 kgf = 9.8 N。

2. 磁控溅射沉积

磁控溅射沉积（magnetron sputtering deposition，MSD）是制备 DLC 薄膜常用方法之一。磁控溅射沉积以石墨为碳源，通过惰性气体（Ar）离子溅射石墨靶产生碳离子，在基片表面形成 DLC 薄膜[65]。当通入气体是 Ar 和 H_2（或碳氢化合物气体）混合气时可获得含氢 DLC 薄膜[79, 80]。该方法具有沉积温度低、沉积面积大以及较高的沉积速率等特点，符合工业生产的需要。

磁控溅射又可分为直流磁控溅射和射频磁控溅射[79-81]。20 世纪 80 年代后发展的非平衡磁控溅射技术[67, 82]，通过改变磁控靶的磁场分布，提高了镀膜区域的等离子体密度。此后又开发出闭合场非平衡磁控溅射技术，工件完全浸没在等离子体内，适用于大型复杂工件的镀膜，进一步拓宽了磁控溅射的应用范围。李国卿等[83]用非平衡磁控溅射的方法，在室温下制备出光滑、均匀、致密的 DLC 薄膜，并分析和研究了 DLC 薄膜的形貌、结构和摩擦特性。结果表明：靶工作电流对 DLC 薄膜的沉积有重要的影响，随着工作电流的增大，DLC 薄膜的沉积速率增大，碳膜中 sp^3 键的含量增加。DLC 薄膜的摩擦系数随着工作电流的增加略有增大，在摩擦的初始阶段，摩擦系数较高，随着摩擦循环次数的增加，摩擦系数逐渐减小，并逐渐趋于稳定。

3. 真空阴极电弧沉积

真空阴极电弧沉积（vacuum cathode arc deposition，CVAD），是在惰性气体中以电弧放电烧蚀石墨靶产生碳离子，基片施加负偏压实现 DLC 薄膜的沉积[84]。这种沉积方法工艺简单，离化率高，沉积速率快，沉积面积较大，适合于 DLC 薄膜的大批量工业化生产。其不足之处包括，由于电弧烧蚀石墨靶会产生大量的石墨颗粒，以致沉积的 DLC 薄膜含有大量的石墨颗粒[85]、膜层表面粗糙[图 5-13（a）]，会影响 DLC 薄膜的性能和应用。

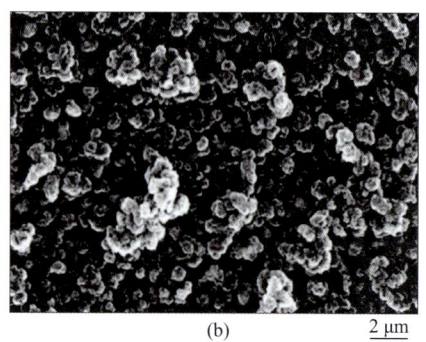

图 5-13　CVAD-DLC 薄膜（a）[85]和（MF-CVAD）-DLC 薄膜（b）[88]的 SEM 图像

磁过滤阴极真空电弧沉积（magnetic filtered cathodic vacuum arc deposition，MF-CVAD）是在 CVAD 基础上发展起来的[86]。MF-CVAD 考虑了在 CVAD 沉积 DLC 薄膜的过程中形成的石墨颗粒影响成膜的质量，通过增加过滤装置（磁过滤器和机械过滤器）对石墨颗粒进行过滤和阻挡，改善 DLC 薄膜的性能。

磁过滤器是利用励磁线圈在管道内产生一定的磁场，介于宏观颗粒不显电性、不受磁场作用，而带电粒子在磁场的运动会受到洛伦兹力的作用，利用磁场对等离子体的这种作用，控制离子的空间分布和运动方向，过滤掉石墨颗粒，获得低摩擦系数、高硬度、高 sp^3 含量和表面微米级突起的 DLC 薄膜[图 5-13（b）]。这种 DLC 薄膜具有场致发射特性[87, 88]。

4. 脉冲激光沉积

脉冲激光沉积（pulsed laser deposition，PLD）技术是利用高能聚焦激光束照射石墨靶表面，靶材表面熔化，蒸发出碳原子，在脉冲电流的作用下电离产生碳等离子体，这种等离子体沿靶面法线方向膨胀发射，形成一个沿石墨靶面法线正方向的细长等离子体区，等离子体羽和衬底基片表面相互作用，在基片表面生长形成 DLC 薄膜[68, 89-91]。

Diamant 等[92]发现，激光脉冲的波长对等离子体的状态和沉积的 DLC 薄膜的性能有影响，较短的激光波长和较低的沉积温度对 sp^3 键的形成有利。刘晶儒等[93, 94]研究了两种脉宽（30 ns，500 fs）的脉冲激光对 DLC 薄膜性能的影响，与纳秒脉冲制备的 DLC 薄膜相比，飞秒脉冲制备的 DLC 薄膜显示出更高的 sp^3 含量。

脉冲激光沉积 DLC 薄膜方法的特征是沉积速率快、碳膜光滑致密，可以获得无氢 DLC 薄膜和具有较高 sp^3 含量的 DLC 薄膜。但因受激光束本身的限制，这种方法能耗大，不易获得大面积 DLC 薄膜，不适合工业化生产。

5. 等离子体增强化学气相沉积法

等离子体增强化学气相沉积（plasma enhanced chemical vapor deposition，PECVD）是制备 DLC 薄膜的主要方法之一[67, 95]。PECVD 法是以碳氢气体为碳源的辉光放电沉积技术，最常用的沉积反应系统为平板射频[96]，直流辉光放电[97]、微波等离子体[98]和电子回旋共振[99]系统也有使用。基于 PECVD 技术以甲烷、乙烷、乙炔、苯、丁烷等碳氢化合物气体作为碳源，因而制备的 DLC 薄膜均含有一定量的氢。

PECVD 沉积的主要参数有气压、功率以及气体源等。Kim 等[96]研究了气压和射频功率对 DLC 薄膜结构和表面粗糙度的影响。研究发现，在射频功率为 0.75 W/cm^2、气压为 53.3～106.6 Pa 条件下，气压增加，体系中等离子体中的离子数增加，到达衬底的离子流密度增加，沉积率增加；当气压达到 106.6 Pa 时，制备的 DLC 薄膜具有最佳的沉积率、sp^3 含量以及光滑的表面。气压继续增加，尽管离子流密度仍有增加，但因气压升高引起的离子非弹性碰撞增加，会造成离子的平均能量减少，导致沉积率降低。同时，在高气压条件下，由于原子态氢含量的增加，对薄膜的刻蚀作用也增强。由此他们认为：原子态氢对膜的刻蚀，在薄膜的生长过程中起主要作用。低气压下，离子之间的碰撞概率小，离子的能量主要依赖射频功率；气压合适时，溅射与沉积达到平衡，此时沉积的 DLC 薄膜具有最佳性能；高气压下，离子在鞘层内的碰撞增加，能量降低，溅射作用减弱。

5.2.2 类金刚石碳膜的生长机理

DLC 薄膜的生长机理，可以用 Lifshitz 等[100-102]提出的著名浅注入模型加以解释。该模型认为：在 DLC 薄膜的物理气相沉积过程中，粒子的能量是实现沉积的一个重要的条件，荷能粒子在沉积过程中产生的注入效应则是薄膜生长的根本。荷能粒子在一定的能量下，可将外来的碳离子注入到衬底表层之下，使其占据靶的位置或镶嵌在靶内成为间隙原子，进而引起内压力，导致薄膜的密度增加，促使 sp^3 成分的生成。当荷能粒子的能量低于某一值时，离子无法注入衬底表层之下，只能停留在衬底表面上，不会对薄膜产生应力，但可以形成一种平衡态，生成石墨成分。但当粒子的能量超过某一值时，注入的原子则会由于能量过高，逃离原来的位置，造成局部应力下降，抑制 sp^3 成分的生长；而逃离的原子却会热迁移至薄膜的没有应力的表面，形成石墨成分，导致沉积的 DLC 膜表面粗糙[图 5-13（a）][67, 85, 103, 104]。

5.2.3 类金刚石碳膜的性能

sp^3 键和 sp^2 键的含量是 DLC 薄膜品级非常重要的参数，直接影响着 DLC 薄膜的性质。依据两相结构模型理论，DLC 薄膜中的 sp^3 键影响着 DLC 薄膜的力学性能和热学性能，sp^2 键控制着 DLC 薄膜的电学和光学性能。sp^3 键的含量越多，DLC 薄膜的性能越接近于金刚石[105-111]。不同的沉积方法和工艺参数对 DLC 薄膜的结构与性能均会产生重要的影响。

1. 力学性能

DLC 薄膜具有高硬度、高弹性模量、良好的耐磨性和低摩擦系数，是一种优异的表面磨损改性膜。表 5-6 列出了金刚石、石墨和不同沉积法 DLC 薄膜的力学性能[67, 111]，可以看到：不同的沉积法 DLC 薄膜的硬度差别较大，影响硬度的主要因素是 DLC 薄膜中 sp^3 键的含量。DLC 薄膜的弹性模量受 sp^3/sp^2 比例的调控，sp^3 键的比例越高，材料的弹性模量越高。

表 5-6　金刚石、石墨和不同沉积法 DLC 薄膜的力学性能[66-67, 102]

材料	沉积技术	密度 ρ/(g·cm^{-3})	sp^3 占比/%	硬度 H/GPa	弹性模量 E/GPa	摩擦系数 f
金刚石	天然	3.52	100	100	1000~1200	0.02~0.10
石墨		2.30	0		686	
a-C	溅射	1.90~2.40	25	11~24	140	0.20~1.20
	真空电弧	2.80~3.00	85~95	40~180	500	0.04~0.14
	阴极电弧	2.14~3.00	39~85	23~60	245~500	0.10~0.16
	脉冲激光	2.40~3.00	70~95	30~70	200~560	0.03~0.12
	磁控溅射	2.80		14	130	0.20
a-C:H	射频偏压溅射	1.60~2.50	66~90	10~25		
	射频等离子体	1.57~2.00	70	16~40	145	0.02~0.47
	脉冲激光	2.2	75	12~20	120~220	0.05~0.26
	直流辅助等离子体			12~35	70~160	0.04~0.30
	脉冲辅助等离子体	1.30~2.00	73~86	10~30	125~260	0.06~0.30
ta-C	磁过滤真空阴极电弧	3.1	75~90	20~80	200~700	0.08~0.11
ta-C:H	电子回旋波共振等离子体	2.35	77	50	350	

DLC 薄膜具有高的内应力，通常是压应力，应力值一般为–0.5~–12.5 GPa。表 5-7 列出了不同沉积法 DLC 薄膜的应力值[67, 109]。DLC 薄膜的内应力源于载能粒子对衬底的轰击，在轰击过程中 C 原子注入生长中的碳膜，产生压应力。由于衬底与 DLC 薄膜热膨胀系数的差异，在冷却过程中，膜中的压应力也会增大，尤其是金属衬底。显然，DLC 薄膜的内应力是决定其稳定性和使用寿命并影响其性能的重要因素，同时也会限制膜的厚度。

表 5-7　不同沉积法 DLC 薄膜的应力值[67, 109]

沉积工艺	基片及厚度 d/mm	膜厚 d/μm	应力 σ/GPa
C$_2$H$_4$ 射频放电	玻璃，1.50	<1.00	–0.60~–7.20
C 溅射 + C$_4$H$_{10}$ 射频放电	玻璃		0.07~–0.75
C$_2$H$_2$ 射频放电	玻璃，0.17	0.50	–1.00~–5.00
	Si，0.22	<1.00	–0.50~–1.30
离子束：石墨溅射	Si		–0.50~–1.30
Ar + CH$_4$ 射频放电	Si	<0.35	0.00~–7.50
C 弧；离子束；PECVD	Si，0.30~0.80	0.40	–0.60~–12.50
CH$_4$ 射频放电；C$_6$H$_6$ + He 射频放电	玻璃，0.08	0.12	–1.22~–4.67
甲基丙烷射频放电	Si，0.38		–0.50~–1.50

DLC 薄膜的内应力与沉积参数（气压、偏压、离子能量、碳源气体以及膜中氢的含量）有关。Peng 等[109-112]的研究表明：①碳源气体对 DLC 薄膜的内应力有重要的影响。采用环己烷作为碳源沉积的 DLC 薄膜应力最低，而采用甲烷沉积的 DLC 薄膜应力最高。说明应力与膜中自由态氢的相对含量有直接关系，自由态氢的含量增加，碳膜的应力增大。因而他们认为苯和环己烷是沉积低应力 DLC 薄膜的最佳选择。②随着偏压的增加，应力迅速增加，当碳离子的能量足以注入到膜层时，由于注入效应，膜层的应力增加，但进一步增加偏压提高碳离子的能量，则会产生热峰效应，应力释放，压应力降低。③气压增加，应力降低。由于增大气压可使碳离子的平均自由程迅速减小，碳离子的能量减小，抑制了碳离子的注入，因而会降低 DLC 薄膜的应力。④等离子体中氢含量增加，DLC 薄膜的内应力降低。由于膜中氢含量增加，膜中的 C—C 键减少，C—H 键的数量增加，应力得以释放，易形成软的类聚合物材料。

2. 热学性能

DLC 薄膜含有大量 sp^3 键的亚稳态非晶碳，结构中 sp^3 和 sp^2 键的比例变化范围很大，其中 sp^3 键含量 > 70% 的 DLC 薄膜和金刚石薄膜具有许多相似的性能[113-118]。

王建立等[117]搭建了纳秒激光加热、连续激光探测的光热反射实验系统，通过测量芯片中多层微米厚度膜不同位置的反射信号，建立电子器件封装镀膜的热分析有限元模型，进而评估并比较了沉积类金刚石薄膜前后芯片热点温度的变化，结果表明 DLC 薄膜可以进一步改善芯片的散热性能。

熊大曦等[118]采用分子动力学方法模拟了碳在晶体硅衬底上的沉积过程，并分析计算了所沉积 DLC 薄膜的面向及法向热导率。对沉积过程的模拟表明：DLC 薄膜密度及 sp^3 杂化类型的碳原子所占比例均随沉积高度的增加而减小，在碳原子以 1 eV 能量垂直入射的情况下，在硅衬底上沉积的 DLC 薄膜密度约为 2.8 g/cm³，sp^3 杂化类型的碳原子所占比例约为 22%，均低于碳在金刚石基底上沉积的情况。同时利用 Green-Kubo 方法，计算了所沉积 DLC 薄膜的热导率，结果显示：DLC 薄膜的面向热导率可以达到相同尺寸规则金刚石晶体的 50% 左右，且随 DLC 薄膜密度与 sp^3 杂化类型碳原子所占比例的升高而升高。这一结果初步验证了 DLC 薄膜应用于大功率 LED 散热设计的可行性。

3. 电学性能

DLC 薄膜的电学特性在准金属与绝缘体之间变化。DLC 薄膜的电阻率对于内部结构的变化很敏感，随沉积技术和工艺参数的改变，其电阻率的变化范围为 $10^2 \sim 10^{16}$ Ω·cm[119]。在 DLC 薄膜中掺入金属元素或氮元素可使电阻率降低几个数量级，这与掺杂诱发薄膜石墨化有关。尽管 DLC 薄膜具有优异的电学特性，但因其具有相对较高的缺陷密度，并不适合作为半导体材料[67]。

值得一提的是：由于 DLC 薄膜具有较低的电子亲和势，其潜在的电学应用是作为薄膜场发射显示器的阴极材料以及太阳电池、磁介质保护膜和掩模等[67]，值得研究开发。

4. 光学性能

DLC 薄膜在可见及近红外区和微波频段具有很高的透过率。DLC 膜的光学带隙宽度一般为 0.38～2.72eV，带隙宽度对沉积方法和工艺参数比较敏感；DLC 薄膜的折射率通常在 1.7～2.4 之间，受沉积条件和薄膜中氢含量的影响，随着薄膜中键合态氢含量的减少而增大[119]。可以作为多种光学材料如硅、锗、玻璃、硫化锌等的增透/保护膜，起到抗磨损、耐腐蚀、抗潮解和抗氧化的作用[68]。已相继将其应用在太阳能硅电池、高功率二氧化碳激光器窗口、潜望镜红外窗口、陆军用瞄准具红外窗口、飞机前视红外窗口、导弹头罩窗口和航空航天探测器等方面。

5.3 导热应用

5.3.1 人造金刚石薄膜的导热应用

金刚石在室温下具有最高的热导率，是铜、银的 5 倍，又是良好的绝缘体，因而是大功率激光器件、微波器件、高集成电子器材的理想散热材料[120-131]。几种常用电子封装材料的热学性能列入表 5-8，可以看到：与其他散热材料相比，金刚石薄膜的热导率最高，热膨胀系数最低。

表 5-8 常用电子封装材料的热学性能[128]

散热材料	热导率/[W/(cm·K)]	热膨胀系数 $\gamma/(10^{-6} \cdot K^{-1})$
CVD 金刚石	12～18	1.2
Al	0.25	8.0
AlN	1.70	4.6
BeO	2.50	6.4
CuW 90	1.70	6.5
Ag	4.10	19.0
Cu	3.90	17.0
Si	1.50	4.1
GaAs	0.44	6.5

金刚石薄膜具有几乎与天然金刚石（IIa 型）同样的热导率，在最活跃的电子、光电子、光通信等领域中作为高功率密度的高端器件的散热元件得到广泛的应用。例如，激光二极管及阵列、高速计算机 CPU 芯片多维集成电路、军用大功率雷达微波行波管导热支撑杆、微波集成电路基片、集成电路封装自动键合工具 TAB 等高技术领域[131]。研究表明，激光二极管工作区温度每升高 10℃，其寿命下降 50%；用金刚石薄膜做热沉材料，可以提高输出功率、降低二极管结温，从而大大提高器件的寿命，并使器件的输出波长更稳定[130]。

金刚石薄膜在热沉方面另一个具有代表性的应用是大规模集成电路组装的 TAB（tape automated bonding，带式自动键合）工具。TAB 工具应用于 IC 卡、计算器、液晶显示器等多管脚集成电路芯片的键合工艺。它的特点是耐热、耐磨、抗腐蚀，特别是具有优异的导热性[121]。

吉林大学超硬材料国家重点实验室利用高导热金刚石薄膜制作金刚石薄膜热沉，解决了金刚石薄膜表面金属化、表面研磨和精密切割等关键技术，制备出各种尺寸的金刚石薄膜热沉，其中用作连续功率为 20 W 的激光二极管列阵的热沉，可使其热阻降低 40%；金刚石厚膜散热绝缘衬底解决了金刚石薄膜表面图形金属化的厚膜工艺，研制出用金刚石厚膜散热绝缘衬底的混合集成电路。并利用该项研究成果与河南黄河旋风股份有限公司合作在该公司建立了金刚石薄膜及制品研究开发中心，批量生产高导热金刚石厚膜及其制品[129]。

金刚石薄膜作为全新高级热管理材料，非常适用于射频功率放大器。经证实金刚石散热器能够降低整体封装热阻，其性能远超目前其他常用粘贴方法，可为半导体封装提供可靠的热管理解决方案。唯一的不足之处是金刚石薄膜的制备成本依然过高[8, 126]。

5.3.2 类金刚石碳膜的导热应用

1. DLC-铝基覆铜电路板

DLC-铝基覆铜电路板（以下简称：热驰 DLC-铝基覆铜板）是一种新型超高导热 DLC-金属基印制电路板（metal core printed circuit board，MCPCB）[132]。

DLC-铝基覆铜板，摒弃了普通铝基覆铜板传统热压合技术和高分子树脂绝缘层，通过离子束技术在铝基板表面镀覆一层一定厚度的 DLC 绝缘层，用具有三维各向同性导热性能的 DLC 绝缘层替代低导热系数的树脂绝缘层，彻底消除了普通铝基覆铜板的导热瓶颈，使电路板的导热能力提升百倍，接近于铝材的热导率。表 5-9 列出了 DLC-铝基覆铜板和普通铝基覆铜板的结构与性能。

表 5-9　DLC-铝基覆铜板和普通铝基覆铜板的结构与性能[132]

性能	DLC-铝基覆铜板	普通铝基覆铜板
绝缘层材料	DLC 纳米材料	高分子树脂
绝缘层厚度 $\delta/\mu m$	50	60
线路基板结构	铜/DLC/铝	铜/树脂/铝
各层热导系数 $\lambda/[W\cdot(m\cdot K)]^{-1}$	398/800/220	398/0.5~3/220
耐击穿电压 U/V	>2500	>2500
综合热导率 $\lambda/[W\cdot(m\cdot K)]^{-1}$	220（接近于铝材）	0.5~3.0（接近于树脂）

与普通铝基覆铜板相比，DLC-铝基覆铜板不仅性价比极高，而且在电路板加工及封装 LED 灯具过程中，也无使用及加工障碍。各种线路板性能与特点如表 5-10 所列。

表 5-10　各种线路板性能与特点[132]

基板材质		热导率 $\lambda/[W\cdot(m\cdot K)]^{-1}$	热膨胀系数 $\gamma/(10^{-6}\cdot K^{-1})$	优缺点
FR4 印制电路板		0.36	13~17	仅适用于引脚 LED
金属基线路板		1~2	17~23	适用于低功率密度 LED
氧化铝	LTCC	2~3	5~7	导热能力有限、加工性能差、线路精度差等
	HTCC	16~17	5~7	
	DPC	24~30	7.2	
氧化铝		170~220	5~6	价格高，多作封装基板
热驰板 RECILEDTM		220	220	超高导热散热性能，低膨胀系数，无使用局限性

注：LTCC（low temperature co-fired ceramic）为低温共烧陶瓷；HTCC（high temperature co-fired ceramic）为高温共烧陶瓷；DPC（direct plate copper）为直接镀铜基板；热驰板 RECILEDTM 为热驰超高导热纳米涂层线路板。

DLC-铝基覆铜线路板可以广泛用于通用照明、汽车照明、建筑照明、智能街灯以及大屏幕背光源等各类细分应用市场，进一步推动了绿色半导体照明产业向大功率、高亮度、小尺寸、低成本、长寿命方向发展。

DLC-铝基覆铜线路板的超级导热性能得到欧司朗、飞利浦、科锐等公司的测试和良好评价，也受到了英国 DK Thermal 公司（领先的线路板加工企业）和美国贝格斯公司（领先的铝基覆铜板生产企业）的关注[132]。

2. 半导体衬底

半导体衬底散热性能差是半导体器件（如半导体激光器等）热损耗的主要原因。现有技术通常采用在半导体衬底背面制备孔洞结构，以增加散热面积，提升器件的散热能力。但由于衬底孔洞之间的间隔材料仍为衬底本体，因此衬底背面的孔洞结构，仅可使器件纵向的散热能力得到提升，而在横向的散热能力并不会改善。无疑，实现衬底在纵向和横向均具优良的散热性能，是提高半导体衬底散热能力的关键。

唐吉龙等[133]对半导体衬底背面进行等离子干法刻蚀，使之形成"几字形""折线形"或"串联圆形"连续沟槽结构；沟槽深度 8～12 μm，连续沟槽结构底面的表面积至少占半导体衬底背面表面积的 60%；并采用射频等离子体增强化学气相沉积法在连续沟槽内表面沉积镀制一层厚度 2～5 μm 的 DLC 薄膜，制备出一种新型高热导率半导体衬底。这样，连续沟槽增加了衬底的导热面积，DLC 薄膜增强了衬底的散热能力，在二者协同作用下，使得这些具有连续沟槽结构的半导体衬底在具有高纵向散热效果的同时，兼具横向散热的优势，有效提高了半导体衬底的导热效率。图 5-14 是高热导率半导体衬底背面连续沟槽结构的示意图。

实施案例表明：具有"几字形""折线形"或"串联圆形"连续沟槽结构，沉积镀制 DLC 薄膜的半导体衬底兼具纵横向高效散热优势，大幅提升了半导体衬底散热效果，满足了半导体激光器的散热要求。该技术获得了国家发明专利（CN 111009497 A）[133]。

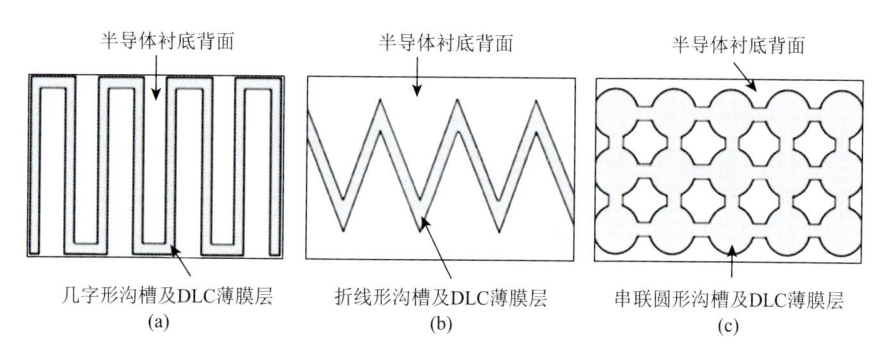

图 5-14 高热导率半导体衬底背面"连续沟槽结构"示意图[133]
（a）几字形；（b）折线形；（c）串联圆形

3. IGBT 模块散热基板

IGBT（insulated gate bipolar transistor，绝缘栅双极型晶体管）是一种由双极型三极管和绝缘栅型场效应管组成的功率型半导体器件[134]，具有驱动功率小和饱和压降低的优点；IGBT 模块是由 IGBT 与 FWD（freewheeling diode，续流二极管）芯片通过特定的电路桥接封装而成的模块化半导体产品。

IGBT 模块可以直接应用于交流电机、牵动传动、开关电源、变频器、UPS 等的控制和传输电能。一般指甲盖大小的芯片组成的 IGBT 模块可以处理 6500 V 以上的超高电压，在 1 s 内，实现 10 万次电流开关动作，进而驱动高铁飞速行驶。

正是 IGBT 模块的这种大功率及高速的电流开关行为会造成模块的发热量巨大，结温上升；较高的结温会导致芯片的故障率升高，温度升高 10℃，IGBT 模块的故障率增大一倍，严重影响模块的使用寿命。传统散热基板材质的一般为铜，显然不能满足 IGBT 模块的散热需求。

殷录桥等[134]分别采用直流溅射和射频溅射法，在传统 IGBT 模块的铜基板表面，镀覆一层 DLC 复合膜。DLC 复合膜的组成自下而上依次包括金属基层、金属碳化物梯度过渡层和氮银共掺杂的 DLC 薄膜层。其中，金属基层和金属碳化物梯度过渡层中的金属元素相同，金属碳化物梯度过渡层的碳含量自下而上逐渐增大。通过设置金属碳化物梯度过渡层，改善了 DLC 薄膜与金属基层接触角过大的不足，解决了 DLC 薄膜结合界面容易脱落的问题；在 DLC 薄膜中掺杂氮和银，既可提高类金刚石薄膜的热稳定性，又能降低其内应力，充分发挥镀覆 DLC 复合膜铜基板的导热性能。

表 5-11 是在不同镀膜条件下，镀覆 DLC 复合膜前后铜基板的热导率。可以看出，镀覆 DLC 复合膜后，铜基板的热导率显著提高。

表 5-11 镀覆 DLC 复合膜前后铜基板的热导率[134]

实施案例*	铜基板热导率 $\lambda/[W\cdot(m\cdot K)^{-1}]$	镀覆 DLC 复合膜铜基板热导率 $\lambda/[W\cdot(m\cdot K)^{-1}]$
案例 1	320	430
案例 2		400

*. 案例 1：金属基层为铬，金属碳化物梯度过渡层为碳化铬；案例 2：金属基层为铝，金属碳化物梯度过渡层为碳化铝。

将案例 1 制备的散热基板-镀覆 DLC 复合膜铜基板应用于 IGBT 模块中，并与普通的铜基板为散热板的 IGBT 模块的结温进行比较，前者的结温为 105℃，后者为 132℃。相对于覆膜前，覆膜后 IGBT 模块的结温下降了 27℃，表明在传统 IGBT 模块铜基散热板表面镀覆 DLC 复合膜，可以显著提高 IGBT 模块的散热能力，在功率电子器件的散热中有广阔的应用前景。该项技术已获得了国家发明专利（CN 110527964 A）[134]。

4. LED 散热基板

LED 作为第四代光源，拥有传统光源所不具备的诸多优点，现已得到了广泛的使用和关注。缺点是 LED 光效不高，只有 100 lm/W，电光转换效率仅为 20%～30%，大约 70%的电能都变成了热能。而 LED 本身的热容量很小，所以必须以尽可能快的速度将这些热量传导出去，否则就会产生很高的结温。LED 的寿命和发光效率与其结温直接相关，散热效果差，结温升高、寿命缩短、发光效率下降[135, 136]。如果能将 LED 的结温控制在 65℃，LED 的寿命将达到 10 万小时，发光效率也能达到理论值的 90%[135]。此外，结温升高还会加速 LED 封装器件的老化，当温度达到 LED 芯片最高使用温度时，LED 就会损坏。

LED 灯具散热性的改善，主要的散热基板的改进。目前国内主要采用蓝宝石（主要成分为 Al_2O_3，蓝色是因其中混有少量 Ti 和 Fe 杂质）散热衬底，热导率约为 46 W/(m·K)；美国 Cree 公司采用碳化硅衬底，热导率约为 490 W/(m·K)，比蓝宝石高将近 10 倍，但是其成本过高，而且有专利保护。最近国内也有厂商开始采用硅作散热衬底，性能优于蓝宝石，热导率约为 150 W/(m·K)，也不甚理想。

高翔等[135]设计并制备了一种基于 DLC 薄膜的 LED 散热基板。LED 散热基板以蓝宝石或硅作衬底，首先在衬底表面沉积的氮化铝或碳化硅过渡层（厚度 10～50 nm），而后再于过渡层表面镀制 DLC 薄膜（厚度 20～30 μm）。其中，过渡层氮化铝或碳化硅的沉积，在降低 DLC 薄膜和衬底材料的晶格错配度的同时，也减少了两者之间的内应力，可使 DLC 薄膜和衬底之间结合得更加紧密，从而提升 LED 散热基板导热性能，达到降低 LED 结温、提高 LED 寿命和发光效率的目的。该项技术获得了国家发明专利（CN 109881151 A）。

姚光锐等[136]直接采用 DLC 膜-铜复合材料作为大功率 LED 的散热基板，散热基板的上表面为铜，下表面为类金刚石薄膜。LED 芯片通过固晶胶或金属共晶焊直接安装于散热基板的上表面，散热基板的下表面直接与空气接触，使 LED 芯片产生的热量以最短路径通过 DLC 膜-铜复合材料散热基板，直接散热于空气；同时将散热基板下表面加工成散热鳍片，使之更有效地降低 LED 的结温，实现 LED 高亮度、长时间发光。该技术亦是大功率 LED 的散热基板的发明专利之一（CN 102354 725 A）。

参 考 文 献

[1] Bundy F P，Hall H T，Strong H M，et al. Man-made diamonds[J]. Nature，1955，176：51-55.

[2] 康飞宇. 天然石墨的改性与应用[M]. 北京：清华大学出版社，2022.

[3] 大谷杉郎，真田雄三. 炭素工化学の基礎[M]. 日本：株式会社オーム社，1980.

[4] 张广云，李植华，吴建中. 金刚石的性质与用途[J]. 物理，1975，4（5）：296-300.

[5] 王文君，陈良辰. 金刚石散热片[J]. 物理，1977，6（5）：301-303.

[6] 侯立，陶增六，戚立昌，等. 金刚石薄膜——一种新型功能材料[J]. 人工晶体，1988，17（1）：70-75.

[7] 满卫东，汪建华，王传新，等. 金刚石薄膜的性质、制备及应用[J]. 新型炭材料，2002，17（1）：62-70.

[8] 吴玉程. 金刚石薄膜制备方法与应用的研究现状[J]. 材料热处理学报，2019，40（5）：1-16.

[9] 孔帅斐，刘一波，陈春晖. 金刚石薄膜的发展及展望[J]. 超硬材料工程，2020，32（3）：32-36.

[10] Dang C Q，Chou J P，Dai B，et al. Achieving large uniform tensile elasticity in microfabricated diamond[J]. Science，2021，371（6524）：76-78.

[11] Matsumoto S，Sato Y，Kamo M，et al. Vapor deposition of diamond particles from methane[J]. Japanese Journal of Applied Physics，1982，21（4B）：L183-L185.

[12] 陈沫. "863 计划"成果——璀璨与坚硬：记人造金刚石膜创制成功[J]. 走近科学，2001（4）：7-8.
[13] 李成明，任飞桐，邵思武，等. 化学气相沉积（CVD）金刚石研究现状和发展趋势[J]. 人工晶体学报，2022，51（5）：759-780.
[14] 刘金龙，安康，陈良贤，等. CVD 金刚石自支撑膜的研究进展[J]. 表面技术，2018，47（4）：1-10.
[15] 李成明，陈良贤，刘金龙，等. 直流电弧等离子体喷射法制备金刚石自支撑膜研究新进展[J]. 金刚石与磨料磨具工程，2018，38（1）：16-27.
[16] Hemawan K W, Grotjohn T A, Reinhard D K, et al. Improved microwave plasma cavity reactor for diamond synthesis at high-pressure and high power density[J]. Diamond and Related Materials，2010，19（12）：1446-1452.
[17] 吕反修. 大面积光学级金刚石自支撑膜制备、性能及其在高技术领域应用前景[J]. 中国表面工程，2010，23（3）：1-9.
[18] 齐海东. 直流热阴极 PCVD 方法制备金刚石膜及其微结构研究[D]. 长春：吉林大学，2007.
[19] 金曾孙，姜志刚，白亦真，等. 直流热阴极 PCVD 法制备金刚石厚膜[J]. 新型炭材料，2002，17（2）：2-12.
[20] 李一村，郝晓斌，代兵，等. MPCVD 单晶金刚石高速率和高品质生长研究进展[J]. 人工晶体学报，2020，49（6）：979-989.
[21] 王艳丰，王宏兴. MPCVD 单晶金刚石生长及其电子器件研究进展[J]. 人工晶体学报，2020，49（11）：2139-2152.
[22] 吕反修，李成明. 我国化学气相沉积（CVD）金刚石薄膜研究三十年[J]. 人工晶体学报，2022，51（5）：753-758.
[23] 黄磊，王陶，唐永炳. 金刚石薄膜的制备研究综述[J]. 集成技术，2017，6（4）：70-79.
[24] 郝天亮. 热丝化学气相沉积制备超薄纳米金刚石膜研究[D]. 杭州：浙江大学，2006.
[25] 张旺玺. 化学气相沉积法合成金刚石的研究进展[J]. 陶瓷学报，2021，42（4）：537-546.
[26] Wang X C, Shen X T, Sun F H, et al. Mechanical properties and solid particle erosion of MCD films synthesized using different carbon sources by BE-HFCVD[J]. International Journal of Refractory Metals and Hard Materials，2016，54：370-377.
[27] Matsumoto S, Sato Y, Tsutsumi M, et al. Growth of diamond particles from methane-hydrogen gas[J]. Journal of Materials Science，1982，17（11）：3106-3112.
[28] Redman S A, Chung C, Ashfold M N R.H atom production in a hot filament chemical vapour deposition reactor[J].Diamond and Related Materials，1999，8（8-9）：1383-1387.
[29] 冯伟，杨斌，卢文壮. 自支撑金刚石厚膜片的 HFCVD 法制备及摩擦学特性[J]. 华南理工大学学报：自然科学版，2016，44（11）：97-102.
[30] 吕反修. 金刚石膜制备与应用[M]. 北京：科学出版社，2014.
[31] May P W, Smith J A, Rosser K N. 785 nm Raman spectroscopy of CVD diamond films[J]. Diamond & Related Materials，2008，17（2）：199-203.
[32] Ohmagari S, Yamada H, Umezawa H, et al. Characterization of free-standing single-crystal diamond prepared by hot-filament chemical vapor deposition[J]. Diamond and Related Materials，2014，48：19-23.
[33] Spitsyn B V, Bouilov L L, Derjaguin B V. Vapor growth of diamond on diamond and other surfaces[J]. Journal of Crystal Growth，1981，52（1）：219-226.
[34] Kim J W, Baik Y J, Eun K Y, et al. Thermodynamic and experimental study of diamond deposition from a CH_4-H_2 gas mixture[J]. Thin Solid Films，1992，212（1-2）：104-111.
[35] Clausing R E, Heatherly L, Horton L L, et al. Textures and morphologies of chemical vapor deposited（CVD）diamond[J]. Diamond and Related Materials，1992，1（5-6）：411-415.

[36] Kondoh E, Ohta T, Mitomo T, et al. Experimental and calculational study on diamond growth by an advanced hot filament chemical vapor deposition method[J]. Journal of Applied Physics, 1992, 72（2）：705-711.

[37] 曹阳, 满卫东, 吕继磊, 等. 碳化硅衬底沉积高取向金刚石薄膜[J]. 硬质合金, 2017, 34（6）：407-412.

[38] Lee S T, Lam Y W, Lin Z D, et al. Pressure effect on diamond nucleation in a hot-filament CVD system[J]. Physical Review B, 1997, 55（23）：15967-15941.

[39] 吕反修, 黑立富, 李成明, 等. 直流电弧等离子体喷射法生长大尺寸金刚石单晶[J]. 超硬材料工程, 2018, 30（2）：31-40.

[40] Ohtake N, Yoshikaw M. Diamond film preparation by arc discharge plasma jet chemical vapor deposition in the methane atmosphere[J]. Journal of The Electrochemical Society, 1990, 137（2）：717-722.

[41] 吕反修, 唐伟忠, 李成明, 等. 直流电弧等离子体喷射在金刚石膜制备和产业化中的应用[J]. 金属热处理, 2008, 33（1）：43-48.

[42] 吕反修. 我国直流电弧等离子体喷射金刚石膜制备技术历史、现状与趋势[J]. 超硬材料工程, 2014, 26（2）：18-25.

[43] Lu G, Bigelow L K. Material properties of CVD diamond produced by the DC arc-jet [J]. Diamond and Related Materials, 1992, 1（2-4）：134-136.

[44] Ma Z B, Wu C, Wang J H, et al. Development of a plate-to-plate MPCVD reactor configuration for diamond synthesis[J]. Diamond and Related Materials, 2016, 66：135-140.

[45] 满卫东, 汪建华, 马志斌, 等. 微波等离子体化学气相沉积——一种制备金刚石膜的理想方法[J]. 真空与低温, 2003, 9（1）：50-56.

[46] Menon P M, Edwards A, Feigerle C S, et al. Filament metal contamination and Raman spectra of hot filament chemical vapor deposited films [J].Diamond and Related Materials, 1999, 8（1）：101-109.

[47] Rozbicki R T, Sarin V K. A technique for large area deposition of diamond via combustion flame synthesis[J]. Thin Solid Films, 1998, 332（1-2）：87-92.

[48] 苏静杰. 新型 MPCVD 装置的设计及金刚石膜的制备与介电性能研究[D]. 北京：北京科技大学, 2014.

[49] 丁康俊, 马志斌, 黄宏伟, 等. MPCVD 中双基片结构对等离子体的影响研究[J]. 真空科学与技术学报, 2017, 37（5）：488-493.

[50] 李义锋, 唐伟忠, 姜龙, 等. 915 MHz 高功率 MPCVD 装置制备大面积高品质金刚石膜[J]. 人工晶体学报, 2019, 48（7）：1262-1267.

[51] 中国超硬材料网. 国内大面积高品质金刚石膜制备技术取得重大突破[EB/OL].（2019-04-30）. http://www.idacn.org/news/38401.html.

[52] Suzuki K, Sawabe A, Yasuda H, et al. Growth of diamond thin-films by DC plasma chemcial vapor-deposition[J]. Applied Physics Letters, 1987, 50（12）：728-729.

[53] Hartmann P, Haubner R, Lux B. Deposition of thick diamond films by pulsed DC glow discharge CVD [J]. Diamond and Related Materials, 1996, 5（6-8）：850-856.

[54] Lee J K, Eun K Y, Chae H B, et al. Free-standing diamond wafers deposited by multi-cathode, direct-current, plasma-assisted chemical vapor deposition [J]. Diamond and Related Materials, 2000, 9（3-6）：364-367.

[55] Lee J K, Baik Y J, Eun K Y, et al. Properties of diamond films deposited by multi-cathode direct current plasma assisted CVD method [J]. Diamond and Related Materials, 2001, 10（3-7）：552-556.

[56] 金曾孙, 姜志刚, 白亦真, 等. 直流热阴极 PCVD 法制备金刚石厚膜[J]. 新型炭材料, 2002, 17（2）：9-12.

[57] 白亦真, 金曾孙, 姜志刚, 等. 热阴极辉光放电对金刚石膜沉积的影响[J]. 材料研究学报, 2003, 17（5）：537-540.

[58] 韩雪梅. 放电电流对直流热阴极辉光放电等离子体化学气相沉积法及其所制金刚石膜的影响[D]. 长春：吉林大学，2004.

[59] 崔晓岩. 直流热阴极辉光放电及高品质金刚石膜的制备[D]. 长春：吉林大学，2005.

[60] 吕江维，冯玉杰，彭鸿雁，等. 直流热阴极 CVD 金刚石膜生长特性研究[J]. 材料科学与工艺，2010，18（3）：317-321.

[61] 陈青云，施凯敏，苏敏华，等. 类金刚石膜研究进展[J]. 材料工程，2017，45（3）：119-128.

[62] Robertson J. Gap states in diamond-like amorphous carbon [J]. Philosophical Magazine B, 1997, 76（3）: 335-350.

[63] Robertson J. Diamond-like amorphous carbon[J]. Materials Science & Engineering R：Reports，2002，37（4-6）：129-281.

[64] 佚名. 类金刚石薄膜分类[J]. 热处理，2011，26（5）：39.

[65] 马国佳，邓新绿. 类金刚石膜的应用及制备[J]. 真空，2002（5）：27-31.

[66] 黄立业. 不同类金刚石膜的特征及纳米力学行为[D]. 西安：西安交通大学，2001.

[67] 柳翠. 类金刚石碳膜制备工艺及掺杂性能研究[D]. 大连：大连理工大学，2005.

[68] 崔韶强. 类金刚石碳薄膜材料的高功率脉冲磁控溅射制备[D]. 济南：山东大学，2015.

[69] Aisenberg S，Chabot R. Ion-beam deposition of thin films of diamond-like carbon[J]. Journal of Applied Physics，1971，42（7）：2953-2958.

[70] Voevodin A A，Donley M S. Preparation of amorphous diamond-like carbon by pulsed laser deposition：a critical review[J]. Surtface and Coatings Technology，1996，82（3）：199-213.

[71] Weiler M，Sattel S，Jung K，et al. Highly tetrahedral，diamond-like amorphous hydrogenated carbon prepared from a plasma beam source[J]. Applied Physics Letters，1994，64（21）：2797-2799.

[72] Aksenov I I，Vakula S I，Padalka G，et al. High-efficiency source of pure carbon plasma[J]. Soviet Physics-Technical Physics，1980，25（9）：1164-1166.

[73] Sheeja D，Tay B K，Lau S P，et al. Tribological properties and adhesive strength of DLC coatings prepared under different substrate bias voltages[J]. Wear，2001，249（5-6）：433-439.

[74] Palshin V，Meletis E I，Ves S，et al. Characterization of ion-beam-deposited diamond-like carbon films[J]. Thin Solid Films，1995，270（1-2）：165-172.

[75] Liebler V，Baumann H，Bethge K. Characterization of ion-beam-deposited diamond-like carbon films[J]. Diamond and Related Materials，1993，2（2-4）：584-589.

[76] Oh J U，Lee K R，Eun K Y. Precursor gas effect on the mechanical and optical properties of ion beam deposited diamond-like carbon films[J]. Thin Solid Films，1995，270（1-2）：173-176.

[77] Funada Y，Awazu K，Yasui H，et al. Adhesion strength of DLC films on glass with mixing layer prepared by IBAD[J]. Surface and Coatings Technology，2000，128-129：308-312.

[78] Jun Q，Luo J B，Wen S Z，et al. Mechanical and tribological properties of non-hydrogenated DLC films synthesized by IBAD[J]. Surface and Coatings Technology，2000，128-129：324-328.

[79] Ting J M，Lee H. DLC composite thin films by sputter deposition[J]. Diamond and Related Materials, 2002, 11(3-6): 1119-1123.

[80] Libardi J，Grigorov K，Massi M，et al. Comparative studies of the feed gas composition effects on the characteristics of DLC films deposited by magnetron sputtering[J]. Thin Solid Films，2004，459（1-2）：282-285.

[81] Sanchez N A，Rincon C，Zambrano G，et al. Characterization of diamond-like carbon（DLC）thin films prepared by r.f. magnetron sputtering[J]. Thin Solid Films，2000，373（1-2）：247-250.

[82] Window B，Savvides N. Unbalanced dc magnetrons as sources of high ion fluxes[J]. Journal of Vacuum Science &

Technology A-Vacuum Surfaces and Films, 1986, 4（3）：453-456.

[83] 柳翠, 李国卿, 张成武, 等. 非平衡磁控溅射类金刚石碳膜的性能[J]. 材料研究学报, 2004, 18（2）：171-175.

[84] Pharr G M, Callahan D L. Hardness, elastic modulus, and structure of very hard carbon film produced by cathodic-arc deposition with substrate pulse biasing[J]. Applied Physics Letters, 1996, 68（6）：779-781.

[85] Drescher D, Koskinen J, Scheibe H J, et al. A model for particle growth in arc deposited armophous carbon films[J]. Diamond and Related Materials, 1998, 7（9）：1375-1380.

[86] Miernik K, Walkowicz J, Bujak J. Design and performance of the microdroplet filtering system used in cathodic arc coating deposition[J]. Plasmas & Ions, 2000, 3（1-4）：41-51.

[87] Polo M C, Andujar J L, Hart A, et al. Preparation of tetrahedral amorphous carbon films by filtered cathodic vacuum arc deposition[J]. Diamond and Related Materials, 2000, 9（3-6）：663-667.

[88] 李建, 童洪辉, 王坤, 等. 磁过滤阴极真空弧法制备类金刚石薄膜的场致发射特性研究[J]. 功能材料, 2020, 51（8）：08204-08209.

[89] 陈传忠, 包全合, 姚书山, 等. 脉冲激光沉积技术及其应用[J]. 激光技术, 2003, 27（5）：443-446.

[90] Xu N, Majidi V. Wavelength-resolved and time-resolved investigation of laser-induced plasmas as a continuum source[J]. Applied Spectroscopy, 1993, 47（8）：1134-1139.

[91] 敖育红, 胡少六, 龙华, 等. 脉冲激光沉积薄膜技术研究新进展[J]. 激光技术, 2003, 27（5）：453-456.

[92] Diamant R, Jimenez E, Haro-Poniatowski E, et al. Plasma dynamics inferred from optical emission spectra, during diamond-like thin film pulsed laser deposition[J]. Diamond and Related Materials, 1999, 8（7）：1277-1284.

[93] 刘晶儒, 白婷. 脉冲准分子激光淀积薄膜的实验研究[J]. 强激光与粒子束, 2002, 14（5）：649-650.

[94] 姚东升, 刘晶儒, 王丽戈, 等. 超短脉冲准分子激光淀积类金刚石薄膜的实验研究[J]. 光学学报, 1999, 19（2）：270-276.

[95] Baba K, Hatada R. Deposition of diamond-like carbon films by plasma source ion implantation with superposed pulse[J]. Nuclear Instruments and Methods in Physics Research B, 2003, 206：708-711.

[96] Kim Y T, Cho S M, Choi W S, et al. Dependence of the bonding structure of DLC thin films on the deposition conditions of PECVD method[J]. Surface and Coatings Technology, 2003, 169：291-294.

[97] Corbella C, Vives M, Oncins G, et al. Characterization of DLC films obtained at room temperature by pulsed-DC PECVD [J]. Diamond and Related Materials 2004, 13（4-8）：1494-1499.

[98] Kulisch W, Popov C, Boycheva S, et al. Mechanical properties of nanocrystalline diamond/amorphous carbon composite films prepared by microwave plasma chemical vapour deposition[J]. Diamond and Related Materials, 2004, 13（11-12）：1997-2002.

[99] Inaba H, Fujimaki S, Furusawa K, et al. ECR-plasma parameters and properties of thin DLC films[J]. Vacuum, 2002, 66（3-4）：487-493.

[100] Lifshitz Y, Lempert G D, Grossman E. Substantiation of subplantation model for diamondlike growth by atomic force microscopy[J]. Physical Review Letters, 1994, 72（17）：2753-2756.

[101] Robertson J. The deposition mechanism of diamond-like a-C and a-C:H [J]. Diamond and Related Materials, 1994, 3（4-6）：361-368.

[102] Robertson J. Diamond-like amorphous carbon[J]. Materials Science and Engineering R: Reports, 2002, 37（4-6）：129-281.

[103] Uhlmann S, Frauenheim T, Lifshitz Y. Molecular-dynamics study of the fundamental processes involved in subplantation of diamondlike carbon[J]. Physical Review Letters, 1998, 81（3）：641-644.

[104] 廖梅勇, 秦复光, 柴春林, 等. 离子能量和沉积温度对离子束沉积碳膜表面形貌的影响[J]. 物理学报, 2001,

50（7）：1324-1328.

[105] 蔺增. 利用射频 PECVD 方法生长类金刚石薄膜的实验研究[D]. 沈阳：东北大学，2004.

[106] Wang D Y，Weng K W，Hwang S Y. Study on metal-doped diamond-like carbon films synthesized by cathodic arc evaporation[J]. Diamond and Related Materials，2000，9（9-10）：1762-1766.

[107] Dittrich K H，Oelsner D. Production and characterization of dry lubricant coatings for tools on the base of carbon[J]. International Journal of Refractory Metals & Hard Materials，2002，20（2）：121-127.

[108] 蔺增，巴德纯，王志，等. 基于 RFPECVD 方法不锈钢上沉积类金刚石薄膜的机械与摩擦特性[J]. 真空科学与技术学报，2004，24（1）：77-80.

[109] Peng X L，Clyne T W. Mechanical stability of DLC films on metallic substrates：Part Ⅰ-Film structure and residual stress levels[J]. Thin Solid Films，1998，312（1-2）：207-218.

[110] Peng X L，Clyne T W. Residual stress and debonding of DLC films on metallic substrates[J]. Diamond and Related Materials，1998，7（7）：944-950.

[111] Bhushan B. Chemical，mechanical and tribological characterization of ultra-thin and hard amorphous carbon coatings as thin as 3.5 nm：recent developments[J]. Diamond and Related Materials，1999，8（11）：1985-2015.

[112] Cheng Y H，Wu Y P，Chen J G，et al. Influence of deposition parameters on the intimal stress in a-C：H films[J]. Surface and Coatings Technology，1999，111（2-3）：141-147.

[113] 王建立，吴文智，毛成锟，等. 利用光热反射法研究多层薄膜结构的散热性能[J]. 测试技术学报，2019，33（2）：153-159.

[114] Morath C J，Maris H J，Cuomo J J，et al. Picosecond optical studies of amorphous diamond and diamondlike carbon：thermal conductivity and longitudinal sound velocity[J]. Journal of Applied Physics，1994，76（5）：2636-2640.

[115] Hurler W，Pietralla M，Hammerschmidt A. Determination of thermal properties of hydrogenated amorphous carbon films via mirage effect measurements[J]. Diamond and Related Materials，1995，4（7）：954-957.

[116] Chen G，Hui P，Xu S. Thermal conduction in metalized tetrahedral amorphous carbon（ta-C）films on silicon[J]. Thin Solid Films，2000，366（1-2）：95-99.

[117] Zhang X X，Ai L Q，Chen M，et al. Thermal conductive performance of deposited amorphous carbon materials by molecular dynamics simulation[J]. Molecular Physics，2017，115（7）：831-838.

[118] 艾立强，张相雄，陈民，等. 类金刚石薄膜在硅基底上的沉积及其热导率[J]. 物理学报，2016，65（9）：096501（1-6）.

[119] Grill A. Electrical and optical properties of diamond-like carbon[J]. Thin Solid Films，1999，355：189-193.

[120] Bertram A，Beasley K，Delatorre W. An overview of navy composite developments for thermal management[J]. Naval Engineers Journal，1992，104（3）：276-285.

[121] 王光祖，崔仲鸣. 金刚石薄膜的功能应用[J]. 超硬材料工程，2020，32（2）：23-26.

[122] Baba K，Aikawa Y，Shohata N. Thermal conductivity of diamond films[J]. Journal Applied Physics，1991，69（10）：7313-7315.

[123] Ho H P，Lo K C，Tjong S C，et al. Measurement of thermal conductivity in diamond films using a simple scanning thermocouple technique[J]. Diamond and Related Materials，2000，9（7）：1312-1319.

[124] Wolter S D，Borca-Tasciuc D A，Chen G，et al. Thermal conductivity of epitaxially textured diamond films[J]. Diamond and Related Materials，2003，12（4）：61-64.

[125] 李发宁，张鹤鸣，戴显英，等. 宽禁带半导体金刚石[J]. 电子科技，2004（7）：43-49.

[126] Jia X Y，Huang N，Guo Y N，et al. Growth behavior of CVD diamond films with enhanced electron field emission

properties over a wide range of experimental parameters[J]. Journal of Materials Science and Technology，2018，34（12）：2398-2406.

[127] Xu H Q，Zang J B，Tian P F，et al. Surface conversion reaction and high efficient grinding of CVD diamond films by chemically mechanical polishing [J]. Ceramics International，2018，44（17）：21641-21647.

[128] 满卫东，汪建华，王传新，等. 金刚石薄膜的性质、制备及应用[J]. 新型炭材料，2002，17（1）：62-70.

[129] 金曾孙. 低成本高质量金刚石膜生长技术及热学方面的应用[J]. 材料导报，2001，15（2）：24.

[130] 何江，林贵平，庞丽萍. CVD 金刚石膜散热性能的实验及仿真分析[J]. 金刚石与磨料磨具工程，2010，6（3）：22-27.

[131] 王光祖，卫凤午. 说说金刚石在功能应用方面的那些事[J]. 超硬材料工程，2013，25（6）：31-36.

[132] 林昕，阮国宇. 非传统热压合技术的超高导热覆铜板[C]. 第十四届覆铜板技术·市场研讨会论文集，2013.

[133] 唐吉龙，王鹏华，魏志鹏，等. 一种高导热率半导体衬底及其制备方法和应用：CN 111009497 A [P/OL]. 2020-04-14.

[134] 殷录桥，张建华，王毅斌，等. 一种类金刚石复合薄膜及其制备方法和应用以及一种 IGBT 模块散热基板：CN 110527964 A [P/OL]. 2019-12-03.

[135] 高翔，周茂伟，马丹升，等. 基于类金刚石薄膜的 LED 散热结构及其制备方法和 LED 结构：CN 109881151 A[P/OL]. 2019-06-14.

[136] 姚光锐，范广涵，郑树文，等. 散热基板为类金刚石膜-铜复合材料的大功率发光二极管：CN102354 725 A[P/OL]. 2012-02-15.

第6章 纳米氧化物、碳化物与氮化物导热材料

在基体材料中添加导热粉体提升材料导热性能是目前最常见、也最有效的方法。常用的导热填料有氧化铝、氧化镁、氧化锌、氮化铝、氮化硼、碳化硅等。

表6-1列出了常用导热粉体的基本性能。

表6-1 常用导热粉体的基本性能

化合物	晶型	热导率 λ/[W/(m·K)]	其他性能
氧化镁 MgO	简单立方晶型	36	在空气中易吸潮，增黏性较强，不能大量填充；耐酸性差，易被腐蚀，限制了酸性环境下的应用
氧化铝 Al_2O_3	$\alpha\text{-}Al_2O_3$	30	价格适中，<200元/kg；球形或者类球形，填充量大，在液体硅胶中，最大填充量可达600～800份，制品热导率高
碳化硅 SiC	β-SiC	83.6～220	合成过程中产生的碳及石墨难以去除，导致产品纯度较低，电导率高，不适合电子用胶；密度大，在有机硅中易沉淀分层，影响产品应用；环氧胶中较为适用
氮化硅 Si_3N_4	$\beta\text{-}Si_3N_4$	2～155	具有高导热性能、卓越绝缘性能及力学性能、价格适中等优点，是制备导热复合材料的重要填料
氮化铝 AlN	六方纤锌矿型	80～320	价格昂贵，每公斤几千元以上；易受潮水解，水解产生的氢氧化铝会使导热通路中断，制品热导率偏低
氮化硼 BN	β-BN	60～125	价格昂贵，每公斤上千元；不能大量填充，否则会造成体系黏度急剧上升，严重限制了产品的应用领域

从表6-1可以看出氧化物热导率低于氮化物和碳化物。这类无机非金属导热绝缘化合物的热传导主要依赖于声子传导，其中共价键的结合强度和晶体结构的对称性反映在热导率上有非常明显的规律。

除了热导率的考量，粉体在应用中还常常需要考虑级配问题。级配技术是将不同大小级别的颗粒相互匹配填充到一定体积之内，使得体积填充率尽可能地高。简单理解就好像要将一个空间填满，可以先堆上一些大石头；在大石头的缝隙里，再填上一些小石块和小沙砾；然后在剩余的缝隙中再撒上一把沙子……如此一级一级地提高填充率。这里，虽然纳米粉体属粒径最小的级别，但在高导热材料的级配系统里却有着非常重要的作用。

另外，粉体的形貌（球型、角型、长柱型、片层型等）也对复合材料的级配方式和浆料流变性能有影响。粉体的表面处理、表面修饰技术对最终性能也会产生较大影响。

本章将分类介绍几种主流填料的应用实例。

6.1 主流导热粉体填料

6.1.1 氧化铝

1. 结构与性能

氧化铝（aluminium oxide，化学式：Al_2O_3）是一种高硬度的、在高温下可电离的离子晶体化合物，熔点为2054℃，沸点为2980℃。用于制造耐火材料的 Al_2O_3 有许多同质异晶体，目前已知的有10多种，主要有3种晶型，即 $\gamma\text{-}Al_2O_3$、$\beta\text{-}Al_2O_3$、$\alpha\text{-}Al_2O_3$（刚玉）。晶型结构不同性质也不同，但在1300℃以上的高温时几乎完全转化为 $\alpha\text{-}Al_2O_3$[1-2]（图6-1）。

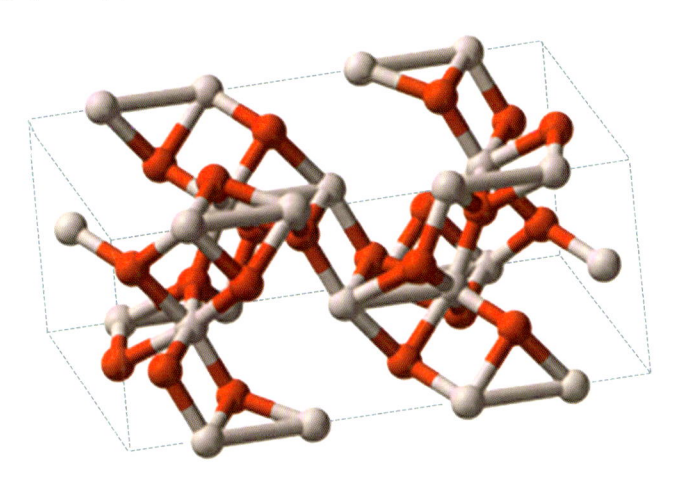

图6-1　$\alpha\text{-}Al_2O_3$ 晶体结构示意图

导热氧化铝是高温条件下生成的类球形白色粉末结晶，具有高填充性、高热导率、高纯度的特点。导热氧化铝的粒径分布窄，粒径尺寸稳定性好，热导率 K 值高，偶联改性后填充分数高[3]，可对高分子材料进行实施高浓度填充，得到黏度较低、流动性较好的混合物，形成较为完整的导热链，且不影响硫化；与其他金属氧化物相比，填充所获导热混合物的热导率高、散热性好。由于纯度高，产品以共价化合物状态存在，粒子状态杂质含量极少，因此导热氧化铝产品有较好的电气性能。

此外，导热氧化铝还拥有耐酸碱、耐高温、表面能低的特点，是目前性价比最高的导热填料。

国内使用效果好的氧化铝导热粉体产品主要有：微米级 VK-L600D 和纳米级 VK-L04R 两个牌号。为了提高树脂填料与基体的相容性，加强复合材料的导热性能而又不降低其力学性能，通常采用偶联剂对基体材料进行表面处理。经偶联剂表面处理的 VK-L600D 和 VK-L04R 氧化铝粒子填充环氧树脂胶黏剂，与未经表面处理直接填充所得的环氧胶黏剂相比，热导率提高了 10%。其中，经硅烷偶联剂处理的纳米级 VK-L04R 效果最显著。日本住友 AA-18、AA-1.5、AA-04 型号氧化铝级配填充量为体积分数 80%时，热导率为 10 W/(m·K)。

氧化铝作为绝缘导热聚合物填料，广泛应用于导热塑料、导热橡胶、导热黏合剂、导热涂料等领域。但有关纳米氧化铝的报道并不是很多。在相同填充量下，采用纳米氧化铝填充比用微米氧化铝填充的橡胶具有更好的导热性能和物理力学性能。随着纳米复合技术的不断进步，可以预见纳米 Al_2O_3 在导热领域的开发与应用有着无比宽广的发展空间[4]。

2. 应用实例

江玲玲等[5]以不同粒径氧化铝为导热填料，以聚甲醛（polyformaldehyde，POM）为基体，分别以硅烷偶联剂、钛酸酯偶联剂、铝酸酯偶联剂为偶联剂，通过熔融混合法制备高导热氧化铝/POM 复合材料，并对其导热性能进行了研究，同时考察了不同偶联剂对氧化铝/POM 复合材料导热性能的影响。研究发现：①当氧化铝的粒径为 15 μm、填充量的质量分数为 40%时，以钛酸酯为偶联剂所制氧化铝/POM 复合材料的导热系数为 0.773 W/(m·K)，明显优于其他两种偶联剂。②以钛酸酯为偶联剂，分别选用粒径为 6 μm、10 μm、15 μm、30 μm 氧化铝粉体为导热填料，在填充量一定的条件下，以粒径 15 μm 的氧化铝所制氧化铝/POM 复合材料的导热系数最高。③以钛酸酯为偶联剂，随着氧化铝（D = 15 μm）填充量的增加，所制氧化铝/POM 复合材料的导热系数逐渐增大，但其 POM 体系的力学稳定性却逐渐被破坏，以致复合材料的韧性和强度下降。例如，当氧化铝粉体的填充量为体积分数 65%时，氧化铝/POM 复合材料的导热系数高达 1.68 W/(m·K)，但此时的抗拉强度却仅为原来的 56%。

陈琪等[6]发现氧化铝/甲基乙烯基硅橡胶（MVQ）导热复合材料（MVQ 为 100 份，硫化剂双 25 为 0.16 份）的热导率，随氧化铝（D = 15 μm）用量的增加而呈现出非线性增大的规律。在氧化铝用量为 150～300 份的范围内，氧化铝/MVQ 复合材料热导率增幅最大；当氧化铝用量超过 300 份后再增加氧化铝用量，则导热性能增大不显著。即氧化铝的最佳用量为 300 份左右，此时氧化铝/MVQ 复合材料的热导率为 0.87 W/(m·K)。

李攀敏等[7]以粒径 10 μm 的氧化铝为填充物，以环氧树脂为基体，采用硅烷偶联剂，进行氧化铝/环氧树脂导热复合材料的制备。分别应用 Maxwell 方程和 Agari 方程对氧化铝/环氧树脂复合材料的导热系数进行模拟预测，并与实验数据进行比较。结果显示：当氧化铝填充量的体积分数小于 30%时，Maxwell 方程计算值与实验值比较接近；在填充量较高时，计算值明显低于实验值。而 Agari 方程的计算值与实验数据的比较，则显示在氧化铝填充量较高时，计算值与实验值比较一致。同时在实验中发现：随着氧化铝填充量的增加，氧化铝/环氧树脂复合材料导热系数增大，但是当氧化铝的填充量超过体积分数 54%时，实验值反而下降。这是因为填充量过高，引入的气孔间隙太多，以致界面热阻非常大，对材料导热系数的负面影响显著。在氧化物填充为体积分数 54%时，氧化铝/环氧树脂导热复合材料的导热系数为 0.62 W/(m·K)。

潘桂然等[8]对比了氧化铝微米片和无规则氧化铝作填充物对氧化铝/环氧树脂复合材料导热系数的影响，结果表明：在相同的填充量范围内，氧化铝微米片/环氧树脂复合材料的面外导热系数高于无规则氧化铝/环氧树脂复合材料。这是因为氧化铝微米片层层堆叠，接触面积大，导热效率高，在填充量为质量分数 50%时，导热系数高达 0.77 W/(m·K)，而无规则氧化铝则因在环氧树脂基体中的排列混乱，在填充量为质量分数 50%时，导热系数仅为 0.62 W/(m·K)。说明片状导热填料的导热性能优于无规则状导热填料。

Kozako 等[9]发现在氧化铝填充量很高时，会导致混合物的流动性很差，通过加入溶剂的方式可以使其保持低黏度以获得高流动性。先将环氧树脂、固化剂、溶剂和填充剂制备成悬浮液，再将悬浮液涂在脱模膜上，用烘干箱加热除去溶剂，而后在钢模中固化得到高导热的复合薄膜。当 10 μm 的球形氧化铝填充量为质量分数 60%时，可以获得 4.3 W/(m·K)的热导率。

刘运春等[10]通过先挤出再注塑的方法制备了氧化铝/PPS（聚苯硫醚）导热复合材料，研究了硅烷偶联剂表面改性对氧化铝/PPS 复合材料力学性能和导热性能的影响。当 5 μm 的球形氧化铝填充量为质量分数 70%时，未改性和改性氧化铝填充 PPS 导热复合材料的热导率分别达到 2.279 W/(m·K)和 2.392 W/(m·K)。通过 SEM 分析表明，改性氧化铝在 PPS 中分散均匀，两者结合紧密，因此能够获得较高的热导率。

Zhou 等[11]首先将 SiO_2、$CaCO_3$、硅橡胶、加工油预混合，再将氧化铝、固化剂加入利用双辊混料机混合 30 min，制备出高导热、低热膨胀系数的热界面材料。当氧化铝的填充量为体积分数 65%时，热导率达到 13 W/(m·K)，热膨胀系数为 75°C^{-1}。

赵斌等[12]选用两种不同种类的纳米氧化铝粉体，采用直接掺杂法制备出系列氧化铝/聚酰亚胺复合薄膜，考察并研究了氧化铝粉体种类及其掺杂量对复合薄膜导热性能的影响。结果表明：①同一温度下，复合薄膜的导热系数随氧化铝填充量的增加而增大。②在纳米氧化铝填充量小于质量分数15%时，亲水性纳米氧化铝粉体的复合薄膜导热性能比亲油性的复合薄膜的好。③当纳米氧化铝的填充量为质量分数5%时，复合薄膜的强度和韧性均有明显增加。④亲水性纳米氧化铝填充量为质量分数5%~10%时，复合薄膜的导热性能提高并能保持一定的力学性能。

因此，氧化铝的导热性能受多种因素影响，包括氧化铝的大小、形态、填充量，还有高分子基体的种类，偶联剂的种类等。

6.1.2 碳化硅

1. 结构与性能

碳化硅（silicon carbide，化学式：SiC）属Ⅳ(A)-Ⅳ(A)族共价化合物，C—Si呈四面体排列，SiC为硬质的材料，硬度仅次于金刚石。纳米碳化硅材料具有高的热导率、低的热膨胀系数、高的机械性能、好的热学性能和化学稳定性，另外还具有耐腐蚀和抗氧化等特点[13]。

碳化硅具有α和β两种晶型。β-SiC的晶体结构为立方晶系，Si和C分别组成面心立方晶格；α-SiC含有4H、15R和6H等100余种多型体，其中，6H多型体为工业应用上最为普遍的一种。

在SiC的多种型体之间存在着一定的热稳定性关系，温度低于1600℃，碳化硅以β-SiC形式存在；高于1600℃，β-SiC缓慢转变成α-SiC的各种多型体。4H-SiC型在2000℃左右容易生成；15R和6H多型体均在2100℃以上的高温下才易生成；对于6H-SiC，即使温度超过2200℃，也是非常稳定的。其中，β-SiC具有更好的导电、导热性能[热导率 $\lambda = 100 \sim 125$ W/(m·K)]，更高的硬度和韧性，且抗磨、耐高温、耐热震、耐腐蚀、耐辐射等，在实际应用中常被用作高导热绝缘材料的填料。图6-2为β-SiC的晶体结构示意图。

碳化硅颗粒的填充量及其大小直接影响着导热复合材料的导热性能。在碳化硅填充量较低时，体系中的碳化硅颗粒之间无相互接触，复合材料的导热性能维持在较低水平；随着碳化硅填充量的不断增加，碳化硅颗粒之间形成导热网链的概率增大，复合材料的导热性能明显提高；但碳化硅填充量过高又会使复合材料的力学性能下降。纳米级的碳化硅的导热性能比微米级碳化硅更加优越。

值得一提的是：碳化硅可作为环氧树脂（epoxy，EP）的导热填料，但因碳化硅在环氧树脂中的分散性较差，必须对碳化硅进行表面处理才能发挥其特殊功效[14-16]。

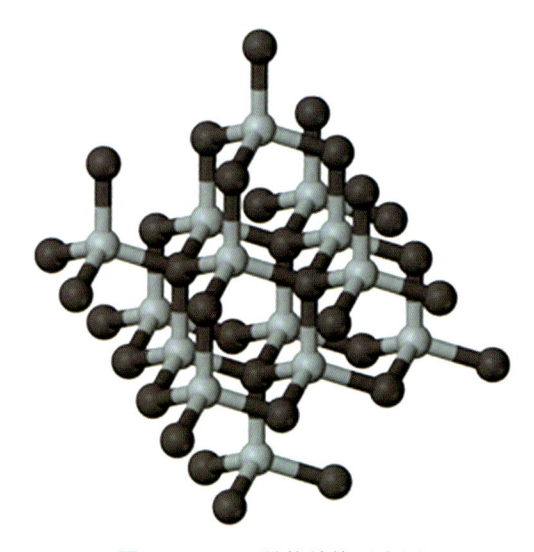

图 6-2　β-SiC 晶体结构示意图

2. 应用实例

Zhou 等[17]研究发现：同样经硅烷偶联剂表面处理的纳米级碳化硅和微米级碳化硅，前者的热导率比后者高很多；在填充量为体积分数 14%时，纳米碳化硅/树脂复合材料的热导率为 4.25 W/(m·K)，微米级碳化硅/树脂的热导率仅为 0.5 W/(m·K)。

Lee 等[18]利用钛酸盐对碳化硅、球形氮化铝（aluminum nitride，AlN）进行表面处理，采用机械共混将一定比例的碳化硅、球形氮化铝与聚合物混合均匀。当碳化硅与氮化铝混合填料的填充量达到体积分数 60%时，所制复合材料的热导率达到 2.25 W/(m·K)。

张晓辉等[19]研究了分别以碳化硅、氧化铝、氮化铝为填料所制环氧树脂复合材料的导热性能。研究发现：在填充比相同的条件下，碳化硅对环氧树脂导热性能提高最大，氮化铝次之，氧化铝最差。在保证环氧树脂复合材料一定的机械强度的情况下，碳化硅作为填充材料最好。当碳化硅粉体的填充体积分数为 53.9%时，所获碳化硅/环氧树脂复合材料的热导率高达 4.23 W/(m·K)。

6.1.3　氮化硅

1. 结构与性能

氮化硅（silicon nitride，化学式：Si_3N_4）是硅和氮所构成化合物的统称，具有高导热性能、卓越绝缘性及力学性能、价格适中等优点，是制备导热复合材料的重要填料[20]。表 6-2 列出了氮化硅材料的主要物理性能。

表 6-2　氮化硅材料的主要物理性能

项目	反应烧结	热压烧结
密度 ρ/(kg/m³)	2200~2600	3000~3200
线膨胀系数 α_l/K^{-1}	$(2.5~3.0)\times 10^{-6}$	$(2.95~3.62)\times 10^{-5}$
弹性模量 E/MPa	$(14.7~21.57)\times 10^4$	28.44×10^4
抗压强度 σ_c/MPa	233~309	588~981
抗拉强度 σ_t/MPa	98~142	515
抗弯强度 σ_f/MPa	118~206	549~687
热导率 λ/[W/(m·K)]	1.59~18.42（20~250℃）	
莫氏硬度 HM	9	
显微硬度/MPa	15680~98000（α 相）；32000~34000（β 相）	
熔点 T/℃	1900（升华分解）	
比热 c/[J/(kg·K)]	711.8（25℃）	
电阻率 ρ/(Ω·m)	$10^{14}~10^{18}$（20~1050℃）	
相对介电常数 ε_r	9.4~9.5	

然而，氮化硅的理论热导率为 105~450 W/(m·K)，电阻率高达 1×10^{16} Ω·cm，1 MHz 时介电常数为 6.1，损耗因子为 $(3~8)\times 10^{-4}$，最高耐热温度达 1500℃，线膨胀系数为 3.1×10^{-6} K^{-1}，弹性模量为 300 GPa，抗弯强度为 600~900 MPa。因此，氮化硅是制备高导热绝缘复合材料的优选填料之一[21]。

氮化硅的粒径、形态、用量、表面改性、混杂填充及复合材料制备方法与成型工艺等因素均影响氮化硅/聚合物复合材料的导热性能和其他物理性能。例如，经 KH-550 改性的氮化硅聚乙烯，当氮化硅的粒径为 0.2 μm，体积分数为 20%时，体系的热导率高达 1.8 W/(m·K)；采用粉末混合法制备的氮化硅/聚苯乙烯（PS）复合材料，在氮化硅的体积分数为 20%时，材料的热导率最高可达 3.0 W/(m·K)[22]。

此外，氮化硅在常温下还具有一系列独特优异的物理、化学性能，如高韧性、低膨胀系数、耐冲击、良好的绝缘性、耐磨损和耐腐蚀等[23]。

氮化硅（Si_3N_4）是一种共价键化合物，属六方晶系，具有两种晶型（α 相和 β 相），其中 α-Si_3N_4 为低温稳定相，β-Si_3N_4 为高温稳定相，在 1300℃时会发生 α→β 相变，常压高温直接分解为液态硅和氮气，分解温度为 1877℃。

Si_3N_4 的基本结构单元为［Si—N$_4$］四面体，［Si—N$_4$］四面体通过共顶点连接形成三维网络结构，每个四面体有两条边平行于六方结构的 c 轴，每个 N 原子与直接相连的 3 个 Si 原子共面，而［N—Si$_3$］平面与六方结构底面垂直。两种晶体结构唯一区别是沿 c 轴的堆垛顺序，α-Si_3N_4 堆垛顺序为 A B C D A B …，β-Si_3N_4 堆垛顺序为 ABABAB…，如图 6-3 所示。其中 β-Si_3N_4 结构较为稳定。

(a) α-氮化硅 　　　　　　　(b) β-氮化硅

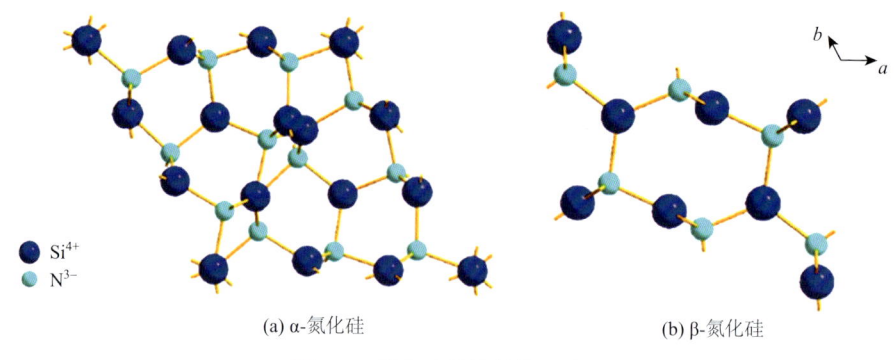

图 6-3　氮化硅晶体结构示意图

α-氮化硅和 β-氮化硅晶体的基本性质见表 6-3。

表 6-3　两种氮化硅晶体的基本性质

晶型	晶系	晶格常数 a/nm	晶格常数 c/nm	理论密度 ρ/(g/cm^3)	热膨胀系数 α_l/K^{-1}	显微硬度 HK/GPa
α-Si$_3$N$_4$	六方	0.7448	0.5617	3.188	3.0×10^{-6}	10~16
β-Si$_3$N$_4$	六方	0.7608	0.2910	3.187	3.6×10^{-6}	24~32

2. 合成方法

合成氮化硅的方法主要有：硅粉直接氮化法、碳热还原氮化法、自蔓延燃烧法、气相反应法、热分解法等。每种合成方法各自有各自的优势和特点，也有不足和需要改进的地方[24]。

工业生产氮化硅通常采用二氧化硅碳热还原法和硅二酰亚胺分解法，前者是最早应用于制备氮化硅的方法，已经具有标准的工业生产过程，也是工业生产高纯度 α-Si$_3$N$_4$ 成本的最低方法；后者仅次于前者，也是被广泛应用的生产方法之一。

纳米氮化硅的制备往往利用激光诱导气相沉积法，通过此法可获得粒径小于 10 nm 的均匀氮化硅粉体[25]。

氮化硅合成方法的化学原理和工艺条件见表 6-4。

表 6-4　氮化硅的合成方法及特点

硅源	氮源	反应原理	反应条件
Si	NH$_3$、N$_2$	Si + N$_2$ ⟶ Si$_3$N$_4$	1200~1500℃，70 MPa
Si	NH$_3$、N$_2$	Si + NH$_3$ ⟶ Si$_3$N$_4$ + H$_2$	1200~1500℃
SiO$_2$		SiO$_2$ + C + N$_2$ ⟶ Si$_3$N$_4$ + CO	1400~1700℃

续表

硅源	氮源	反应原理	反应条件
SiCl$_4$	NH$_3$、N$_2$	SiCl$_4$ + NH$_3$ ⟶ Si$_3$N$_4$ + HCl	1100～1350℃；-30～70℃生成Si(NH)$_2$，然后在1600℃分解；等离子体
SiH$_4$		SiH$_4$ + NH$_3$ ⟶ Si$_3$N$_4$ + H$_2$	1100～1350℃，等离子体

3. 热导率与结构的关系

氮化硅的热导率与其结构有关，结构越致密，热导率越高。氮化硅粉体的粒径和氧含量影响其致密化与声子散射距离，因此选用适中粒径和较低氧含量的氮化硅粉体有利于提高烧结氮化硅的热导率。氮化硅粉粒的长径比越小，填充得越致密，晶间相体积越小，热导率就越高。由β-Si$_3$N$_4$粉体所制氮化硅柱状晶体的平均长径比远小于用α-Si$_3$N$_4$粉体制备的氮化硅晶体，因此采用β-Si$_3$N$_4$粉体制备的烧结氮化硅具有更高的热导率。在烧结过程中添加稀土氧化物、氟化物及氟氧化物助剂可以除去氮化硅晶体中的氧杂质，纯化晶粒，促进晶粒长大，提高氮化硅致密度，从而提高烧结氮化硅的热导率。此外，采用合适烧结法也有助于改善烧结氮化硅的热导率[26]。

材料热导率与其微观结构联系紧密。氮化硅的高共价键结构决定了其热传导过程主要依靠晶格热导，而杂质和晶格缺陷是造成声子的倒逆过程（U过程）、增加晶体热阻的主要原因。因此人们多以晶体尺寸、晶格杂质和构成晶界薄膜的晶界相为影响热导率的主要因素展开研究。研究认为[27]当晶体粒径＜1 μm时，晶界和晶格氧含量对热导率的影响较为显著；而当其晶体粒径粒＞1 μm时，晶界相含量的影响逐渐减弱，热导率的决定性因素为晶格内的氧含量。晶界相和多晶交界处的物相都会降低热导率，但晶界相的影响更强烈。

向氮化硅粉体原料中引入大尺寸β-Si$_3$N$_4$晶种，能够有效控制其微观结构，促进β-Si$_3$N$_4$晶粒的生长，而晶粒的生长有利于将晶界相排挤进入到多晶交界处，从而热导率得以提高[28]。

此外，由于晶粒生长过程伴随着不断的溶解-沉淀过程，在该过程中多数杂质和缺陷因偏析而移除，从而起到净化晶格的作用，这也是热导率得以提高的重要因素。

β-Si$_3$N$_4$晶粒的排列方向也会影响β-Si$_3$N$_4$陶瓷的热导率，通过适当的成型方式可以实现晶粒的定向排列，使之产生很好的一维或二维定向效果，制备出在某单一方向上热导率高的β-Si$_3$N$_4$陶瓷[29]。

采用流延法和热压法所制β-Si$_3$N$_4$陶瓷的晶粒尺寸和热导率示于表6-5。可以看出流延成型可以控制晶粒的定向排列，实现晶粒的定向生长，从而提高平行于流延方向上的热导率[30]。

表 6-5 比较流延成型和热压成型对所制 β-Si₃N₄ 陶瓷热导率各向异性的影响[30]

项目		样品（a）	样品（b）
烧结温度 T/℃		2500	
成型工艺		热压法	流延法
晶体尺寸	D/μm	8	10
	L/μm	60	100
热导率 λ/[W/(m·K)]	流延方向	110	155
	堆叠方向		52

4. 应用实例

He 等[31]以聚苯乙烯为基体，以氮化硅粉末为填料，采用热压成型法制备出系列不同氮化硅填充量的氮化硅/聚苯乙烯复合材料，并研究了氮化硅填充量对所制复合材料导热性能的影响。研究发现聚苯乙烯基体的本征导热系数很低，只有 0.414 W/(m·K)；但随着氮化硅填充量的增加，所制氮化硅/聚苯乙烯复合材料的导热系数逐渐提高。在填充量为体积分数 10%～40%时，所得复合材料导热系数比基体聚苯乙烯增加约 2～6 倍；在氮化硅的填充量为体积分数 40%的条件下，复合材料的导热系数达到 3.0 W/(m·K)。

Zeng 等[32]采用酚醛清漆环氧树脂为基体，以 Si₃N₄ 和 SiO₂ 粉末为填料制备环氧模塑料（epoxy molding compound，EMC）。研究发现：[EMC（SiO₂）颗粒]/[EMC（Si₃N₄）粉末]复合是提高 EMC 导热性能和降低成本的最有效方案，在 EMC（Si₃N₄）的体积分数为 80%时，EMC 的最高导热系数为 2.5 W/(m·K)。

Fu 等[33]采用加工方法和结构设计，制备出新型结构的 Si₃N₄/环氧树脂复合材料。随着 Si₃N₄ 填充量的增加，复合材料的导热系数增加；在粒径为 2 mm 的环氧树脂中填充体积分数 30%的 Si₃N₄ 粉体，所制 Si₃N₄/环氧树脂复合材料的最高导热系数为 1.8 W/(m·K)。

6.1.4 氮化铝

1. 结构与性能

氮化铝（aluminium nitride，化学式：AlN）为原子晶体，是一种典型的共价键化合物，晶体结构为六方纤锌矿型（图 6-4），晶体呈白色或灰白色，常压下分解温度为 2200～2450℃，理论密度为 3.26 g/cm^3。氮化铝的热导率理论上可达 320 W/(m·K)，但因其晶格缺陷，导致产生铝空位而散射声子，使得实际热导率不到 200 W/(m·K)。氮化铝还具有高电阻率（＞10^{14} Ω·cm）、低热膨胀系数（4.4×10^{-6}/℃）、良好的热稳定性、相对较低的介电常数（8.7～9.8）和介电损耗等优点，在实际应用中常被用作高导热绝缘材料的填料。

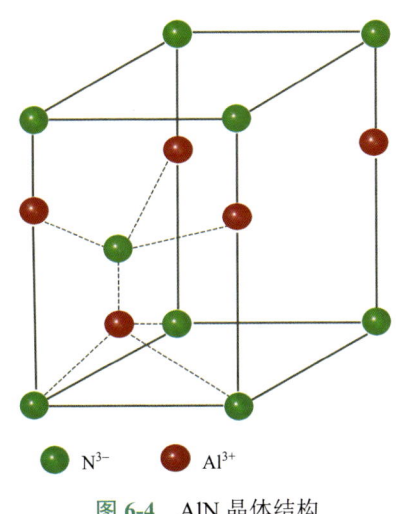

图 6-4 AlN 晶体结构

2. 热导率的影响因素

作为高导热绝缘材料的填料，氮化铝的填充量及其颗粒的大小直接影响着复合材料的导热性能。在填充比例较低时，氮化铝颗粒之间会被聚合物隔断，相互作用弱，界面声子传递热阻大，热导率提高不明显；随着填充量的增加，氮化铝颗粒彼此接触，形成导热通路，界面声子的热传递阻力降低，热导率逐步提高；当填充量增大到一定值时，氮化铝导热粒子在高热阻的聚合物内部形成导热通路，热流沿着低热阻的导热粒子通路传递，体系的热导率显著提高。因此，填充型导热聚合物一般需要较高的填充比例。

填料粒径大小对高分子复合材料导热性能的影响主要表现在两个方面：①填料粒度本征特性的影响。即大尺寸填料的比表面积小，形成的界面层面积小，热界面阻力小，复合材料的热导率高；相比之下，小粒径的填料，形成导热通路所需的粒子多，热流通过相同长度的复合材料经过的"颗粒-颗粒"界面或"颗粒-基体"界面多，导致界面声子散射多，热阻大，复合材料热导率低。②填料的粒度与填充量的关系。在低填充量时填料粒径对复合材料热导率影响不大；而在高填充量时，大粒径填料能显著提高复合材料热导率[34, 35]。

3. 应用实例

Hsieh 等[36]以氮化铝为填料，以环氧树脂为基体，制备出系列导热复合材料，研究了各种试验参数对热导率的影响。发现使用大粒径的氮化铝粉末可以显著提高热导率，认为这是由氮化铝颗粒与基体树脂之间的界面面积减少所致。采用颗粒大小为 35.3 μm 的氮化铝粉末，在填充量为体积分数 67%时，所制复合材料的导热系数达到 14 W/(m·K)。

Yung 等[37]研究了氮化铝尺寸、填充量和尺寸分布对氮化铝/环氧树脂复合材料的热性能（玻璃化转变温度、热膨胀系数等）的影响。研究表明：纳米氮化铝（50 nm）/环氧树脂复合材料的玻璃化转变温度低于微米氮化铝（2.3 μm）/环氧树脂复合材料，其热膨胀系数随着氮化铝填充量的增加或纳米氮化铝比例的提升而降低。

Ramdani 等[38]研究了氮化铝填充量和尺寸对双酚 A-苯胺型苯并噁嗪树脂导热系数的影响。发现：随氮化铝填充量的增加和其粒径的降低，复合材料的导热系数逐渐增加。在氮化铝粒径为 50 nm，填充量为体积分数 60%时，复合材料的最高导热系数为 7.89 W/(m·K)。

Huang 等[39]选用 3 种硅烷偶联剂（KBM-303、KBM-803、KBM-903）和 3 种表面处理剂（POSS、GO、超支化聚合物）对平均粒径为 1.1 μm 的氮化铝进行表面处理。在较高填充浓度下，六种改性剂中，KBM-803 改性的氮化铝填充复合材料的导热性能最好，当氮化铝的体积分数为 65%时，热导率高达 6 W/(m·K)。

Bae 等[40]选用三种不同粒径的氮化铝颗粒（30 μm、12 μm、2 μm）做填料，进行氮化铝/环氧树脂复合材料制备。研究表明：当氮化铝填充量的体积分数为 65%时，大颗粒填充的复合材料具有更好的流动性、热导率和抗水性，小颗粒填充的复合材料有更好的介电性能、热膨胀系数和弯曲性能，而大小颗粒复合填充的复合材料则结合了两者的优势，展现出更好的流动性、热导率、介电常数、弯曲强度和抗水性。在小颗粒氮化铝体积分数 20%～30%范围内，复配的 30 μm/2 μm 和 12 μm/2 μm 氮化铝大小颗粒混合填料所制复合材料的导热系数分别为 5.2 W/(m·K)和 4.6 W/(m·K)，而单独以 30 μm 和 12 μm 的氮化铝为填料时，复合材料导热系数分别为 4.9 W/m·K 和 4.0 W/m·K，说明不同粒径的氮化铝粒子混合填充，可以使复合材料的热导率得到很大的提高。

Dang 等[41]研究了氮化铝晶须（$D = 1$ μm、$L = 15$ μm）和球体（$D = 2.55$ μm）作为环氧树脂基体混合填料的热性能。在混合填料的填充量为体积分数 60%、氮化铝晶须与球体的体积比为 1∶1 时，所制氮化铝/环氧树脂复合材料的导热系数为 4.321 W/(m·K)。采用硅烷偶联剂对混合填料的表面进行改性，改善聚合物基体中混合填料的分散性及与基体之间的相互作用，复合材料的导热系数可增加到 5.232 W/(m·K)。

Shi 等[42]采用三维氮化铝纳米晶须提升聚合物的热导率到 4.2 W/(m·K)，是相同填充量的等径颗粒氮化铝复合物的 2.3 倍。这是三维氮化铝纳米晶须以更低的热阻在基体中形成更高效的渗透网络所致。

为了获得最高的导热系数，将不同形状的填料混合填充可以获得最大堆积密度和最多的导热通路，以实现材料的高导热性能。Xu 等[43]研究了以氮化铝晶须和颗粒混掺填充对聚偏二氟乙烯的影响，研究表明：当晶须：颗粒（7 μm）为 1：25.7，填充量为体积分数 60%时，氮化铝/聚偏二氟乙烯复合物达到最大导热系数 11.5 W/(m·K)，改变氮化铝晶须和颗粒的比例，导热系数降低。说明适量配比复合填充获得复合材料的热导率和热膨胀系数高于单一氮化铝晶须或氮化铝颗粒填充的复合材料。

6.1.5 氮化硼

1. 结构与性能

氮化硼（boron nitride，化学式：BN）在许多材料属性上，尤其是超高导热系数上，类似于二维碳同类材料，但也拥有一些独特的属性。例如，具有良好的电绝缘性，出色的热稳定性、抗氧化性、抗腐蚀性、较浅的颜色以及较高的机械强度。常见的氮化硼有无定形，或立方、六方等多种晶型（图 6-5），其中六方氮化硼（h-BN）是最稳定的晶型，有类似于石墨的层状结构。在空气中，石墨 400～450℃开始氧化，而六方氮化硼开始氧化的温度高达 1000℃、在真空高达 1400℃。由于氮化硼的高导热性和电绝缘性等优越性能，作为导热绝缘聚合物复合材料的导热填料有很好的应用前景。

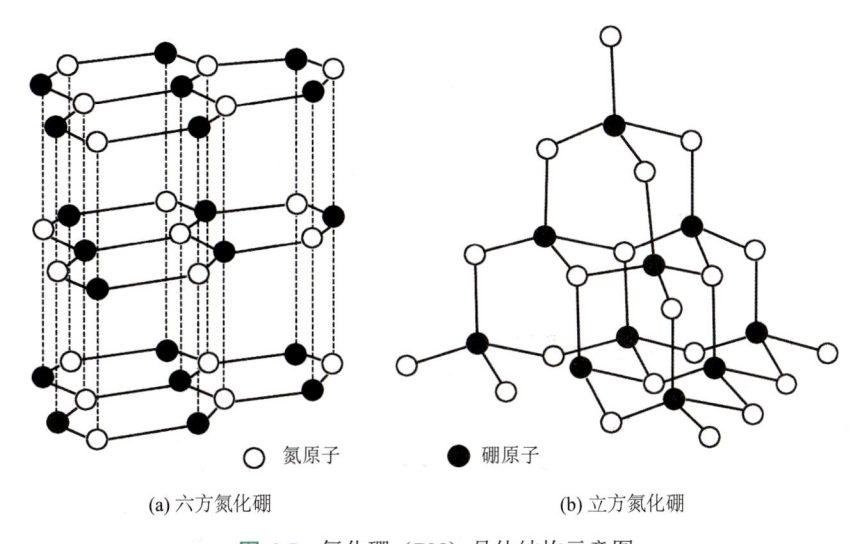

(a) 六方氮化硼   (b) 立方氮化硼

图 6-5 氮化硼（BN）晶体结构示意图

对于具有较高热导率的纳米尺寸陶瓷颗粒填料，包括纳米氧化铝（α-alumina）、纳米金刚石、纳米碳化硅（α-SiC）和纳米氮化硅（Si_3N_4）等。虽然各种填料都具有与氮化硼相当或更高的电导率，但是在增强环氧树脂复合材料的导热性方面，均较氮化硼差；而填充纳米氧化铝、金刚石、纳米 α-SiC 和纳米非晶 Si_3N_4 的环氧复合材料的导热性差别不大[44]。

在绝缘类的导热填料中，六方氮化硼比较独特，其晶体结构类似石墨的层状结构[图 6-5（a）]，每一层结构均为 B、N 原子相间排列成六角环状网络，层内原子之间为共价键，结合力较大，层间为分子键结合，较容易被剥层，所以又称为"白石墨"。从理论上讲，六方氮化硼的热导率应该与石墨类同，为各向异性；但因六方氮化硼在导热材料中的应用不如石墨那样广泛，对其热导率的数据，文献上有多种说法，也未根据各向异性进行区分。另外大片氮化硼天然晶体不像石墨那样易得，加之测试上的种种难度，这个问题一直没有得到很确切的解决。但是从众多复合材料实验看来，基本上可以认为六方氮化硼的热导率大于氧化铝，小于氮化硅和氮化铝。

2. 制备方法

1）剥离法

用于六方氮化硼的剥离方法主要有机械剥离法和化学剥离法。机械剥离法包括球磨法、胶带剥离法、等离子体刻蚀法、流体剥离法；化学剥离法主要包括液相超声法、离子插入法和化学功能化法。其中，胶带剥离法，虽然可以得到高质量的材料，但其产率极低；液相超声法，尽管可以大量生产，然而溶剂价格昂贵并且处理困难；而球磨法则因其产率高以及可量产化的优势独占鳌头。

球磨法主要是利用硬球与氮化硼结构的相互作用，一方面，在球磨过程中，硬球与氮化硼层状结构侧面的碰撞使氮化硼片层起皱甚至剥落；另一方面，球磨时产生的高能量也为氮化硼原子层之间的分离提供了能量来源。Yao 等[45]利用低能球磨的方法将微米尺寸的氮化硼研磨成二维纳米材料，然后在使用分散剂的条件下，利用超声等方法将纳米片分散在水溶液中，控制浓度约 1 mg/mL。Lee 等[46]将氢氧化钠作为研磨助剂，在提供剪切力的同时起到化学剥离的作用，制得横向尺寸约为 1.5 μm 的氮化硼纳米片，产率达 18%。Chen 等[47]通过尿素辅助球磨法剥离，制备出厚度小于 5 nm，浓度高达 30 mg/mL 的氮化硼纳米片水分散液，其浓度远远高于现报道的使用其他方法剥离出的纳米片。

显然，球磨法工艺门槛低，可实现量产；不足之处是球磨过程中较大的碰撞力易使所得氮化硼纳米片产生较多的缺陷。

2）合成法

氮化硼纳米片的制备除了以上提及的剥离法外，还有类似于制备石墨烯的合成法。氮化硼纳米片合成法主要包括化学气相沉积和固相反应合成法。其中，化学气相沉积是制备尺寸分布均匀且表面十分光滑的六方氮化硼薄膜和氮化硼纳米片的一种常见的方法。相比于平行于衬底的氮化硼纳米片，垂直于衬底的氮化硼纳米片报道较少。Qin 等[48]使用微波等离子体辅助化学气相沉积法，在 BF_3-N_2-H_2 体系中合成垂直生长氮化硼纳米片，他们认为反应过程中的 F 离子和电场的加入是得到垂直氮化硼纳米薄片的主要原因。Zhang 等[49]采用化学气相沉积法，在 BCl_3-NH_3-H_2 气体反应体系中，未施加外加电场等辅助条件下，于硅片表面合成了垂直于衬底排列、并具有很好的深紫外发光特性的氮化硼纳米薄片。除此之外，Chen 等[50]还通过高能球磨法，在氨气氛中将硼粉均匀球磨，随后在 1200℃高温下热处理 16 h，得到了片层垂直于管径排列的氮化硼纳米管，产率高达 85%。

3. 应用实例

六方氮化硼作为导热填料的应用研究多以微米级为主。Ishida 等[51]选用具有粒径呈双峰分布特点的氮化硼粒子为填料，研究了聚苯并噁嗪复合材料的导热系数随氮化硼填充量的变化，结果表明：在氮化硼填充量为体积分数 78.5%时，导热系数可达到 32.5 W/(m·K)。这是由于粒径呈双峰分布的氮化硼粒子在填充过程中排列得更紧实，有利于导热通路的形成，获得高的导热系数。这种双峰分布就是级配的概念，级配可以不止两级，这里级配的"级"指的是粉体粒径的大小级别，根据密堆原理，级与级一般是数量级的差异，因此三级甚至四级的级配，往往就需使用纳米级别的粉体。例如，Yung 等[52]在树脂中填充经过表面改性的六方氮化硼（两种不同粒径）和立方氮化硼的混合物，在填充比达到体积分数 25.7%时，复合材料的导热系数最高可达 19.0 W/(m·K)，比单一填充六方氮化硼高 217%。Li 和 Hsu 等[53, 54]将经表面改性的大（平均粒径约 1 mm）小（平均粒径 70 nm）氮化硼颗粒混合物分散到聚酰亚胺中，在加入量为质量分数 30%时，所制氮化硼/聚酰亚胺复合材料的热导率达 1.2 W/(m·K)。Song 等[55]用异丙醇剥离获得厚度 10 nm～1 μm 的氮化硼纳米片，而后将其分散于聚乙烯醇（PVA）或环氧树脂基体中，在分散的过程中着重防止纳米片的聚合或重新堆叠。制备的 BN/环氧树脂复合薄膜表现出优异的热传输性能，在氮化硼纳米片的含量为体积分数 50%时，BN/环氧树脂复合膜的平面热扩散率高达 19 mm^2/s（图 6-6），相应的导热系数为 30 W/(m·K)。若适当拉伸 BN/PVA 复合膜，促使加入的 BN 纳米片取向排列，还可进一步提升复合膜的平面热扩散系数。例如，机械拉伸氮化硼纳米片体积分数为 15%的 BN/PVA 复合膜，在拉伸导数扩大 3 倍时，薄膜的平面热扩散系数高达 9 mm^2/s［相应的导热系数为 13 W/(m·K)］，比拉伸之前提高好几倍（图 6-7）。

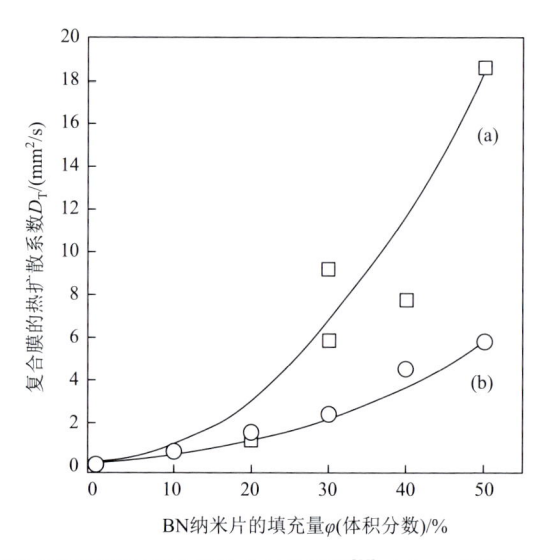

图 6-6　不同 BN 纳米片填充量所制复合膜的热扩散系数[55]：(a) BN/环氧树脂复合膜；(b) BN/PVA 复合膜

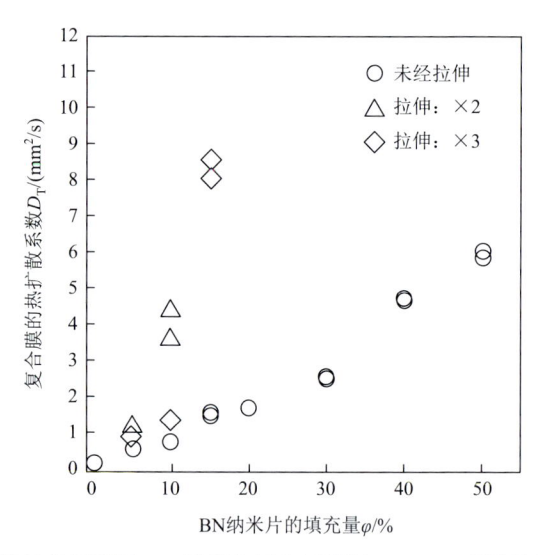

图 6-7　机械拉伸前后不同 BN 纳米片填充量所制 BN/PVA 薄膜的热扩散系数[55]

以化学功能化氮化硼纳米片作为导热填料时，其与聚合物基质的界面相容性对复合材料的热传输性能影响很大。Yu 等[56]以氮化硼纳米片、己二酸异辛癸酯（ODA）非共价功能化的氮化硼纳米片以及超支化聚芳酰胺（HBP）共价功能化的氮化硼纳米片为填料，利用超声离心技术分别将三种填料加入环氧基体，制备了系列氮化硼/环氧树脂复合材料。研究发现：在氮化硼填充量为质量分数 5%时，HBP 功能化氮化硼/环氧树脂复合材料比其他两种复合材料表现出更好的机械和热学性能。三种氮化硼/环氧树脂复合材料的热导率与纯环氧树脂表现出类似的温度依赖性，在 25～200℃ 范围均随温度增加而提高。实验所用氮化硼纳米片的厚度在几纳米到几十纳米范围内，长度和宽度大部分为微米级，通过在二甲基甲酰胺（DMF）中采用超声离心剥离六方氮化硼粉末获得。Tseng 等[57]采用钛酸酯偶联剂（KR-44）对氮化硼纳米片（尺寸 4～15 μm）进行功能化，以使其在聚酰亚胺复合材料中分散得更均匀。例如，功能化的氮化硼纳米片填充量为质量分数 50%时，所制复合材料的热导率约为 0.86 W/(m·K)，而纯聚酰亚胺的热导率仅为 0.13 W/(m·K)。为在聚合物基体中建立一个导热网络，进一步改进引入两相填料，如在聚酰亚胺基体中同时填充 50%（质量分数）的功能化氮化硼纳米片和 1%（质量分数）的甲基丙烯酸缩水甘油基酯接枝石墨烯（g-TrG），所获复合材料的热导率高达 2.1 W/(m·K)。可以认为微量的 g-TrG 可能会填补氮化硼纳米片与聚酰亚胺基体间的间隙，有助于聚合物-填料界面间的声子传输。Wang 等[58]采用无溶剂工艺制备氮化硼/环氧树脂复合材料。首先利用硅烷偶联剂对氮化硼粉末进行表面处理，然后在固体状态下与环氧树脂物理混合。在氮化硼填充量为质量分数 70%时，所制复合材料的导热系数高达 5.24 W/(m·K)。

聚合物基体及填充物氮化硼取向对复合材料热传递性能也有一定的影响。Yoshihara 等[59]研究了的六方氮化硼纳米片（尺寸约 45 μm）在垂直、随机、平行三个取向对注射成型六方氮化硼/聚合物复合材料面内热导率的影响。研究显示：在氮化硼的填充量为体积分数 50%时，不同取向氮化硼纳米片复合材料的导热系数为 1～22 W/(m·K)不等，其中，在聚合物垂直于氮化硼纳米片平面时，复合材料表现出最高的平面导热系数。说明聚合物垂直于氮化硼纳米片平面比平行于其平面，更有利于构筑高效的热传输路径。究其缘由，可以认为不同取向氮化硼纳米片复合材料的导热系数差异源于基体和氮化硼纳米片堆叠的取向及其紧密度的不同。

高导热绝缘复合材料的发展仍处于初级阶段，采用更高效和可控的方式制备高质量的氮化硼纳米片尤为重要。由于作为硬陶瓷材料的氮化硼纳米片与相对柔软的基体聚合物之间存在着内在的不匹配，因此在基体中实现更均匀地分散填料也是一个重要的问题。现有研究已经为理想的热传导复合材料提供了有价值的理论依据，其中一些材料在性能上已经很有竞争力，还需要在化学改性氮化硼和前体的剥离及分散等方面进行研究，以获得充足且高质量的氮化硼纳米片。

近年来，有关 BN 系导热复合材料的研究概况汇总于表 6-6。

表 6-6　BN 系复合材料一览表

基体	填料或工艺	填充率	导热系数 $\lambda/[W\cdot(m\cdot K)^{-1}]$
环氧树脂	粒径 35.5，硅烷表面改性	57%（体积分数）	10.3
环氧树脂	2.4%（质量分数）硅烷改性	57%（体积分数）	提升 97%

续表

基体	填料或工艺	填充率	导热系数 $\lambda/[W\cdot(m\cdot K)]^{-1}$
聚苯并噁嗪	BN 粒子双峰分布	78.5%（体积分数）	32.5
聚酰亚胺	晶须（w-BN）	60%（体积分数）	7
环氧树脂	两种不同粒径且表面改性	25.7%（体积分数）	19.0
聚酰亚胺	表面改性	30%（质量分数）	1.2
聚乙烯醇	机械拉伸	15%（体积分数）	13
环氧树脂	BN 片	50%（体积分数）	30
聚酯	h-BN	50%（体积分数）	1～22
环氧树脂	超支化聚芳酰胺共价功能化	5%（质量分数）	0.329
聚酰亚胺	钛酸酯偶联剂	50%（质量分数）	0.86
聚酰亚胺	BN + 1%石墨烯（质量分数）	51%（质量分数）	2.1
环氧树脂	硅烷偶联剂	70%（质量分数）	5.24

6.2　影响复合材料热导率的因素

6.2.1　填充率

在两相复合材料中，随着少相体积分数的变化，其相分布几何发生了质的变化：从弥散到渗流状集团结构，而且连续集团及其相界面都是不规则的。

考虑一个规则点阵，它的格点位置被无规则地占据或空白，如图 6-8 格点被占据的概率为 p。

图 6-8　正方点阵上点渗流现象[60]

随着 p 增加，被占据的格点位置将从分散的格点逐步形成有限集团，并在一个临界概率 p_c 处发生几何相变、出现一个贯通整个点阵的渗流集团，类似于图 6-9 所示的显微结构变化。渗流几何相变的临界概率即是渗流阈值。在达到渗流阈值时，被占据点阵位置集团的几何特征和宏观性质也随之发生突变。

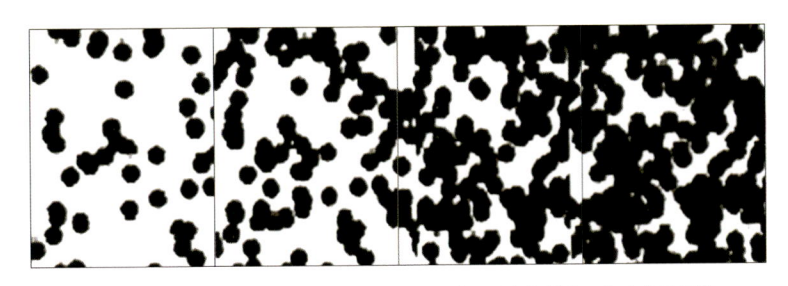

图 6-9 二相梯度复合材料的显微结构形貌有剪切感示意图[60]

当无机导热填料的含量大于临界渗流阈值时，导热填料之间形成的导热通路可大幅度提高复合材料的导热系数，因此填充量对复合材料的热导率有着重要的影响。

Xu 等[61]采用硅烷偶联剂对氮化硼进行改性，采用热压成型，在填料含量为体积分数 57%时，复合材料的热导率为 10.3 W/(m·K)。Yu 等[62]采用 HBP 改性氮化硼，然后与环氧树脂搅拌脱气复合，当改性氮化硼的含量为体积分数 50%时，得到复合材料的热导率为 9.81 W/(m·K)。Sato 等[63]将六方氮化硼加入到聚酰亚胺中，通过热压成型，填料含量为体积分数 60%时，复合材料的热导率达到了 7 W/(m·K)。

Shen 等[64]将多巴胺（即 3,4-二羟基乙胺）改性的氮化硼与 PVA 分散混合，之后流延成型，在氮化硼含量为体积分数 10%时，复合材料的热导率达到了 5.4 W/(m·K)。Xie 等[65]采用流延法在 PVA 中加入双氧水改性六方氮化硼，氮化硼含量为体积分数 19.6%时，复合材料的热导率达到了 4.41 W/(m·K)。

采用不同方法所制复合材料中氮化硼填充量与其热导率关系的汇总，如图 6-10 所示。

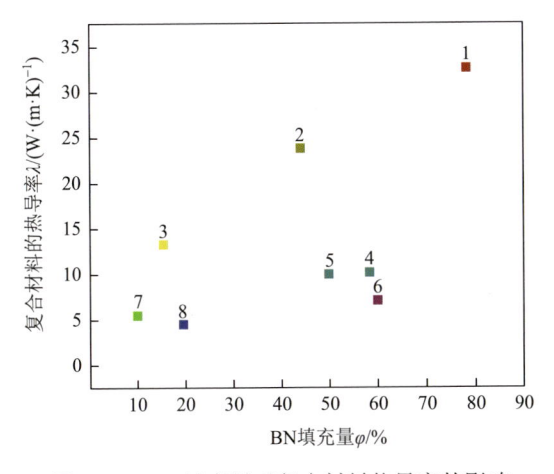

图 6-10 BN 填充量对复合材料热导率的影响

6.2.2 形貌

在实际材料中，单个维域（如颗粒）的形状和尺寸通常是复杂多样的。为了方便定量表征，通常把它们规划为理想的三类旋转体：圆球、长球和扁球，并用纵横比 p（长轴 a_3 与短轴 a_1 长度比），进行区分，如图 6-11 所示。

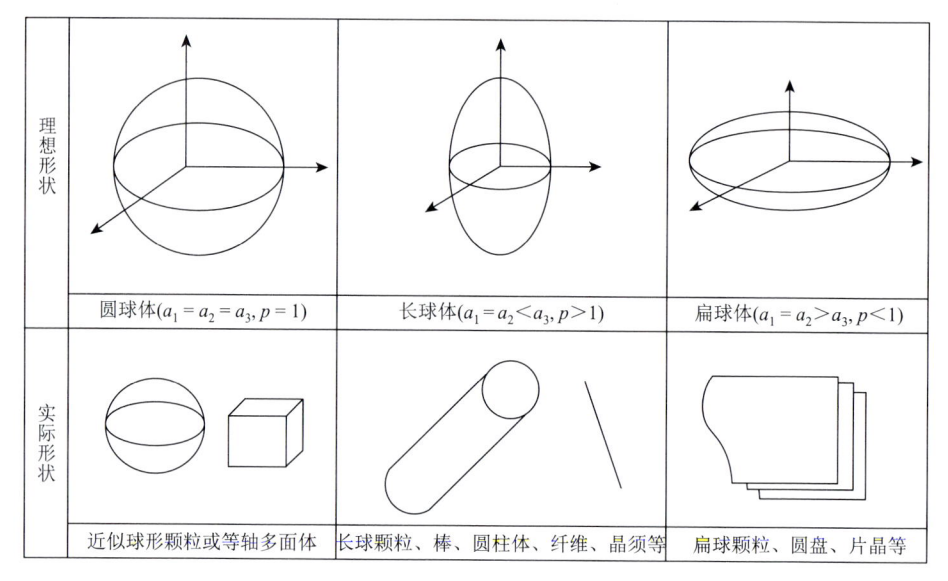

理想形状	圆球体($a_1 = a_2 = a_3, p = 1$)	长球体($a_1 = a_2 < a_3, p > 1$)	扁球体($a_1 = a_2 > a_3, p < 1$)
实际形状	近似球形颗粒或等轴多面体	长球颗粒、棒、圆柱体、纤维、晶须等	扁球颗粒、圆盘、片晶等

图 6-11 三种不同形状颗粒的理想旋转体（$p = a_3/a_1$）[60]

限于篇幅，实际形状栏中，图形仅为示例

然后，利用三种不同形状体表面积分相关的几何因子——退极因子 L_{jj}，分别对它们进行表征，即

$$L_{jj} = \frac{a_1 a_2 a_3}{2} \int_0^\infty \frac{\mathrm{d}\zeta}{(a_j^2 + \zeta)\sqrt{(a_1^2 + \zeta)(a_2^2 + \zeta)(a_3^2 + \zeta)}}$$

且

$$\sum_{j=1}^{3} L_{jj} = 1$$

(1) 球体，$L_{11} = L_{22} = L_{33} = 1/3$。

(2) 长球体（$a_1 = a_2 < a_3$，$p = a_3/a_1 > 1$），有

$$L_{11} = L_{22} = \frac{p^2}{2(p^2 - 1)} - \frac{p}{2(p^2 - 1)^{3/2}} \operatorname{ar cosh} p$$

$$L_{33} = 1 - 2L_{11}$$

对长球体中的一个特例"椭圆长棒"（$a_1 \neq a_2, p \to \infty$），则有

$$L_{11} = \frac{a_2}{a_1 + a_2}, L_{22} = \frac{a_1}{a_1 + a_2}, L_{33} = 0$$

显然对长纤维、纳米线/管，可以取 $L_{11} = L_{22} = 1/2$，$L_{33} = 0$。

（3）对扁球体（$a_1 = a_2 > a_3$，$p = a_3/a_1 < 1$），有

$$L_{11} = L_{22} = \frac{p^2}{2(p^2-1)} - \frac{p}{2(1-p^2)^{3/2}} \operatorname{arcosh} p$$

$$L_{33} = 1 - 2L_{11}$$

对扁球体中的一个特例：硬币或圆盘形状（$a_1 = a_2 \gg a_3$），则有

$$L_{11} = L_{22} = \frac{\pi p}{4}, L_{33} = 1 - \frac{\pi p}{2}$$

显然在极限薄片情况（$p \to 0$），可以取 $L_{11} = L_{22} = 0$，$L_{33} = 1$。

退极因子对渗流阈值有很大的影响，当少相颗粒形状从球形变化为异形（如长棒形）时，临界体积分数 f_c（填充因子 η 乘以 p_c）将小于 Sher-Zallen 不变量（表 6-7）。这是由于异形颗粒比球形颗粒更易相互接触形成渗流通道。对于二维无规则连续介质，$f_c = 0.5$；三维介质，$f_c = 0.16$，这也是 Sher-Zallen 不变量。

表 6-7 不同点阵格子结构中的点渗流和键渗流阈值[60]

维数 d	点阵类型	$p_c^{键}$	$p_c^{点}$	配位数 z	填充因子 η	$zp_c^{键*}$		$\eta p_c^{点*}$	
1	链	1	1	2	1	2		1	
2	三角	0.3473	0.500	6	0.9069	2.09	2.00±0.10	0.45	0.45±0.03
	正方	0.5000	0.593	4	0.7854	2.00		0.47	
	六角	0.6527	0.698	3	0.6046	1.96		0.42	
3	面心立方	0.119	0.198	12	0.7405	1.43	1.50±0.10	0.147	0.160±0.010
	体心立方	0.179	0.245	8	0.6802	1.43		0.167	
	简单立方	0.247	0.311	6	0.5236	1.48		0.163	
	金刚石	0.388	0.428	4	0.3401	1.55		0.146	

*：该栏第二列表示测量平均值与误差。

填料的形状对聚合物复合体系的导热性能具有重要影响。具有高比表面积的填料，如晶须状和片状填料分布在聚合物基体中更易构筑声子导热路径，形成渗流通道，有利于导热性能的提高。

Tang 等[66]测量了各种氮化硼（BN）基纳米材料（球形纳米颗粒、完美结构、竹状纳米管和塌陷纳米管）所制大体积颗粒（图 6-12）的热导率。结果显示：导热系数强烈依赖于 BN 纳米材料的形貌，尤其是表面结构。当大体积颗粒的密度为 2.25 g/cm³ 时，BN 纳米球的热导率约为 14 W/(m·K)、BN 纳米管的热导率约为

18 W/(m·K)、BN 竹状纳米管的热导率约为 17 W/(m·K)、BN 塌陷纳米管的热导率约为 46 W/(m·K)。球形 BN 颗粒的热导率最低，而 BN 塌陷纳米管的导热性能最好。

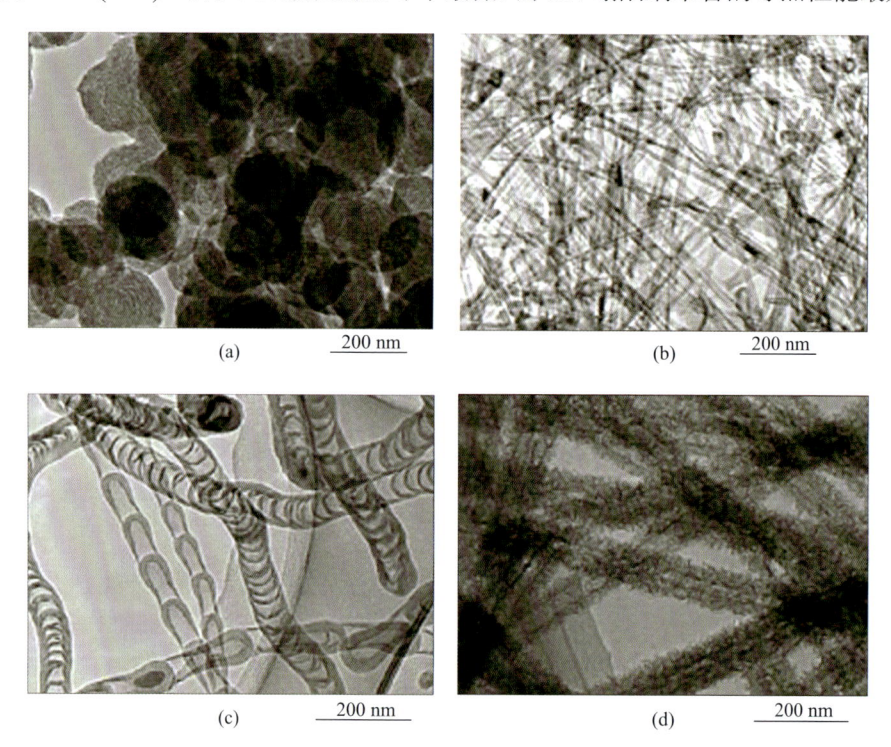

图 6-12　透射扫描电镜图[66]

（a）BN 纳米球；（b）BN 纳米管；（c）BN 竹状纳米管；（d）BN 塌陷纳米管

Xu 等[43]将氮化铝（AlN）纳米颗粒与聚偏二氟乙烯（PVDF）复合，研究了 AlN 晶须和颗粒配比及尺寸对复合材料热导率、热膨胀系数、介电常数的影响。结果表明：在 AlN 填充量相同的条件下，复合材料的热导率随颗粒形貌和尺寸的变化而变化（表 6-8）。当 AlN 的填充量为体积分数 50%时，AlN 晶须与其颗粒的体积配比从 1∶6.8 变到 1∶7.9 时热导率最高。

表 6-8　AlN 晶须与其颗粒体积比对复合材料热导率、热膨胀系数及相对介电常数的影响[43]

AlN 颗粒	填充量 φ/%	AlN$_w$∶AlN$_p$ 体积比 表观	AlN$_w$∶AlN$_p$ 体积比 真实	热导率 λ/[W·(m·K)$^{-1}$]	热膨胀系数 α/℃$^{-1}$	相对介电常数（2 MHz）
B	50	6∶1	1∶6.8	3.07	7.28×10^{-5}	8.00
B	50	3∶1	1∶7.9	4.10	7.23×10^{-5}	9.00
B	50	1∶1	1∶12.3	3.42	7.10×10^{-5}	9.20
B	50	1∶3	1∶25.7	2.44		

续表

AlN 颗粒	填充量 $\varphi/\%$	AlN$_w$: AlN$_p$ 体积比 表观	AlN$_w$: AlN$_p$ 体积比 真实	热导率 $\lambda/[W\cdot(m\cdot K)^{-1}]$	热膨胀系数 $\alpha/℃^{-1}$	相对介电常数（2 MHz）
B	50	1:6	1:45.7	2.32	6.16×10^{-5}	8.96
B	60	1:1	1:12.3	8.16	4.19×10^{-5}	9.40
M	50	1:1	1:12.3	6.09	5.92×10^{-5}	8.23
M	60	1:3	1:25.7	11.51	3.46×10^{-5}	9.86
M	60	1:6	1:45.7	10.36	3.69×10^{-5}	9.87

注：B 为 AlN 颗粒平均粒径 4 μm；M 为 AlN 颗粒的平均粒径 7 μm；AlN$_w$ 为 AlN 晶须；AlN$_p$ 为 AlN 颗粒。

6.2.3 粒度级配

不同粒度填料之间的配比同样影响着热导率的高低。通过"最大化导热网络的构建、最小化热流路径的热阻进行有效热管理"的概念已经得到公认。Berman[67] 解释了在非金属中热量传输主要依靠声子流动或者晶格振动能量，而热阻是由各种类型的声子散射进程造成的。为了最大化材料的热导率，必须抑制这些声子散射进程。理论上，复合材料中声子的散射主要来自填料与基体结构的声失配或者填料与基体界面层的损伤界面产生的热障[68]。这些界面声子散射现象与介质中因折射率不同而产生的光散射类似，通过选择可形成高热流路径的填料，即可最大化高热导网络的构建以及最小化沿着导热路径的热阻。一般而言，大粒径填料构建复合材料中主要的导热路径，小粒径填料作为大粒径填料间的桥梁强化连接获得高热导率。

Li 等[53] 使用巯基丙酸表面修饰两种不同大小（1 μm 和 70 nm）的六方氮化硼（h-BN）粉末制备 BN/PI（聚酰亚胺）复合材料。如图 6-13 所示，在 h-BN 总填

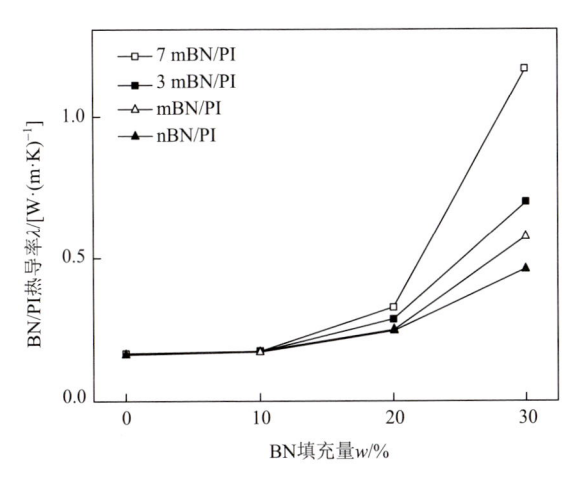

图 6-13 不同 BN 填充量 BN/PI 复合材料的热导率[53]

充量为质量分数30%条件下，当h-BN的大小颗粒质量比为70%∶30%时，所制BN/PI复合材料（7 mBN/PI）表现出最高的热导率1.2 W/(m·K)；比填充单一尺寸h-BN（大颗粒写作m-BN，小颗粒写作n-BN；相应复合材料分别表示为mBN/PI和nBN/PI）以及大小颗粒质量比为30%∶70%时，所制BN/PI复合材料（3 mBN/PI）的热导率都高。这里，高热导率归功于聚酰亚胺基体中微米-纳米BN粉末的合适级配比形成了一个随机的导热网络。

Gu等[69]通过研究微米BN（m-BN，平均直径2~3 μm）和纳米BN（n-BN，平均直径80~100 nm）在聚苯硫醚（PPS）基体中的表现，发现在相同的BN填充比例下，m-BN/PPS比n-BN/PPS复合材料表现出更高的热导率。原因可能是m-BN更容易相互接触，有利于形成导热通道和网络。同时，m-BN与n-BN的混合填料更有利于提高聚苯硫醚复合材料的热导率。当m(m-BN)∶m(n-BN) = 2∶1（质量比）时，聚苯硫醚复合材料的热导率达到最大，其中级配填料m-BN + n-BN的质量分数为60%时，复合材料热导率可达到2.638 W/(m·K)。

Leung等[70]以聚苯硫醚（PPS）为基体，两种h-BN粉末PTX60（60 μm）和PT110（45 μm）为填料，进行BN/PPS复合材料的制备。发现：在BN总填充量在体积分数为33.3%条件下，BN$_{(PTX60)}$∶BN$_{(PT110)}$ = 4∶1或3∶1（体积比）时，BN/PPS复合材料的热导率分别为1.97 W/(m·K)和2.04 W/(m·K)，均高于单一填充BN$_{(PTX60)}$或者BN$_{(PT110)}$所制复合材料。

Kim等[71]以两种不同形状的氮化硼[A-BN（h-BN的聚集体）、W-BN（超细h-BN的堆积体）]为填料，环氧树脂为基体，进行氮化硼/环氧树脂复合材料的制备，其中，A-BN为球状，粒径为50 μm，W-BN为晶须状，粒径和长度分别为10 μm和30 μm。将采用不同A-BN/W-BN体积比（10∶0、7∶3、5∶5、3∶7、0∶10）制备的系列BN/环氧树脂复合材料样品，分别记作A-10、A-7、A-5、A-3和A-0。发现A-7的热导率高于A-10，而后则随W-BN填充量的增加，复合材料的热导率逐渐下降。认为这些变化与填料的填充密度和体积分数密切相关。

Yung等[52]以两种不同粒径（0.6 μm、0.3 μm）的六方氮化硼（h-BN）和粒径约1 μm的立方氮化硼（c-BN）为填料，环氧树脂（EP）为基体，Z-6020为偶联剂，制备了系列BN填充量为体积分数0~26.5%的BN/EP复合材料。如图6-14所示，双h-BN/EP复合材料的热导率高于单h-BN/EP复合材料，这是较小颗粒BN充填于大颗粒BN和环氧树脂基体之间的孔隙所致。在BN填充量为体积分数26.5%时，[（h-BN）+（c-BN）]/EP复合材料的热导率达到19.0 W/(m·K)，表明c-BN的添加可使h-BN在环氧树脂基体中能以其自身最大化表面积的方式分布，在相同的填充量条件下，片状h-BN相对于颗粒状双h-BN，填料BN之间有着更好的接触，因此[（h-BN）+（c-BN）]/EP复合材料具有更好的导热性能。

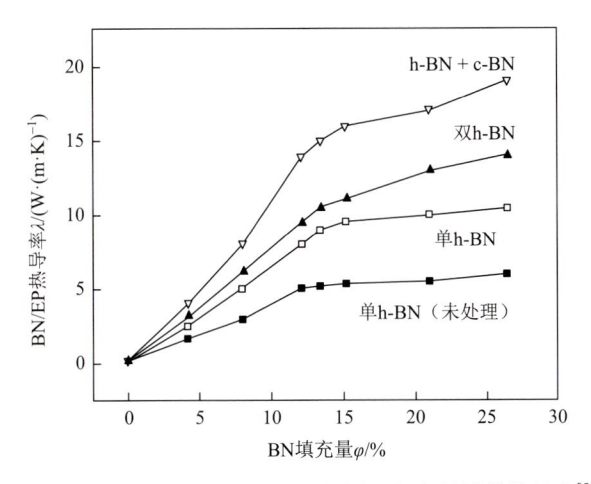

图 6-14　不同 BN 填充量 BN/环氧树脂复合材料的热导率[52]

6.2.4　偶联剂

填料的表面处理是影响复合材料热导率的一个重要的因素。偶联剂也称为表面处理剂，是具有两性结构的物质。偶联剂分子一端能与填料表面的基团发生化学反应，生成化学键；另一端与聚合物中的基团产生化学反应，将两种性质不同的材料链接起来，改善填料和聚合物基体间的界面结合[66, 72]。经表面处理后的填料可以提高聚合物基复合材料的热导率。众所周知，对于所有非金属材料，热是通过晶格振动或声子来传递的。对于两相体系，复合材料中的界面热阻主要是由界面缺陷引起的，声子对界面缺陷非常敏感，所以聚合物和填料间的界面结合非常重要[31, 73]。

Andritsch 等[74]使用硅烷偶联剂处理改性后的纳米氮化铝作为导热填料，制备了氮化铝/环氧树脂导热胶。研究表明，导热胶的导热系数高于理论模型和经验模型，验证了偶联剂在提高复合材料的导热性能方面的作用。

肖强强等[75]使用 KH-560（γ-缩水甘油醚氧丙基三甲氧基硅烷）对氮化铝（AlN）进行表面处理的机理示于图 6-15。硅烷偶联剂上三个甲氧基水解形成硅醇，在 AlN 表面存在大量的羟基，硅醇与羟基脱水缩合，形成—O—Si—结构，完成硅烷偶联剂对 AlN 的表面改性。而 KH-560 分子的亲油性环氧基团与固化剂或树脂反应，形成化学交联。

纯环氧树脂的导热系数为 0.19 W/(m·K)，填充 AlN 后，导热系数有不同程度的升高。与填充未经处理的 AlN 相比，填充经硅烷偶联剂 KH-560 处理后的 AlN 提高环氧树脂导热系数的幅度更大。在填充量为质量分数 70%时，填充未改性的 AlN 所制 AlN/环氧树脂胶黏剂的导热系数为 1.73 W/(m·K)，是纯环氧树脂的 9.1 倍；填充 KH-560 改性的 AlN，所制 AlN/环氧树脂胶黏剂的导热系数为 2.24 W/(m·K)，是纯环氧树脂的 11.8 倍（图 6-16）。

图 6-15 硅烷偶联剂 KH-560 改性 AlN 反应机理[75]

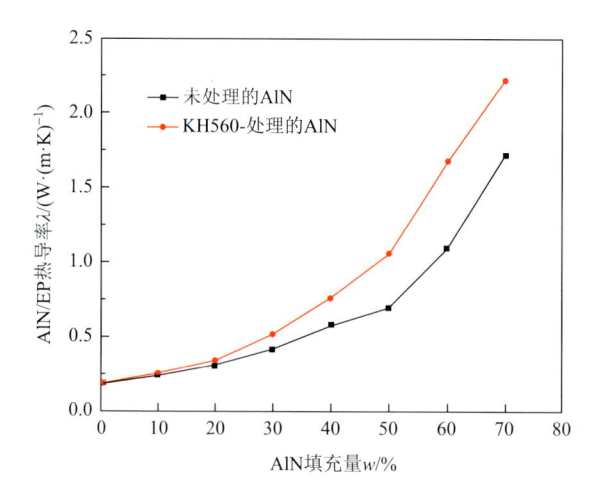

图 6-16 偶联剂对 AlN/EP 热导率的影响[75]

Xu 等[61]研究了表面处理对氮化硼（BN）和氮化铝（AlN）环氧基复合材料热导率的影响，发现经过表面处理的 BN 和 AlN 颗粒所制环氧基复合材料的热导率可提高 97%，并认为复合材料热导率的增加是由于表面处理改善了填料颗粒和基体之间的界面，降低了填料-基体之间的界面热阻。研究结果显示：采用丙酮、酸（硝酸和硫酸）或硅烷对填料 BN、AlN 进行处理均可明显地改善它们的界面热阻。例如，经硅烷处理的 BN 颗粒表面可形成其质量分数 2.4%的涂层，BN 颗粒的体积增大，导热通路的构筑效果更佳。当 BN 填充量为体积分数 57%时，复合材料的热导率达到 10.3 W/(m·K)。又如，采用硅烷处理的 AlN 为填料，在其填充量为体积分数 60%时，复合材料热导率可达到 11.0 W/(m·K)。

Zhu 等[76]采用不同长径比的自制 β-Si_3N_4 颗粒和商用环氧树脂，制备了非均相复合材料，并观察到渗流转变。利用不同模型对渗流前期、近渗流阶段和渗流后期进行了研究。在近渗流阶段，选用多晶模型对渗流标度律进行修正，使用 X 射线全息图与复合材料的 3D 形貌进行比较，发现表面改性能够增强 β-Si_3N_4 颗粒的分散性。通过考察 β-Si_3N_4 填充比对复合材料热导率的影响，认为桥接效应与界面热阻之间的竞争是引起导热系数转折的原因。在填充量为体积分数 60%时，表面改性 β-Si_3N_4 环氧基复合材料的热导率高达 7 W/(m·K)，而未改性 β-Si_3N_4 环氧基复合材料的热导率只有 1.5 W/(m·K)。

参 考 文 献

[1] Kumagai M，Messing G L. Controlled transformation and sintering of a boehmite sol-gel by α-alumina seeding[J]. Journal of the American Ceramic Society，1985，68（9）：500-505.

[2] Kwon O H，Scott Nordahl C，Messing G L. Submicrometer transparent alumina by sinter forging seeded γ-Al₂O₃ powders[J]. Journal of the American Ceramic Society，1995，78（2）：491-494.

[3] Sim L C，Ramanan S R，Ismail H，et al. Thermal characterization of Al₂O₃ and ZnO reinforced silicone rubber as thermal pad for heat dissipation purpose[J]. Thermochimica Acta，2005，430（1/2）：155-165.

[4] Okazaki Y，Kozako M，Hikita M，et al. Effects of addition of nano-scale alumina and silica fillers on thermal conductivity and dielectric strength of epoxy/alumina microcomposites[C]//IEEE. 2010 International Conference on Solid Dielectrics. Potsdam，2010-07-04.

[5] 江玲玲. 高导热 POM/氧化铝复合材料的制备及性能[D]. 合肥：合肥工业大学，2016.

[6] 陈琪，卢咏来，丁雪佳，等. 氧化铝/MVQ 导热复合材料的结构与性能[J]. 橡胶工业，2008（10）：581-587.

[7] 李攀敏，钟朝位，童启铭，等. 环氧树脂/氧化铝复合材料的制备及导热模型[J]. 电子元件与材料，2011，30（11）：26-29.

[8] 潘桂林，曾小亮，王德，等. 氧化铝微米片/环氧树脂复合材料导热性能的研究[J]. 绝缘材料，2017，50（8）：53-58.

[9] Kozako M，Okazaki Y，Hikita M，et al. Preparation and evaluation of epoxy composite insulating materials toward high thermal conductivity[C]//Proceedings of the 2010 10th IEEE International Conference on Solid Dielectrics（ICSD 2010）. Potsdam，2010：1-4.

[10] 刘运春，殷陶，陈元武，等. PPS/Al₂O₃ 导热复合材料的性能及其应用[J]. 工程塑料应用，2009，37（2）：48-51.

[11] Zhou T L，Wang X，Gu M Y，et al. Study of the thermal conduction mechanism of nano-SiC/DGEBA/EMI-2, 4

[11] composites[J]. Polymer，2008，49（21）：4666-4672.
[12] 赵斌，饶宝林. 纳米 Al$_2$O$_3$ 对聚酰亚胺复合薄膜导热性能的影响[J]. 材料工程，2008（增刊1）：392-394.
[13] 郝斌. 碳化硅纳米材料制备方法研究进展[J]. 化工新型材料，2015，43（8）：41-43.
[14] 顾军渭，张秋禹，王小强. 碳化硅/环氧树脂导热复合材料的制备与性能[J]. 中国胶粘剂，2010，19（12）：18-22.
[15] 顾军渭，张秋禹，党婧，等. 碳化硅-线性低密度聚乙烯导热复合材料的制备与性能[J]. 现代化工，2008，28（9）：42-45.
[16] Gu J，Zhang Q，Tang Y，et al. Studies on the preparation and effect of the mechanical properties of titanate coupling reagent modified β-SiC whisker filled celluloid nano-composites[J]. Surface & Coatings Technology，2008，202（13）：2891-2896.
[17] Zhou T L，Wang X，Gu M Y，et al. Study of the thermal conduction mechanism of nano-SiC/DGEBA/EMI-2, 4 composites[J]. Polymer，2008，49（21）：4666-4672.
[18] Lee G W，Park M，Kim J，et al. Enhanced thermal conductivity of polymer composites filled with hybrid filler[J]. Composites Part A，2006，37（5）：727-734.
[19] 张晓辉，徐传骧. 新型电力电子器件封装用导热胶粘剂的研究[J]. 电力电子技术，1999（5）：61-62.
[20] 江平开，陈金，黄兴溢. 高导热绝缘聚合物纳米复合材料的研究现状[J]. 高电压技术，2017，43（9）：2791-2798.
[21] 任克刚. 多形态 AlN、Si$_3$N$_4$ 粉体制备及其导热硅脂复合材料研究[D]. 北京：清华大学，2009.
[22] 周文英，睢雪珍，杨志远，等. 聚合物/氮化硅复合材料导热性能研究进展[J]. 合成树脂及塑料，2016，33（1）：84-88.
[23] Riley F L. Silicon nitride and related materials[J]. Journal of the American Ceramic Society，2010，83（2）：245-265.
[24] 李勇霞. 高性能氮化硅的制备及其性能研究[D]. 哈尔滨：哈尔滨工业大学，2013.
[25] Cannon W R，Danforth S C，Haggerty J S，et al. Sinterable ceramic powders from laser-driven reactions：Ⅱ，Powder characteristics and process variables[J]. Journal of the American Ceramic Society，2010. 65（7）：330-335.
[26] 周文英，左晶. 二元混杂粒径氮化硅填充硅橡胶的性能[J]. 高分子材料科学与工程，2011，27（3）：76-78，82.
[27] 徐鹏，杨建，丘泰. 高导热氮化硅陶瓷制备的研究进展[J]. 硅酸盐通报，2010，29（2）：384-389.
[28] Okamoto Y，Hirosaki N，Ando M，et al. Effect of sintering additive composition on the thermal conductivity of silicon nitride[J]. Journal of Materials Research，1998，13（12）：3473-3477.
[29] 李君. 含有定向排列颗粒的 Si$_3$N$_4$ 陶瓷的制备与表征[D]. 武汉：武汉理工大学，2007.
[30] 范德蔚，张伟儒，刘俊成. β-Si$_3$N$_4$ 陶瓷热导率的研究现状[J]. 硅酸盐通报，2011，30（5）：1105-1109.
[31] He H，Fu R L，Shen Y，et al. Preparation and properties of Si$_3$N$_4$/PS composites used for electronic packaging[J]. Composites Science and Technology，2007，67（11-12）：2493-2499.
[32] Zeng J，Fu R L，Shen Y，et al. High thermal conductive epoxy molding compound with thermal conductive pathway[J]. Journal of Applied Polymer Science，2009，113（4）：2117-2125.
[33] He H，Fu R L，Han Y C，et al. High thermal conductive Si$_3$N$_4$ particle filled epoxy composites with a novel structure[J]. Journal of Electronic Packaging，2007，129（4）：469-472.
[34] 睢雪珍，周文英，董丽娜，等. 氮化铝/聚合物基导热复合材料研究进展[J]. 现代塑料加工应用，2015，27（6）：53-56.
[35] 王媛，万军，乔旭升，等. 氮化铝/聚合物复合导热塑料研究进展[J]. 材料科学与工程学报，2016，34（6）：1020-1026.
[36] Hsieh C Y，Chung S L. High thermal conductivity epoxy molding compound filled with a combustion synthesized

AlN powder[J]. Journal of Applied Polymer Science，2006，102（5）：4734-4740.

[37] Yung K C，Zhu B L，Yue T M，et al. Effect of the filler size and content on the thermomechanical properties of particulate aluminum nitride filled epoxy composites[J]. Journal of Applied Polymer Science，2010，116（1）：225-236.

[38] Ramdani N，Derradji M，Wang J，et al. Experimental and modeling of thermal and dielectric properties of aluminum nitride-reinforced polybenzoxazine hybrids[J]. Journal of Thermal Analysis and Calorimetry. 2016，126（2）：561-570.

[39] Huang X Y，Iizuka T，Jiang P K，et al. Role of interface on the thermal conductivity of highly filled dielectric epoxy/AlN composites[J].The Journal of Physical Chemistry C，2012，116（25）：13629-13639.

[40] Bae J W，Kim W，Cho S H. The properties of AlN-filled epoxy molding compounds by the effects of filler size distribution[J]. Journal of Materials Science，2000，35（23）：5907-5913.

[41] Dang T M L，Kim C Y，Zhang Y M，et al. Enhanced thermal conductivity of polymer composites via hybrid fillers of anisotropic aluminum nitride whiskers and isotropic spheres[J]. Composites Part B，2017，114：237-246.

[42] Shi Z Q，Radwan M，Kirihara S，et al. Enhanced thermal conductivity of polymer composites filled with three-dimensional brushlike AlN nanowhiskers[J]. Applied Physics Letters，2009，95（22）：1-3.

[43] Xu Y S，Chung D D L，Mroz C. Thermally conducting aluminum nitride polymer-matrix composites[J]. Composites Part A：Applied Science and Manufacturing，2001，32（12）：1749-1757.

[44] Han Z，Fina A. Thermal conductivity of carbon nanotubes and their polymer nanocomposites：A review[J]. Progress in Polymer Science，2011，36（7）：914-944.

[45] Yao Y G，Lin Z Y，Song X J，et al. Large-scale production of two-dimensional nanosheets[J]. Journal of Materials Chemistry，2012，22（27）：13494-13499.

[46] Lee D J，Lee B，Park K H，et al. Scalable exfoliation process for highly soluble boron nitride nanoplatelets by hydroxide-assisted ball milling[J]. Nano Letters，2015，15（2）：1238-1244.

[47] Lei W W，Mocha V N，Liu D，et al. Boron nitride colloidal solutions，ultralight aerogels and freestanding membranes through one-step exfoliation and functionalization[J]. Nature Communications，2015，6：8849.

[48] Qin L，Yu J，Kuang S Y，et al. Few-layered boron carbonitride nanosheets prepared by chemical vapor deposition[J]. Nanoscale，2012，4（1）：120-123.

[49] Zhang C，Hao X P，Wu Y Z，et al. Synthesis of vertically aligned boron nitride nanosheets using CVD method[J]. Materials Research Bulletin，2012，47（9）：2277-2281.

[50] Chen Y，Conway M，Williams J S，et al. Large-quantity production of high-yield boron nitride nanotubes[J]. Journal of Materials Research，2002，17（8）：1896-1899.

[51] Ishida H，Rimdusit S. Very high thermal conductivity obtained by boron nitride-filled polybenzoxazine[J]. Thermochimica Acta，1998，320（1-2）：177-186.

[52] Yung K C，Liem H. Enhanced thermal conductivity of boron nitride epoxy-matrix composite through multi-modal particle size mixing [J]. Journal of Applied Polymer Science，2007，106（6）：3587-3591.

[53] Li T L，Hsu S L C. Enhanced thermal conductivity of polyimide films via a hybrid of micro- and nano-sized boron nitride [J]. Journal of Physical Chemistry B，2010，114（20）：6825-6829.

[54] Li T L，Hsu S L C. Preparation and properties of thermally conductive photosensitive polyimide/boron nitride nanocomposites[J]. Journal of Applied Polymer Science，2011，121（2）：916-922.

[55] Song W L，Wang P，Cao L，et al. Polymer/boron nitride nanocomposite materials for superior thermal transport performance [J]. Angewandte Chemie International Edition，2012，124（26）：6604-6607.

[56] Yu J H, Huang X Y, Wu C, et al. Interfacial modification of boron nitride nanoplatelets for epoxy composites with improved thermal properties [J]. Polymer，2012，53（2）：471-480.

[57] Tsai M H，Tseng I H，Chiang J C，et al. Flexible polyimide films hybrid with functionalized boron nitride and graphene oxide simultaneously to improve thermal conduction and dimensional stability[J]. ACS Applied Materials & Interfaces 2014，6（11）：8639-8645.

[58] Wang Z F, Fu Y Q, Meng W J, et al. Solvent-free fabrication of thermally conductive insulating epoxy composites with boron nitride nanoplatelets as fillers [J]. Nanoscale Research Letters，2014，9：643.

[59] Yoshihara S，Sakaguchi M，Matsumoto K，et al. Influence of molecular orientation direction on the in-plane thermal conductivity of polymer/hexagonal boron nitride composites [J]. Journal of Applied Polymer Science. 2014，131（3）：39768.

[60] 南策文. 非均质材料物理：显微结构-性能关联[M]. 北京：科学出版社，2005.

[61] Xu Y S，Chung D D L. Increasing the thermal conductivity of boron nitride and aluminum nitride particle epoxy-matrix composites by particle surface treatments[J]. Composite Interfaces，2000，7（4）：243-256.

[62] Yu J H，Mo H L，Jiang P K. Polymer/boron nitride nanosheet composite with high thermal conductivity and sufficient dielectric strength[J]. Polymers for Advanced Technologies，2015，26（5）：514-520.

[63] Sato K，Horibe H，Shirai T，et al. Thermally conductive composite films of hexagonal boron nitride and polyimide with affinity-enhanced interfaces[J]. Journal of Materials Chemistry，2010，20（14）：2749-2752.

[64] Shen H，Guo J，Wang H，et al. Bioinspired modification of h-BN for high thermal conductive composite films with aligned structure[J]. ACS Applied Materials & Interfaces 2015，7（10）：5701-5708.

[65] Xie B H，Huang X，Zhang G J. High thermal conductive polyvinyl alcohol composites with hexagonal boron nitride microplatelets as fillers[J]. Composites Science and Technology，2013，85：98-103.

[66] Tang C C，Bando Y，Liu C H，et al. Thermal conductivity of nanostructured boron nitride materials[J]. The Journal of Physical Chemistry B，2006，110（21）：10354-10357.

[67] Berman R. Heat conductivity of non-metallic crystals[J]. Contemp Phys，1973，14（2）：101-117.

[68] Yang R G，Chen G，Dresselhaus M S. Thermal conductivity modeling of core-shell and tubular nanowires[J]. Nano Letters，2005，5（6）：1111-1115.

[69] Gu J W，Guo Y Q，Yang X Tu，et al. Synergistic improvement of thermal conductivities of polyphenylene sulfide composites filled with boron nitride hybrid fillers[J]. Composites Part A：Applied Science and Manufacturing，2017，95：267-273.

[70] Leung S N，Khan M O，Chan E，et al. Synergistic effects of hybrid fillers on the development of thermally conductive polyphenylene sulfide composites[J]. Journal of Applied Polymer Science，2013，127（5）：3293-3301.

[71] Kim K，Kim M，Kim J. Thermal and mechanical properties of epoxy composites with a binary particle filler system consisting of aggregated and whisker type boron nitride particles[J]. Composites Science and Technolog，2014，103：72-77.

[72] Zhang J，Qi S H. Mechanical，thermal，and dielectric properties of aluminum nitride/glass fiber/epoxy resin composites[J]. Polymer Composites，2014，35（2）：381-385.

[73] Hu M C，Feng J Y，Ng K M. Thermally conductive PP/AlN composites with a 3-D segregated structure[J]. Composites Science and Technology，2015，110：26-34.

[74] Kochetov R，Andritsch T，Lafont U，et al. Thermal Conductivity of Nano-filled Epoxy Systems[R]. 2009 Annual Report Conference on Electrical Insulation and Dielectric Phenomena，2009：658-661.

[75] 袁文辉，肖强强，李莉. 一种低温硫化导热硅橡胶及其制备方法：201510317856.6.104910632B [P]. 2017-10-20.

[76] Zhu Y，Chen K X，Kang F Y. Percolation transition in thermal conductivity of β-Si$_3$N$_4$ filled epoxy[J]. Solid State Communications，2013，158：46-50.

第7章 相变储能材料及其应用

能源是人类赖以生存和发展的物质基础。随着社会的高速发展，人们对能源的需求日益增加。由于传统化石能源（煤炭、石油、天然气）等一次能源的大量使用，带来的能源危机与环境污染日趋严重，因此寻找可替代一次能源的可再生能源成为当今世界各国研究的热点。

可再生能源可以通过在自然界中不断循环实现再生，其主要包括太阳能、水力、风力、生物质能、波浪能、潮汐能、海洋温差能等。可再生能源循环再生的本质决定了它们必然是清洁能源，不会向地球大气层排放温室气体。

储能技术是伴随可再生能源的开发利用迅速发展起来的一门能源产业最具发展前景的前瞻性技术，其中热能存储技术的目标是实现热能高效率、低成本的存储和再利用，以满足热能供需对时间和强度的双重要求。热能存储主要包括：显热存储、潜热（相变潜热）存储和化学能储热。显热储能是利用材料在不发生相变情况下通过与环境之间的温度差积蓄热量。显热储能的优点是成本低、原理简单和使用方便。其缺点是储能密度低、需要妥善的隔热措施、吸放热过程温度不恒定，较难控制。化学能储热与显热储能相反，成本高、原理复杂、使用操作不便；但储能密度高、无需隔热措施。潜热储能，即相变储能，兼具显热储能和化学能储能的优点，成本较低、储能密度较高、吸放热过程恒温易于控制，并且可以多次重复使用。因而相变储能技术在热能存储技术中最受关注[1-10]。

相变材料（phase change material，PCM）是相变储能的关键载体。优良的相变材料应符合相变温度适宜、熔化潜热高、性能稳定、可反复使用，相变时的膨胀收缩性小、导热性好、相变速率快、相变可逆好、原料价廉易得，且无毒、无腐蚀性等[2-5]。可以广泛应用于太阳能热利用、航天热控、建筑节能、电子元件散热等多个领域，在能源高效利用和节能保温领域有着重要的应用价值。

7.1 相变储能原理

"相变"在物理学上定义为当外界约束（温度或压强）作连续变化时，在特定条件（温度或压强达到某定值）下，物相却发生突变，体现为：①从一种物相转变为另一种物相，如气相凝结成液相或固相，液相凝固为固相；②化学成分的不连续变化，如固溶体的脱溶分解或溶液的脱溶沉淀；③某种物理性质的跃变，如顺磁体-铁磁体转变，顺电体-铁电体转变，正常导体-超导体转变等。上述三种变化可以单独地出现，也可以两种或三种变化兼而有之[1, 8]。

相变储能是利用上述三种相变中的第一种相变。在这种相变的过程中往往会发生能量的吸收或释放，这部分能量称为相变潜热。相变潜热储能的能量密度相当高，以自然界中最常见的冰-水转化为例：常压下，冰融化为水需吸收 335 J/g 的潜热；而加热水，温度每升高 1℃，仅需吸收约 4 J/g 的热量；也就是，由冰-水相变过程中所吸收的潜热几乎是水上升 1℃吸收热量 80 余倍[3]。即，1 kg 的 0℃ 冰融化为 0℃ 水所需要能量，可以将 1 kg 的 0℃ 水加热升温至 80℃左右。除冰-水之外，已知的天然和合成的相变材料超过 500 种，这些材料的相变温度和储热能力各不相同。若将相变材料与其他材料相结合，如泡沫碳或普通建筑材料等，即可形成一种新的复合相变材料。这种新的相变材料不仅兼具相变材料和复合基材（泡沫碳或普通建材等）两者的优点，而且在这两种材料的协同作用下，还可以有效增强复合相变材料的热物理性能。例如，石蜡与泡沫碳复合相变材料的热焓与纯固体石蜡相似，最高可达 141.1 J/g；但石蜡的初始分解温度却延后，升温时发生质量损失的过程延长，在 176.4℃时仍具有较好的热稳定性；同时石蜡/泡沫碳复合相变材料的热导率最高可达 0.7207 W/(m·K)，与纯石蜡热导率 0.2105 W/(m·K) 相比，提高了 2.424 倍[10]。表明泡沫碳的三维网状多孔结构可稳定地将石蜡封装在其中，三维立体碳网及碳膜不仅对石蜡固封起到了双重保护作用，更以电子、声子双重机制共同作用，可以有效增强石蜡/泡沫碳复合相变材料的热物理性能。

相变储能过程吸收和存储的热量可以利用式（7-1）[9]进行计算：

$$Q = \int_{T_i}^{T_m} mC_p dT + ma_m \Delta H_m + \int_{T_m}^{T_f} mC_p dT \tag{7-1}$$

式中，Q 为热量，J；T_i 为初始温度，℃；T_m 为相变温度，℃；T_f 为终了温度，℃；m 为材料质量，kg；C_p 为比热容，J/(kg·K)；a_m 为相变部分的百分比；ΔH_m 为相变焓，J/kg。该公式可以计算材料升温-相变-升温全过程的热能变化。

值得一提的是：由于固-气和液-气相变，在相变过程中体积变化的幅度非常大，对相变发生器的要求很高，因此此类相变的应用较少。而固-液相变和固-固相变，则因两者在相变过程中的体积基本没有变化，同时相变容器在密封性和强度等要求方面也可以使用常规材料，所以这两种相变是实际应用中使用最广泛的相变储能方式。加之，相变储能的应用，通常在恒定压力下进行，等温或近似等温的固-液相变或和固-固相变过程，也非常有利于对相变过程的控制。

总而言之，相变储能的基本原理就是利用相变材料在物相变化过程中吸收或者释放的巨大潜热进行热量存储或温度调控，这种方式具有储能密度高、系统温度变化小的优势[6]。

7.2 纳米相变储能材料

将纳米技术用于相变储热领域，通过改变相变材料的聚集态可以提高相变材料的储能效率、减少能量传输的单次循环时间、延长相变材料的使用寿命、改善相变材料的性能；也可增加相变材料的种类，拓宽其工作的温度区间和使用范围。纳米技术特别是纳米材料的不断发展，为相变材料的高效利用提供了新的思路[11-13]。

研究表明，当材料的粒径达到纳米级别时，具有很大的比表面积和很强的界面相互作用，同时表现出宏观材料不具备的力学、热学、电学、磁学和光学性能[14]。利用纳米技术制备的纳米相变材料[15,16]，在一定程度上可以解决传统相变材料普遍存在的一些问题——例如，大多数无机水合盐等无机类相变材料存在过冷、相分层，并对封装容器有腐蚀性等；有机类相变材料存在热导率低、易挥发等问题[2]；另外还能克服相变材料的泄漏[17]，增强材料的循环热稳定性，提高材料的导热性能[18,19]和储能系统的储/放效率等。

相变储能材料种类丰富，当前研究最为广泛的三种相变储能材料是：无机相变储能材料、有机相变储能材料和复合相变储能材料[11]。

7.2.1 无机纳米相变储能材料

无机相变储能材料主要包括无机盐、结晶水合物、氢氧化物、合金等，具有高的潜热储存容量、成本低、材料易获得等优点[20,21]。主要应用于太阳能利用、工业废热回收、建筑材料制造等领域。

表 7-1 和表 7-2 分别列出了部分水合盐和共晶混合物的热物理性能[21]。

表 7-1　水合盐的热物理参数[21]

水合盐	熔点 T/℃	熔化热 u/(J/g)	密度 ρ/[10^3(kg/m^3)]	热导率 λ/[W/(m·K)]	比热 γ/[J/(g·℃)]
LiClO$_3$·3H$_2$O	8	253			
KF·4H$_2$O	19	231	1.45		1.84
Mn(NO$_3$)$_2$·6H$_2$O	26	126	1.60		
CaCl$_2$·6H$_2$O	28	174	1.80	1.088	1.42

续表

水合盐	熔点 T/℃	熔化热 u/(J/g)	密度 ρ/[10³(kg/m³)]	热导率 λ/[W/(m·K)]	比热 γ/[J/(g·℃)]
LiNO$_3$·3H$_2$O	30	256			
Na$_2$SO$_4$·10H$_2$O	32	248	1.49		
Na$_2$SO$_3$·10H$_2$O	33	247			1.88
CaBr$_2$·4H$_2$O	34	116	1.52		
LiBr$_2$·2H$_2$O	34	124			
Na$_2$HPO$_4$·12H$_2$O	35~44	280		0.514	1.70
Zn(NO$_3$)$_2$·6H$_2$O	36	150	1.94		1.34
KF·2H$_2$O	42	162			
MgI$_2$·2H$_2$O	42	133			
Ca(NO$_3$)$_2$·4H$_2$O	42				1.46
Fe(NO$_3$)$_2$·9H$_2$O	47	155			
Na$_2$SiO$_3$·4H$_2$O	48	168			
K$_2$HPO$_4$·7H$_2$O	48	99			
MgSO$_4$·7H$_2$O	49	202			
Na$_2$S$_2$O$_3$·5H$_2$O	49	220	1.75	1.460	
Ca(NO$_3$)$_2$·3H$_2$O	51	104		1.460	
FeCl$_3$·2H$_2$O	56	90			
Ni(NO$_3$)$_2$·6H$_2$O	57	169			
CH$_3$COONa·3H$_2$O	58	226~264	1.45	1.970	
MgCl$_2$·4H$_2$O	58	178			
Na$_3$PO$_4$·12H$_2$O	65~69	190			
CH$_3$COOLi·2H$_2$O	70	150			
Na$_2$P$_2$O$_7$·12H$_2$O	70	184			
Ba(OH)$_2$·8H$_2$O	78	266			
Al(NO$_3$)$_2$·8H$_2$O	89	150			
Mg(NO$_3$)$_2$·6H$_2$O	90	163	1.64	1.81	0.669
NH$_4$Al(SO$_4$)$_2$·12H$_2$O	95	269	1.65	1.71	
Al$_2$(SO$_4$)$_3$·12H$_2$O	112				
MgCl$_2$·6H$_2$O	117	167	1.56	1.59	

注：表中密度、热导率和比热均为固态水合盐的数据。

表 7-2　常用共晶混合物的熔点和熔化热[21]

共晶混合物	熔点 T/℃	熔化热 u/(J/g)
55% CaCl$_2$·6H$_2$O + 45% CaBr$_2$·6H$_2$O	14.7	140
75% CaCl$_2$·6H$_2$O + 25% MgCl$_2$·6H$_2$O	21.4	102.3

续表

共晶混合物	熔点 T/℃	熔化热 u/(J/g)
66.6% CaCl$_2$·6H$_2$O + 33.3% MgCl$_2$·6H$_2$O	25	127
40% Na$_2$CO$_3$·10H$_2$O + 60% Na$_2$HPO$_4$·12H$_2$O	27.3	220.2
47% Ca（NO$_3$）$_2$·10H$_2$O + 33% Mg（NO$_3$）$_2$·10H$_2$O	30	136
25% Na$_2$SO$_4$·10H$_2$O + 75% Na$_2$HPO$_4$·12H$_2$O	31.2	262.3
58.7% Mg（NO$_3$）$_2$·6H$_2$O + 41.3% MgCl$_2$·6H$_2$O	59	132.2
50% Mg（NO$_3$）$_2$·6H$_2$O + 50% MgCl$_2$·6H$_2$O	58～59	132
80% Mg（NO$_3$）$_2$·6H$_2$O + 20% MgCl$_2$·9H$_2$O	60	150
53% Mg（NO$_3$）$_2$·6H$_2$O + 47% Al（NO$_3$）$_3$·9H$_2$O	66	168
14% LiNO$_3$·3H$_2$O + 86% Mg（NO$_3$）$_2$·6H$_2$O	72	180

无机相变储能材料不足之处是：循环稳定性较差、相变过程过冷度高、易发生相分离现象，且具有腐蚀性等[22]。为了解决无机相变储能材料过冷的问题，通常向无机相变材料中添加成核剂纳米石墨粉、纳米 TiO$_2$、纳米 Al$_2$O$_3$ 等材料。例如，在无机相变材料十二水磷酸氢二钠（Na$_2$HPO$_4$·12H$_2$O）中，添加 3%（质量分数）的纳米 Al$_2$O$_3$，可以减少 40.7%的过冷度；添加 4%（质量分数）的纳米 TiO$_2$，可以减少 44.6%的过冷度；添加 4%（质量分数）的纳米石墨粉，可以减少 62.3%的过冷度[20, 23]。而通过在无机相变材料添加一定量的增稠剂可溶性淀粉、海藻酸钠、钠基膨润土等，不仅可以消除材料的相分离现象，还可改善其热循环性能。例如，在 Na$_2$HPO$_4$·12H$_2$O 中，添加 1%（质量分数）的海藻酸钠，就可消除其相分离现象，并同时还伴随有较大的相变潜热。过冷度从未添加时的 9.4℃下降至 4.7℃，在 20 个"0℃-60℃-0℃"热循环后，相变潜热仍可维持在 208 J/g，平均响应温差比未加入时提升 30%，相变温度升高 4.6℃，有效改善了 Na$_2$HPO$_4$·12H$_2$O 的性能[20, 24]。

7.2.2 有机纳米相变储能材料

有机相变储能材料包括烷烃类、脂肪酸、脂肪醇、脂肪酸酯、聚乙二醇、聚氨酯、聚丁二烯等。一般情况下，同系有机物的相变温度和相变焓，随着碳链的增长而增大；而相变温度的增加值，却随着碳链的增长，逐渐减小，其熔点最终将趋于一定值[25, 26]。由于聚合物类相变材料是具有一定分子量分布的混合物，且分子链较长，结晶不完全，因此相变过程有一个熔融范围，不像低分子量物质有一个熔融尖峰。直接用作储热的聚合物多为结晶型聚烯烃、聚醚等，相变温度可以通过聚合度进行控制。

与无机类相变材料相比，有机类相变材料拥有无过冷和相分离、化学性质稳定、腐蚀性小、可回收等优点；不足之处为导热系数小、储能密度小、相变温度低、容易挥发甚至燃烧或被空气缓慢氧化而老化等[7, 9]。在应用时需强化其传热过程，常见的方法有添加金属粉末、石墨等导热系数较高的物质。

表 7-3 列出了部分有机相变储能材料的熔化温度和熔化热[27, 28]。

表 7-3　有机相变储能材料的熔点与熔化热[27, 28]

有机相变储能材料	熔点 T/℃	熔化热 u/(J/g)
二甘醇	−10	247
十二烷	−9.6	216
甘氨酸＋甘油	−7.3～−5	296.4～305.9
三甘醇	−7	247
十四烷＋十八烷	−4.02	227.52
十四烷＋二十二烷	1.5～5.6	234.33
微囊化 100%十四烷	5.2	215
十五烷＋二十一烷	6.23～7.21	128.25
石蜡	20～60	140～260
异丙棕榈酸酯	11	95～100

石蜡作为一种直链烷烃混合物，是目前使用最为广泛的固-液有机相变材料，相变温度为室温（300～350 K），属于中低温相变材料，相变潜热较大（140～280 J/g），可以通过改变分子量进行调控。石蜡的物理化学性能稳定、无过冷和相分离现象、无毒、无腐蚀性、资源丰富、价格低廉，可反复使用，具有大规模应用的潜力[9]。

7.2.3　复合纳米相变储能材料

相变材料在热能存储和缓释、调节能量供需矛盾中有重要作用，而种类众多的相变储能材料，无论无机还是有机，在实际应用中面临两个难题：①相变材料的导热系数普遍偏低，一般在 1 W/(m·K)左右，使得储热和放热过程中热量难以快速地在相变材料和热源之间转换，系统中热量分布不均，热量积累效应显著，能量转化效率低；②相变材料结构不稳定，多次循环后，结构破坏，会造成相变潜热损失，尤其是固-液相变过程中，由于液体流动性，还具有渗漏风险[2, 9]。应运而生的复合相变材料，已成为近年来研究的热点。这种复合相变材料既能有效克服单一无机物或有机物相变材料存在的缺点，又可改善相变材料的应用效果以及拓展其应用范围[29, 30]。表 7-4 列出了部分复合相变储能材料热物理性能[31-33]。

表 7-4　复合相变储能材料热物理性能[31-33]

复合相变储能材料	热导率 λ/[W/(m·K)]	相变潜热 u/(J/g)
石蜡/泡沫镍	1.16	
石蜡/泡沫铝	46.12	
石蜡/膨胀石墨/二氧化硅/蜂窝铝	9.54	112.8
双层铜网/石蜡/膨胀石墨/LDPE	8.33	147.7
石蜡/膨胀石墨	12.35	125.5
石蜡/碳化硅	2.00	102.0
石蜡/SBS/膨胀石墨	0.88	79.8
石蜡/TPC-et/膨胀石墨	1.64	102.0

注：LDPE（low-density polyethylene）-低密度聚乙烯；SBS（styrene-butadiene-styrene）-苯乙烯-丁二烯-苯乙烯；TPC-et（copolyester thermoplastic elastomer with polyether soft segment）即含有聚醚软段的热塑性共聚酯弹性体。

在各类复合材料的选择上，碳材料因为导热性能优异、机械性能良好、质量轻、种类多、功能多样化而受到广泛关注和应用[9]。

碳材料按照存在形态可以为分宏观和微观两种，宏观主要有膨胀石墨、泡沫碳、气凝胶等块体，微观主要有石墨烯、碳纳米管、纳米碳纤维、石墨粉、纳米碳粉、中间相碳微球等微纳结构碳材料。碳材料与相变材料的复合是目前相变储能领域的研究热点[34]。由于尺度上的差异，各类碳材料在相变储能技术中的应用形式也不尽相同。

7.2.4　碳基纳米相变储能材料

用于相变储能的纳米碳材料主要包括：石墨烯（graphene）、石墨烯纳米片（graphene nanoplate，GNP）、碳纳米管（carbon nanotube，CNT）和碳纳米纤维（carbon nanofiber，CNF）等。

1. 石墨烯基相变储能材料

石墨烯作为低维材料的典型代表，以其量子限域效应引发的各类独特理化性质引人关注，其中因其高热导率、导电性、高强度、高透明度、超大比表面积，而在光电、储能、半导体电子器件领域具有广泛的应用。例如，石墨烯的面内超高热导率[约 4000 W/(m·K)]，就在相变储能领域发挥了重要作用。即通过石墨烯与各类相变材料复合，可极大地改善相变材料的传热性质[9]。

1）氧化石墨烯与相变材料复合

由于单片层石墨烯难以制备，因此在实际应用中多使用湿化学法大规模制备的氧化石墨烯（graphene oxide，GO）作为增强剂掺入相变材料基体中，GO 基面和边缘含有大量羟基、羧基、环氧基等氧化物官能团，可形成 sp^2 和 sp^3 杂化共存的混合价态，使得其易与相变材料形成较强的分子间作用力，进而增强复合材料的结构稳定性，后期再通过抗坏血酸还原等方式，将氧化石墨烯还原成石墨烯，以提高材料的导热性能[35, 36]。

石墨烯/石蜡复合相变材料在建筑储能中应用广泛。Amin 等研究表明[36]：在石蜡中添加石墨烯可以提高相变材料的热导率和潜热，其中，导热系数随石墨烯添加量变化趋势为先增加达到最佳值，之后进一步添加填料，纳米颗粒会产生团聚，抑制材料整体的导热性能。0.3%（质量分数）石墨烯/石蜡复合相变材料的导热系数为 2.89 W/(m·K)，是纯蜂蜡的约 11 倍。

据中国科学院官网[37]，中国科学院大连化学物理研究所热化学研究组研究员史全团队通过合成策略开发出一种具有高光热转换效率的石墨烯基复合相变材料。该复合相变材料具有优异的相变性能和光热转换能力，为大规模制备石墨烯基光热转化复合相变材料提供了新思路。相关研究成果以"One-step synthesis of graphene-based composite phase change materials with high solar-thermal conversion efficiency"为题，发表于 *Chemical Engineering Journal*[38]。成果梗概：采用一步法，将聚乙二醇（polyethylene glycol，PEG）原位填充到氧化石墨烯（GO）和聚丙烯酰胺（polyacrylamide，PAM）交联反应制备的水凝胶网络中，获得的石墨烯基复合相变材料（PEG/GO-PAM 复合相变材料），实现了质量分数高达 95%的高 PEG 负载能力。经过 1000 次加热-冷却循环，复合相变材料仍具有相对恒定的相变焓 162.8 J/g。最重要的是，该复合相变材料表现出优异的太阳能热转换能力，转换效率高达 93.7%，在太阳能热转换和存储领域具有很大的应用潜力。图 7-1 为 PEG/GO-PAM 复合相变储能材料的合成原理图[38]。

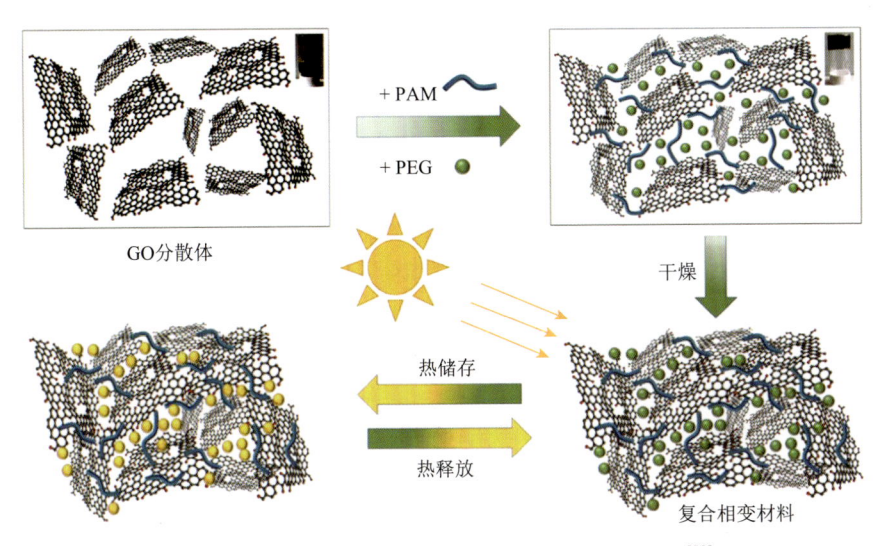

图 7-1　PEG/GO-PAM 复合相变材料的合成原理图[38]

2）石墨烯纳米片与相变材料复合

石墨烯纳米片由块体石墨机械剥离产生，在微观上由多层石墨烯堆叠而成；从制备工艺上讲，GNP 比石墨烯更容易制备，而且保留了完整的石墨烯二维平面结构，具有较大的弦展比和界面接触面积，可大幅度减小填料与基底之间的热阻，对复合相变材料热性质的改善更加显著；同时由于其独特的尺寸和形貌，也能增强相变材料的机械性能（刚度、强度、表面硬度等），有利于相变材料成形、封装[39]。

GNP 与相变材料复合的研究成果非常丰富，早在 2009 年，Kim 等[40]利用 GNP 与石蜡制备了一种高导热导电性的复合相变材料，其热导率随 GNP 含量的增加而增加，当 GNP 的质量分数达到 7.0%时，热导率提高了 200%，而其体系的潜热却增加不明显；这得益于 GNP 纳米颗粒表面积较大，在石蜡中的分散性较好。除石蜡外，脂肪酸或脂肪醇结晶性和分子间结合作用更强，适合用作固-固相变材料，Yavari 等[41]的实验表明：在 1-十八烷醇中添加不同质量比（1.0%、2.0%、3.0%和 4.0%）的 GNP，可以显著提高体系的导热系数，且不会降低其潜热。当 GNP 的质量分数达到 4.0%时，体系的导热系数提高了 140%；这是由于 GNP 提供了一条低阻抗的声子传输路径网络，且 GNP 与相变材料之间的强界面也有助于提高复合材料整体的热性能。

3）石墨烯气凝胶与相变材料复合

石墨烯气凝胶（graphene aerogel，GAG）又称海绵碳，是一种石墨烯通过水热等方法制备的宏观尺度上的自组装体，具有高弹性、强吸附、密度极小、多孔、超大比表面积、高导电性、高导热性等优势，广泛应用于吸附、催化、传感、储能、生物医药等领域[42]。

基于石墨烯气凝胶中的石墨烯二维片层结构和宏观胶体的三维网络结构可同时作用于复合相变材料体系，可以提高复合相变材料的导热性能和热稳定性[43]。Ye 等[44]采用改进后的水热法，将氧化石墨烯还原自组装形成三维石墨烯气凝胶。这种三维石墨烯气凝胶含有大量的中空石墨烯细胞，可使石蜡以微米级液滴的形式包裹在细胞内，进而获得具有核壳结构、封装率高、潜热大的石墨烯气凝胶/石蜡复合相变材料。另外，由于在水热过程中有效去除了氧化石墨烯中的含氧基团，使得石墨片层内的共轭结构得到部分恢复，也在一定的程度上提高了复合相变材料的导电性和导热性。因此，相比于未与石墨烯气凝胶复合的石蜡相变材料，导热系数增大了 32%。

近年来，由氧化石墨烯和石墨烯纳米片形成的混合石墨烯气凝胶也引起了研究者的广泛关注。这种混合气凝胶含有更少的含氧官能团和更完整的石墨烯二维共轭结构，同时兼具三维网状骨架结构，无疑能大幅度提高复合相变材料的性能。实验表明：在纤维素/石墨烯气凝胶构成的相变材料中，导热系数由 0.31 W/(m·K)

提高到了 1.43 W/(m·K)，提高了 360%多，远高于石墨烯或石墨纳米片层与相变材料熔融共混的改善效果[45]。

2. 碳纳米管与相变材料复合

碳纳米管（CNT），又称巴基管，由石墨烯二维平面结构卷曲形成，是一种具有特殊结构（径向尺寸为纳米量级，轴向尺寸为微米量级，管两端基本上都封口）的一维量子材料；轴向一维热导率高达 2000～3000 W/(m·K)，密度接近有机物密度，易与有机体形成稳定的混合物[46, 47]。

CNT 分为单壁碳纳米管（single-walled carbon nanotube，SWCNT）和多壁碳纳米管（multi-walled carbon nanotube，MWCNT）两类，在实际相变储能应用中 MWCNT 使用得较多。Ye 等[48]以 Na_2CO_3 作为相变材料，以 MgO 作为支撑基底，分别添加质量分数 0.1%、0.2%、0.3%和 0.5%的 MWCNT，所得复合相变材料的导热系数随 MWCNT 质量分数的增加和温度的上升而增大；在 120℃时，添加质量分数 0.5% MWCNT 的复合相变材料，导热系数比添加前提高了 69%。与此类似，Xu 等[49]利用 MWCNT 作为添加剂，将石蜡/硅藻土复合相变材料的导热系数提高了 42.45%。

完整的 CNT 由 sp^2 杂化碳原子构成，管壁表面几乎没有悬挂键。为了防止 CNT 在相变材料基体中形成团聚和沉淀，常对 CNT 进行改性以获得更好的分散性。Li 等[50]将酸化后的 CNT 与三种多元醇进行研磨，得到了分别含有辛醇、十四醇和硬脂醇的 CNT，接枝率分别为 11%、32%和 38%。研究发现，与原始 CNT 相比，多元醇接枝的碳纳米管具有更大的分散性，更利于提高石蜡的导热性；在三种接枝的 CNT 中，硬脂醇接枝的 CNT 对石蜡导热性增强效果最好，添加质量分数 4.0% CNT 的石蜡相变材料，导热系数提高了 72.9%。

3. 碳纳米纤维与相变材料复合

碳纳米纤维（CNF）具有一维结构，直径为 50～200 nm，其微观结构由石墨烯片层堆叠而成，与 CNT 由石墨烯卷曲而成具有本质区别[9]。CNF 的耐腐蚀性强，密度约为 2260 kg/m^3，可与大多数相变材料相容，轴向热导率高达 4000 W/(m·K)，是一种易制备、性能优异的相变材料增强剂[51, 52]。Lafdi 等[53, 54]分别将不同质量分数（1.0%、2.0%、3.0%和 4.0%）的 CNF 分散到石蜡中，当 CNF 的分散量为质量分数 4.0%时，改性后石蜡相变材料的导热性能显著增加（45%）。随着 CNF 比值的增加，石蜡相变材料的潜热略有下降，这意味着相变材料的能量存储力下降，但其导热能力增强，两种效应相互竞争，综合影响了相变材料的储热/散热性能。由于 CNF 容易团聚，因此其在相变材料中的分散程度是提高导热性能的关键因素，增加分散时间和表面改性也可使 CNF 在相变材料中分散得更加均匀。

4. 膨胀石墨与相变材料复合

膨胀石墨（expanded graphite，EG）是由天然鳞片石墨经过插层、水洗、干燥、高温膨化之后得到的疏松多孔的蠕虫状物质，具有超大比表面积。膨胀石墨兼具了天然石墨良好的自润滑性、低摩擦系数、抗高温腐蚀性、高导热性[300 W/(m·K)]，同时蠕虫状石墨之间可自行嵌合，增加了其塑性和弹性，解决了天然石墨的高脆性和抗冲击性能差的问题。用膨胀石墨作为相变材料填充的骨架，一方面可以极大地改善相变材料的传热性质，降低材料内部的温差，提高能量存储/释放的效率；另一方面由于膨胀石墨具有优良的机械和理化性质，作为定型封装材料，可以稳定相变材料的宏观形态，吸收、释放热量过程中体积变化减小，从而可以减小高温下液态相变材料的渗漏[55-57]。

Gao等[58]采用搅拌吸附法将石蜡浸渗至膨胀石墨中，所得复合材料的热导率约为1.74 W/(m·K)，是纯石蜡[0.36 W/(m·K)]的4倍以上。Xu等[59]制备了D-甘露醇/EG复合相变材料，主要用于太阳热能存储和建筑废热利用，当EG负载量达到质量分数15%时，复合材料的压缩密度为1.83 g/cm³，导热系数为7.31 W/m，是纯D-甘露醇（0.6 W/m）的12倍多。

目前大多数碳基纳米相变储能材料的研究，均聚焦于相变材料热性能提升量的定量描述，而忽略了其性能提升的原因，这也是未来一段时期内碳基纳米相变储能材料的研究方向。理论研究将进一步加深我们对于碳基纳米复合相变材料作用机理的认识，设计并制备出性能更为优异的碳基纳米相变储能材料。

表7-5汇总了近年来碳基纳米相变储能材料的热物理性能[9]。

表7-5　碳基纳米相变储能材料的热物理性能[9]

相变材料	碳纳米材料	碳材料负载量 w/%	潜热改变量 ΔC/%	热导率增加量 Δλ/%
石蜡	多壁碳纳米管	0.6*	熔化：-2.0 降温：5.0	40～45
	单壁碳纳米管 多壁碳纳米管 碳纳米纤维	1.0	13 10 6.8	
	石墨纳米片	7.0	无变化	200
	短多壁碳纳米管 长多壁碳纳米管	5.0	-15	30 15
	碳纳米纤维 石墨烯纳米片		-10	15 170
	单壁碳纳米管 碳纳米纤维 石墨烯纳米片	4.0		20 20 93

续表

相变材料	碳纳米材料	碳材料负载量 $w/\%$	潜热改变量 $\Delta C\%$	热导率增加量 $\Delta\lambda/\%$
石蜡	碳纳米纤维 碳纳米管	10.0		40 24
	多壁碳纳米管	2.0	−1	40
	碳纳米纤维	4.0		45
	膨胀石墨	25.0	−26	2000~6000
十八烷醇	石墨烯	4.0	−15	140
十六烷醇	碳纳米管 石墨烯纳米片	3.0		40.6 114.8
N-十八烷	石墨烯 碳纳米管	4.0 5.0		52~87 48~66
正二十烷	石墨烯纳米片	10.0	−16	400
棕榈酸	多壁碳纳米管	1.0		24~50
硬脂酸	多壁碳纳米管	1.0*	−2	10
生物基相变材料	石墨烯纳米片 碳纳米管	5.0	−2.2 −11.3	336 248
棕榈酸-硬脂酸复合物	石墨烯纳米片 膨胀石墨	8.0	−20.9 −25.2	373 1580

*. 体积分数 $\varphi/\%$。

7.3 液态金属

液态金属是近年来兴起的一类高性能热管理材料。基于液态金属的对流冷却技术、液态金属热界面材料以及低熔点金属相变材料的相变温控技术等，均在冷却能力上实现了较传统冷却技术量级上的提升，给大量面临"热障"难题的器件和装备的冷却带来了全新的解决方案[60-64]。

7.3.1 液态金属及其性能

液体金属是在室温下或者接近室温呈液态的金属和金属合金。它们具有高的热导率、良好的比热、低黏度和稳定性。主要用作热传导剂和热处理剂[60]。其中，镓基、铋基金属及其合金，安全无毒、性能卓越，正成为异军突起的革命性材料；而如汞、铯、钠钾合金等，虽在常温下也处于液态，但因具有毒性、放射性或危险性，在应用上受到很大限制[61]。

自然界中常温下呈液态的纯金属种类稀少,主要有汞、镓、铯(熔点分别为-38.87℃、29.8℃、28.65℃),因而在实际中使用的一般为液态合金[61]。液态合金品质要求:①物化性能优良,拥有高热导率、电导率,低黏度等;②具有较低的蒸汽压和挥发性,环境友好、无毒无害、非易燃易爆、易于回收利用;③成本宜尽可能低。阻碍液态金属快速发展和应用的瓶颈之一就是缺乏足够多的可选材料以及对相应材料属性的认识。为改变这种状况,中国科学院和清华大学研究团队提出了液态金属材料基因组计划[61-62],旨在发现新的液态金属功能材料,解决材料种类短缺的问题;进而探索和发现更多的液态金属复合材料,以满足日益增长的实际需求。

表 7-6 列出了典型液态金属镓及其合金与水的热物理性质[65]。

表 7-6 典型液态金属镓及其合金与水的热物理性质[65]

物理性质	水	液态金属流体			
		Ga	$Ga_{80}Sn_{20}$	$Ga_{61}In_{25}Sn_{13}Zn_1$	$Ga_{68.5}In_{21.5}Sn_{10}$
熔点 T/℃	0	29.8	21~39[a, b]	8[b]	10[b]
沸点 T/℃	100	2204	>1000	>1000	>1300
密度 ρ/(kg·m^{-3})	1000	6039	5552[b]	6320[b]	6400
热导率 λ/[W/(m·K)]	0.599	29.28	16.7[b]	23.2[b]	16.5
热容 c/[J/(kg·K)]	4183	409.9	440[b]	450[b]	
潜热 u/(kJ/kg)	334	80.16	109.4[b]		
黏度 v/[10^{-7}(m^2/s)]	10.1	3.24		1.95[b]	3.73

注:a. 非共晶体,b. 实验数据。

从表 7-6 可以看到镓的热导率约为水的 50 倍,在相同条件下可以达到更优的对流换热能力。实验表明:液态金属在 0.1 m/s 常规流动情况下对流换热系数即可超过 15000 W/(m^2·K),超过同样工况下水冷的 5 倍左右[65];同时由于液态金属电导率高,还可采用无机械运动部件的电磁泵驱动,零噪声,低能耗,非常适合芯片散热领域应用。不足之处是,液态金属质量热容仅为水的 1/10 左右,在较低流速下,液态金属自身温升较快,会造成对流换热能力减弱。因此液态金属系统的流量设计非常重要,是决定其散热性能的重要因素。另外,液态金属流动散热系统当前实际应用的最大问题是其造价高,一般而言,镓基合金的成本达到 1000 元/kg。显然,对于常规消费电子领域,优化设计降低成本是液态金属流动散热大规模应用的关键问题。

液态金属及其衍生材料的出现,突破了许多应用技术的瓶颈,促成了众多颠覆传统的产业应用。自 21 世纪初起，我国研究团队在这一重大科技领域发挥了系统性、开创性作用，揭示了液态金属诸多全新科学现象、基础效应和变革性应用途径；促成了一系列高新技术产业的形成，提出并推动了"液态金属谷"和液态金属全新工业的创立与发展[61-67]。近年来，国际上一些科研机构也相继启动液态金属探索，取得可喜进展。液态金属研究与应用渐入佳境。以上种种，反映了一个重要科技和产业领域的形成和演进态势[61]。

7.3.2 液态金属热界面材料

液态金属热界面材料是一种具有超高热导率，能解决极端高热流密度散热难题的低熔点合金热界面材料。填充于发热芯片与散热器之间，可起到减小接触热阻、强化传热、降低高功率芯片温度的作用。相对传统热界面材料优势主要有：热导率高、接触热阻小，用于光电芯片热管理领域性能优势明显。加之液态金属热界面材料不含有机物，没有有机物挥发性能衰减的问题，可耐 400℃以上高温，性能稳定，寿命长[65]。劣势是易导电，若在工作时出现溢出，可能会引发短路等。

传统的热界面材料包括硅脂、相变材料、凝胶以及热垫等，以高分子基材料为主，导热系数 $[0.5 \sim 10\ \text{W}/(\text{m·K})]$ 与界面接触热阻 $[0.1 \sim 1(\text{cm}^2·\text{K})/\text{W}]$ 无法满足更高的应用需求。镓基液态金属的导热系数一般高于 $20\ \text{W}/(\text{m·K})$，界面接触热阻仅为 $0.05(\text{cm}^2·\text{K})/\text{W}$ 左右，黏合顺应性和润湿性优异，且成本较低、对环境无危害，作为新的热界面材料越来越受到关注[68]。

在实际工程应用中，常将镓基液态金属合金与导热性能较好的银、铜、钨等金属颗粒及非金属材料进行复合，进行镓基液态金属热界面复合材料制备，其中金属颗粒复合在实际应用中的使用比较广泛[68-76]。

7.3.3 液态金属相变材料

液态金属相变材料主要包括镓基合金和铋基合金，熔点一般为室温，主要应用于电子工业。金属类相变材料最大的特点是热导率高，比有机和无机相变材料高出近两个数量级。液态金属相变材料的热导率通常超过 $15\ \text{W}/(\text{m·K})$，单位体积相变潜热为 $200 \sim 600\ \text{kJ/L}$[65]。不仅吸热快，而且吸热量大，适用于热流密度高、体积紧凑的热管理场合。

2002 年，刘静等[75]将液态金属镓及其合金（镓铟合金，镓铟锡合金等）和铋基合金（铋铟锡合金）引入到高性能计算机芯片冷却系统中，开启了液态金属在消费电子高端芯片冷却领域的大门。这迅速引起了国内外学者的广泛关注，美国国家航空航天局将其列为未来十大前沿研究方向之一，美国阿贡国家实验室以及欧洲原子能实验室也开展了相关原型机研制工作,美国 Nanocooler 公司和 Aqwest LLC 公司斥资数千万美元用于高性能液态金属芯片冷却技术的开发[63]。

为了探究液态金属相变材料的适用范围，刘静等[76]使用数值模拟手段，比较分析了以镓为代表的低熔点金属与以正十八烷为代表的石蜡类相变材料之间的传热性能。结果表明，镓更适用于应对瞬时高热流冲击，即高热流、短时间工作的电子设备散热；而正十八烷适用于低热流、较长时间工作的电子设备控温。此外，单位体积相变材料，镓模块的热控时间长于正十八烷模块；单位质量相变材料，在短时间内镓模块占优，在长时间内正十八烷模块占优。针对潜在应用场景进行分析，表明了液态金属相变材料可用于航天天线 TR 组件和激光器芯片控温。

液态金属相变材料的劣势为，单位重量的相变潜热比较小，一般只有 20～80 kJ/kg[65]。因此，要达到一定的吸热能力，材料的重量较大。此外，金属相变材料一般吸热快，但对空气释放热量比较慢，单次循环使用时间较长，这也在一定程度上限制了其普及应用，特别是在需要频繁工作的场合。

7.3.4 液态金属先进热控与能源技术

随着微纳电子技术的应用与发展，由高集成度芯片、器件与系统引发的热障问题成为制约各种高端应用的普遍性难题，突破散热瓶颈被提高到前所未有的层面。21 世纪初，在芯片冷却领域引入了低熔点合金流体散热技术，这一途径成为近年来的国际前沿研究热点，并成为芯片冷却领域中较具发展前景的新兴产业方向[61]。

经过近 20 年的发展，常温液态金属冷却领域建立了相对完备的理论与应用技术体系[61,77]，主要涉及液态金属强化传热、相变与流动理论，电磁、热电或虹吸驱动式冷却与热量捕获，微通道液态金属散热，刀片散热，混合流体散热，无水换热器，低熔点金属固液相变吸热，高导热纳米金属流体及热界面材料等。液态金属除了在高功率密度电子芯片、光电器件、国防装备极端散热等方面有着重要应用价值外，正在逐步拓展到消费电子、低品位热能利用、光伏发电、能量储存、智能电网、高性能电池、发动机冷却、热电转换等领域，如台式计算机用液态金属散热器、液态金属热界面材料、相变散热模块、液态金属冷却大功率高架灯及 LED 路灯、笔记本电脑用超薄型液态金属散热器、高性能服务器冷却用液态金属散热器等[61]。液态金属冷却与热传输技术应用领域概况见图 7-2。

液态金属芯片冷却方法自提出以来，持续引发业界关注，Liu 等[78]有关研究曾获国际电子封装领域代表性刊物 *ASME Journal of Electronic Packaging* 2010～2011 年度唯一最佳论文奖，还获得中国国际工业博览会创新奖等多个产业奖项[66]。

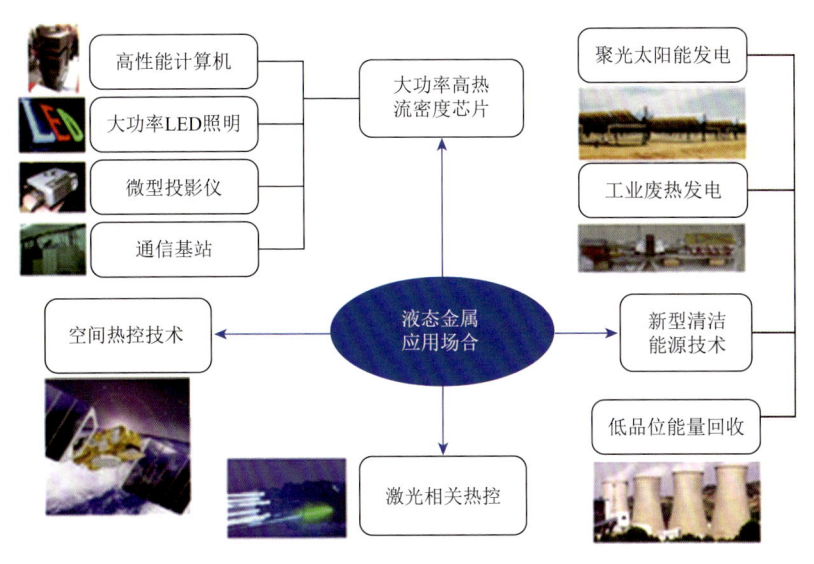

图 7-2 液态金属冷却与热传输技术应用领域[63]

7.4 相变储能应用

相变储能技术可以解决能量在时间、空间和强度上供求不匹配的问题，有效提高能源利用率。在太阳能热利用、航天热控、建筑节能、工业余热回收、电池热管理等领域有广阔的应用前景[4, 5, 9]。

7.4.1 太阳能热利用

太阳能是巨大的能源宝库，是解决能源危机和环境污染的理想能源。但到达地球表面的太阳能辐射密度低，且受地理、昼夜、季节、天气等诸多因素影响，使太阳能的利用具有很大的不稳定性和间断性。通过相变储能技术可以将太阳辐射能转化为热能进行储存，在太阳辐射强度不足时将储存的热能释放进行利用。目前，相变储能技术已经应用于太阳能热水器和太阳能热发电领域。

Fazilati 等[79]研究了使用封装于球形胶囊中的石蜡相变材料作为储存介质对太阳能热水器性能的影响，实验结果表明：热水器的储能密度与效率可分别提高39%和16%，指定温度的热水供应时间增加了25%。Wang 等[80]以 PEG/SiO$_2$ 为形状稳定相变材料，以分散良好的 Fe$_3$O$_4$ 功能化石墨烯纳米片为能量转换器，制备了多功能纳米复合材料。Fe$_3$O$_4$ 纳米颗粒的磁热效应和石墨烯的集光特性，可使复合材料能够实现高效的磁热和光热能量转换。

磁热和光热能量转换与储存原理图如图 7-3 所示。

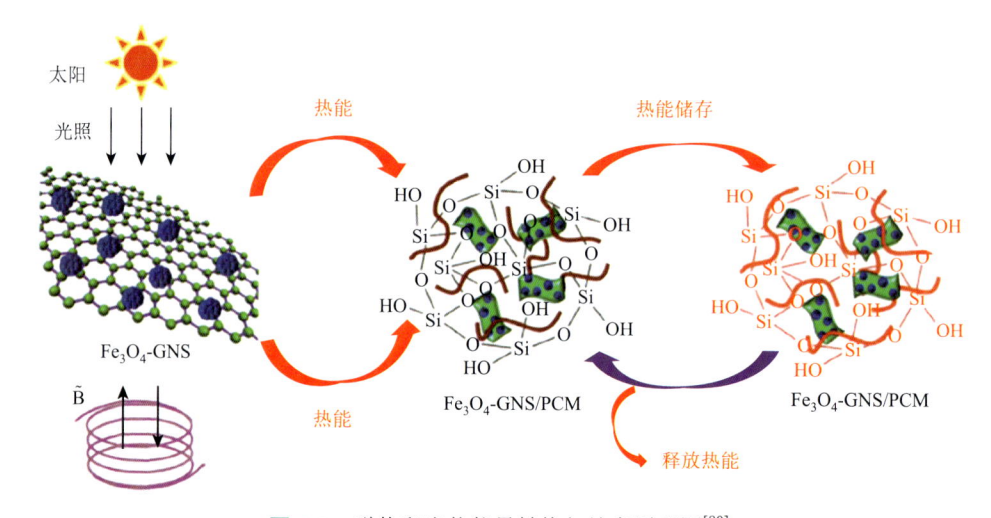

图 7-3　磁热和光热能量转换与储存原理图[80]

7.4.2　航天热控

航天器在轨运行时，因轨道的外热流变化很大，故仪器设备的热负荷变化巨大；同时，大功率航天器设备运行时也会释放大量热量，这给航天器热控系统带来很大技术挑战。将相变材料用于航天器热控，可以将温度控制在合适范围内，缩小温度的波动范围，保障设备的正常运行[81-83]。

航天器的相变材料热控装置如图 7-4 所示。当辐射器受到空间外热流的照射或内部仪器设备的耗散热时，相变材料吸收热量而升温，当超过它的熔点时就熔化；当航天器进入阴影区或仪器设备停止工作时，外部热量减少温度降低，相变材料放热而凝结。仪器设备的温度保持相对的稳定，不会受到外热流和内热源的影响。

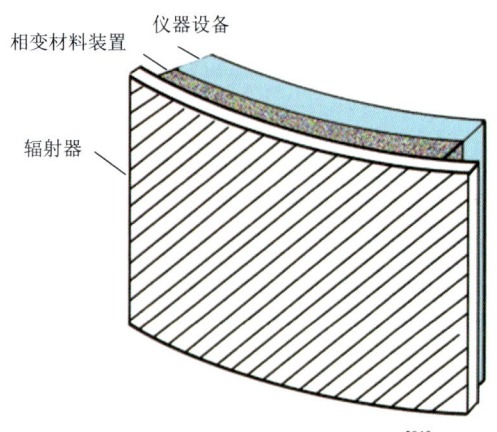

图 7-4　相变材料热控装置示意图[81]

Fixler[84]对相变材料装置与其他散热方式进行了比较研究,从单位面积质量指标上看:对于 Nimhus 轨道上的航天器,采用二十烷相变材料,密度为 0.918 kg/m^2;而采用百叶窗为 7.324 kg/m^2。对于 OGO(Orbiting Geophysical Observatory,轨道地球物理台)航天器,采用二十烷相变材料为 0.840 kg/m^2,采用百叶窗为 2.930 kg/m^2,采用流体回路循环系统为 2.442 kg/m^2。由此可见,相变材料装置在减小密度上具有很大的优势[81]。

在"阿波罗-15"任务中,月球车用过三套相变材料热控装置。第一套相变材料装置通过导热带与信号处理单元、蓄电池连接。月球车每次行走时,信号处理单元和蓄电池产生的热量被相变材料吸收;行走任务结束后,打开安装在辐射器上的百叶窗向空间散热,相变材料降温而再次凝固,为下一次行走任务做好准备。第二套装在驱动控制器上。当月球车行走时,相变材料吸收驱动控制器产生的热量;行走结束后,通过百叶窗散热而使相变材料再凝固。第三套用于月球通信继电器单元的热控。当月球车行走时,相变材料吸收月球通信继电器单元产生的热量;行走结束后,移开盖在月球通信继电器单元辐射器上的隔热板,使相变材料的热量辐射到空间而再凝固[81, 85]。

近地轨道大型平面天基雷达天线的热控要点是保持其在阴影区的温度恒定。利用先进材料和相变材料的高潜热优势,可以有效控制在轨期间天线温度漂移[81, 86]。Vrable 等[86]在石墨/环氧树脂复合材料制成的天基雷达天线结构板内填充含有相变材料的泡沫碳,使天线的温度波动从 80~120℃下降到 20~30℃,同时还满足了重量的要求。天线的热控设计示于如图 7-5。

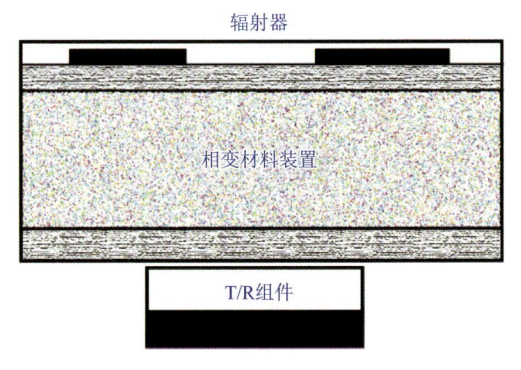

图 7-5 天基雷达天线热控设计示意图[81, 86]

7.4.3 建筑节能

相变材料作为一类高效储能物质,通过与传统的建筑材料复合,既可以提升建筑材料功能、降低建筑能耗和调整建筑室内环境舒适度,又可以将可利用的热能以相变潜热的形式进行储存,进而实现可利用热能在不同时间和不同空间的储存与转换。相变材料与传统建筑材料复合制备的相变建筑材料，主要包括：相变储能石膏板、相变储能混凝土、建筑保温隔热材料、相变储能地板或天花板以及相变储能砂浆等，目前已在建筑节能中得到了日益增多的应用并具有良好的发展前景。

相变材料与建筑材料复合制备方法的特点和适用范围见表 7-7。在实际应用中，需要依据不同的实际应用条件和状况选择合适的制备方法，也可通过实验确定。

表 7-7 相变材料与建筑材料复合制备方法的特点和适用范围[87]

制备方法	特　点	适用范围
直接混合法	制备工艺简单，成本低廉，但相变材料可能会发生渗漏的现象	石膏建材、混凝土等
浸泡法	制备工艺简单，但所需浸泡时间较长、相变材料可能会发生渗漏的现象	石膏建材等
封装法	避免了液相泄漏等不稳定因素，但制备工艺相对比较复杂、成本过高	储能地板、石膏建材等
多孔吸附法	制备的复合相变材料具有结构功能一体化的优点，具有很好的经济性，但相变材料的含量可能会影响其储热能力和耐久性	保温隔热材料、混凝土等

秦鹏华等[88]制备了高密度聚乙烯/石蜡定形相变材料，并将其与混凝土掺混，测得复合混凝土的体积总蓄热量为 78.21 MJ/m^3；与同体积的混凝土相比，复合混凝土蓄热量提升了 270.3%。邓燕等[89]将石蜡/膨胀石墨复合材料与水泥混合制备出应用于建筑外墙的复合相变贴片材料，并对其基本性能进行了测试。结果表明：贴片的相变温度为 41.1℃，比纯石蜡略低；相变潜热为 224.7 J/g，与理论计算值相差 1.14%。SEM 及 XRD 分析显示，石蜡与膨胀石墨之间的相容性和热稳定性很好。隔热性能实验表明，与瓷砖贴片材料相比，复合相变贴片材料能够将内表面最高温度降低 2.4℃，可有效阻隔进入室内的热量，改善围护结构的隔热性能，有效降低建筑空调能耗应用潜力。

全球能源日益短缺，环境污染日趋严峻，相变材料在建筑节能领域的广泛应用不仅可以有效地利用太阳能等低成本清洁能源，实现对电网的削峰填谷效果，而且可以有效改善室内环境，降低建筑的能源消耗，必将具有非常光明的应用前景。

7.4.4　工业余热回收

工业余热是工业生产过程所产生的废气、废液、废渣所载有的热量，属于二次能源。工业余热主要集中在钢铁、化工、机械、建材等行业。遗憾的是这部分余热资源大多没有得到有效利用，大部分都直接排放到大气中，既浪费了能源，又造成环境污染。通过相变储能技术可以将这些余热资源回收利用，提高能源的利用率。工业余热回收的装置主要为相变蓄热器，常用于余热回收的相变料有熔盐及其共晶盐、金属与其合金等[90-93]。

采用中高温相变储热技术可以将各种间歇性工业余热收集并转化为可以直接利用、储存和运输的能源[94, 95]。将相变储能技术用于工业窑炉的余热回收，可使其节能效果较常规蓄热器技术大幅提高，同时减小系统和设备的体积。例如，对100 t锻造加热炉回收的余热不仅可用于本身的助燃空气加热，多余的能量还可用于锻件的热处理和其他生活用途，比常规换热器的热效率提高9.1%[93]。孙守斌等[96]选用相变材料 $NaNO_3/SiO_2$，设计并制备了一套在钢铁行业中低温烟气余热回收的相变储热装置，结果显示，该套装置的最大储热效率可达68.3%，最大放热效率约为60%。

7.4.5 电池热管理

相变储能材料电池热管理系统通常分为两种，一种是以采用复合相变储能材料作为散热方式的被动热管理系统，这种热管理系统仅靠相变储能材料的相变潜热吸收热量，散热效率低，容易导致相变潜热耗尽，失去热管理的能力；另一种为相变储能材料与强制风冷和液体冷却方式相结合的混合热管理系统，该热管理系统能将相变储能材料中的热量及时散去，从而可以在环境温度较高、长时间循环的条件下将电池组的温度控制在安全范围内[97, 98]。

1．相变储能材料热管理系统

Jilte等[99]开发了一种由双层相变储能材料构成的电池热管理系统，采用三种不同的组装方式均能将电池温度控制在安全范围内，如图7-6所示。径向排列组装：将电池置于两个同轴圆柱形容器中[图7-6（a）]，在与电池相邻的第一个容器中填充PCM1，第二个容器中填充PCM2。轴向排列组装：将电池置于一个由体积相同的两个圆柱形容器组成的同轴圆柱形容器中，在两个圆柱形容器中分别填充PCM1和PCM2；填充方位：PCM1在上、PCM2在下[图7-6（b）]，PCM2在上、PCM1在下[图7-6（c）]。

Liu等[100]开发了一种仿生蜂窝状翅片的PCM冷却系统，采用数值模拟法发现：蜂窝结构翅片的添加可有效提高相变储能材料的整体导热系数，在10 C放电倍率下使电池温度保持在50℃以下。与无翅片冷却系统相比，蜂窝翅片冷却系统的降温幅度提高了61%。分析其缘由，蜂窝翅片可以在垂直方向上均匀分布PCM的热量，致使不同厚度的PCM几乎同时熔化，进而优化了PCM的吸热效果。通过考察蜂窝翅片孔隙度和PCM厚度对电池工作温度的影响，得出蜂窝翅片孔隙度的最佳值约0.78，冷却板厚度为3 mm左右为宜。

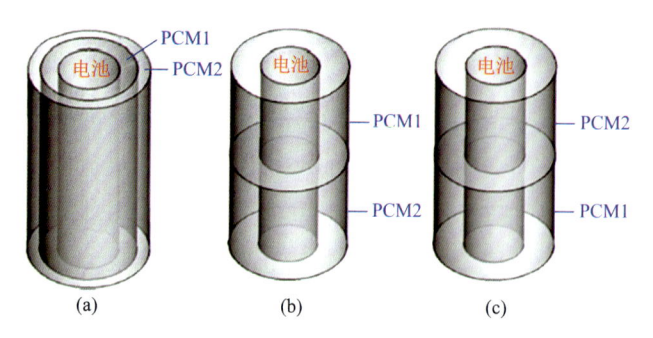

图 7-6　径向和轴向组装 PCM 的电池热管理系统[99]

图 7-7 是采用仿生蜂窝状鳍片的 PCM 电池冷却系统示意图。冷却系统由仿生蜂窝状鳍片和 PCM 组成，鳍上气孔周围的空白被 PCM 填满。整个冷却系统用铝箔包裹，以防止 PCM 在熔化过程中泄漏。

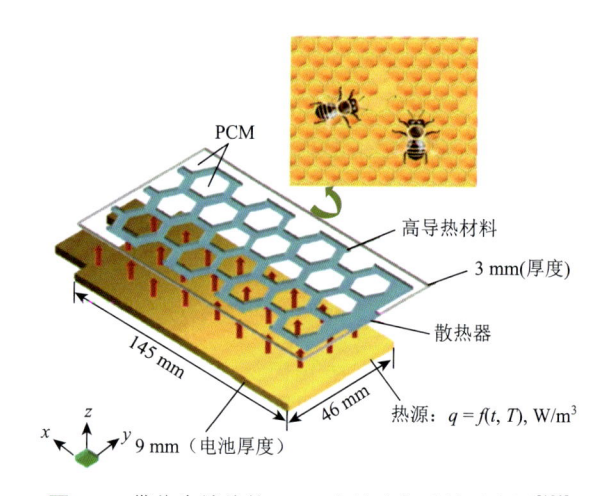

图 7-7　带仿生鳍片的 PCM 电池冷却系统示意图[100]

2. 混合热管理系统

几种常用混合热管理系统列于表 7-8。

表 7-8　几种常用混合热管理系统[97]

冷却技术	电池类型	相变储能材料	电池最高温度 T/℃	文献
强制空气冷却	18650	石蜡（RTHHC）/膨胀石墨	46	[101]
	18650	石蜡	<50	[102]
液体冷却	18650	石蜡	<50	[103]
	软包		39	[104]

续表

冷却技术	电池类型	相变储能材料	电池最高温度 T/℃	文献
热管冷却	棱柱	石蜡	44.9～48.5	[105]
	电池模拟装置	石蜡/膨胀石墨	58.2	[106]

电池性能随着社会的需求不断向高能量密度的方向发展，对基于相变储能材料电池热管理系统的要求也不断提高。通过制备高导热系数的复合相变储能材料，提升相变储能材料性能；改进电池热管理系统的结构，提高其热管理的效率。将风冷、液冷和热管冷却技术与相变储能材料的电池热管理技术相结合的混合式热管理系统是电池热管理的发展方向。

7.4.6 医学领域

相变材料在医学领域的应用主要有医用敷料、微胶囊、医用保温等方面[107]。

1. 医用敷料

医用敷料是一类极其重要的医用纺织品，其主要功能是控制伤口的渗出液以及保护伤口免受细菌和尘粒的污染，尽量保证病人的舒适性，减少伤口的疼痛，并加快伤口的愈合。随着相变材料的快速发展及其在纺织领域的广泛应用，蓄热调温型医用敷料亦应运而生，并已成为一种新型有效的医用纺织品[107, 108]。

张红星[109]基于冷伤防护的要求和不同种类石蜡的性能，选用C_{14}～C_{16}偶数位正构烷烃及其复合物作为冷伤防护纺织品中的相变材料。这种复合相变材料具有相转变温度变化小、相变时间长、混合效果较好等特点，且相变温度区间正好处于人体舒适温度范围。该类纺织品适宜作为蓄热调温型医用敷料。例如，通过浸渍等方法，在这种纺织品中加入纳米级金属、金属氧化物粒子、石墨粉和碳纤维等，还可使敷料具有一定的抗菌能力[107]，如活性碳纤维抗菌敷料[110]、含银活性碳纤维敷料等[111]。

蓄热调温型医用敷料主要包括恒温绷带、恒温纱布、人工皮肤、水凝胶敷料、药物性敷料及固定性敷料等。

2. 微胶囊药物缓释

微胶囊化是一种将微米或纳米尺度的固体颗粒、液滴或气泡封装在惰性壁材（壁壳）内的过程，被封装的芯材（内核）受到保护从而与外界隔离，只有遇到特定条件如pH、盐浓度、温度适宜，壁壳才会溶解，暴露出里面的内核。微胶囊减少了相变材料泄漏的风险，提高了材料利用率与安全性，在医药方面对药物缓释起了巨大的作用[107]。

当人体内出现病变（发炎、感染、癌变）时，不仅会出现 pH 改变，还会伴随着部位周围温度的升高，抑制人体内酶的活性，不利于人体的代谢。如果温度持续升高，当超过一定范围后即可引起人体机能的损伤[112]。pH 敏感微胶囊的发明可以很好地解决病变部位温度增高的问题。将药物包裹在 pH 敏感的微胶囊中，当微胶囊到达病灶处受到异常 pH 的刺激，就会产生相变将药物释放，治疗疾病，并调节体内温度，使细胞代谢回归正常。

除药物缓释外，微胶囊还有抑菌、固酶、调温等作用[107]。

3. 医用保温

随着冷链物流的高速发展，医药冷链物流逐渐成为社会关注焦点。特别是 2016 年山东省发生的"疫苗事件"[113]引起了社会各界对医药品安全的高度重视。蓄冷技术作为一种提高能源利用率的技术，将其应用于医药冷链物流系统不仅可以确保医药品的冷藏运输要求，而且可以节约能源、降低运输成本[114]。

相变材料在运输血液、药品、疫苗、移植器官等对运输温度条件要求高的物品时，可充当无电无冰新型恒温箱的角色。例如，血液的最佳运输温度为 2~8℃[107]。戴霞等[115]采用原位聚合法以正十四烷为芯材，以三聚氰胺-甲醛树脂为壁材制备出一种微胶囊相变材料，将其用于血箱保温，可以有效地在极限条件和室温下保持血液的所需温度。即，在极限温度 45℃、−25℃和室温 23℃下，可分别使血液在 0~10℃下维持 50.5 h、80.7 h 和 61.7 h。韩桂芳等[116]以疏水型二氧化硅气凝胶为多孔基质，利用气孔的毛细血管作用力和气凝胶的疏水性，将液态的正十四烷吸附到二氧化硅气凝胶的孔隙中形成复合相变材料。这种复合相变材料既可满足血液运输所要求的温度和高潜热，又改善了相变材料的体积膨胀和易泄漏问题。夏全刚[117]将正十四烷烃与正十二烷烃按照一定的比例共混，制成相变温度为 2.15℃、潜热值为 175J/g 的复合相变材料，并将其应用于冷藏（车）箱体壁面，以延缓箱体内部空间货物的温度上升。实验结果表明，该冷藏（车）箱体不仅可以用于新鲜果蔬等食品的品质储藏及运输，也可用于血液、药品、疫苗及胰岛素的低温储存及运输。

7.4.7 智能调温纺织品

随着科学技术水平和人们生活水平的日益提高，人们对纺织服装产品的要求不再局限于传统的保暖作用，而是向着功能化和智能化的方向发展。智能纺织品因具有时尚性、功能性和安全性等特点，已经成为纺织行业未来重要的发展方向和经济增长点。其中，智能调温纺织品指的是可以对温度或者温度变化作出响应的纺织品，即织物具有双向的调节温度的性能，可以缓冲外界温度变化对人体产生的影响，使人体感觉更加舒适[118]。它的调温原理是在织物或者纤维中加入相变物质，相变物质随着外部环境温度的变化而发生相态改变，当外部温度升高时相变材料可以吸热储能，从固态材料转化为液态材料；当外部温度降低时，相变材料放出储热并从液态转变为固态，实现纺织品的温度自动调节，在一定时间段内可以缓冲人体和服装之间的微气候温度波动情况，创造一个舒适的温度环境[119]。

应用于纺织服装的相变材料主要为石蜡类烷烃，通过改变不同种类烷烃的混合比例，可以获得适应不同气候的服装使用的相变材料，如严寒气候，18.33~29.44℃；温暖气候，26.67~37.78℃；大运动量和炎热气候，32.22~43.33℃[119]。基于石蜡无毒性、不腐蚀、不吸湿、热性能在长期使用中可以保持稳定，通常将相变材料包封在直径 1~10 μm 的微胶囊中对织物进行涂层或将微胶囊混入纺丝液中进行纺丝。

目前，相变材料已在消防服中应用，相关产品主要有相变冷却背心、Outlast 调温织物及相变材料涂层织物等[120]。

相变冷却背心具有结构设计简单、穿脱方便等优点。Gao 等[121]模拟极端热环境下的消防救援场景，受试者分别贴身穿上不同相变温度（24℃、28℃）的相变冷却背心，其外再穿消防服和消防装备，然后以 5 km/h 的速度，在设定温度为 55℃、相对湿度为 30%的气候室内行走。结果显示，相较于未穿相变冷却背心的情况，穿着相变冷却背心能明显降低人体的温度上升幅度，其中相变温度 24℃的相变冷却背心的隔热作用更明显。

Outlast 相变调温纤维是一种新型"智能"纤维，由美国 Outlast 公司 1988 年成功开发成功，1994 年首次用于商业用途，1997 年在户外服装中使用，现已广泛应用于调温纺织品，如时装和床上用品等。Outlast 相变调温纤维是美国太空总署为登月计划而研发的，目的是为宇航员制作登月服装，包括手套、袜子、内衣等；后来发展到用于普通服装，如户外服装，包括滑雪衫、裤、毛衣等。特别受户外运动者和对温度变化较为敏感的老年人和幼儿的欢迎。

Outlast 调温织物的温度调节原理示于图 7-8[122]。Outlast 相变调温纤维中的微

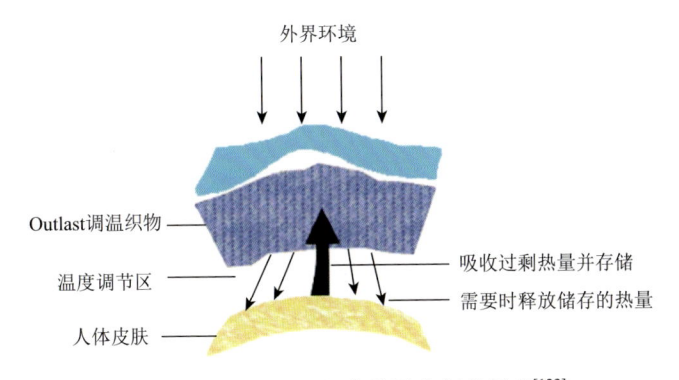

图 7-8 Outlast 调温织物的温度调节原理[122]

胶囊热敏相变材料为碳氢化蜡。Outlast 调温纤维可以纯纺，也可与棉、毛、丝、麻等各类纤维混纺交织，可梭织和针织。

参 考 文 献

[1] 冯端, 等. 金属物理学：第二卷 相变[M]. 北京：科学出版社, 1990.

[2] 张仁元. 相变材料与相变储能技术[M]. 北京：科学出版社, 2009.

[3] 尚燕, 张雄. 储能新技术：相变储能[J]. 上海建材, 2004（6）：17-20.

[4] 黄港, 邱玮, 黄伟颖, 等. 相变储能材料的研究与发展[J]. 材料科学与工艺, 2022, 30（3）：80-96.

[5] 贺斌, 何光进, 孙彩云, 等. 相变储能材料研究进展及应用[J]. 信息记录材料, 2022, 23（5）：72-75.

[6] Lin Y X, Jia Y T, Alva G, et al. Review on thermal conductivity enhancement, thermal properties and applications of phase change materials in thermal energy storage[J]. Renewable and Sustainable Energy Reviews, 2018, 82: 2730-2742.

[7] Motahar S, Alemrajabi A A, Khodabandeh R. Enhanced thermal conductivity of n-octadecane containing carbon-based nanomaterials[J]. Heat and Mass Transfer, 2016, 52（8）：1621-1631.

[8] 黄欣鹏. 复合相变储能材料的传热特性研究[D]. 南京：东南大学, 2018.

[9] 康飞宇, 干林, 吕伟, 等. 储能用碳基纳米材料[M]. 北京：科学出版社, 2020.

[10] 殷晓萍. 石蜡/泡沫炭定形复合相变储能材料的制备与性能研究[D]. 北京：中国地质大学, 2017.

[11] 刘刚, 武卫东, 苗朋柯. 纳米技术在相变蓄能材料中的应用[J]. 化工新型材料, 2013, 41（3）：152-154.

[12] 汤立文, 高安旗, 李玲. 纳米技术在相变储热材料中的应用[J]. 广东化工, 2014, 41（5）：108-110.

[13] 朱冬生, 李新芳, 汪南, 等. 纳米流体相变蓄冷材料的基本特性与应用前景[J]. 材料导报, 2007, 21（4）：87-91.

[14] 席丽霞, 金学军. 纳米复合相变材料[J]. 热加工工艺, 2012, 41（14）：5-9.

[15] 刘玉东. 纳米复合低温相变蓄冷材料的制备及热物性研究[D]. 重庆：重庆大学, 2005.

[16] 康亚盟, 刁彦华, 赵耀华, 等. 纳米复合相变蓄热材料的制备与特性[J]. 化工学报, 2016, 67（S1）：372-378.

[17] Johnston J H, Grindrod J E, Dodds M, et al. Composite nano-structured calcium silicate phase change materials for thermal buffering in food packaging [J]. Current Applied Physics, 2008, 8（3-4）：508-511.

[18] Harikrishnan S, Kalaiselvam S. Peparation and thermal characteristics of CuO-oleic acid nanofluids as a phase change material[J]. Thermochimica Acta, 2012, 533：46-55.

[19] Zeng J L, Sun L, Xu F, et al. Study of a PCM based energy storage system containing Ag nanoparticles[J]. Journal of Thermal Analysis and Calorimetry, 2007, 87（2）：369-373.

[20] 常钊, 陈宝明, 罗丹. 相变储能材料研究进展[J]. 煤气与热力, 2021, 41（4）：A10-A16.

[21] Xie N, Huang Z W, Luo Z G, et al. Inorganic salt hydrate for thermal energy storage[J]. Applied Sciences, 2017, 7（12）：1317.

[22] Safari A, Saidur R, Sulaiman F A, et al. A review on supercooling of phase change materials in thermal energy storage systems[J]. Renewable and Sustainable Energy Reviews, 2017, 70：905-919.

[23] 陈跃, 纪珺, 徐笑锋, 等. 十二水磷酸氢二钠纳米复合相变材料的过冷特性[J]. 化工进展, 2018, 37（7）：2734-2739.

[24] 郑涛杰, 陈志莉, 刘强, 等. 水合盐相变储能材料的增稠剂优选研究[J]. 太阳能学报, 2018, 39（7）：1781-1787.

[25] 张焕芝. 复合相变储能材料的自组装合成及性能研究[D]. 北京：北京化工大学, 2010.

[26] Wang X W, Lu E R, Lin W X, et al. Heat storage performance of the binary systems neopentyl glycol/pentaerythritol

and neopentyl glycol/trihydroxy methyl-aminomethane as solid-solid phase change materials[J]. Energy Conversion and Management，2000，41（2）：129-134.

[27] 傅一波，王冬梅，朱宏. 低温相变储能材料研究进展及其应用[J]. 材料导报，2016，30（S2）：222-226.

[28] Kenisarin M M. High-temperature phase change materials for thermal energy storage[J]. Renewable and Sustainable Energy Reviews，2010，14（3）：955-970.

[29] 李海建，冀志江，王静，等. 复合相变材料的研究现状[J]. 材料导报，2008，22（XI）：248-251.

[30] 张正国，文磊，方晓明，等. 复合相变储热材料的研究与发展[J]. 化工进展，2003，22（4）：62-65.

[31] 肖博文，付祥南，徐远健，等. 复合相变储能材料在电池热管理系统中的应用进展[J]. 化学与生物工程，2022，39（5）：1-5，12.

[32] Huang Q Q，Li X X，Zhang G Q，et al. Thermal management of lithium-ion battery pack through the application of flexible form-stable composite phase change materials[J]. Applied Thermal Engineering，2021，183(1)：116151.

[33] Wu W F，Ye G H，Zhang G Q，et al. Composite phase change material with room-temperature-flexibility for battery thermal management[J]. Chemical Engineering Journal，2022，428：131116.

[34] Liu Z P，Yang R. Synergistically-enhanced thermal conductivity of shape-stabilized phase change materials by expanded graphite and carbon nanotube[J]. Applied Sciences，2017，7（6）：574.

[35] Fan L W，Fang X，Wang X，et al. Effects of various carbon nanofillers on the thermal conductivity and energy storage properties of paraffin-based nanocomposite phase change materials[J]. Applied Energy，2013，110：163-172.

[36] Amin M，Putra N，Kosasih E A，et al. Thermal properties of beeswax/graphene phase change material as energy storage for building applications[J]. Applied Thermal Engineering，2017，112：273-280.

[37] 中国科学院.大连化物所开发出高性能光热转化石墨烯基复合相变材料[OL].（2021-10-18）[2022-06-18]. https://www.cas.cn/syky/202109/t20210927_4807262.shtml.

[38] Li Y G，Sun K Y，Kou Y，et al. One-step synthesis of graphene-based composite phase change materials with high solar-thermal conversion efficiency[J]. Chemical Engineering Journal，2022，429：132439.

[39] Nieto A，Lahiri D，Agarwal A. Synthesis and properties of bulk graphene nanoplatelets consolidated by spark plasma sintering[J]. Carbon，2012，50（11）：4068-4077.

[40] Kim S，Drzal L T. High latent heat storage and high thermal conductive phase change materials using exfoliated graphite nanoplatelets[J]. Solar Energy Materials and Solar Cells，2009，93（1）：136-142.

[41] Yavari F，Fard H R，Pashayi K，et al. Enhanced thermal conductivity in a nanostructured phase change composite due to low concentration graphene additives[J]. The Journal of Physical Chemistry C，2011，115（17）：8753-8758.

[42] Yang J，Zhang E W，Li X F，et al. Cellulose/graphene aerogel supported phase change composites with high thermal conductivity and good shape stability for thermal energy storage[J]. Carbon，2016，98：50-57.

[43] Qian T T，Li J H，Min X，et al. Enhanced thermal conductivity of PEG/diatomite shape-stabilized phase change materials with Ag nanoparticles for thermal energy storage[J]. Journal of Materials Chemistry A，2015，3（16）：8526-8536.

[44] Ye S B，Zhang Q L，Hu D D，et al. Core-shell-like structured graphene aerogel encapsulating paraffin：shape-stable phase change material for thermal energy storage[J]. Journal of Materials Chemistry A，2015，3（7）：4018-4025.

[45] Yang J，Qi G Q，Liu Y，et al. Hybrid graphene aerogels/phase change material composites：Thermal conductivity, shape-stabilization and light-to-thermal energy storage[J]. Carbon，2016，100：693-702.

[46] Yang H B，Memon S A，Bao X H，et al. Design and preparation of carbon based composite phase change material for energy piles[J]. Materials，2017，10（4）：391.

[47] Karaipekli A, Biçer A, Sari A, et al. Thermal characteristics of expanded perlite/paraffin composite phase change material with enhanced thermal conductivity using carbon nanotubes[J]. Energy Conversion and Management, 2017, 134: 373-381.

[48] Ye F, Ge Z W, Ding Y L, et al. Multi-walled carbon nanotubes added to Na_2CO_3/MgO composites for thermal energy storage[J]. Particuology, 2014, 15: 56-60.

[49] Xu B W, Li Z J. Paraffin/diatomite/multi-wall carbon nanotubes composite phase change material tailor-made for thermal energy storage cement-based composites[J]. Energy, 2014, 72: 371-380.

[50] Li M, Chen M R, Wu Z S, et al. Carbon nanotube grafted with polyalcohol and its influence on the thermal conductivity of phase change material[J]. Energy Conversion and Management, 2014, 83: 325-329.

[51] Zhang Q, Luo Z L, Guo Q L, et al. Preparation and thermal properties of short carbon fibers/erythritol phase change materials[J]. Energy Conversion and Management, 2017, 136: 220-228.

[52] Warzoha R J, Weigand R M, Fleischer A S. Temperature-dependent thermal properties of a paraffin phase change material embedded with herringbone style graphite nanofibers[J]. Applied Energy, 2015, 137: 716-725.

[53] Elgafy A, Lafdi K. Effect of carbon nanofiber additives on thermal behavior of phase change materials[J]. Carbon, 2005, 43 (15): 3067-3074.

[54] Shaikh S, Lafdi K, Hallinan K. Carbon nanoadditives to enhance latent energy storage of phase change materials[J]. Journal of Applied Physics, 2008, 103 (9): 094302.

[55] Wu Y P, Wang T. Hydrated salts/expanded graphite composite with high thermal conductivity as a shape-stabilized phase change material for thermal energy storage[J]. Energy Conversion and Management, 2015, 101: 164-171.

[56] Zhang Z G, Zhang N, Peng J, et al. Preparation and thermal energy storage properties of paraffin/expanded graphite composite phase change material[J]. Applied Energy, 2012, 91 (1): 426-431.

[57] Deng Y, Li J H, Qian T T, et al. Thermal conductivity enhancement of polyethylene glycol/expanded vermiculite shape-stabilized composite phase change materials with silver nanowire for thermal energy storage[J]. Chemical Engineering Journal, 2016, 295: 427-435.

[58] Ling Z Y, Chen J J, Xu T, et al. Thermal conductivity of an organic phase change material/expanded graphite composite across the phase change temperature range and a novel thermal conductivity model[J]. Energy Conversion and Management, 2015, 102: 202-208.

[59] Xu T, Chen Q L, Huang G S, et al. Preparation and thermal energy storage properties of D-mannitol/expanded graphite composite phase change material[J]. Solar Energy Materials and Solar Cells, 2016, 155: 141-146.

[60] 科普中国. 液体金属[S/OL]. 科普中国·科学百科, https: //baike.baidu.com/item/液体金属/7103226? fr = aladdin

[61] 刘静. 液态金属科技与工业的崛起: 进展与机遇[J]. 中国工程科学, 2020, 22 (5): 93-103.

[62] Wang L, Liu J. Liquid metal material genome: Initiation of a new research track towards discovery of advanced energy materials [J]. Frontiers in Energy, 2013, 7 (3): 317-332.

[63] 杨小虎, 刘静. 液态金属高性能冷却技术: 发展历程与研究前沿[J]. 科技导报, 2018, 36 (15): 54-66.

[64] 周宗和, 宋杨, 杨小虎, 等. 基于液态金属的高性能热管理技术[J]. 节能, 2020 (3): 124-127.

[65] 邓月光, 张曼曼, 姜毅. 复合式液态金属热管理技术研究进展[C]. 福建 厦门: 中国材料大会2021, 2021: 141-149.

[66] 材料委天津院. 中国工程院好文！液态金属科技与工业的崛起深度战略研究！[OL]. https://new.qq.com/rain/a/20210722A08UZI00.

[67] 刘静, 杨应宝, 邓中山. 中国液态金属工业发展战略研究报告[M]. 昆明: 云南科技出版社有限责任公司, 2018.

[68] 姜珂. 镓基液态金属复合硅胶热界面材料的实验研究[J]. 机电信息, 2020 (12): 91-93.

[69] 高云霞, 刘静, 王先平, 等. 镓基液态金属热界面材料的性能研究[J]. 工程热物理学报, 2017, 38（5）: 1077-1081.

[70] 李根, 纪玉龙, 孙玉清, 等. 新型铜颗粒填充的液态金属热界面材料导热性能实验研究[J]. 西安交通大学学报, 2016, 50（9）: 61-65.

[71] Tang J B, Zhao X, Li J, et al. Gallium-Based liquid metal amalgams: transitional-state metallic mixtures (transM^{2}ixes) with enhanced and tunable electrical, thermal, and mechanical properties[J]. ACS Applied Materials & Interfaces, 2017, 9（41）: 35977-35987.

[72] Ralphs M I, Kemme N, Vartak P B, et al. In situ alloying of thermally conductive polymer composites by combining liquid and solid metal microadditives [J]. ACS Applied Materials & Interfaces, 2018, 10（2）: 2083-2092.

[73] Liu H, Liu H Q, Lin Z Y, et al. AlN/Ga-based liquidmetal/PDMS ternary thermal grease for heat dissipation in electronic devices [J]. Rare Metal, 2018, 9（47）: 2668-2674.

[74] 梅生福, 高云霞, 邓中山, 等. 液态金属填充型硅脂导热性能实验研究[J]. 工程热物理学报, 2015, 36（3）: 624-626.

[75] 刘静, 周一欣. 以低熔点金属或其合金作流动工质的芯片散热用散热装置: 1489020 [P]. 2004-04-14.

[76] 张旭东, 杨昌鹏, 于新刚, 等. 面向航天应用的液态金属相变传热性能研究[J]. 宇航材料工艺, 2021（6）: 17-23.

[77] Liu J. Advanced Liquid Metal Cooling for Chip, Device and System[M]. Shanghai: Shanghai Science & Technology Press, 2020.

[78] Deng Y G, Liu J. Design of a practical liquid metal cooling device for heat dissipation of high performance CPUs [J]. Journal of Electronic Packaging, 2010, 132（3）: 31009-31014.

[79] Fazilati M A, Alemrajabi A A. Phase change material for enhancing solar water heater, an experimental approach[J]. Energy Conversion and Management, 2013, 71: 138-145.

[80] Wang W T, Umair M M, Qiu J J, et al. Electromagnetic and solar energy conversion and storage based on Fe$_3$O$_4$-functionalised graphene/phase change material nanocomposites[J]. Energy Conversion and Management, 2019, 196: 1299-1305.

[81] 王磊, 菅鲁京. 相变材料在航天器上的应用[J]. 航天器环境工程, 2013, 30（5）: 522-528.

[82] 许发铎, 孙耀赤, 赵欣, 等. 相变材料作为驱动力在航天器上的研究与应用[J]. 真空与低温, 2014, 20（4）: 239-242.

[83] 钟学明, 肖金辉, 姜亚龙, 等. 相变贮热材料及其在太空中的应用[J]. 江西科学, 2004, 22（5）: 399-402.

[84] Fixler S Z. Satellite thermal control using phase-change materials[J]. Journal of Spacecraft and Rockets, 1966, 3（9）: 1362-1368.

[85] Biswas D R. Thermal energy storage using sodium sulfate decahydrate and water[J]. Solar Energy, 1977, 19（1）: 99-100.

[86] Vrable D L, Vrable M D. Space-based radar antenna thermal control[C]//Space Technology and Applications International Forum-2001. AIP Conference Proceedings, 2001（552）: 277-282.

[87] 倪海洋, 朱孝钦, 胡劲, 等. 相变材料在建筑节能中的研究及应用[J]. 材料导报, 2014, 28（21）: 100-104.

[88] 秦鹏华, 杨睿, 张寅平. 定形相变材料的热性能[J]. 清华大学学报（自然科学版）, 2003, 43（6）: 833-835.

[89] 邓燕, 丁云飞, 王宁宁, 等. 外墙复合相变贴片材料相变及隔热性能研究[J]. 功能材料, 2020, 51（8）: 8014-8018, 8152.

[90] 连红奎, 李艳, 束光阳子, 等. 我国工业余热回收利用技术综述[J]. 节能技术, 2011, 29（2）: 123-128, 133.

[91] 付英, 曾令可, 王慧, 等. 相变储能材料在工业余热回收领域的应用研究进展[J]. 工业炉, 2009, 31（5）: 11-14.

[92] 赵杰, 唐炳涛, 张淑芬, 等. 相变储能材料在工业余热回收中的应用[J]. 化工进展, 2009, 28（增刊）: 63-65.

[93] 陈程, 许佳孟, 毛凌波. 相变储热技术在冶金余热回收中的应用[J]. 世界有色金属, 2021（16）: 14-15.

[94] 金翼, 冷光辉, 叶锋, 等. 中高温相变储热技术在工业余热回收中的应用[C]. 第一届全国储能科学与技术大会摘要集, 上海, 2014.

[95] 王建军, 蔡九菊, 陈春霞, 等. 我国钢铁工业余热余能调研报告[J]. 2007, 36（2）: 1-3.

[96] 孙守斌, 姚华, 刘常鹏, 等. 钢铁行业中低温烟气余热相变储热装置特性分析[J]. 储能科学与技术, 2020, 9（3）: 730-734.

[97] 肖博文, 付祥南, 徐远健, 等. 复合相变储能材料在电池热管理系统中的应用进展[J]. 化学与生物工程, 2022, 39（5）: 1-5, 12.

[98] 练晨, 王亚楠, 何鑫, 等. 相变材料在汽车动力电池热管理中的应用新进展[J]. 汽车技术, 2019（2）: 38-47.

[99] Jilte R, Afzal A, Panchal S. A novel battery thermal management system using nano-enhanced phase change materials[J]. Energy, 2021, 219: 119564.

[100] Liu F, Wang J F, Liu Y Q, et al. Performance analysis of phase change material in battery thermal management with biomimetic honeycomb fin [J]. Applied Thermal Engineering, 2021, 196: 117296.

[101] Ling Z Y, Wang F X, Fang X M, et al. A hybrid thermal management system for lithium ion batteries combining phase change materials with forced-air cooling[J]. Applied Energy, 2015, 148: 403-409.

[102] Qin P, Liao M R, Zhang D F, et al. Experimental and numerical study on a novel hybrid battery thermal management system integrated forced-air convection and phase change material[J]. Energy Conversion and Management, 2019, 195: 1371-1381.

[103] Song L M, Zhang H Y, Yang C. Thermal analysis of conjugated cooling configurations using phase change material and liquid cooling techniques for a battery module[J]. 2019, 133: 827-841.

[104] Zhang W C, Liang Z C, Yin X X, et al. Avoiding thermal runaway propagation of lithium-ion battery modules by using hybrid phase change material and liquid cooling[J]. Applied Thermal Engineering, 2021, 184: 116380.

[105] Zhang WC, Qiu J Y, Yin X X, et al. A novel heat pipe assisted separation type battery thermal management system based on phase change material[J]. Applied Thermal Engineering, 2020, 165: 114571.

[106] Zhao J T, Lv P Z, Rao Z H. Experimental study on the thermal management performance of phase change material coupled with heat pipe for cylindrical power battery pack[J]. Experimental Thermal and Fluid Science, 2017, 82: 182-188.

[107] 周煜凌, 朱志雯, 顾浦中, 等. 有机复合相变材料在医药领域的研究进展[J]. 安徽化工, 2021, 47（6）: 14-18.

[108] 周近惠, 焦晓宁, 于宾. 相变材料及其在医用敷料上的应用[J]. 产业用纺织品, 2013（2）: 1-6.

[109] 张红星. 石蜡在相变调温纺织品领域的应用研究[D]. 石家庄: 河北科技大学, 2011.

[110] 张艳琦, 周新钦, 曹晶晶, 等. 活性炭纤维抗菌敷料的制备及其性能研究[J]. 生物技术世界, 2016（3）: 209-210.

[111] 熊亮. 含银活性炭纤维敷料的制备及性能评价[J]. 科技风, 2019, 23: 182, 191.

[112] 田玉玲. 基于pH变色指示伤口的载药织物的制备及性能研究[D]. 上海: 东华大学, 2014.

[113] 百度百科. 山东非法疫苗案[OL]. https://baike.baidu.com/item/山东非法疫苗案/19467587?fr=Aladdin.

[114] 章学来, 陈裕丰, 曾涛, 等. 医药冷链物流用相变材料的研制[J]. 制冷与空调, 2017, 17（7）: 43-46, 25.

[115] 戴霞, 沈晓冬. 用于血液隔热相变材料微胶囊的制备及研究[J]. 材料导报, 2007, 21（5）: 361-363.

[116] 韩桂芳, 沈晓冬, 栾建凤, 等. 储血用复合相变材料的制备及性能研究[J]. 医学研究生学报, 2009, 22（11）: 1189-1191.

[117] 夏全刚. 相变材料应用于冷藏保鲜箱的试验研究[D]. 上海：上海理工大学，2015.

[118] 陈向标，江创生，林俊铭，等. 智能调温纺织品的制备及其调温性测试方法研究进展[J]. 轻工标准与质量，2019（3）：105-106，108.

[119] 张萍丽，刘静伟. 相变材料在纺织服装中的应用[J]. 上海纺织科技，2002，30（5）：47-48.

[120] 陈若颖，苏云，王云仪. 相变材料在消防服中的应用研究进展[J]. 产业用纺织品，2020，38（4）：1-6.

[121] Gao C S，Kuklane K，Holmer I. Cooling vests with phase change materials: the effects of melting temperature on heat strain alleviation in an extremely hot environment [J]. European Journal of Applied Physiology，2011，111（6）：1207-1216.

[122] 李洪亮，孙英兵. 功能性纤维——Outlast相变调温纤维的介绍[J]. 中国纤检，2006（8）：53-54.

第8章 电子封装与热管理工程

8.1 面向半导体封装应用的热界面材料与零部件

半导体器件在工作中面临巨大的热管理挑战，经过数十年的发展，目前已形成针对集成电路封装、LED 封装以及功率器件封装等领域的专用封装系列技术。本章将就这几方面的历史沿革、发展趋势以及技术特征分别进行介绍。

8.1.1 热界面材料

热界面材料（thermal interface material，TIM）是一种用于填补两种材料接合或接触时产生的微孔隙及表面凹凸不平的孔洞，减少热传递的阻抗，提高散热性的材料。热界面材料主要用于集成电路封装以及电子散热行业[1]，又称导热材料、导热界面材料或接口导热材料。

芯片在工作时，会产生热量。随着芯片的尺寸越来越小，集成度越来越高，功率密度不断增大。在这种情况下，芯片在工作时所产生的热量越来越多，结果就是芯片内部的温度会急剧上升。如果不及时将热量传导出去，热量的堆积将严重影响电子元器件的性能、可靠性和寿命。将热界面材料填充在芯片与热沉之间和热沉与散热器之间，以驱逐其中的空气，使芯片产生的热量能更快速地通过热界面材料传递到外部，可达到降低工作温度、延长使用寿命的重要作用。近来，热界面材料已被广泛应用于电子元器件的散热领域[2]。图 8-1 是芯片封装示意图。

理想的热界面材料应具有的特性主要包括：①高导热性；②高柔韧性，保证在较低安装压力条件下，热界面材料能够最充分地填充接触表面的孔隙，与接触面间的接触热阻小；③绝缘性好；④安装简便并具可拆性；⑤适用性优，既能填补小孔隙，也能填充大缝隙[3]。

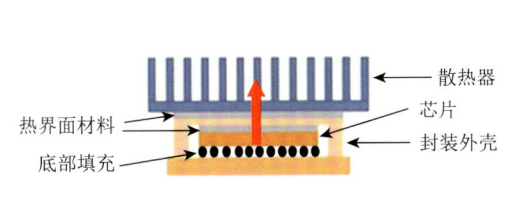

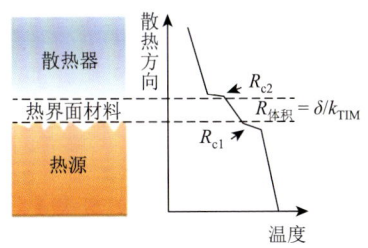

图 8-1　芯片封装示意图[3]

图 8-2 是热界面材料作用的示意图。其中，图 8-2（a）是未加 TIM 材料的芯片散热示意图，芯片工作产生的热量，只能通过芯片与外壳接触部分散去，中间的空气很难发挥散热的作用，因为空气的热导率只有 0.023 W/(m·K)；图 8-2（b）为填充 TIM 材料的芯片散热示意图，在芯片与金属外壳之间的空隙处，填充 TIM 材料，芯片产生的热量，可以顺利地通过 TIM 材料传递出去，达到为芯片散热的效果。

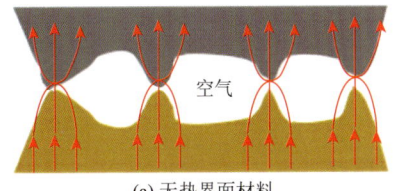

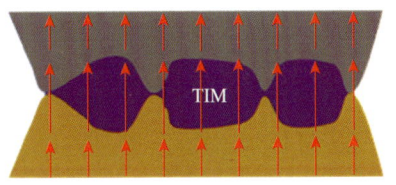

图 8-2　热界面材料作用示意图

覆盖率、孔隙率和粘接线厚度是热界面材料的三个关键因素。①覆盖率：热界面材料需要完全覆盖芯片，这样就可以保证热量的传输更加高效。②孔隙率：需控制达到非常低的孔隙率。如果有孔隙，空气将会进入，热量不能及时散出去，从而使热界面材料的性能下降。③粘接线厚度：热界面材料的厚度要适中，黏结性要好，能够完全填充缝隙。

热界面材料的选用原则主要包括以下四项：①热导率（thermal conductivity）：具有高的热导率，这样才能高效地实现散热。②适应性（conformablity）：能够很好地填充芯片与金属外壳之间的间隙，如果填充过程中存在间隙，将会使热界面材料的性能急剧下降。③可靠性（reliability）：拥有一定的机械性能，确保在封装过程中不会被破坏。④可加工性（workability）：可加工对于生产十分重要。

1. 金属基热界面材料

金属具有比较高的本征热导率，在常用的金属中，银的热导率为 429 W/(m·K)，铜的热导率为 401 W/(m·K)，铝的热导率为 237 W/(m·K)[4]，均比常用热界面材料的导热性高，这也决定了金属在热沉、散热器、热管等热管理场景的应用中具有相当的潜能。常用的金属热界面材料主要有焊锡、烧结银、铟等。

1）焊锡

焊锡通常指用锡基合金制作的焊料，锡（Sn）是一种常见的低熔点金属，物理化学性质稳定，具有良好的延展性。传统焊锡多以锡铅为主要成分，由于铅的大量使用会给人类和环境带来极大的危害，近些年发展出了 Sn-Ag 系、Sn-Cu 系、Sn-Sb 系高温无铅焊锡，Sn-Bi-Ag（Cu）系、Sn-Zn 系中温无铅焊锡和 Sn-Bi 系低温无铅焊锡。

焊锡能够在较低的温度下熔化，然后使两个界面之间黏结形成金属连接，从而极大地促进热的传导。在某些特定的情况下，利用两个铜片之间的锡基焊料还能与固体表面形成金属间化合物，这也能进一步地促进热传导性能的提高。但因焊锡的杨氏模量较大，不足以释放较大尺寸电子器件的热应力，尤其是焊料中的助焊剂往往易使焊料中存在孔洞等缺陷，均对热的传输有很大影响；另外，焊料的成本、使用方法以及返修的容易程度均不如传统的导热膏以及高分子基导热复合热界面材料。

2）导热银膏

导热银膏又称导热银浆，是一种由微米或纳米尺寸的银粉颗粒均匀分散在有机高分子树脂中制成的浆料。这种浆料不仅体现出银的高导热（导电）性，同时还具有树脂材料优异的可加工性。常见的银粉材料为球形或近球形的微米颗粒，树脂则通常为热固性树脂，如环氧树脂、酚醛树脂、有机硅树脂等。

为了实现更高的热导率并且降低热膨胀系数，通常会采用不同尺寸的银粉填料搭配混合的办法提升填料的填充率。也会在银膏的配方中添加少量的二氧化硅气溶胶、表面活性剂等，以改善其浆料的流变性能，从而提升施工的便利性。常见的导热银膏中银的质量分数约为 80%～90%，热导率在 10 W/(m·K) 以内。一些高性能导热银膏的热导率能达到 15 W/(m·K) 以上。与焊锡相比，导热银膏相对柔软（杨氏模量可低至数百 MPa），有利于释放界面应力；其浆料特性也有利于在 100℃ 左右发生固化，因而被广泛应用。

3）烧结银

金属银（Ag）具有相当高的热导率［429 W/(m·K)］。相对于银浆，烧结银的热导率［80～400 W/(m·K)］也高出许多。然而，热导率的增加是以较高的烧结压力（如在 10 MPa 及以上的热压）和高温为代价的，这无疑增加了封装的难度，尤其是对大型模具而言。此外，银的杨氏模量高达 120 GPa，也使烧结银无法充分释放较大尺寸电子器件的热应力[5]。因此，业界对无需加压的"无压烧结"烧结银技术的需求不断提升。

4）铟（In）

铟是工业热界面材料应用中最常见的焊料，它的力学性质柔软，热应力释放能力强，熔点（157℃）较低。铟一直被认为是一种理想的热界面材料，具有高导热性［86 W/(m·K)］以及低杨氏模量（12.5 GPa）。然而，铟的价格比较昂贵，供应也并不充足；同时铟的热膨胀系数大（29.7×10^{-6}/℃），这也制约了铟作为热界面材料的发展。

2. 陶瓷基热界面材料

陶瓷基热界面材料主要包括 SiC、BN、AlN、Al_2O_3 等，其中，氧化物陶瓷材料的热导率通常不高，相比之下，BN、AlN 的热导率相对更高，因此在实际当中应用更加广泛；但是这两种材料的生产成本较高，因此根据应用的电子器件的不同，通常会考虑选择不同的陶瓷材料。

制备陶瓷颗粒的方式主要有机械法和化学法。机械法通过球磨等方式施加机械力，包括粉碎过程中施加的作用力以及压力和摩擦力等，获得陶瓷颗粒；化学法通过液相化学反应，通过形核和长大，在液相中析出大小均一的陶瓷颗粒，再进行干燥和煅烧。

陶瓷基热界面材料在应用中与导热银膏类似，也是通过与树脂混合之后进行施工应用。由于高导热陶瓷颗粒的熔点普遍较高，难以相互烧结，因此其热导率水平在各类型热界面材料中处于较低水平，多被应用在 TIM2 场合。从方便返工的角度出发，多数陶瓷基热界面材料常与有机硅树脂复合，以导热凝胶或导热垫片的产品形式出现。

8.1.2 热管理的零部件

1. 基板

在封装结构当中，基板不仅承担着电气连接和机械支撑的作用，同时也是散热系统的重要一环，对整体的散热性、稳定性和可靠性具有十分重要的作用。基板不仅要有效地解决器件的散热问题，避免由热引起的器件失效；还要具有优良的机械性能，适应不同领域的颠簸、震动等应用条件。以 LED 散热基板为例，常见的基板种类有：硬式印制电路板、高热导率铝基板、陶瓷基板、软式印制电路板、金属复合材料[6]。

2. 热沉

热沉的种类比较杂。常规的热沉主要有：电子封装上的微型散热片，是用于冷却电子芯片的装置；航天工程上的"用液氮壁板内表面涂黑漆模拟宇宙冷黑环境的装置"；在 LED 照明封装中，由于 LED 发光时会产生高热量，通常使用高热导率的铜柱作为热沉，使热量导向封装体外面[7]。热沉增大了散热面积，有效地提高了散热效率。热沉散热性能的提高依赖于总热阻的降低，而其总热阻与热沉的形状和使用的材料密不可分，材料的导热系数以及热沉肋片的几何形状、大小、厚度与数量等参数都会影响其散热性能。

3. 液冷装置

液冷技术是通过液冷介质与热源接触进行热交换，再由冷却液体将热量传递出去。液体具有高的换热系数、良好的流动性及稳定的工作能力，这使得液冷技术成为电子设备冷却系统的首选。液冷技术分为直接冷却和间接冷却。直接冷却可以直接将电子设备浸入冷却介质或者将电子器件的发热部分与冷却介质接触进行散热，如液体喷射冷却、液体喷雾冷却等，受热升温的液体介质流动到其他低温部位再将热量散出去[8]。间接冷却指热源不直接与冷却介质接触，而是通过冷板装置间接进行热交换，如循环管路散热冷却、微通道液体冷却和热管冷却[9]。

液冷技术经过多年的发展，已经从基础理论逐步过渡到实际应用。微通道和浸没式液冷技术应用得最成熟、最广泛。射流和喷雾冷却尽管设备整体要求较严格，但还是在一定范围内得到了成熟的应用。去离子水是液冷技术应用最多的冷却液，但因水的工作温区有限，较差的电绝缘性也限制了整个水冷技术的发展[10]。用新型冷却液（纳米流体、液态金属等）取代传统的以水为代表的冷却工质打破了传统冷却技术的能力极限，具有更高的导热系数、较大的比表面积、腐蚀轻等优点，这也是未来研究和开发的重点。

4. 热管

热管是一种利用相变强化换热的技术，典型的热管结构中主要包含管壳、毛细芯、工质。管壳用于密封工质，毛细芯用于驱动液相工质回流，而工质为热量载体；即，通过工质在管壳内的蒸发冷凝，循环吸放热量，实现热量传递[11]。如图 8-3 所示，为实现热管内工质的相变，需要对工质进行加热冷却。热管被加热的部分称为加热段（蒸发段），工质在加热段吸热汽化相变为气态；热管中被冷却的部分则被称为冷却段（冷凝段），工质在冷却段放热液化相变为液态；考虑到实际工程应用中加热段和冷却段通常间隔较远，往往会在热管中设置绝热段。当加热段内液相工质被加热至一定温度时，会持续蒸发或沸腾，使得加热段内的平均压力相对较高；而冷却段内气相工质被冷却至一定温度时，持续冷凝，会使冷却段内的平均压力相对较低；因此，加热段内的气相工质会在压差的驱动下扩散至冷却段，并液化放热，而液化的工质则会在毛细芯的毛细抽吸力作用下，被输送回热管加热段，再次汽化吸热，如此往复循环，从而实现热量在绝热段-冷却段内的快速传递[12]。

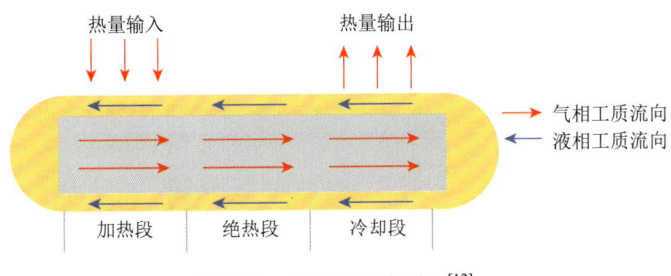

图 8-3 热管的工作原理[12]

热管作为一种能够自发响应热量不均的被动式散热元件，通过相变传热，拥有了高导热性和均温性、传热速度快、控温效果好等特点。通过使气体和液体形成分开通路的形式，可以避免传统热管出现的气体液体夹杂现象。热管的导热性能强，传热距离长，可以用于小空间内，如作为计算机的散热器件。热管不仅在计算机元器件散热方面的应用已引起人们重视，而且正逐渐推广于不同热管理系统并表现出优异的使用效果。但热管制作工艺具有程序冗杂，后续维护也有特定的要求，这在一定程度上限制了热管的更大规模使用。

5. 均热板

与热管相同，均热板（vapor chamber，VC）也是一种利用相变进行散热的元件，不同的是热管通常被认为是一维传热元件，将热量从蒸发端转移至冷凝端；而均热板被认为是一种二维导热元件，两者原理类似。均热板通常由壳体、吸液芯结构、支撑柱和蒸汽腔组成[13]，热源（如 LED 光源）与蒸发端贴合。均热板的工作过程分为三个步骤：①热量通过壳体传递至吸液芯，使其中的液体发生汽化。腔体内的高真空度降低了液体工质的汽化温度，使得这一过程在较低的温度就可以发生，进而将大量热量带走。②液体汽化后形成的蒸汽很快充满整个蒸汽腔，在靠近冷源一端的毛细芯上再次发生相变，由气体变为液体，热量也随之传递到壳体，并被冷源带走。③靠近冷源一端的液体工质在毛细芯的作用下重新回到热源处，进入下一次循环。均热板的工作原理示于图 8-4。

吸液芯结构、均热板壳体材料、工质种类和冷凝端散热方式等都对均热板的传热性能有较大影响[14]。随着热源功率增大，均热板蒸发端温度迅速升高，工质蒸发速度随之增大。工质回流主要取决于吸液芯的毛细压力，当工质蒸发速度大于回流速度时，均热板会出现干涸，此时均热板达到毛细极限。对于不同结构的吸液芯，其表面接触角和有效毛细半径不同，产生的毛细压力也不同。均热板壳体材料，一般采用纯铜或铝合金等高导热材料以提高均热板的传热性能。常见的工质种类有去离子水、丙酮和乙醇。冷凝端，不同散热方式的散热能力有较大差异，对均热板传热性能的影响也大不相同，应根据不同的情况选择合适的散热方式。

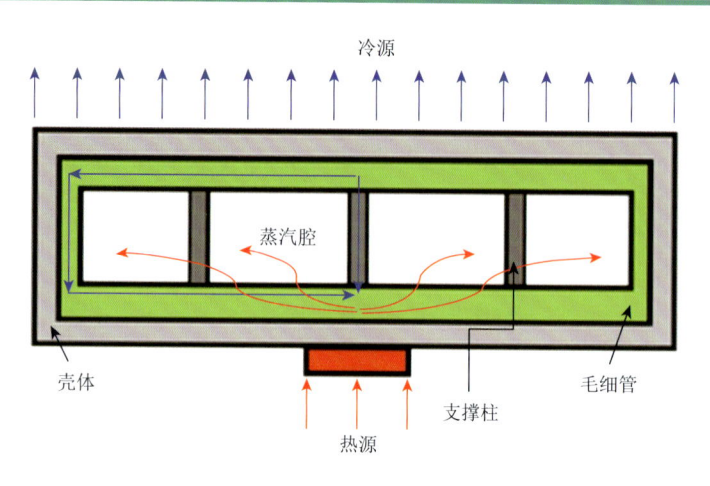

图 8-4　均热板的工作原理[13]

6. 液态金属换热器

液态金属是近年兴起的一类高性能的热管理材料。液态金属热管理技术的关键是引入低熔点的金属和合金作为冷却的工质，如镓和镓铟合金等。液态金属自身的特点决定了其作为换热介质应用于热管理当中：①相对于其他非金属介质，液态金属具有更高的热导率和更强的对流冷却性能[15]；②液态金属具有良好的导电性，可以用电磁泵进行驱动，避免了机械泵造成的噪声污染，提高了工作效率；③流动的规律性与一般液体相似，动力黏度与水接近，压力损失小，完全的单相流动，容易保持为液态；④对材料腐蚀较弱[16]。

相比于以水为工质的液冷技术，液态金属具有更高的沸点，可以承受高达 1000℃的高温。此外，液态金属的物化性质温和、无毒性，可以应用于芯片的高温/高热流密度散热。中国科学院理化技术研究所刘静团队于 2002 年提出了以低熔点液态金属作为冷却工质的芯片散热方法，并陆续构建了从材料、器件到应用的液态金属热管理技术体系：①液态金属对流冷却；②液态金属热界面材料；③液态金属相变热缓冲[17]。

液态金属对流冷却已经在热管理领域广泛应用，其应用领域主要为芯片、功率器件等方面[17-19]。液态金属对流具有换热能力强、无噪声污染、耗能少等特点。使用超级芯片设计一个微流道热沉，对其进行对流冷却，在同样的流道结构和流动条件下，采用微通道水冷芯片的最高温度达 131℃，超出了可承受范围；而使用液态金属作为冷却工质时，可以将芯片的最高温度有效控制在 96℃，说明液态金属有能力应对超级芯片的极端冷却需求（图 8-5）[18]。实验证明：液态金属在 0.1 m/s 常规流动情况下，对流换热系数可超过 15 000 W/(m^2·K)，超过同样工况下水冷的 5 倍左右[19]。

微通道水冷

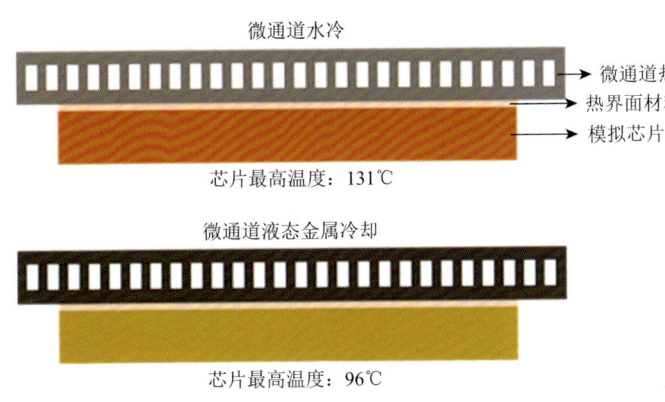

芯片最高温度：131℃

微通道液态金属冷却

芯片最高温度：96℃

图 8-5　液态金属微通道冷却和水冷对比[18]

与水等常规冷却介质对比，液态金属作为流动散热工质的劣势是其比热容较小，质量热容仅为水的 1/10 左右。这使得在对流速度低的情况下，液态金属的温度升高更快，散热效果变差[19]。为了减小比热容小对液态金属对流散热的不利影响，需要对液态金属的流量进行计算，最大限度地发挥其散热能力。液态金属的另一个缺点是它的价格，它的成本明显高于其他的冷却介质。一般情况下，镓基合金的成本达到 1000 元/kg。因此，液态金属对流散热的研究方向主要集中在两方面：一是提升性能，包括纳米液态金属流体、液态金属微通道、热驱动液态金属冷却等；二是降低成本，主要是通过减少液态金属填充量等方式降低成本。

液态金属热界面材料是近年新发展出的一种热界面材料。相对导热垫、导热胶等传统的热界面材料，液态金属具有更好的导热性能，热导率可以达到传统热界面材料的 10 倍以上。此外，为了进一步提高液态金属的导热性能，也可以像聚合物基热界面材料那样，向液态金属中填充纳米颗粒，降低接触热阻。此外，相比于含有聚合物等有机物的热界面材料，液态金属可以承受更高的工作温度，其性能可以在长时间使用的情况下维持在许可的范围内。液态金属的缺点在于其使用的安全性，如果液态金属发生溢出，金属的导电性就容易使工作的器件发生短路，而液态金属的难以浸润性也使其难以作为热界面材料大规模使用。

液态金属是一种通过凝固和液化相变过程实现温度控制的相变材料。液态金属相变材料与传统的石蜡等烷烃类相变材料相比，在同样的体积下，液态金属吸热量更大，传热更迅速，吸热的速度更快，适用于散热要求高的热管理场合。然而液态金属相变材料虽然对于热量吸收的速度更快，但是其吸收的热量却很难以同样的速度散发出去，因此在需要长时间工作和短时间内多次使用的场合难以得到广泛应用[19]。

7. 风扇

风扇是冷却系统的重要组成部分，风扇可以通过增大单位时间空气的流动量增强散热效果。风扇结构的材质通常包括：钢、铝合金、塑料、尼龙等[20]。风扇的性能对器件的热管理至关重要，不适当的热管理会导致风扇散热不够或者散热过度，影响器件的工作环境，同时影响器件的使用寿命。另外，风扇的环保性和能耗情况也是需要关注的问题。

冷却风扇的工作原理与工作过程是：风扇在发动机的带动下旋转，导致气压降低，进口气流通过进气格栅流向低压位置，在流动过程中带走冷凝管和散热器的热量，从出口处离开发动机舱，进而实现冷却的效果。图 8-6 为冷却风扇的工作原理示意图。

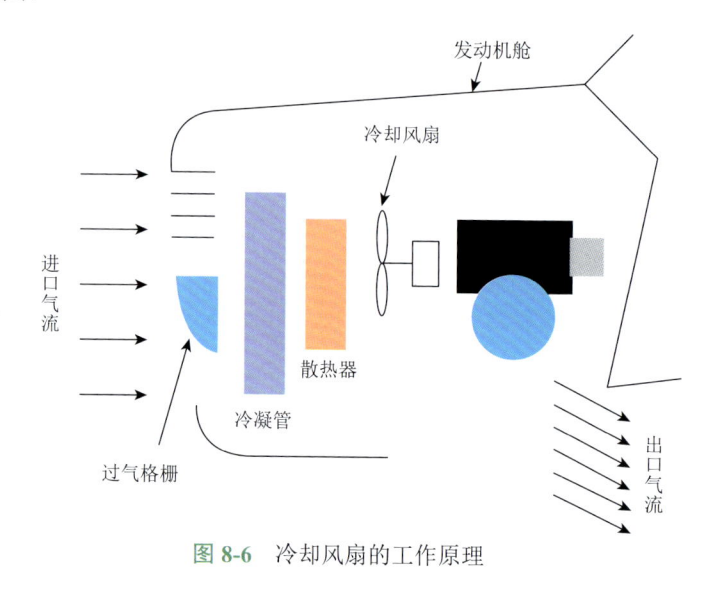

图 8-6 冷却风扇的工作原理

冷却风扇的性能指标有流量、风扇压力、功率、效率等[21]。风扇的流量等于其在单位时间内的吸气或排气量。风扇压力分为静压和动压。风扇的静压表征气体克服流道中各种阻力流动的能力，也能表征风扇的做功能力[22]。功率是指冷却风扇的耗能情况。风扇压力和效率呈正相关。风扇最好的工作状态应为：在保证器件散热效果的同时，尽量减小冷却风扇的能耗，减少风扇运行过程中的噪声污染，同时提高风扇的效率。在风扇的优化设计方面，目前主要通过改变扇叶结构提高风扇的冷却性能。

8. 热电装置

热电制冷技术是基于佩尔捷效应实现的。在两种不同导电材料组成的闭合线路中，若通以直流电，就会使一个节点变冷而另一节点变热，这种现象称为佩尔捷效应，也称温差电效应[23]。相对金属材料而言，半导体材料的温差电效应更加显著，应用中也以掺杂的半导体材料为主。热电制冷技术是一种与其他制冷技术有明显差别的新型制冷技术，它不需要复杂的设备和散热路径的设计，也没有加入用作制冷剂的物质，只利用半导体材料热能和电能之间的能量相互转化过程，只要有电流通过，就可以达到制冷的效果。

热电制冷器（thermoelectric cooler，TEC）主要有两种结构形式：一种是不带陶瓷基板的 TEC；另一种是带陶瓷基板的 TEC。两者的共同点是均包含热电偶、铜连接片（铜层）、热电偶固定片、框架及导线等部件，在形成 TEC 的基本结构之后，元件和元件之间还需要加入绝热材料[24]。两者的主要区别为是否有陶瓷基板。另外，不带陶瓷基板的 TEC 需要提前将冷、热两端的端面打磨平整，并在端面上添加绝缘层（如云母片、涤纶薄膜和高强度绝缘漆等），以避免电路中发生短路事故。图 8-7 是两种 TEC 结构的示意图。

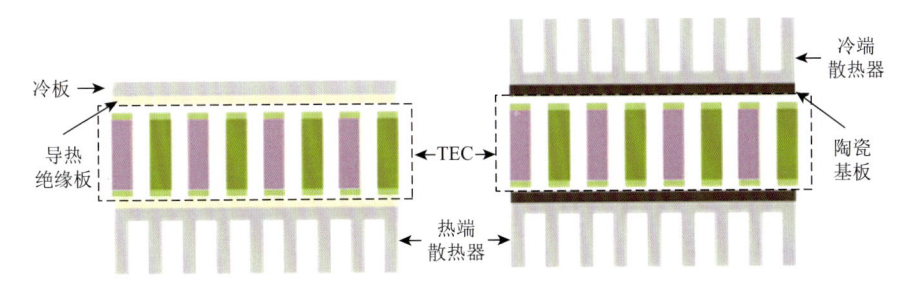

图 8-7　两种 TEC 结构

与其他冷却系统相比，TEC 的优势比较明显，如无活动部件（静态设备）、内部无化学反应、使用寿命长、无有害气体排放以及维护成本低等。但它的缺点也很突出，如制冷量有限、效率不高和需要外部输入功率等，这也是其在商业应用中受限制的主要原因。目前，TEC 的主要应用领域包括电子元件温控、工业与科研应用、医疗与生物领域、消费电子与通信设备、航空航天与军事领域。通过寻找更加适合的热电材料以进行结构优化有望提高热电制冷的效率，拓展热电制冷的应用领域[25]。

8.2　集成电路封装及其发展趋势

8.2.1　集成电路简介

集成电路（integrated circuit，IC）是一种高度集成的电子电路器件，是现代信息产业的基石。它将电路中所需的电阻、电容、电感以及晶体管等元件及布线互相连接在一起，制作在一小块或若干块半导体晶片上。随着电子元件向着微型化、低功耗、智能化和高可靠性的方向发展，集成电路生产工艺日新月异。代表性的制造过程包括对材料的氧化、光刻、扩散、外延、蒸镀、电镀等，从而在半导体晶片表面形成更多的微小元件和实现更先进的功能[26]。

8.2.2 半导体制造工艺流程

半导体制造的工艺过程主要包括：晶圆制造（wafer fabrication）、晶圆测试（wafer probe/sorting）、芯片封装（assemble）、测试（test）以及后期的成品（finish goods）入库5个主要流程[27]。其中，晶圆制造和晶圆测试被称为前道（front end）工序，而芯片的封装、测试及成品入库则被称为后道（back end）工序。晶圆制造主要是在晶圆上制作电路和集成电子元件（如晶体管、电容、逻辑门等），是所需技术最复杂，且资金投入最多的过程。这个过程的基本处理步骤一般为：首先对晶圆进行适当清洗，然后进行氧化与沉积处理，最后进行光刻、刻蚀以及离子注入等，完成晶圆上电路的加工与制作。晶圆经过划片工艺后，就会形成一道一道小格，每个小格就是一个独立的集成电路单元，被称为晶片或晶粒（die）。

晶圆制造完成后，进行晶圆的测试工作。晶圆测试分两步进行：①对每一个晶粒进行验收测试，通过针测仪器（probe）检测每个晶片是否合格，不合格的晶片标上记号，便于筛选；②对每个晶片进行电气特性（如功率等）检测和分组，并作相应的区分标记。

接着进入芯片封装阶段，首先将切割好的晶片用胶水贴装到框架衬垫（substrate）上，然后利用金属导线或者导电性树脂将晶片的接合焊盘连接到框架衬垫的引脚，使晶片与外部电路相连，构成特定规格的集成电路芯片（bin），最后对独立的芯片用塑料外壳加以封装保护，以保护芯片元件免受外力损坏。塑封之后，还要进行如后固化（post mold cure）、切筋（trim）、成型（form）和电镀（plating）等一系列工艺操作。

最后一个较为重要的步骤是芯片测试阶段。芯片测试包括初始测试（initial test）和最终测试（final test）。初始测试就是将封装好的芯片放在各种环境下测试其电气特性（如运行速度、功耗、频率等），挑选出失效的芯片，将正常工作的芯片按照电气特性分为不同的级别。最终测试是对初始测试后的芯片进行级别之间的转换等操作。最后，将测试好的芯片经过半成品仓库进入最后的终加工，包括激光印字、出厂质检、成品封装等，最后入库。

8.2.3 集成电路封装工程

封装（packaging，PKG）在半导体制造的后道工序中完成。即利用膜技术及微细连接技术，将半导体元器件及其他构成要素在框架或基板上布置、固定及连接，引出接线端子，并通过塑性绝缘介质灌封固定，构成整体主体结构的工艺。

1. 封装的功能

封装的基本功能是确保电路芯片免遭周围环境的影响，包括物理和化学两方面作用的影响。随着芯片的小型化和精密化，集成电路芯片封装除了减少芯片受到外界环境的影响外，还需：①提供好的工作条件和环境保护，使集成电路具有稳定、正常的功能；②对芯片的电源、信号进行分配；③实现散热通道、机械支撑的功能[27]。

2. 微电子封装的三个层次

通常，从晶圆厂（FAB）制造的晶圆开始，可以将电子封装，按照制造的时间先后顺序分为三个层次：一级封装、二级封装和三级封装。

一级封装是用封装外壳将芯片封装成单芯片组件（single chip module，SCM）和多芯片组件（multichip module，MCM）。封装工艺设计需要考虑单芯片或者多芯片之间的布线、与印制电路板（printed circuit boards，PCB）节距的匹配、封装体的散热情况等。

二级封装是 PCB 的封装和装配，将一级封装的元器件组装到 PCB 上。除特别要求外，这一级封装一般不单独加封装体，如计算机的显卡。

三级封装则是将二级封装的组件插到同一块母板上，也就是关于插件接口、主板及组件的互连。这一级封装是将部件功能整合到一起的立体组装过程。例如，计算机（personal computer，PC）主机中多块功能插板在主板上的三维集成[28]。

8.2.4 芯片电学互连

一级封装中的重要步骤就是将芯片和封装体进行电学互连，通常称为芯片互连或芯片组装。也就是将芯片上的焊盘或凸点与封装体通过引线框架用金属连接起来。在微电子封装中，半导体器件的失效约有 1/4~1/3 是由芯片互连引起的，其中包括芯片互连处引线的短路和开路等，所以芯片互连对器件的可靠性非常重要。

常见的芯片电学互连有三种方式：①引线键合（wire bonding，WB）；②载带自动键合（tape automated bonding，TAB）；③倒装芯片（flip chip，FC）。

1. 引线键合

引线键合是将芯片焊盘和对应的封装体上的焊盘用细金属丝一一连接起来（图 8-8），每次连接一根，是最简单的一种芯片电学互连技术。按照电气连接方式，属于有线键合[29]。

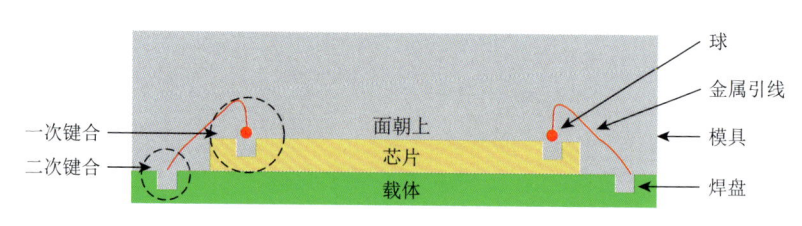

图 8-8 引线键合示意图

2. 载带自动键合

载带自动键合是一种 IC 组装技术，它将 IC 安装在柔性金属化聚合物载带上并进行互连。载带的内引线与 IC 接合，外引线与传统的封装或印制电路板接合，整个过程是自动化的，能够更有效地操作。这是一种使用电连接的无线键合方法[30]。

载带自动键合技术包括内引线键合（inner lead bonding，ILB）和外引线键合（outer lead bonding，OLB）两大部分。内引线键合是一种将载带的内引线与芯片凸点互连的技术，而外引线键合是将载带的外引线与外壳或电路板的焊接区互连。如图 8-9 所示，内引线键合通常使用硬金属或金刚石制成的热电极进行热压焊接[图 8-9（a）][31]，而外引线键合则是使用带有电架的烙铁工具（也称为热电极）将载带的铜箔引线压在焊接金属上，并施加数秒脉冲电压，利用热量将铜箔与基材的焊接部分互连［图 8-9（b）][32]。

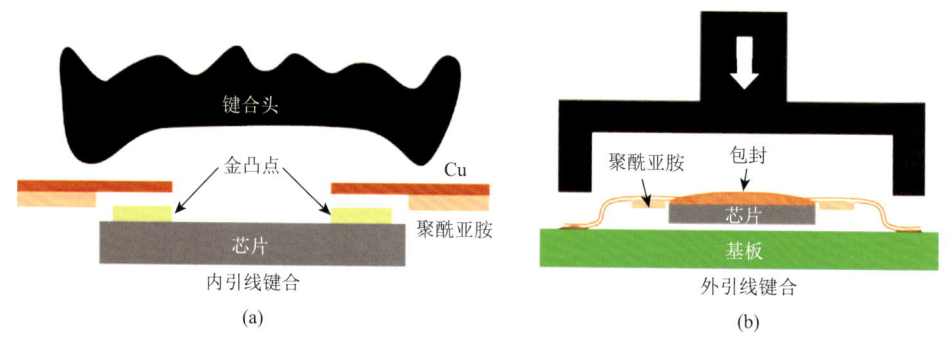

图 8-9 内引线键合（a）与外引线键合（b）示意图

3. 倒装芯片

倒装芯片是一种与载体或基底相连的集成电路芯片工艺，其特点是有源面朝下。芯片和基底之间通过芯片上的凸点结构和衬底上的黏合材料互连，同时实现电学互连和机械互连（图 8-10）。为了提高互连的可靠性，在芯片和基板之间加有底部填料。对于高密度互连芯片，倒装芯片焊接具有很大的成本和性能优势，是芯片电气互连的一个发展趋势。根据电气连接方法，倒装芯片焊接属于无线键合的方法[33]。

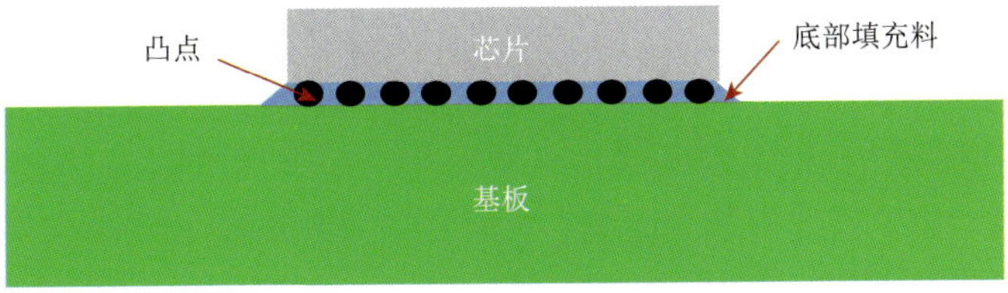

图 8-10　倒装芯片示意图

8.2.5　半导体的典型封装工艺

1. 芯片级封装

目前为止，绝大多数半导体封装都采取芯片级封装（chip scale package）的形式。传统的半导体封装可以分为通孔插装型（pin through hole，PTH）封装和表面贴装型（surface mount technology，SMT）封装。这两种封装方式在早期集成度不高的集成电路中得到了广泛的使用。PTH 封装中的通孔会占用大量 PCB 板的有效布线面积，相比之下，用表面贴装型封装所封装的芯片尺寸大大下降，芯片封装的管脚密度大幅提升[34]。随着芯片集成度的提高，为了实现更复杂的功能，所需的输入/输出口数量进一步增加。面对接口数量的增加和更小芯片封装的需求，微电子封装提出了一种新的 SMT 封装形式——球阵列（ball grid array，BGA）封装。这里着重介绍当今在大规模集成电路中广泛应用的 BGA 封装。

BGA 封装的底部以球形引脚为基体，芯片组装在外壳的正面，有时候 BGA 芯片和球形引脚可能在基体的同一侧。BGA 的关键是 Bump，这是一种金属凸点，有球状和柱状，主要作用是界面的互连及应力的缓冲等。随着工艺技术的发展，Bump 的尺寸变得越来越小，从最初标准倒装芯片的 100 μm 到现在的铟 Bump 缩小为 5 μm，未来可能缩小到无 Bump，芯片和芯片之间直接键合，目前密度最高的是混合键合（hybrid bonding）[35]。

BGA 封装有以下共同特点：①芯片封装故障率低；②改进了器件引脚与封装外壳尺寸的比例，减少了电路板面积；③改进了引脚共面性，减少了因引脚共面性损坏而造成的焊接缺陷；④BGA 引脚为焊料植球，无引脚变形问题；⑤BGA 封装引脚短，输入/输出信号链路明显缩短，电路板面积减少；⑥BGA 球栅阵列与 PCB 基材接触点多，接触面积大，有利于芯片散热；BGA 封装有利于提高封装密度；BGA 封装的引脚为矩阵式排列，可以缩小封装尺寸，节省 PCB 板的布线面积[36]。

2. 晶圆级封装

晶圆级封装（wafer level package，WLP）的大部分工艺在晶圆（大面积晶圆）上进行，这种封装产生的驱动力不仅是对更小和更高密度封装的需求，而且是简化供应链、降低整体成本和提高整体性能的需求。WLP 一个很大的优势，就是可以实现更高的速度。目前与 WLP 配合的倒装芯片技术可以实现最短的电气路径，是主要的技术路线。其次，降低成本也是采用 WLP 背后的驱动力之一。

一般来说，WLP 技术有两种类型："扇入式"（Fan-in）和"扇出式"（Fan-out）晶圆级封装（图 8-11）。传统的扇入式 WLP 是在晶圆未切割的情况下形成的。对于裸片，最终封装的器件具有与芯片本身相同的二维平面尺寸。由于该装置是完全封装的，可以一次完成装拆。显然，扇入式 WLP 是一种独特的封装形式，并具有真正裸片尺寸的显著特点。扇入式 WLP 通常用于输入/输出（I/O）数量少（通常低于 400）和小尺寸芯片的工艺。随着封装技术的发展，逐渐出现了扇出式 WLP。这最初是用来将单个模具重新组装或重新配置晶圆工艺，然后作为配料、建造和金属化结构的基础，如传统的扇形进料口的后端，以形成最终的封装。扇出式 WLP 按工艺分为芯片先上（die first）和芯片后上（die last）。其中，芯片先上工艺是先放置芯片，然后再进行布线；芯片后上工艺则是先进行布线，测试单元合格性，然后放置芯片。芯片后上工艺的优点是可以通过提高合格芯片的利用率提高产量，但这个过程相对复杂[37]。

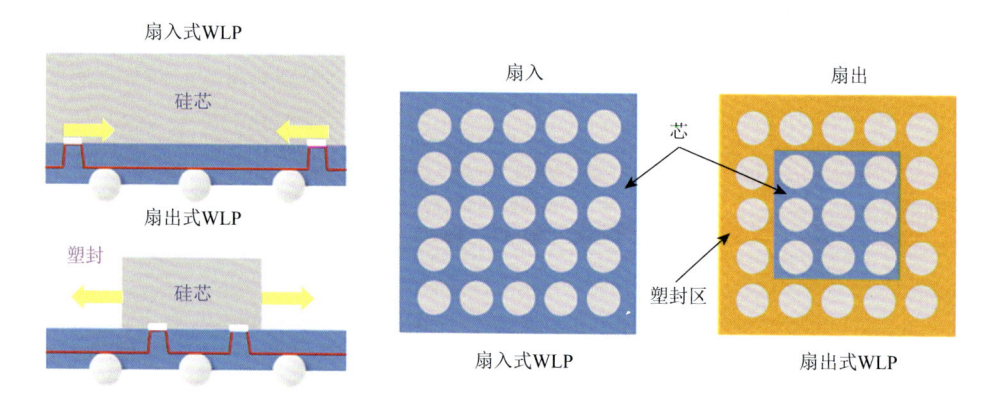

图 8-11 扇入式与扇出式晶圆级封装示意图

3. UBM 工艺

因为焊料等不能和芯片上的 Al 焊盘基底直接互连，所以需要在 Al 焊盘底部沉积过渡层，称为底部金属沉积。制作晶圆凸点的关键是沉积凸点下金属层（under ball metal，UBM）。影响焊锡凸点结构可靠性最直接的因素就是 UBM 的制作质量。UBM 的主要作用是：①作为互连的键合层；②阻挡 ball 材料（晶圆凸点材料）原子扩散至下层金属材料；③粘接下层介电材料和金属层，并阻挡污染物沿介电层水平方向迁移至下层金属。从结构上讲，UBM 一般包括三层：第一层为黏附层（adhesion layer），Ti、Cr、TiW 可以提供与 Al 焊盘的连接厚度（约 0.15～2 μm），有较强的黏附性；第二层为润湿层（wetting layer），材料为 Ni、Cu、Mo、Pt，在高温回流焊锡球时可完全黏附成球，这一层厚度通常为 1～5 μm；第三层为保护层（protective layer），采用 Au 保护 Ni、Cu 等材料，防止其被氧化，这一层厚度通常在 0.05～0.1 μm[38]。

常用的 UBM 沉积工艺主要有：①溅射，采用溅射的方式一层一层在硅片上沉积薄膜，通过照相平板技术形成 UBM 图样，然后蚀刻掉非图样的部分。②蒸镀，利用掩模通过蒸镀的方法在硅片上一层一层地沉积。这种选择性沉积的掩模可用于对应凸点的形成中。③化学镀，采用化学镀的方法对 Al 焊盘选择性地镀 Ni。通过锌酸盐工艺对 Al 表面进行处理，无需真空及图样蚀刻设备，成本低[39]。图 8-12 是 UBM 溅镀示意图。

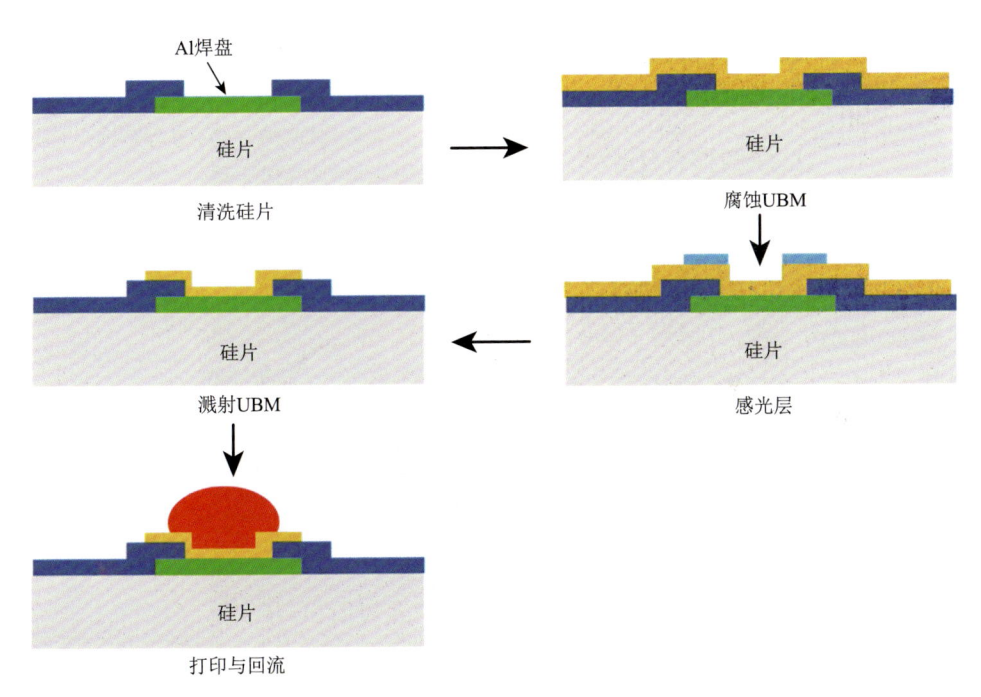

图 8-12　UBM 溅镀示意图

8.3　先进封装

先进封装即采用先进的设计思路和集成工艺，对芯片进行封装级的重构，能有效提高系统功能密度。早期认为倒装芯片、晶圆级封装、2.5D 封装以及 3D 封装就是先进封装，实际上倒装芯片相对来说已经不是很先进了，先进封装是一个相对的概念，并不是说某项技术一直是先进的。

8.3.1 先进封装的要素

先进封装的概念体现了多个方面的先进技术。例如，Bump、混合键合、RDL、Wafer、硅通孔（through silicon via，TSV）等。

1. 混合键合

混合键合是指：没有突出的凸点，电介质表面非常光滑，室温下将两个芯片附着在一起，然后升高温度对其进行退火，铜发生膨胀并牢固地键合在一起。混合键合的优势在于无底部填充胶，散热性能更好，可扩展间距<1 μm，具有更好的热性能[40]。图 8-13 是混合键合技术与传统凸点技术的对比。

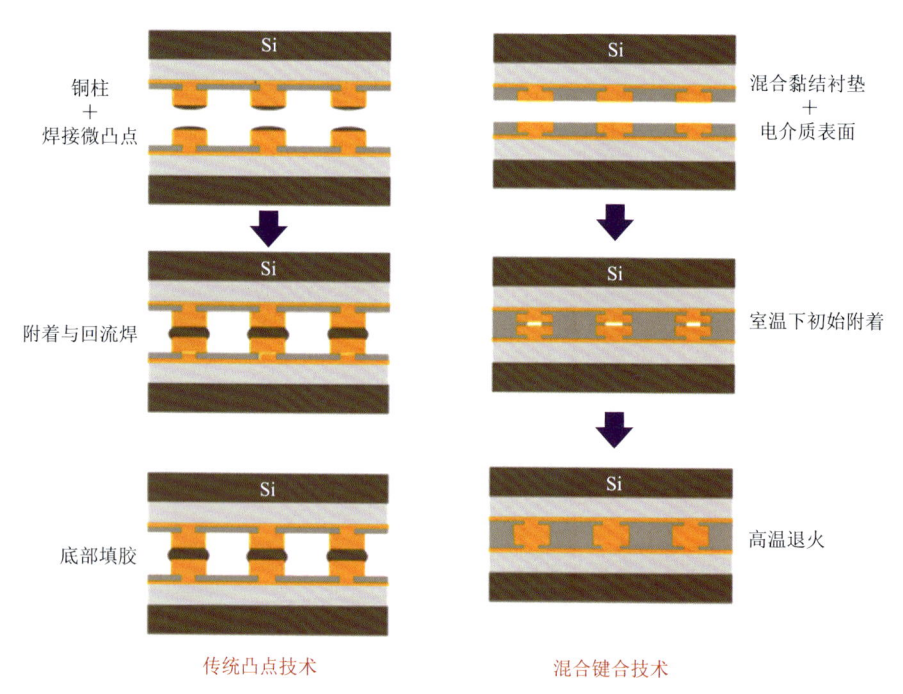

图 8-13 传统凸点技术与混合键合技术的对比

2. 重新分布层

重新分布层（redistribution layer，RDL）类似于 PCB 板上的布线[41]。在芯片设计的时候，I/O 焊盘（pad）均在芯片的四周或者边缘，有利于引线键合（wire bonding）工艺的实施；但在做倒装焊的时候，需要对 I/O 端口重新布局，这层称为 RDL。RDL 有两种类型：一种是往里扇，称为扇入（fan-in）型；另外一种往外扇，称为扇出（fan-out）型。RDL 的位置与结构示于图 8-14。

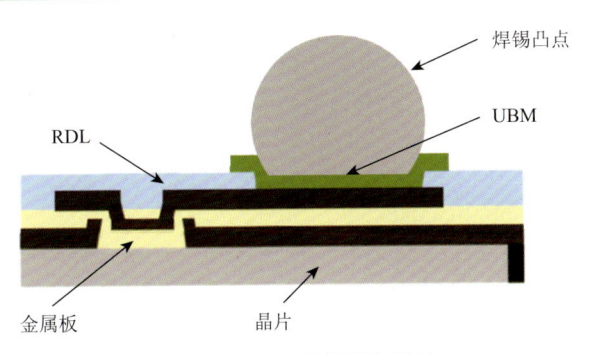

图 8-14　RDL 的位置与结构

RDL 的应用非常普遍，除了芯片表面和硅基板上，在 3D-IC 对准的时候也会用到。在 3D-IC 集成中，上下堆叠的是同一种芯片，通过 TSV 可以完成电气互连，如果是不同类型芯片，需要通过 RDL 将上下层芯片的 I/O 进行对准。

3. 硅通孔

硅通孔（TSV）[42]的主要功能是实现 Z 轴的电气延伸和互连，先进封装在 Z 轴上进行延伸，最主要的媒介就是 TSV，将芯片打穿后上下间电气连接起来，电气互连非常短。TSV 的制作可以集成在生产工艺的不同阶段，放在晶圆制造阶段称为硅通孔先行（via-first），放在封装阶段称为硅通孔后行（via-last）。TSV 的尺寸范围较大，大的可以超过 100 μm，小的 TSV 直径小于 1 μm，目前最先进的 TSV 工艺，可以在 1 mm^2 的硅片上制作 10～100 万个 TSV。TSV 技术在 2.5D 和 3D 工艺中的应用如图 8-15 所示。

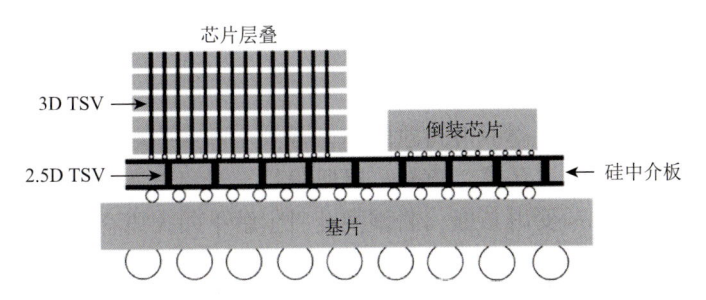

图 8-15　TSV 技术在 2.5D 和 3D 工艺中的应用

4. 晶圆级封装

传统封装是先进行裸芯片的切割分片，然后进行封装；晶圆级封装是在晶圆基础上先封装后切割分片，这样提高了封装效率，节省了成本。目前大规模集成电路的晶圆为 12 吋（约 300 mm）；下一步会发展到 18 吋（约 450 mm）。

晶圆在封装过程中可作为芯片的基底。在其上可制作硅基板，实现 2.5D 封装甚至 3D 封装。

8.3.2 先进封装与 SiP 的异同

系统级封装（system in a package，SiP）[43]是将多种功能芯片，包括处理器、存储器等功能芯片集成在一个封装内，从而实现一个基本完整的功能（图 8-16）。

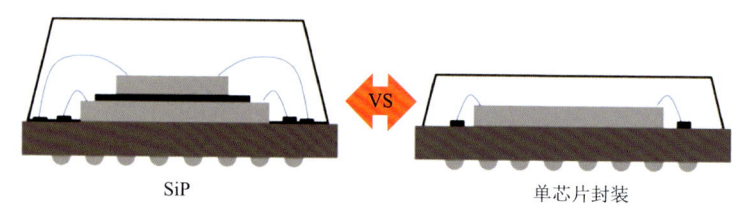

图 8-16 SiP 示意图

SiP 的关注点是系统在封装内的实现。之前想实现一个系统的功能，需要在一块 PCB 板上组装元件；而 SiP 是将系统功能浓缩到封装体内。与 SiP 对应的是单芯片封装。先进封装立足于封装工艺的先进性，是由于采用了 RDL、TSV 等技术。Foundry（芯片代工厂）主要关注先进封装工艺，OSAT（封测厂）的关注比较全面，系统用户则更关注 SiP 的发展。

8.3.3 先进封装技术

目前，先进封装技术主要指：①3D 封装，是指堆叠在有源硅上的有源硅，最著名的是利用台积电（Taiwan Semiconductor Manufacturing Company，TSMC）的 SoIC CoW-AMD 3D V-Cache 和利用 TSMC 的 SoIC WoW-Graphcore—IPU BOW[44-46]。②2.5D 封装，是指堆叠在无源硅上的有源硅，最著名的是采用 TSMC 的 CoWoS-S 带有 HBM 内存的 Nvidia AI GPU 和采用英特尔 Foveros 的英特尔 Meteor Lake CPU[47,48]。③Fanout RDL，最著名的是用于 Apple 的 A 系列、S 系列和 M 系列芯片的台积电 InFO、ASE FoCoS 和 Amkor WLFO。④build-up ABF 基板（铜芯包覆刚性膜层和 RDL 层），最著名的是 Intel 与 AMD PC 和 Datacenter 芯片[48]。

不同类型封装结构的线宽、线距特征长度和线路密度如图 8-17 所示。

封装类型	2D	2.1D	2.3D	2.5D	3D
示意图	芯片1 芯片2 FCBGA基板	芯片1 芯片2 RDL层 FCBGA基板	芯片1 芯片2 有机中介层 FCBGA基板	芯片1 芯片2 Si中介层 FCBGA基板	Si中介层 FCBGA基板
$L/S(\mu m)$	9/12	约2/2	约2/2	<1/1	<1/1
I/O密度	低	中	中	高	高

图 8-17 不同类型封装结构的线宽、线距的特征长度和线路密度

目前，不同厂家的封装技术达到十多种，我们按照基于 X-Y 平面延伸的先进封装技术和基于 Z 轴延伸的先进封装技术进行了分类。

1. 基于 X-Y 平面延伸的先进封装

基于 X-Y 平面延伸的先进封装，主要指的是在 Wafer 平面上或者是芯片平面上没有硅通孔的这一类封装，它的延伸手段主要是通过 RDL 来实现的，通常没有基板。RDL 依附在芯片的硅体上，或者在附加的模塑件（molding）上，这类封装都比较薄，目前在手机等终端设备上采用得比较普遍。图 8-18 是基于 X-Y 平面的封装示意图。

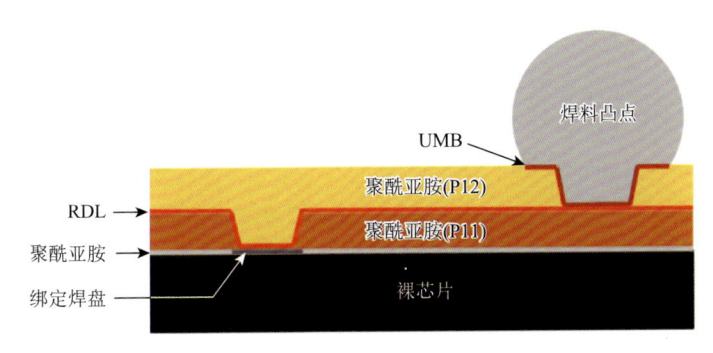

图 8-18 基于 X-Y 平面的封装示意图

1）FIWLP 与 FOWLP

InFO（integrated fan-out，集成式扇出）[41]是台积电（TSMC）于 2017 年开发出来的封装技术，在 FOWLP（fan-out wafer level package，扇出型晶圆级封装）工艺上集成，可以理解为多个芯片的 Fan-out 工艺集成，所以也可以认为 InFO 是一种 SiP。

图 8-19 是 InFO 与 FIWLP（fan-in wafer level packaging，扇入型晶圆级封装）、FOWLP 技术的对比。

2）FOPLP

FOPLP（fan-out panel level package，扇出型面板级封装）[49]是三星推出的一种面板级封装，借鉴了 FOWLP 的思路和技术，但采用了更大的面板，可以量产出 4 倍于 300 mm 硅晶圆芯片的封装产品，生产效率更高。

3）EMIB

EMIB（embedded multi-die interconnect bridge，嵌入式多芯片互连桥）[47]，即在芯片密度比较大、连接比较密集的地方，在基板中嵌一块硅片，在硅片上进行互连，这样的互连密度会很高，就像桥接一样。EMIB 是有硅材料互连的，类似 2.5D；但与传统 2.5D 相比，没有 TSV，因此具有比 2.5D 成本低、灵活度更高的特点。英特尔目前在主推 EMIB 技术。图 8-20 是 EMIB 技术原理图。

(a) FIWLP

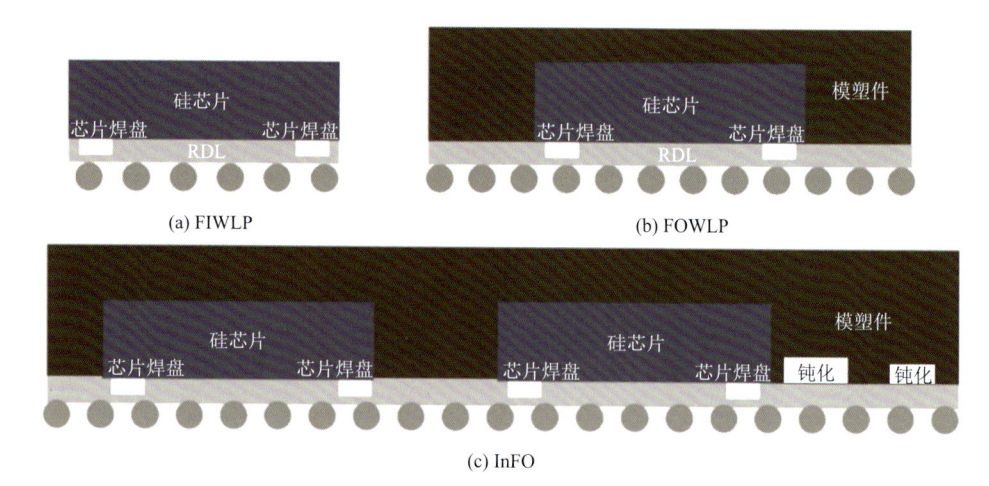

(b) FOWLP

(c) InFO

图 8-19　InFO 与 FIWLP、FOWLP 技术的对比

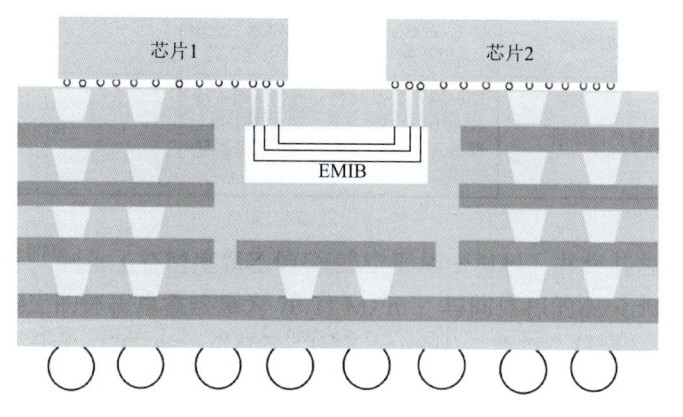

图 8-20　EMIB 技术原理图

2. 基于 Z 轴延伸的先进封装

基于 Z 轴延伸的先进封装技术主要通过 TSV 进行信号延伸和互连。TSV 分为 2.5D TSV 和 3D TSV，通过 TSV 技术，可以将多个芯片进行垂直堆叠并互连。在 3D TSV 中，芯片靠得非常近，延迟小，器件允许以更高的频率运行，从而转化为性能改进，降低成本。

1）CoWoS

CoWoS（chip-on-wafer-on-Substrate，台积电推出的 2.5D 封装技术）[46]，在基板和芯片中间加了一层硅中介板，可以提高密度；和芯片的制造工艺很像，线宽都是微米级甚至更小尺寸，这样密度会非常高，所以 CoWoS 和 InFO 比，一个是面向高端市场，一个是面向低端、性价比市场。图 8-21 是 CoWoS 结构示意图。

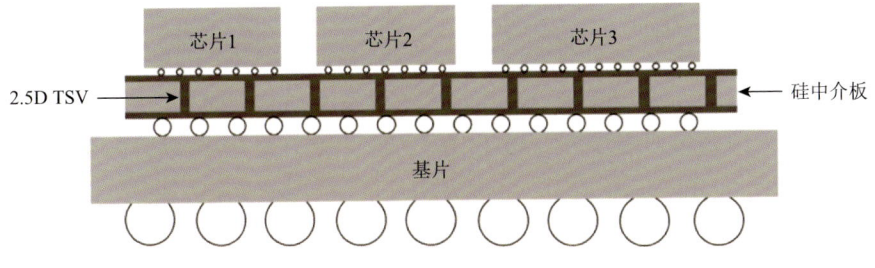

图 8-21　CoWoS 结构示意图

2）HBM

HBM（high-bandwidth memory，高带宽内存）[50]，是将多块内存芯片通过硅通孔上下串起，下方是逻辑控制器件，之后将其和倒装芯片或一般的 GPU 通过 2.5D 的硅中介板集成在一起，如图 8-22 所示。可以发现，HBM 的结构实际上比较复杂，里面既有 3D TSV 也有 2.5D TSV，HBM 可以称得上是集大成者，各种技术都有应用。

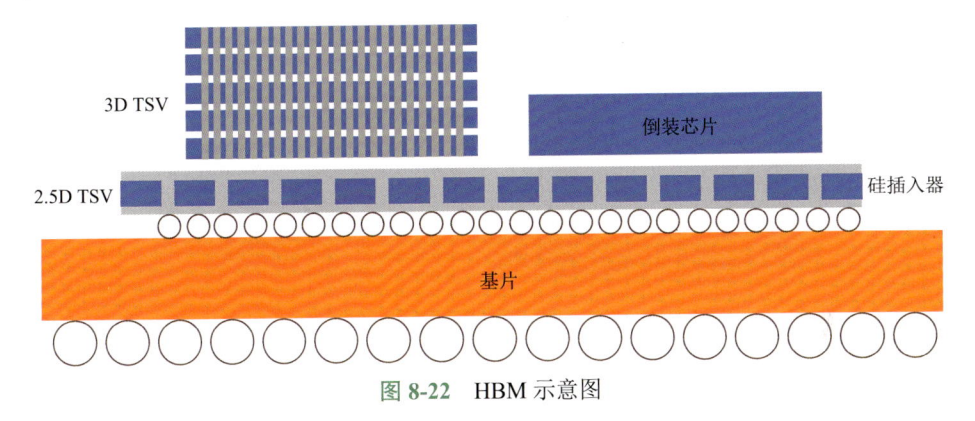

图 8-22　HBM 示意图

3）Foveros

Intel 推出了 Foveros 有源板载技术[47]，称为三维面对面异构集成芯片堆叠（3D face to face chip stack for heterogeneous integration）。Foveros 更适用于小尺寸产品。图 8-23 是 Foveros 结构示意图。

4）Co-EMIB

Co-EMIB 是 EMIB 和 Foveros 的综合体，其中 EMIB 负责横向连接，Foveros 负责纵向堆栈，可以让芯片既实现水平互连，又实现垂直互连，使得芯片具有更高弹性。Co-EMIB 结构如图 8-24 所示。

5）SOIC

SOIC（system-on-integrated-chips）是台积电提出的一项新技术[51]。SOIC 最鲜明的特点是没有凸点（no-bump）的键合结构，具有更高的集成密度和运行性

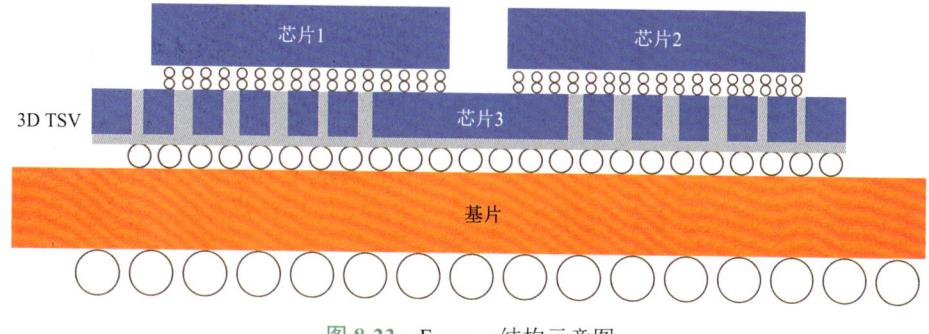

图 8-23　Foveros 结构示意图

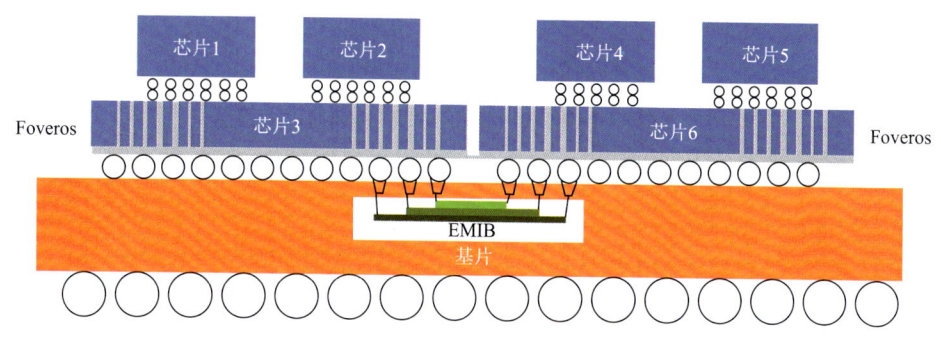

图 8-24　Co-EMIB 结构示意图

能。SOIC 包含 COW（chip-on-wafer）和 WOW（wafer-on-wafer）两种技术形态，是一种芯片和晶圆直接杂化键合的技术。

3. 异构集成与异质集成

异构集成和单片集成相对应。常见的芯片都是单片集成，在一种材料上制作出所有元件。而异构集成分为两类，异构（heterostructure）集成和异质（heteromaterial）集成，异构主要指的是工艺节点不同，而异质指的是材料不同[52]。

1）异构集成

异构集成是指使用先进的封装技术，将多个不同工艺节点单独制造的芯片等组件固定封装成为一个整体。例如，将不同厂商的 7 nm、10 nm、28 nm 等小芯片通过异构集成技术封装到一起。图 8-25 是异构集成示意图。

2）异质集成

将不同材料的半导体器件集成于一个封装内，可以制备出尺寸小、经济性好、灵活性高、系统性更佳的产品。例如，将 Si、GaN、SiC、InP 等芯片通过异质集成技术封装为一体，形成不同材质半导体在同一款封装体内协同工作的场景。图 8-26 是异质集成示意图。

图 8-25　异构集成示意图

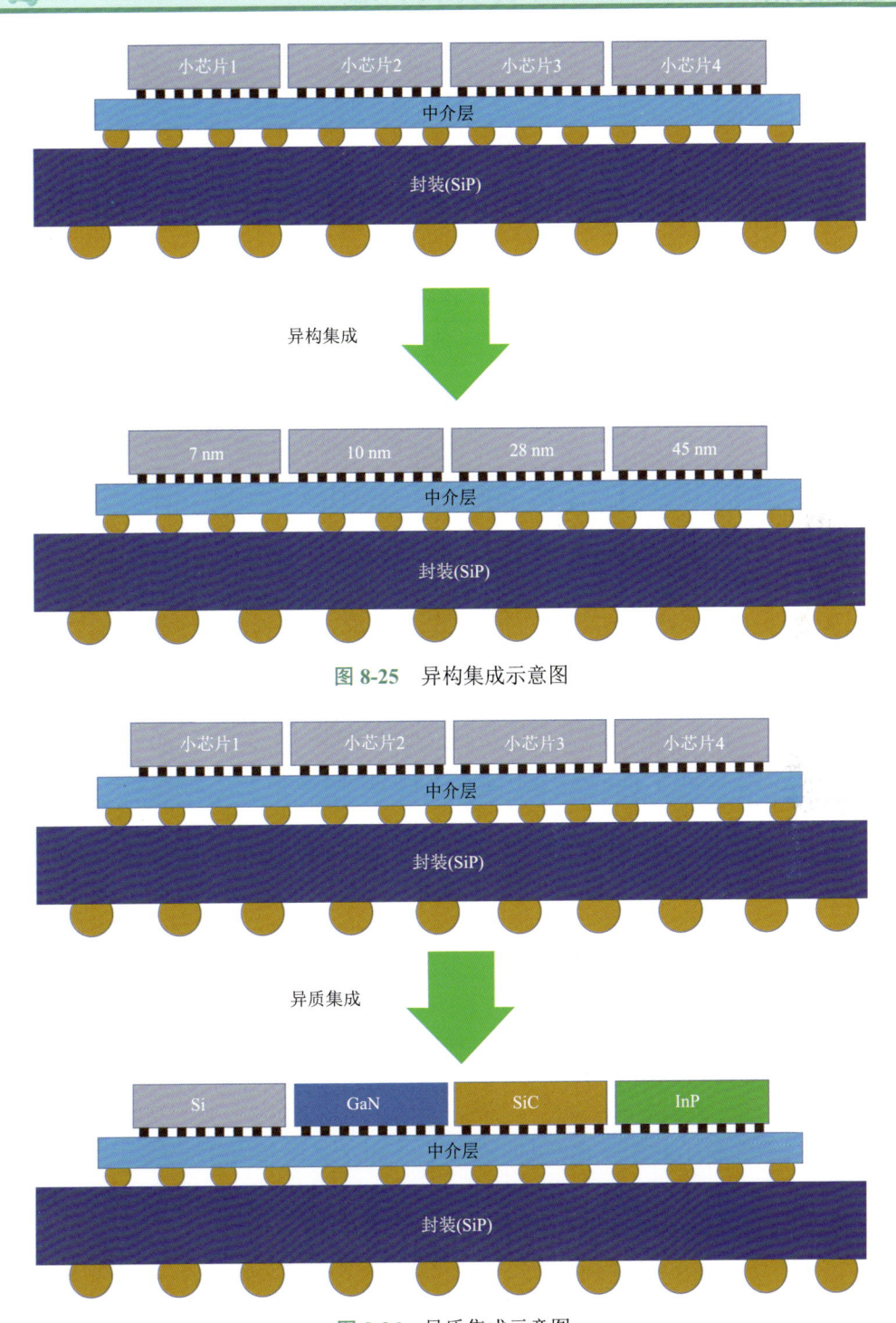

图 8-26　异质集成示意图

4. 小芯片技术

小芯片（chiplet）[53]技术是一种利用先进封装方法将不同工艺/功能的芯片进行异质集成的技术。将复杂的功能进行分解，开发出多种具有单一特定功能，可进行模块化组装的"小芯片"，以此为基础建立"小芯片"集成系统。这种技术设计的核心思想是先分后合：先将单芯片中的功能块拆分出来，再通过先进封装模块集成单芯片。小芯片的制备方式主要包括多芯片组件（multi-chip module，MCM）、2.5D 封装、3D 封装。不同工艺制备的小芯片可以通过 SiP 技术有机地结合在一起。小芯片封装正视图和侧视图见图 8-27。

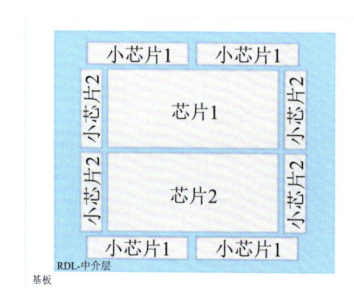

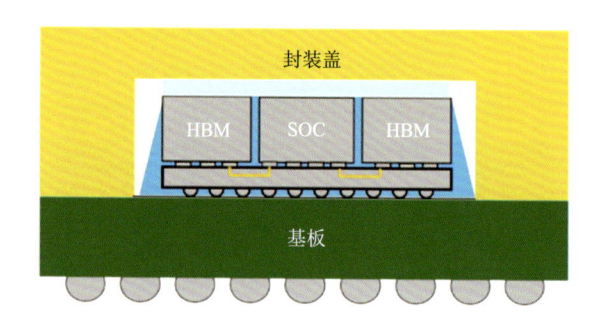

图 8-27 小芯片封装正视图和侧视图

5. 功率器件的封装

功率器件，也称为功率半导体器件、电力电子器件。功率器件是指在主电路中可以直接实现电能转换或电路控制的电子器件，主要用于电力变换，包括整流、逆变、直流斩波，以及交流电力控制、变频或变相。不同于其他类型半导体器件（LED、微电子器件等），功率器件能够处理高电压、大电流（一般指电压为数百伏以上，电流为数十至数千安），通常工作在开关状态，是电能转换与电路控制的核心，对电能高效产生、传输、转换、储存和控制起着关键作用[54]。

1）功率器件的发展

功率半导体器件最早出现在 20 世纪初。1927 年，第一款固态（solid-state）功率半导体器件是氧化铜整流器，主要用于电池充电器或无线电设备电源；1947 年，贝尔实验室发明了由多晶锗构成的点触式晶体管，随后又在硅材料上得到验证，拉开了一场关于电力电子技术革命的序幕；1957 年，美国通用电气公司研发出全球第一款可承受高反向击穿电压及大电流的晶闸管（thyristor），这一发明也标志着功率电子技术的诞生；20 世纪 70 年代，既能控制导通，又能控制关断的全控型功率器件在集成电路技术的发展过程中应运而生，如门极可关断（gate turn off，

GTO）晶闸管、电力双极型晶体管（bipolar junction transistor，BJT）、金属氧化物MoS场效应晶体管（metal-oxide-semiconductor field effect transistor，MOSFET）等；到了20世纪80年代后期，绝缘栅极双极型晶体管（insulated-gate bipolar transistor，IGBT）出现，兼具MOSFET输入阻抗高、驱动功率小、开关速度快和BJT通态压降小、载流能力大、耐压高的优点，在中低频率、大功率电源中运用广泛。随着以硅材料为基础的功率器件逐渐接近其理论极限值，利用宽禁带半导体材料制造的电力电子器件显示出比Si等更优异的特性，给功率半导体产业的发展带来了新的生机。2014年，美国奥巴马政府连同企业一道投资1.4亿美元在NCSU（North Carolina State University，北卡罗莱纳州立大学）成立新一代电力电子研究所（The Next Generation Power Electronics Institute），发展新一代宽禁带电力半导体器件。

功率器件中半导体材料根据时间先后可以分为三代。第一代为硅、锗等普通单质材料，其特点为开关便捷，一般多用于集成电路。第二代是砷化镓、磷化铟等化合物半导体，主要用于发光及通信材料。第三代半导体主要包括碳化硅、氮化镓等化合物半导体和金刚石等特殊单质。凭借优秀的物理化学性质，碳化硅材料在功率、射频器件领域逐渐开启应用。三代半导体代表性材料的主要特点及应用领域列于表8-1。

表8-1 三代半导体代表性材料的主要特点及应用领域

发展历程	代表性材料	主要特点	应用领域
第一代半导体材料	硅（Si） 锗（Ge）	产业链成熟，技术完备，成本较低	硅（Si）主要应用于大规模集成电路中，截至2024年，99%以上的集成电路和95%以上的半导体器件都由Si材料制作；锗（Ge）主要应用于低压、低频、中功率晶体管及光电探测器中
第二代半导体材料	砷化镓（GaAs） 磷化铟（InP）	在物理结构上具有直接带隙的特点，相对于Si材料具有更好的光电性能，工作频率更高，耐高温，抗辐射；GaAs、InP材料资源较为稀缺，价格昂贵且具有毒性，能污染环境，InP甚至被认为是可疑致癌物质，因而应用具有一定的局限性	适用于制作高速、高频、大功率以及发光电子器件，是制作高性能微波、毫米波器件及发光器件的优良材料，广泛应用于卫星通信、移动通信、光通信、GPS导航等领域
第三代半导体材料	氮化镓（GaN） 碳化硅（SiC）	能够承受更高的电压、适合更高频率，可实现更高的功率密度，并具有耐高温、耐腐蚀、抗辐射、禁带宽度大等特性	具备应用于光电器件、微波器件和电子功率器件的先天性能优势，广泛应用于新能源汽车、消费电子、光伏、风electric、半导体照明、导弹和卫星等领域

随着功率器件集成度的提高以及大功率设备对小型化、高速化、多功能化的强烈需求，功率器件经历几次重大变革后朝着高密度化的方向快速发展。功率器件高密度封装在大幅提升电子器件性能和缩小电子系统体积的同时，也导致了系统内功率密度的急剧增加，与之伴随而来的是巨大的芯片发热量。研究证明：工作温度对

电子器件的性能、稳定性、可靠性以及寿命均存在很大的影响，超过 50%的电子系统故障来源于系统内器件不合理的工作温度，而原因通常是系统内热量不能及时散发出去导致的温度过高。据研究，电子器件的工作温度每升高 2℃，其可靠性就会降低 10%，而在温升达到 50℃时，其使用寿命只有温升 25℃时的 1/6。因此，热管理是电子系统的设计和工作过程中的关键步骤。只有良好的热管理才能保证功率器件始终工作在适宜的温度范围内，降低其故障率，提升整个系统的性能和稳定性。

2）功率器件的封装技术

随着现代电子器件逐渐向着微型化、高度集成的方向发展，电子设备的功率密度越来越大，这对电子器件封装的要求也越来越严苛。微电子封装发展至今已经众所周知，封装是沟通芯片和外部电路的桥梁，其主要功能有：①实现芯片和外部系统的信号传输；②给电路提供机械支撑并保护其不受外界环境的影响；③分配功率；④提供散热通道[55]。有数据显示，电子产品制造成本中封装成本占40%，而器件失效至少有 25%是由封装引起的[56]。因此，封装对于器件乃至整个系统的小型化、高度集成化及多功能化起着决定性的作用。

微电子封装历经数十年发展，从 20 世纪 60 年代到 90 年代，根据应用需求的特点，发展出各种类型的封装形式，包括双列直插封装（dual in-line package，DIP）、针栅阵列封装（pin grid array package，PGA package）、四边扁平封装（quad flat package，QFP）、小外形封装（small outline package，SOP）、小外形晶体管封装（small outline transistor package，SOT package）、晶体管外形封装（transistor outline package，TO package）、球栅阵列封装（ball grid array package，BGA package）、芯片尺寸封装（chip scale package，CSP）、倒装芯片（flip chip，FC）等，芯片的尺寸不断地减小，而芯片的功率密度急剧增加。21 世纪以来，新型封装形式越来越多，如多芯片封装（multi-chip package，MCP）、多芯片模块（multi-chip module，MCM）、三维封装（3D package）、系统级封装（SiP）等。

相比微电子封装，功率器件封装的发展时间较短，至今仍在不断创新各种新颖的封装形式。实际上，功率器件与微电子制造技术及工艺基本类似，可以说，功率器件制造工艺多使用微电子制造技术和集成电路制造工艺。因此，功率半导体封装也和微系统封装相似，同样是为了实现上述四个功能。此外，由于功率半导体器件一直工作在开关状态且处理的功率大，支持高电压和大电流，因此功率半导体封装还需要满足以下几个要求[57-60]：①高可靠性。由于功率器件的应用涉及交通、新能源等领域，这些应用领域对可靠性的要求极高。例如，轨道交通中的 IGBT 功率半导体模块要求能够保证至少 30 年无故障运行。此外，功率半导体器件需要不断地在开通和关断状态之间切换，这要求其在交变载荷下，需要极高的持久性和稳定性。②高热导率。功率半导体芯片所处理的功率密度远高于微电子系统，因此，其封装要求有较高的热导率，从而提高功率器件的散热能力，保证器件内的合适温度及其运行时的性能。③低损耗。寄生参数会降低器件整体的电性能，尤其是高速开关器件，无疑需要提高封装器件的电导率，降低系统的寄生参数，进而降低开关损耗和导通损耗，保证快速开关控制。④电绝缘性。对于高电压、大电流的功率器件，开关、电路、基板、热沉之间还需为功率器件模块提供额外的电绝缘性。

一般来说，功率器件的封装类型主要由其功率决定，可分为分立式封装、模块式封装和集成电路封装。分立式封装普遍用于小功率器件，中高功率器件大多选用模块式封装，集成电路封装则适用于小功率场合。为了应对现代功率电子器件集成化与智能化的发展趋势，功率器件封装的发展方向为高效率、多性能、高功率密度、高可靠性。

（1）功率器件分立式封装　分立功率器件要焊接到印制电路板上，由于其功率损耗相对较小，散热要求不高，这种封装的设计大多不采用内部绝缘，因而每个封装中只有一个开关。早期功率半导体封装直接采用微系统逻辑元件封装形式，芯片和引脚通过引线键合（wire bonding，WB）进行互连，如 DIP、QFP/QFN、SOP、SOT、TO 等。典型的分立器件封装形式，如图 8-28 所示。

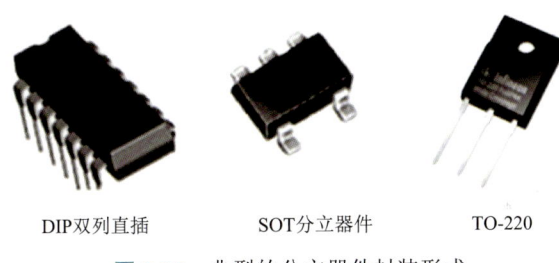

图 8-28　典型的分立器件封装形式

随着功率器件的电流、电压越来越大，工作频率日渐增长，分立功率器件的封装形式也不断地优化。例如，将键合引线用桥夹（clip bond）、键合带（bonding ribbon）或键合薄片（bonding foil）替代，如图 8-29 所示，能够大幅提高其能承受的电流密度；还有无键合引线甚至无引脚的 DirectFET 封装（图 8-30）[54]。

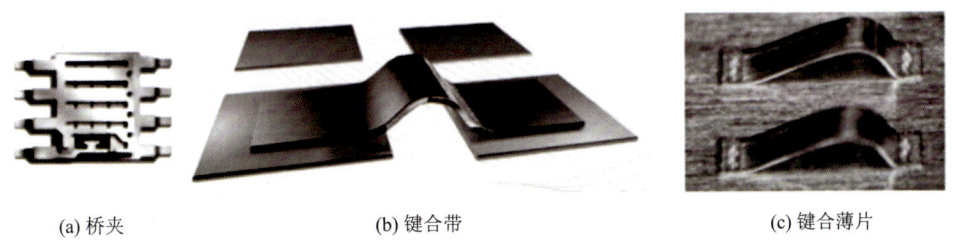

图 8-29　桥夹、键合带、键合薄片实物图[54]

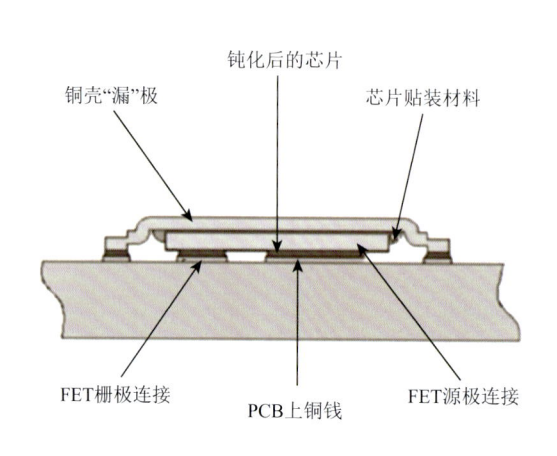

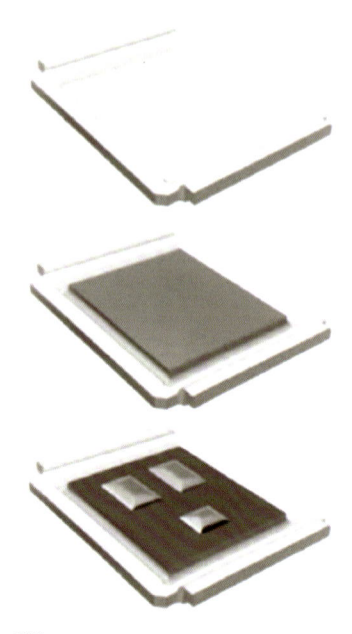

图 8-30　DirectFET 封装示意图[54]

（2）功率器件模块式封装　中高功率的应用由单管向模块封装发展，将功率器件及配套的辅助元件按照典型功率电子电路拓扑结构，以绝缘方式组装到金属基板上，集成到一个模块中，就形成了**功率半导体模块封装**。功率半导体模块封装可以缩小装置整体的体积，降低成本，同时提高装置的可靠性。经典的 IGBT 模块如图 8-31 所示。

图 8-31　经典的 IGBT 模块

典型功率半导体模块封装产品为采用混合 IC 封装技术的多芯片模块（multi-chip module，MCM），通过将多个不同种类的芯片安装在同一块基板上，采用埋置（embed）、叠层（stack）等工艺实现三维互连。功率半导体模块封装多应用于高电压（1200 V 及以上）、大电流（10 A 及以上）、中高功率场合。

（3）功率器件集成电路封装　将功率器件和驱动、控制、保护等信息电子电路集成于同一芯片中，实现电能和信息集成的电路，就是功率集成电路（power integrated circuit，PIC），这种形式称为单片集成。另一种形式为混合封装集成，是用新的功能元件替代原先多个功能元件，从而减少功能元件的数目，实现封装元件的集成。这种集成封装方式，称为功率 IC 封装[54]。功率 IC 封装在实现信息和电能集成的同时，减少了电子系统中元器件的数量，缩小了器件体积且有效减少了失效的可能性；功率 IC 封装应用非常广泛，从消费电子等便携式器件到航空航天和汽车电子器件，现如今已经发展出超过 30 种不同类型的封装形式。目前功率 IC 封装主要采用已经成熟的封装形式，如 TSSOP、QSOP/SSOP、SOIC、MDIP 等。随着智能化和集成化程度的提高，功率 IC 封装将进一步发展到模压倒装芯片级封装（MCSP）、倒装芯片 BGA、小间距 WL-CSP 等封装形式。功率 IC 封装目前只适用于小功率场合，由于电磁干扰、绝缘强度等因素，功率 IC 封装的实现还存在较多阻碍。但随着材料和半导体工艺的进步，功率 IC 封装应用前景广阔[54]。

3）一般功率器件的封装工艺

封装属于半导体产业的后道工序，是将晶圆制造厂生产的晶圆通过划片、粘片（贴装）、压焊（键合）、塑封、切筋成形等工序进行加工。功率器件封装工艺流程与一般电子器件封装工艺流程大致相同。功率半导体器件典型封装工艺流程，如图 8-32 所示。

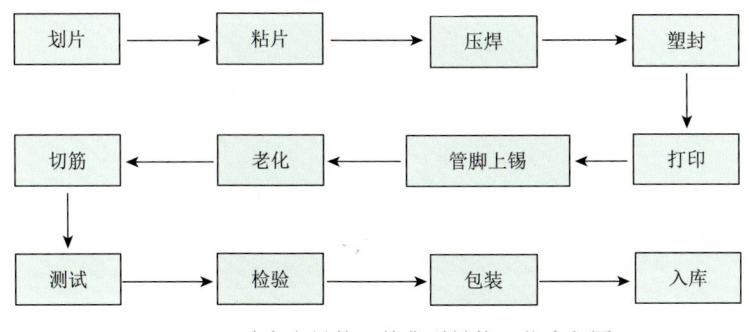

图 8-32　功率半导体器件典型封装工艺流程图

（1）划片　划片是指通过切割的方法，将晶圆上连在一起的芯片分割成单独一个个芯片的过程，如图 8-33 所示。

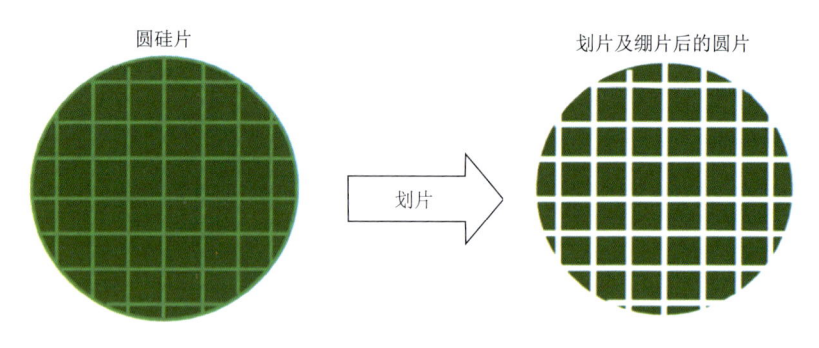

图 8-33 划片示意图

（2）粘片　粘片也称装片、贴装，是指将切割后的单颗芯片，使用粘接材料固定（粘接）在引线框架上的过程，如图 8-34 所示。图 8-35 为经典 TO-220 粘片

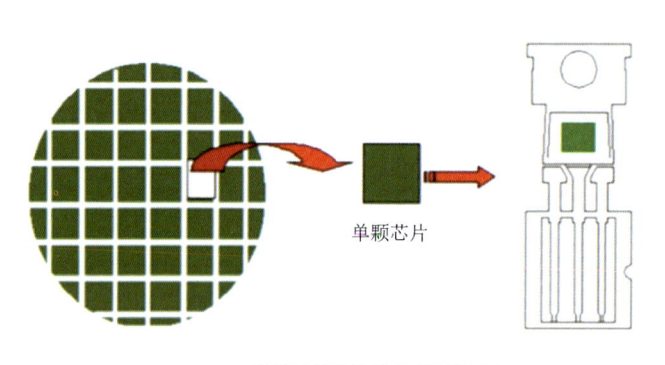

图 8-34 粘片示意图及实物图

图 8-35 经典 TO-220 粘片机照片

机照片。功率半导体器件粘片时，由于功率半导体器件产品的不同，使用的粘接材料也不同。目前，功率半导体器件粘片有三种方式：导电胶粘片、软焊料粘片和焊膏粘片。

（3）压焊　压焊也称键合，是指使用金属线（片）连接芯片电极与框架管脚或基板的工艺技术，以实现芯片与框架或基板间的电气互连、芯片散热以及芯片间的信息互通功能[54]。金属线（片）一般为金线、铜线、铝线、铝带等。图8-36为压焊示意图及实物图，图8-37是常见的压焊机。对功率半导体键合而言，目前较为经典的做法是：小功率器件常选用金线、铜线等键合材料；中大功率器件常选用铝线、铝带和铜片等键合材料。

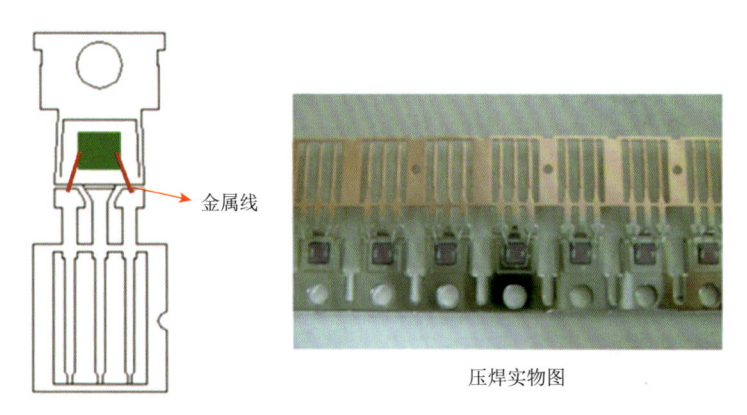

图 8-36　压焊示意图及实物图

图 8-37　KS TO-92 压焊机

（4）塑封　塑封是指用环氧模等塑料，在模具中通过高温、高压将键合好的产品包裹起来，用以隔绝湿气与外在环境的污染，以达到保护芯片的目的。完整的塑封工艺流程包括四个主要步骤：模具清模、模具脱模、空框架试封、产品塑封。塑封料的主要成分是二氧化硅填料与环氧树脂的混合物，一般为黑色粉末状固体，可根据塑封模具的要求，将其压实为各种规格和形状，一般多为圆柱状[54]。图 8-38 为塑封示意图，图 8-39 是常见的塑封机。

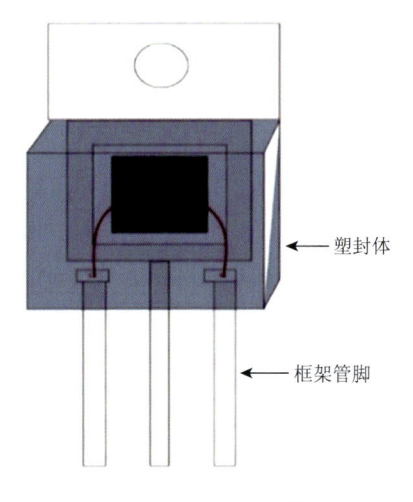

图 8-38　塑封示意图

图 8-39　常见的塑封机

（5）打印　打印也称打标，指在器件的表面上进行标记。打印是一个相对自由的工序，它在封装过程中的位置是可以根据产品需要进行调整的。可在塑封完成后的任意工序进行打标。图 8-40 为打标示意图，图 8-41 是常见的激光打印机。

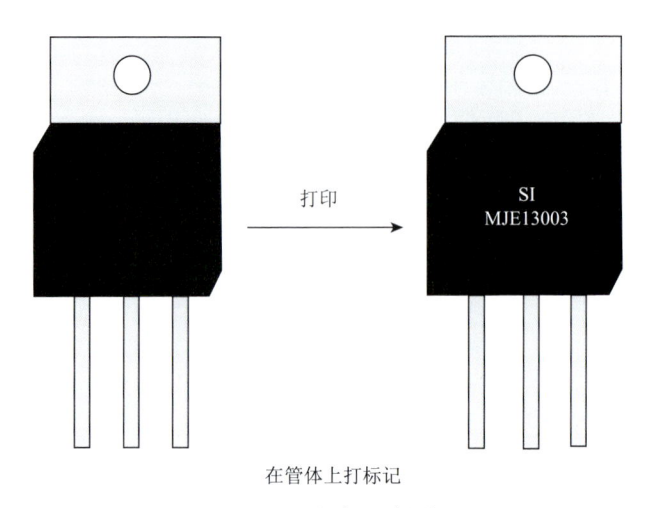

在管体上打标记

图 8-40　打标示意图

图 8-41 激光打印机

（6）电镀 电镀是指在半导体器件露出金属的部位镀上一层金属薄层，其目的是使器件在后续终端应用时具有好的焊接性能与耐腐蚀性。电镀使用的金属材料种类繁多，应环保要求，原有的铅锡电镀已逐渐被纯锡电镀所取代。功率器件对镀锡层的基本要求如下[54]：①与铜基体结合强度高；②镀层表面平滑、致密，外观色泽均匀一致；③镀层厚度均匀；④耐高温；⑤易焊接；⑥在外部环境中有一定的耐腐蚀性。

（7）切筋 切筋是指切除各器件连接引脚的横筋及边筋。切筋就是将一条条塑封后的产品逐一进行分离，并达到最终外形图要求的过程。如图 8-42 所示。

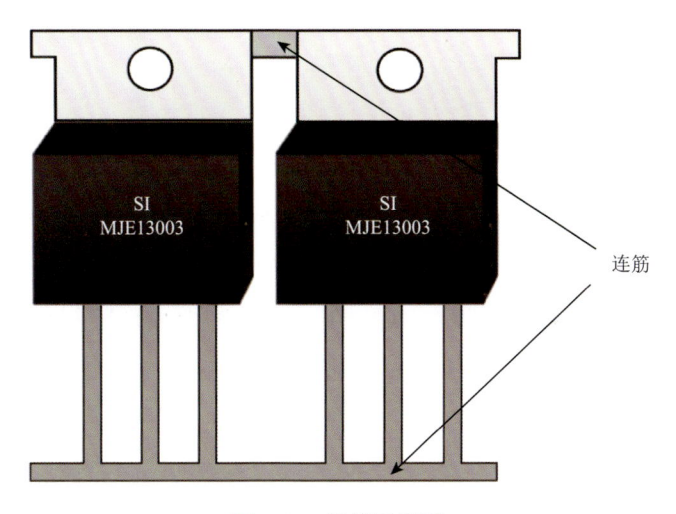

图 8-42 切筋示意图

6. IGBT 模块封装工艺

IGBT 是由双极型晶体管和绝缘栅型 MOS 场效应晶体管（metal-oxide-semiconductor field-effect transistor，MOSFET）组成的复合全控型电压驱动式功率半导体器件，兼有 MOSFET 易于驱动，开关速度快，以及 GTR 通态压降低，载流能力大几方面的优点。IGBT 广泛应用于轨道交通、智能电网、新能源、电动汽车、家用电器、工业控制等领域，以实现高效率、小尺寸、低成本、高可靠性及高安全性的能量转换与控制。通常 IGBT 封装采用两种形式，一种是塑封式，另一种是灌封式。塑封式IGBT器件封装工艺与通孔插装类封装类似。灌封式IGBT器件封装工艺，是在 IGBT 内部用硅胶填充，为器件提供可靠的绝缘能力。由于灌封式 IGBT 器件的电压、电流等级普遍较高，对整个封装制造工艺有更为严格的可靠性要求。本节主要介绍灌封式 IGBT 器件封装流程与工艺[54]。

常见 IGBT 器件封装的内部结构如图 8-43 所示，通常由芯片、陶瓷覆铜板（DBC 板）、键合线、基板、母排端子、灌封胶、导热胶、散热器等部分组成。

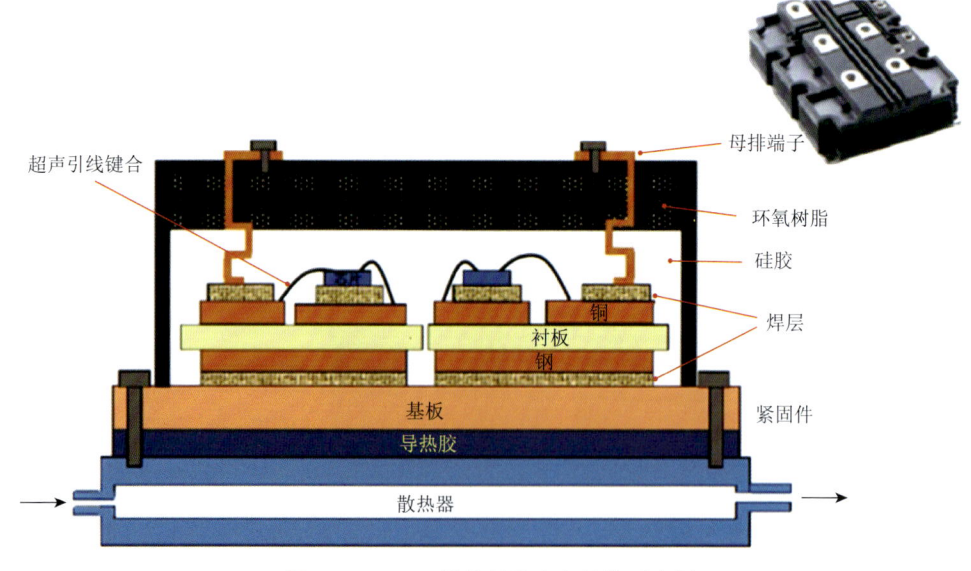

图 8-43　IGBT 器件封装内部结构示意图

IGBT 器件的工作电压通常为 600～6500 V，工作电流为 50～3600 A。根据不同的应用需求选择不同电压、电流的 IGBT 芯片及二极管芯片，通过焊接、键合、子外壳安装、硅凝胶灌封、电极折弯和测试等工序，实现 IGBT 器件的封装、测试，具体封装工艺流程如图 8-44 所示[54]。

芯片配组 → 芯片焊接 → 空洞检测 → 键合 → 子单元焊接 → 超声波检测

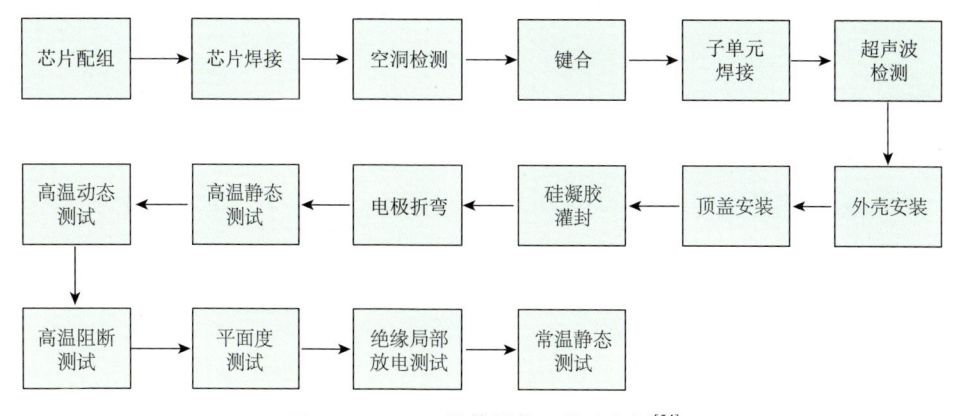

高温动态测试 ← 高温静态测试 ← 电极折弯 ← 硅凝胶灌封 ← 顶盖安装 ← 外壳安装

高温阻断测试 → 平面度测试 → 绝缘局部放电测试 → 常温静态测试

图 8-44　IGBT 器件封装工艺流程图[54]

通常采用真空回流焊工艺对芯片进行焊接。芯片焊接后要确保焊接面沾润性好、焊层厚度均匀、空洞率小、机械性能好。

1）焊层空洞检测

焊层空洞是指芯片焊接工艺结束后存在于焊层中的气孔缺陷。空洞率是评估焊接质量的关键技术指标。一般用 X 射线穿透芯片、焊层和 DBC 板，探查并计算空洞面积占焊层面积的百分比，即空洞率。芯片的焊接质量是 IGBT 器件质量控制中的关键环节，该环节直接影响芯片的通流能力、散热能力和功耗的大小。此外，芯片的焊接质量对后续的键合工艺质量产生直接影响。因此，所有产品焊接完成后都必须使用 X 射线检测设备对焊接空洞率进行检测，以保证芯片焊接质量[54]。

2）键合

在 IGBT 封装工艺中，键合是重要的引线互连技术，也是功率半导体器件封装内部电气连接的主要方式。在大功率 IGBT 封装工艺中主要使用铝线或铜线，通过超声键合法进行引线互连[61]。

大功率 IGBT 器件芯片，通过的电流大、芯片表面的键合点也较多。为保证芯片的电流均匀，IGBT 器件芯片表面键合点需要均匀等距排布，且键合线在排布时其长度应尽量一致。当模块工作时，IGBT 芯片功耗以及键合线的焦耳热均会使键合线温度升高，并在接触点和键合线上产生温度梯度，形成剪切应力。长时间处于开通与关闭循环的工作状态，会导致接触点产生裂纹，最终导致键合线脱落或断裂。研究表明，这些失效是由系统散热不佳、材料热膨胀系数（coefficient of thermal expansion，CTE）不匹配导致的。根部断裂是键合线失效的主要表现，如图 8-45 所示。

3）子单元焊接

为提高产品的成品率，通常将"芯片焊接"与"子单元焊接"分两次完成。其中"子单元焊接"指芯片键合工艺完成后，通过焊料使 DBC 板与基板、DBC

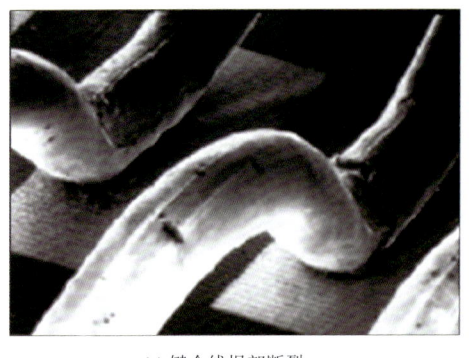

(a) 键合线根部断裂　　　　　　　　　　(b) 键合线脱落

图 8-45　IGBT 模块键合线失效[62]

板与母排端子焊接在一起的工艺过程。两次焊接所使用的焊料有所不同，一般芯片焊接所使用的焊料熔点更高。焊接完成后需要对焊接产品进行目检和超声波检测，要求焊接无虚焊、连焊、堆焊、流焊等现象，DBC 板、芯片无破损，并且键合线无脱落或断裂，空洞率和最大空洞占比符合工艺标准。焊料层在模块封装中主要起连接作用，常见的损伤模式为出现裂纹及空洞，如图 8-46 所示。焊料层作为模块主要传热路径的一部分，其老化损伤也会直接造成其材料热阻增大，恶化模块结温并加速模块失效。

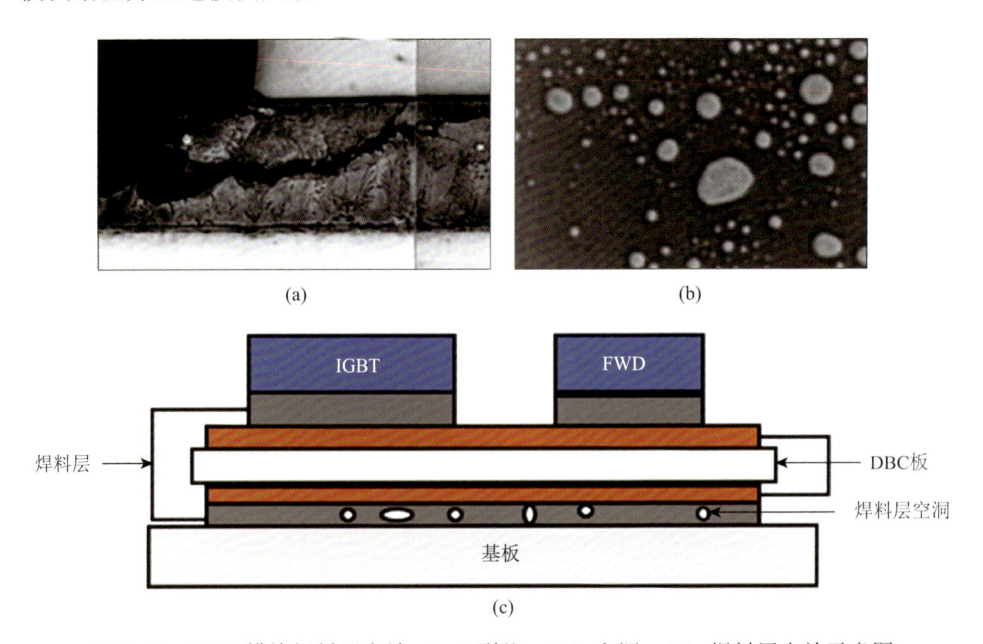

图 8-46　IGBT 模块焊料层失效：(a) 裂纹；(b) 空洞；(c) 焊料层失效示意图

4）外壳安装

外壳安装工序主要完成外壳与基板之间的安装，通过对外壳涂胶实现外壳与底板之间的粘连，并使用紧固件进行连接。在外壳涂胶可保证器件外壳与底板之间的密封性，同时对器件提供机械支撑。一般工序使用烘箱对胶体进行高温固化。

5）硅凝胶灌封

硅凝胶灌封，通过将 A、B 两种组分的硅凝胶按一定比例充分融合，并灌注到 IGBT 外壳中，再将 IGBT 放置于烘箱中完成硅凝胶固化[63]。硅凝胶灌封通常采用自动注胶机完成。灌封过程需重点管控设备的注胶量、真空度及注胶后的保压时间，保证注胶后硅凝胶内无气泡。

7. 功率器件封装材料

封装材料涉及面极广，包括焊接材料、热界面材料、引线键合材料、基板材料、塑封材料等。封装材料在电子器件封装中发挥着重要的作用，如实现芯片之间或芯片和外部系统之间的信号传输、电互连、功率分配；提供机械支撑和散热途径；避免内部元器件受湿气和氧气的影响而造成失效或性能退化等。而功率半导体封装材料除了具有上述功能，还有着自己的特点，如功率密度大、电压和电流等级高。显然，功率半导体封装材料还需要具有高可靠性、低寄生电特性、电绝缘特性等。同时，由于其功率密度大，在应用过程中产生的功耗高，进而导致热流密度大，故功率半导体封装材料还要满足高热导率的需求。可以说，材料是整个封装系统的核心，材料特性决定了功率半导体封装器件的性能、尺寸、成本、可靠性。因此，了解封装材料的相关特性至关重要。功率器件封装材料的关键性能包括力学性能、热学性能、电学性能和理化性能等[54]。

1）塑封材料与灌封材料

功率半导体的封装形式较多，主要与其工作电压和电流的大小有关，而不同的封装和应用要求，决定了如何选择封装材料。功率半导体器件的工作温度范围一般为–55～175℃，有些特殊应用的工作温度甚至达到 200℃以上，因此在选择封装材料时，要考虑以下要求[54]：①较高的电绝缘强度和较高的绝缘电阻，尽可能小的介质损耗和介质常数，这有利于电信号的传递，使电参数受温度和频率变化的影响尽可能小；②足够的物理机械性能，如冲击强度和热变形温度，能够抵抗外界机械冲击应力和热应力对封装体的损伤；③较高的模量和抗压强度，以便在应力状态下保持封装体形状和尺寸，确保内部芯片的安全；④合适的工艺加工性能，如低黏度、低加工温度及较长的保存周期等；⑤优异的散热能力，使功率半导体工作时能够较快地将热量传导出去，保持稳定工作。

当前主要的功率分立器件，大多采用环氧树脂封装；功率半导体模块则采用塑料封装和灌封两种封装形式。中、低功率模块大多采用塑料封装；中、高功率模块因电流较大、散热需求高，多采用灌封封装形式。

2）芯片粘接材料

芯片粘接（die attach）也称装片或芯片焊接，作为功率半导体封装的主要工序，有多种不同的工艺，比较常见的有共晶焊、软焊料焊接、锡膏回流焊、银浆焊接等，对应使用的材料有锡焊料（包括焊锡丝或锡片、锡膏）和银浆。由于功率半导体普遍工作电压、电流较高，工作时发热量较高，且模块产品集成度较高，因此具有优异导热性和工艺灵活性的锡焊料成为功率半导体芯片粘接工序的首选，银浆则主要用于低功率器件或部分功率模块中驱动 IC 芯片、电阻的粘贴工艺。随着功率模块的推广应用，以及以碳化硅、氮化镓为代表的宽禁带半导体的逐步应用，传统的焊接工艺和材料已经很难满足大功率半导体在高频率、高温下工作的要求。纳米银烧结技术作为新兴的芯片焊接技术，由于其产品优异的可靠性、导热性以及高温下工作适应能力，逐步获得了业界的广泛关注和应用[54]。图 8-47 为常见的粘接材料：银浆、锡焊料及烧结银。

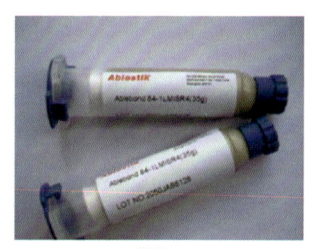

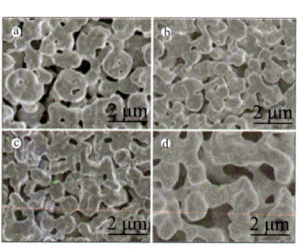

图 8-47　常见的粘接材料：银浆、锡焊料及烧结银

3）基板材料

电子元器件型号复杂、微电子系统种类繁多，因此电子封装基板材料的类型也多种多样。按使用材料分类，可分为陶瓷封装、金属封装、塑料封装和复合材料封装基板材料[64]。在选择基板材料时主要考察其密度、热导率和热膨胀系数等性能。几种常用 IGBT 用电子封装材料性能见表 8-2。

表 8-2　几种常用的 IGBT 用电子封装材料性能

材料	密度 ρ/(g·cm^{-3})	热导率$_{(20℃)}\lambda$/[W/(m·K)]	热膨胀系数 $\alpha_{(20\sim125℃)}$/($\times 10^{-6}$ K^{-1})
Si	2.34	139	4.1
SiC	3.20	270	3.8
GaAs	5.31	46	6.0
Al$_2$O$_3$	3.96	20	6.7

续表

材料	密度 ρ/(g·cm^{-3})	热导率$_{(20℃)}\lambda$/[W/(m·K)]	热膨胀系数 $\alpha_{(20\sim125℃)}$/($\times 10^{-6}$ K^{-1})
AlN	3.29	270	5.8
BeO	2.86	210	8.0
Al	2.70	210	23.0
Cu	8.96	403	16.5
Ag	10.50	429	19.2
可瓦（Kovar）合金	8.36	17	6.0
W	19.30	174	4.5
Mo	10.20	138	5.0
环氧树脂	1.85~1.95	0.2	15.8
聚酰亚胺	1.42~1.61	0.2	3~50
聚四氟乙烯	2.15	0.1	20.0
有机硅	1.05~2.05	0.157	33.0
SiC/Al	约 3.0	约 200	9.2
Si/Al	约 2.45	约 130	9.0
金刚石/Al	约 3.10	约 395	9.3
SiC/Cu	约 5.97	约 274	7.1
金刚石/Cu	约 6.23	约 435	6.9
SiC/Ag	约 6.35	约 250	9.2
金刚石/Ag	约 7.00	约 450	8.9

4）陶瓷覆铜板

陶瓷覆铜板（DBC 板），如图 8-48 所示。在功率器件中，DBC 板主要作为芯片的散热通道，同时为器件提供电气绝缘。功率器件封装主要使用低成本直接覆铜陶瓷基板、直接镀铜陶瓷基板，其承载电流为 1~300 A 及以上。功率器件封装用陶瓷基板中，氧化铝（Al$_2$O$_3$）陶瓷基板、氮化铝（AlN）陶瓷基板的应用最为广泛，主要因为它们具有优异的热导率和与芯片接近的热膨胀系数，可在工作时产生较小的热应力，并拥有较好的热稳定性。

5）键合材料

键合材料是用于连接芯片和芯片、芯片和框架、芯片和基板的金属材料，是芯片封装过程中主要的原材料之一。键合材料的种类通常按照其结构分为金属和合金，如纯金、金银合金、银合金、纯铜、镀钯铜、镀金银、纯铝等。键合材料通常以丝（或线）的形式出现，随着键合工艺的不断发展，带状、片状键合材料的应用日益增多[54]。

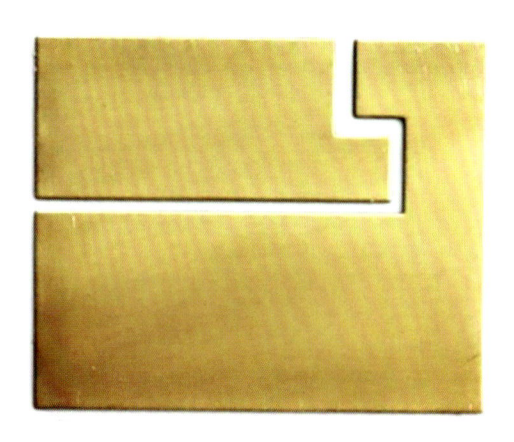

图 8-48 陶瓷覆铜板

在功率器件封装领域，考虑到其大电流、高电压的特殊性，器件内部使用的键合材料必须能够承载大电流。由于粗铝丝、铝带材料具有导电性能好、硬度低、易于超声焊接（常温下即可焊接）、成本低等优点，因而得到了广泛的应用。一般用于大功率器件键合的铝质材料主要有铝线、铝带、铝包铜线三种。

金线主要用于二极管、三极管、集成电路等电子器件的封装。金线的电阻率比铝线低，导电性强、导热性能好，在半导体封装领域的应用也很多。但因金的成本高，在电子封装领域的应用也受到一定的限制。

6）电镀材料

电镀是指在含有某种金属离子（这里是指 Sn^{2+}）的电解质溶液中，将准备电镀的产品作为阴极，将锡球作为阳极，通以一定波形的低压直流电，使得二价锡离子不断在阴极沉积为金属薄层的过程。

用于功率半导体器件电镀的材料主要是锡材，市场上有锡铋、锡铜等电化学镀层产品。在电镀过程中，阳极的电镀锡材是纯锡。因为不同金属间有沉积电位差（铅除外，锡铅沉积电位差只有 0.01 V），电镀过程中不同金属很难被等比例析出，铋等金属只能靠电解质溶液中添加的可溶性盐补充[54]。

8. 功率器件封装的发展趋势与挑战

近年来，由于节能环保的概念日益深化，在资源有限的现实环境下，各国政府以及相关机构也相应制定出法律法规，积极发展绿色能源。随着电动汽车、高铁和航空航天领域高速发展，对功率器件/模块在高频、高温和高压下工作的需求也不断增加。目前，国内外大多数电力电子功率器件都采用硅基半导体材料，经过几十年的不断改良和优化，其性能已接近硅材料的理论极限。为了满足上述趋势需求，以碳化硅（SiC）和氮化镓（GaN）为代表的第三代半导体材料功率器件应运而生，且正在引领电力电子领域的一次技术革命。SiC 和 GaN 是宽禁带（wide band gap，WBG）材料，为下一代功率器件提供了基础。与硅相比，它们的特性和性能更出色，因为其类金刚石的结构要求更高的能量，以将稳定的电子移动到传导之中。其主要的优势之一是显著减少开关损耗，可使器件工作更低温，有助于缩小散热器和成本；其次是提升了开关速度。SiC 和 GaN 宽禁带方案能有效提高系统能效、缩小尺寸、降低元件成本及提高功率密度，是新一代功率器件动向[65, 66]。

封装技术与功率半导体器件的功率等级及具体应用密切相关。可以预见，无论是便携式电子产品，还是轨道交通、电动汽车甚至军用舰船，均会朝着高性能、高效率、大功率密度、高运行温度、高可靠性及小型化系统的方向发展。这势必推动功率半导体的系统模块化、高度集成化、智能化，以及推动功率系统级封装和三维异构集成封装的发展[54]。如上所述，受限于硅器件的物理极限，宽禁带半导体在功率半导体中的应用越来越多，新材料在功率半导体中逐渐占据重要地位。以 GaN 为例，美国阿肯色大学（University of Arkansas，USA）研究团队[67]从芯片级封装、模块级封装与集成和封装热管理三个方面提出 GaN 封装技术面临的挑战，并指出当下需要重点研究的三大问题：①降低 GaN 器件功率环路和驱动环路的杂散电感；②优化 GaN 集成模块开关性能；③提出更有效的热管理方案。目前，针对这三个问题都有许多效果显著的解决方案，然而仍存在许多亟待解决的问题以及研究空白[68]。

8.4　LED 封装

8.4.1　引言

1. 照明技术的发展历史进程

在人类发展史上，照明光源经历了无数次变迁，从最初的收集自然火源到钻木取火，发展历程也见证了人类历史的进步。18 世纪以前，火是人类的照明工具。之后，照明的器件发展为手电筒、动物油灯、植物油灯还有蜡烛，后来，煤油灯广泛被应用。在人类发展的进程中，从未停止过探索新的照明方法。到了 18 世纪，蜡烛已经可以使用机器来批量生产。1809 年，英国的汉弗莱·戴维（Humphrey Davy）发明了弧光灯，由两个碳棒电极构成，在空气中，通电产生电光源。弧光灯是第一个能够脱离火的电照明的器件，因高亮度而被率先应用于公共场所[69]。1879 年 10 月 21 日，美国发明家——托马斯·爱迪生（Thomas Edison）经过长时间的试验，发明具有实用价值的电灯。1906 年，通用电气公司在爱迪生专利基础上采用钨丝改进了灯泡的质量，这就是一直沿用至今的白炽灯。1959 年，人们基于卤钨循环原理发明了卤钨灯，其发光效率优于普通白炽灯。白炽灯的发明照亮了世界，但从能源利用角度来看，存在严重缺陷，只有10%～20%的电能转化为光能，剩余的能量却以热能的形式消散。1902年，彼得·库珀·休伊特（Cooper Hewitt）发明了水银灯，虽然灯的发光效率较高，但仍存有明显的缺点。水银灯会发出大量的紫外线，不仅对人体有害，而且光线太强。1910年，霓虹灯投入使用。1936年，乔治·E·英曼（George E. Inman）等使用一种新的启动装置制备出了不同于汞灯的荧光灯。荧光灯具有更高的电能转换效率，更大的照明面积，并可调节成不同的色温，可以进入普通家庭。由于荧光灯发光的光谱与日光相似，因而又被称为日光灯。到了20世纪60年代后期，高压气体放电技术应用于照明灯，高压钠灯和金属卤化物灯在这个时期也相继出现。

2. LED技术的发展历史沿革

LED技术的发展历史沿革和现代照明技术的进步几乎出现在同一时间线上。早在1907年，亨利·约瑟夫·朗德（Henry Joseph Round）就发现，当研究碳化硅接触点上的非对称电流路径时，硅晶体发出黄色光。因此，第一个二极管应该称为肖特基二极管而不是p-n结二极管。但是，半导体发光原理应用于LED器件是在20世纪60年代初。美国尼克·霍洛尼亚克（Nick Holonyak Jr.）使用GaAs开发了第一个使用气相外延的商用GaAsP红色二极管[70]。1968年，美国孟山都公司开始建厂生产低成本GaAsP二极管，成为第一个生产LED的商业实体，开启了固态照明的新纪元。1968年至1970年间，LED的销售额每隔几个月就会翻一番；同时与惠普合作，降低了LED的生产成本并提高了其性能。1972年，孟山都公司的技术骨干乔治·克拉福德（M. George Craford）研制成功了黄光LED，为LED的发展做出了巨大贡献。他们采用的方法是在GaAs衬底上生长氮掺杂GaAsP激励层。ZnO掺杂的GaP红色LED和n掺杂的GaP绿色LED器件出现了液相外延（liquid phase epitaxy，LPE）的增长。因此，孟山都研究组采用气相外延的方法，将氮掺杂到GaAsP中，生产出红色、橙色、黄色、绿色等不同发光颜色的LED器件。20世纪70年代中期，德州仪器公司生产出便携式数字计算器，惠普公司（Hewlett-Packard）推出了七段数字显示器（由红色GaAsP二极管组成）。然而，当时的LED显示屏耗电量非常大。液晶显示器（liquid crystal displayer，LCD）是一种借助于薄膜晶体管驱动的有源矩阵液晶显示器，机身薄、质量轻，节省空间，省电，不产生高温，属低耗电产品，且无辐射。因此，LCD在20世纪70年代后期一经推出，很快（20世纪80年代初期）就取代了计算器和手表显示屏。

从20世纪80年代后期到2000年，由于新的LED技术，如AlGaInP材料技术、多量子阱激发区、GaP透明衬底技术的出现，裸芯片（未与其他材料封装的芯片）的尺寸和形状已经进一步发展。20 世纪 90 年代初，惠普和东芝应用金属有机化学气相沉积（metal organic chemical vapor deposition，MOCVD）方法，成功研制出 GaAlP LED 器件[71]。这种器件因具有发光效率高、颜色范围宽等优点而被广泛关注，并且得到了迅速的发展。后来，克拉福德（Craford）等成功研发了透明基板的技术，使 LED 的发光效率提高到 20 lm/W，超过了荧光的发光效率。最近，倒装芯片结构等技术的使用进一步提高了其发光效率。1993 年，日亚化学公司的中村修二采用两流 MOCVD 技术解决了 p 型 InGaN 退火工艺，成功研制出超高亮度的蓝光 LED 器件[72-74]。很快，绿光和蓝绿光 LED 相继推出。当时，高亮度 GaInN 绿光 LED 被广泛应用于交通灯，但应用早期的 N 掺杂 GaP 绿光 LED 由于发光效率低而受到限制。1996 年，日亚化学公司研发出一种新的白光 LED 器件，它由发蓝色光的 GaN 芯片和钇铝石榴石黄色荧光粉协同发光[75, 76]。不久之后，美国科锐公司也采用了以 SiC 为基质 InGaN/SiC 结构的蓝绿光 LED 器件[77-79]。通过不断改进设备的性能与蓝宝石基板的装置，近年来，研究紫外线（UV）LED 技术也取得了重大进展，为新型白光器件奠定了基础。目前，LED 技术进步飞快，发白光的 LED 的应用越来越广，包括指示灯、手提手电筒、液晶屏背光面板、汽车仪表、医疗器械、路灯、室内灯等。

3. LED 的基本物理性质

1）发光材料

采用不同材料制备的 LED 可以产生不同能级的光子，进而实现对光波长的调节。早期，应用 $GaAs_{1-x}P_x$ 材料，可制备出红外光范围内任何波长光的 LED。包括红光 $GaAs_{0.6}P_{0.4}$ 的 LED、橙光 $GaAs_{0.35}P_{0.65}$ LED、黄光 $GaAs_{0.14}P_{0.86}$ LED。当使用镓、砷和磷时，制备的 LED 通常称为三原色 LED。最新的技术是使用铝（Al）、镓（Ga）、铟（In）和氮（N）制备四元 LED，其光谱可以覆盖可见光和部分紫外线。不同 LED 材料发出光的颜色列入表 8-3。

表 8-3　不同 LED 材料发出光的颜色

材料	化学式	颜色
铝砷化镓，砷化镓，磷化镓（掺杂氧化锌）	AlGaAs，GaAs，GaP:ZnO	红色以及红外线
氮化镓，磷化镓	GaN，GaP	绿色
磷化铝铟，砷化镓	InAlP，GaAs	黄色
磷砷化镓	GaAsP	红色
碳化硅	SiC	绿色
铟氮化镓	InGaN	蓝色

续表

材料	化学式	颜色
硅	Si	蓝色
氧化铝（蓝宝石）	Al_2O_3	蓝色
硒化锌	ZnSe	蓝色
氮化铝	AlN	紫外线

2）机械及热力学性质

目前，通过异质外延生长法，在蓝宝石、碳化硅和硅衬底上生长的ⅢA族氮化物材料，其缺陷密度高达 $10^{10}/cm^2$ 数量级。高密度缺陷不仅影响ⅢA族氮化物材料的发光特性，同时也严重影响LED的使用寿命。因此降低ⅢA族氮化物薄膜材料的缺陷密度对LED外延制造非常重要。

热膨胀系数是最基本的材料特性之一。热膨胀系数值取决于材料的缺陷密度、自由电荷浓度、应力/应变等。热膨胀系数对外延生长尤为重要。衬底和外延薄膜的热膨胀系数如果不匹配，将会导致外延薄膜发生应变。ⅢA族氮化物材料的典型热性能列于表 8-4。

表 8-4　ⅢA族氮化物材料的典型热性能

热性能	GaN	InN	AlN
德拜温度 θ/K	820	980	660
比热$_{(300 K)}$ c/[J/(g·℃)]	0.49	0.73	0.30
热导率 λ/[W/(m·K)]	>2.1	2.85	0.45
线膨胀系数 α/℃$^{-1}$	$\alpha_a = 5.59 \times 10^{-6}$ $\alpha_c = 3.17 \times 10^{-6}$	$\alpha_a = 4.2 \times 10^{-6}$ $\alpha_c = 5.3 \times 10^{-6}$	$\alpha_a = 3.8 \times 10^{-6}$ $\alpha_c = 2.9 \times 10^{-6}$

8.4.2　LED封装的基本原理与发展趋势

1. LED芯片的原理和应用[80, 81]

LED的工作原理如图 8-49 所示：在外部对 p-n 结施加一个正向电压后，将会破坏 p-n 结原来的动态平衡，因为施加的外部电场方向和原来的 p-n 结的内部电场方向相反。这样，会有少量的载流子发生转移，电子将会从 n 区转移到 p 区。在这个过程中，少量的载流子将与原来的多数载流子发生重新组合，同时，产生的能量将通过光子的形式辐射，大量的光子就形成了光。

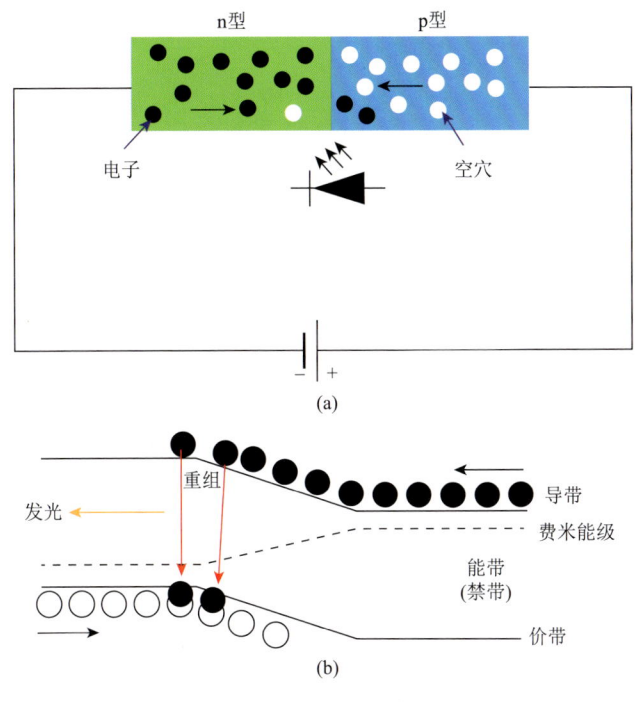

图 8-49 LED 的工作原理

LED 发光的颜色由半导体的材料决定。半导体材料发出光的波长与它的禁带宽度有关，计算公式[82]为：

$$\lambda = 1240/E_g$$

式中，λ 为光的波长，nm；E_g 为禁带宽度，eV。

每一种半导体材料，都具有其特定的禁带宽度。可见光的波长为 380～780 nm，根据计算公式，半导体材料的禁带宽度应为 3.26～1.63 eV。

2. LED 芯片的封装结构分类

LED 芯片的封装结构主要包括引脚式（lamp）结构、表面贴片式（surface mount type，SMT）结构、板上芯片（chip on board，COB）式结构和系统封装式（SiP）结构（图 8-50）[83, 84]。

引脚式封装大部分用于仪表显示或指示场景，在大规模集成时也可以用作显示器。3～5 mm 封装的结构是最常见的引脚式封装，适用于电流 20～30 mA，功率＜0.1 W 的 LED 器件。引脚式封装的热阻一般较大（＞100 K/W），器件寿命很短。

表面贴片式（SMT）技术是目前行业内最流行的一种封装技术，具有容易实现自动化、封装可靠性高、耐高频性能好等优点。SMT 技术可以将芯片贴到印制线路板的指定位置上。即先在印制线路板上涂覆黏结剂和焊锡膏，形成焊盘图形，

(a) 引脚式　　　　　　　　(b) SMT

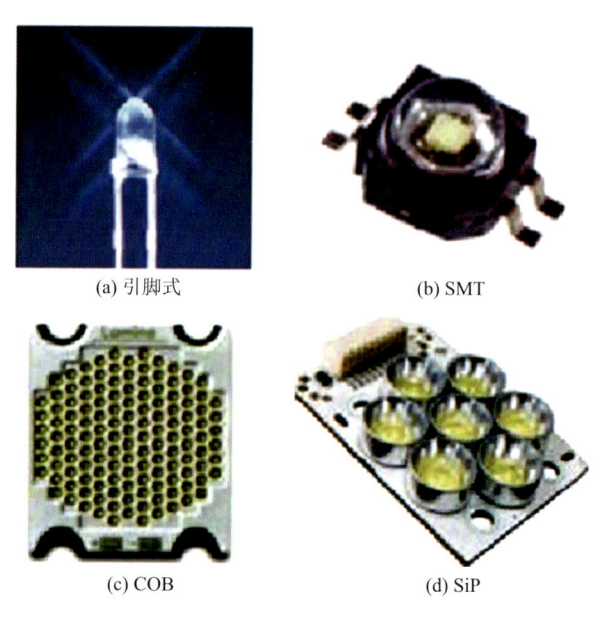

(c) COB　　　　　　　　　(d) SiP

图 8-50　LED 封装结构分类

再将芯片对准放置在图案上，最后进行回流焊操作，就可以完成芯片和印制线路板的连接[85]。

板上芯片式（COB）LED 封装技术的应用场景为大功率多晶片阵列的 LED 封装，与 SMT 封装相比，在封装功率密度上有了很大的提高，同时，有效地降低了封装热阻，它的热导率大概为 6～12 W/(m·K)。COB 技术是先将晶片通过焊料贴在印制线路板上，再通过引线键合实现晶片与 PCB 板间电互连。印制线路板通常为玻璃纤维增强的环氧树脂、金属基或陶瓷基复合材料（如铝基板或覆铜陶瓷基板）等。引线键合方式多样，可以是高温下的热超声键合，如金丝球焊；也可以是常温下的超声波键合，如铝劈刀焊接[85]。

为了适应小型化和便携性，SiP-LED 封装应运而生。SiP 技术是在系统晶片（system on chip，SOC）的基础上发展起来的，是一种新型封装集成的方式。SiP 有很多的优点，如工艺相容性好、集成度高、成本低、可集成很多的新功能、易于分块测试、开发周期短等。SiP 技术不仅可以在一个封装内组装多个发光晶片，还可以将各种不同类型的器件，如电源、控制电路、光学微结构、感测器等，集成在一起，构建成一个更为复杂的、完整的系统。按照技术类型分类，SiP 可分为四种：晶片层叠型、模组型、MCM（multichip module，多芯片组件）型和三维（3D）封装型[83]。

3. LED 芯片封装工艺的演进

大功率 LED 封装是最近几年的研究热点。由于封装直接影响 LED 器件的性能和使用寿命，因此，大功率的 LED 封装的结构和工艺都比较复杂。

LED 封装的作用主要有：①可以起到机械保护的作用，提高器件的可靠性。②可以加快芯片的散热，从而降低 LED 器件的结温，最终提高性能。③良好的封装，可以优化光束的分布，提高器件的出光效率。④封装可以实现供电管理，如交流与直流之间的转变，电源控制等[83]。

决定 LED 封装方式的因素有很多，其中，主要有晶片结构、光电和机械特性、具体应用场景和成本等。经过很多年的发展，LED 封装先后经历了支架式 LED（lamp LED）、贴片式 LED（SMD LED）、功率型 LED（power LED）等发展阶段。随着柜台照明技术的发展需要，芯片的功率在逐步增大，对 LED 的封装的要求也逐渐更高。其中，包括光学、热力学、电学和机械结构等。在封装过程中，需要考虑如何降低热阻，提高传热；同时又不影响发光，提高发光效率。所以，新的封装技术必须开发和发展。

4. 不同 LED 芯片封装技术比较[86]

COB 封装技术目前已经得到了较大的进步，它在小型器件以及 mini-LED 显示方面具有较大的优势。下面，将进行 COB 封装技术与 SMD 封装技术的比较（图 8-51）。

COB 封装是将 LED 芯片直接用导电胶和绝缘胶固定在印制线路板的灯珠灯位焊盘上，然后进行 LED 芯片回流焊操作；测试性能后，再用环氧树脂胶封装 [图 8-51（a）]。SMD 封装是将 LED 芯片用导电胶和绝缘胶固定在灯珠支架的焊盘上，然后采用和 COB 封装相同的导通性能焊接；性能测试后，用环氧树脂胶包封 [图 8-51（b）]。

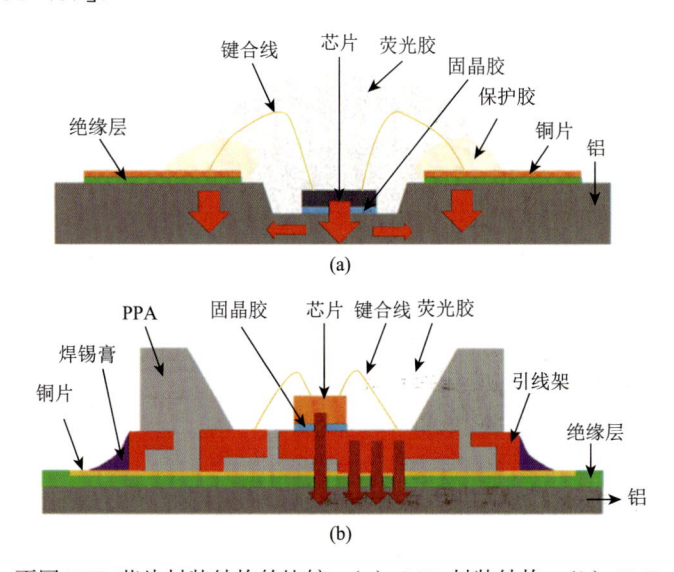

图 8-51 不同 LED 芯片封装结构的比较：(a) COB 封装结构；(b) SMD 封装结构

SMD 封装的灯珠质量较高，但是生产工艺过多，成本更高，同时增加了从灯珠封装场地到显示器场地之间的运输成本、物料仓储和质量管控成本等。COB 封装技术相对复杂，产品的合格率不是特别高，失效点无法维修，成品率低。SMD 封装的单灯珠单体化封装技术发展多年，技术成熟，实现起来相对容易。

COB 封装是一项多灯珠集成化的全新封装技术，实践过程中生产设备、生产工艺装备、测试检测手段等很多的技术经验是在不断的创新实践中积累和验证的，技术门槛高，难度大。目前面临的最大困难就是如何提高产品的一次通过率。

SMD 封装中使用的四角或六角支架为后续的生产环节带来了技术困难和可靠性隐患。例如，灯珠面在回流焊工艺中，需要解决数量庞大的支架管脚焊接合格率问题。如果 SMD 在户外应用，还需解决支架管脚的户外防护合格率问题。而 COB 技术正是由于省去了这个支架，在后续的生产环节中几乎不会再有太大的技术困难和可靠性隐患。目前该技术面临两方面的技术难题，即不能保证集成电路的芯片通过回流焊之后不产生失效的点，以及模组的颜色一致性偏弱的问题。

8.4.3 大功率 LED 封装模块的热管理

1. 典型 LED 封装热阻分析[87-91]

LED 芯片在发光过程中也会伴随产生热量，将热量传递出去是一个非常重要的研究课题。热量包括非辐射热和焦耳热。非辐射热是电子和空穴复合过程中产生的，焦耳热是电子和空穴运动过程中产生的。

1）非辐射复合

根据 LED 发光的原理，在电场的驱动下，电子和空穴发生辐射复合而发射出光子，实现电能向光能转化。在这个过程中，电子和空穴相对运动，发生电子空穴对的复合，这个过程就会产生热量。复合可以分为辐射复合和非辐射复合。非辐射复合释放的能量，如声子，会导致晶格原子振动，产生热量。有研究证明，GaN 材料与蓝宝石衬底之间有较大的晶格失配，导致 LED 外延层及有源发光区中存在较高浓度的非辐射复合缺陷。这些缺陷中心俘获或释放载流子，对 LED 电学和光学特性有重要的影响，是 LED 结温升高、性能老化的根源。因而应尽量减少产生非辐射复合中心的晶体缺陷及杂质浓度，以减少非辐射复合过程。

2）电流拥挤效应

传统的 GaN 基 LED 衬底一般采用绝缘蓝宝石，其 p 型和 n 型接触电极制作在外延片的同一侧。由于 n 型 GaN 层的横向电阻远比 p 型欧姆接触层的电阻大，因而在实际器件内部不同路径上传输的横向电流密度不同，导致靠近 n 型电极的台面边缘电流密度大于靠近 p 型电极焊盘的地方，即电流拥挤效应，造成产生的热量集中，进而影响器件的可靠性和发光性能。

3）电子溢出

由于 p 型 GaN 的空穴浓度以及空穴迁移率和 n 型 GaN 的电子相比差别很大，因此 LED 载流子注入不对称，注入到量子阱的部分电子会溢出至 p 区，使 LED 的效率大幅下降。

4）光线吸收

LED 芯片的辐射光和荧光粉的激发光需要经过芯片、荧光粉胶、封装胶和透镜等光学元件才能辐射到环境中去。材料吸收光线会生成热量，荧光粉在光转化过程中由于非辐射跃迁和 Stokes 损失也会生成热量。有效的光学设计能减小光线在封装材料中的传播光程，是提高光效、减少热量生成的关键。LED 封装模块内主要存在芯片-荧光粉胶和荧光粉胶-空气两个容易发生全反射的光学界面。通常芯片的折射率为 2.5，荧光粉胶的折射率在 1.4~1.7 之间，空气的折射率为 1，两种材料折射率的差异导致光线从芯片传至荧光粉胶或从荧光粉胶传至空气的过程中会在芯片-荧光粉胶或荧光粉胶-空气界面发生全反射。发生全反射的光线在封装材料中反复传播，大部分被吸收转化为热量，不仅会造成光效损失，更易导致芯片温度升高，造成芯片效率和荧光粉效率降低。芯片表面粗糙化或者图案化、衬底图案化和光子晶体能够有效减少芯片-荧光粉胶界面的全反射。图 8-52 是美国丽讯公司的 LED 封装热阻网络［图 8.52（a）］和 COB 封装热阻网络［图 8.52（b）］示意图。

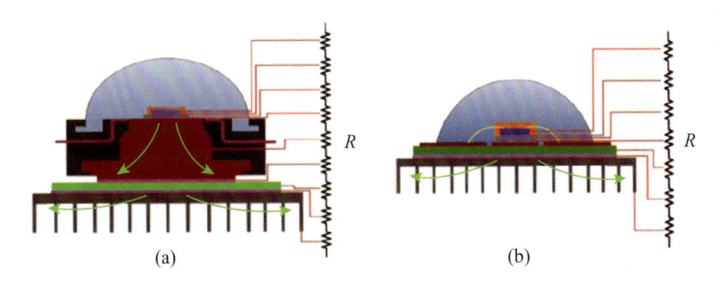

图 8-52　美国丽讯公司的 LED 封装热阻网络（a）和 COB 封装热阻网络（b）示意图

在带基板的封装结构中，芯片到环境热阻（R_{JA}）可分为异质结到芯片衬底（R_{JS}）、衬底到底座（R_{SS}）、底座到散热基板（R_{SB}）、散热基板到环境（R_{BA}）四部分热阻（图 8-53）[92]，即：

$$R_{JA} = R_{JS} + R_{SS} + R_{SB} + R_{BA}$$

固晶材料的选择及工艺水平决定了芯片衬底到底座的热阻 R_{SS}，这部分热阻称为固晶热阻。固晶热阻对散热性能有很大影响。传统小功率 LED 使用环氧胶黏结芯片，热导率很低［0.2~1.0 W/(K·m)］，不能满足大功率 LED 的散热要求。目前大功率 LED 普遍采用高导热银胶［热导率 10～25 W/(K·m)］也有生产商采用 AuSn 共晶技术［热导率约 60 W/(K·m)］。此外，在大功率器件封装中出现了低温烧结纳米银焊膏，这种材料具有超高导热率具有很好的应用前景。

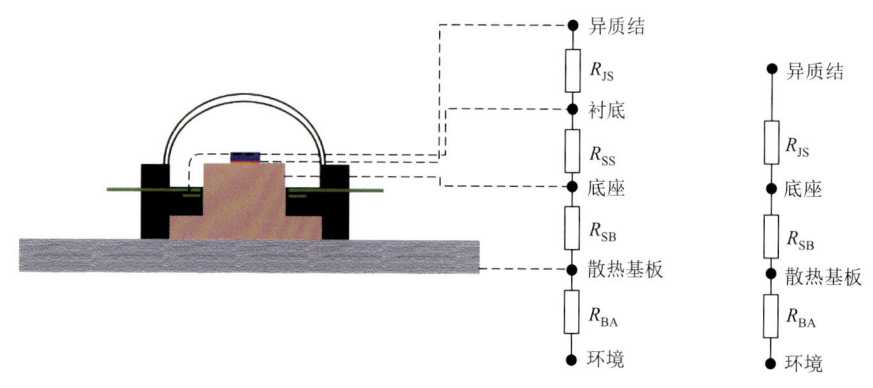

图 8-53　典型封装热阻分析[92]

2. 各种降低热阻的 LED 封装[93]

1）基板

从热管理的角度来看，LED 的封装热阻包括材料本身的热阻和界面热阻两个方面。基板材料作为离晶片最近的块体材料，其热阻性能对 LED 封装热管理的效果极其重要。为了将晶片产生的热量迅速传导到热沉上，需要选择热膨胀系数与晶片匹配、热导率较高的材料作为基板。金属材料（如铜、铝等）具有极高的热导率和较低的成本，是较为常见的基板材料。但因为金属材料的热膨胀系数较高，所以针对大功率 LED 的封装基板材料通常会采用陶瓷或金属-陶瓷复合材料。例如，采用钨化铜合金作为基底，不仅会有效降低热阻，同时还可以提高器件的发光功率和效率。低温共烧陶瓷金属基板也被应用于 LED 的封装，在基板上有多层结构，包括共晶焊层、静电保护电路、驱动电路和控制电路。这样的结构比传统基板更加紧凑，而且散热性能也进一步提高。高导热性覆铜陶瓷板作为基板的方案也被提出，将 AlN 和 Al_2O_3 复合并与铜在高温下压合烧结制备。这一技术没有使用黏结剂，所以基板的绝缘性强，机械强度大，导热性能很好。AlN 的热导率为 160 W/(w·K)，热膨胀系数为 4.0×10^{-6}℃$^{-1}$，可以降低封装过程中产生的热应力。

2）热界面材料

封装体结构的界面热阻也是影响 LED 性能的重要因素。由于基板材料与晶片之间的接触导热很易受到界面间隙热阻的影响，从而导致晶片快速升温，因此需要选用热导率高、结构稳定、释放应力能力佳的热界面材料（TIM）进行弥补，这也是提升 LED 芯片性能的一种关键材料。此外，减少因温度分布不均所带来的翘曲，以及尽可能减少界面热膨胀系数差异所带来的界面应力，也是热界面材料所需解决的问题。在 LED 的封装中，常用的热界面材料为导热胶和导电胶。传统的导热胶材料一般采用球形氧化铝颗粒［热导率为 0.5~2.5 W/(m·K)］作为填料。为了降低界面热阻，可以采用低温或共晶焊料、焊锡膏作为 TIM 材料；但应注意焊接材料的热膨胀系数，以避免因热膨胀系数不匹配而导致的高应力。例如，焊锡材料比较硬，而且热膨胀系数较高，容易导致更高的界面应力。导电银胶通常采用银粉颗粒作为填料，既可体现出金属优异的导电导热性能、又具有树脂材料较低的硬度，热导率可达到几十 W/(m·K)。对释放热应力、缓和热膨胀系数失配、降低界面热阻有很好的优势，对大功率 LED 封装有重要意义。图 8-54 是 LED 芯片的生产流程。

配料 → 固晶 → 焊线 → 点胶

包装 ← 测试 ← 固化 ← 分离

图 8-54　LED 芯片生产流程简图

3. 路灯与汽车 LED 照明系统热管理设计实例

1）路灯 LED 照明系统热管理设计实例

LED 路灯的组成模块主要包括 COB 光源和 SMD 光源两大类。传统的使用 SMD 光源路灯的主体结构一般包括芯片、透镜、焊锡、基板、散热器和紧固件等部件，为了提高传热效果，还会在基板和散热器之间加入导热硅脂。如果芯片功率太大，也会在基板和散热器之间加上一块铜板，提高整个传热路径的传热能力。SMD 光源路灯工作时，芯片产生的热量经过基板、导热硅脂、铜板，到散热器，再由散热器散发传递到外界（图 8-55）。中间环节较多，整个系统的热阻较大（图 8-56）。

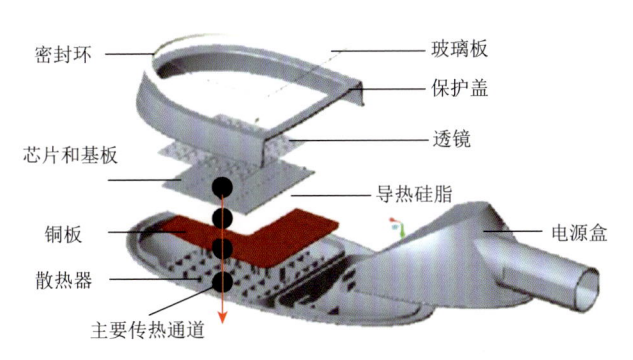

图 8-55　SMD 光源路灯的结构示意图[94]

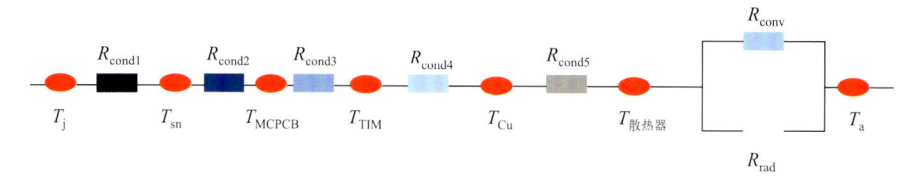

图 8-56　SMD 光源路灯的热阻网络示意图

相比于传统 SMD 光源路灯，COB 光源路灯的结构较简单，主要包括 COB 芯片、透镜、散热器和紧固件等部件。同样，在芯片和散热器的连接面之间也加入了导热硅脂以减小空隙，提高传热效果[94]。图 8-57 和图 8-58 分别为 COB 光源路灯的结构示意图和热阻网络示意图。

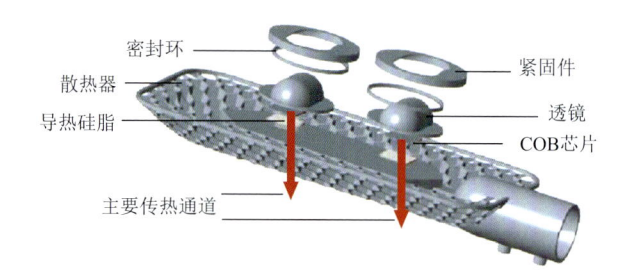

图 8-57　COB 光源路灯的结构示意图[94]

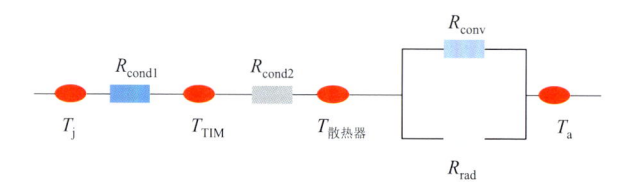

图 8-58　COB 光源路灯的热阻网络示意图

2）汽车 LED 照明系统热管理设计实例

汽车 LED 的应用场景不同，导致封装方式也有所不同。汽车制造商需要根据不同的需求，选择不同的 LED 光源与封装技术，这样才能满足汽车的需求。根据亮度的不同，可以将汽车 LED 分为三类，分别是指示灯用 LED、投射光源用 LED 以及照明光源用 LED[95]。

（1）指示灯用 LED。

指示灯用 LED 对于光强的要求不高，功率要求也不高，一般为 70～200 mW。因此，这一部分的 LED 大多是直接采用树脂类进行封装。但是由于树脂类的热导率比较低，存在一定程度散热困难的问题。

（2）车内照明光源用 LED。

LED 不仅可以用于车内指示灯，还可以用于车内照明灯、尾灯和方向指示灯。这些灯对于亮度的需求较高，所以，对于封装功率的要求也相应提高。但 LED 的功率一旦提高，其产热也同时提高，热量如果不能及时传递出去，LED 的发光颜色和效率都会严重受损，甚至威胁使用寿命。因此，在封装设计层面，会优先考虑使用高导热的金属材料将 LED 所产生的热散出去。这样，就可以满足 LED 的发光效率和提高使用寿命。

（3）汽车投射光源用 LED。

汽车投射光源用 LED 主要包括远光灯、近光灯和雾灯等。它们对于 LED 的亮度要求最高，要求单个 LED 的功率大于 4 W。对于 LED 的封装要求也最高，即热阻必须小于 5 K/W，确保能及时将热量传递出去，器件能在高温条件下正常工作，保证 LED 光源的输出效率。

多年来，由于 LED 发光强度和亮度不足，LED 基本用于汽车内的指示灯以及仪表盘的照明。近年来，随着 LED 封装技术的发展，汽车的刹车灯、转向灯和尾灯已经开始使用 LED。图 8-59 是 LED 球形灯的照片。

图 8-59　LED 球形灯照片

8.4.4　LED 封装应用设计

1. LED 的封装类型

LED 的封装类型主要有四种：直插引脚式［图 8-60（a）］；表面贴片式（SMD）［图 8-60（b）］；板上芯片式（COB）［图 8-60（c）］；芯片级封装（CSP）［图 8-60（d）］。由于 CSP 封装加工工艺成本较高，主要应用在手机闪光灯以及显示面板中，用作 LED 日常照明产品还是比较少的。目前以 COB 封装的 LED 在日常照明中应用较为广泛[96]。

2. 倒装 COB 封装工艺

如果 LED 芯片与基板之间采用倒装焊接进行电气互连，则称为倒装 COB 封装。

| (a) | (b) | (c) | (d) |

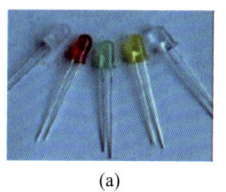

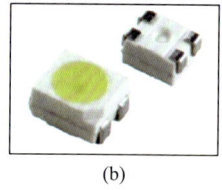

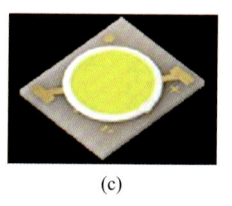

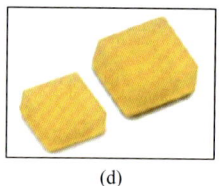

图 8-60　LED 的封装类型

倒装 COB 封装不需要焊线，与 SMD 相比，倒装 COB 封装可以在很大程度上降低封装的热阻，同时可以提高功率密度。图 8-61 是 COB 封装工艺基本流程[80]：

选取芯片设计排布 → 扩晶 → 固晶 → 回流焊 → 围坝 → 配胶 → 涂覆荧光粉

图 8-61　COB 封装工艺基本流程图

参 考 文 献

[1] 杨斌, 秦文静, 牛永安. 热界面材料发展现状与对策[J]. 科技中国, 2021（4）：35-37.

[2] 杨斌, 孙蓉. 热界面材料产业现状与研究进展[J]. 中国基础科学, 2020, 22（2）：56-62.

[3] 王瑾玉, 张永海, 魏进家. 功率器件热界面材料研究进展[J]. 工程热物理学报, 2022, 43（10）：2699-2710.

[4] 吴琪, 苗建印, 李文君, 等. 聚合物基热界面材料研究进展及空间应用探讨[J]. 航天器工程, 2022, 31（1）：73-80.

[5] 彭烨. 烧结纳米银及其接头力学性能探究[D]. 深圳：哈尔滨工业大学, 2019.

[6] 张伟儒. 第 3 代半导体碳化硅功率器件用高导热氮化硅陶瓷基板最新进展[J]. 新材料产业, 2021（5）：7-13.

[7] 钟达亮, 秦红, 王长宏, 等. LED 热管理中热沉及热电制冷器研究综述[J]. 郑州轻工业学院学报（自然科学版）, 2012, 27（1）：97-100.

[8] 肖新文. 液冷与动态自然冷却的综合运用技术探讨[J]. 制冷与空调, 2018, 32（6）：636-642.

[9] 齐文亮, 赵亮, 王婉人, 等. 高热流密度电子设备液冷技术研究进展[J]. 科学技术与工程, 2022, 22（11）：4261-4270.

[10] 周海峰, 邱颖霞, 鞠金山, 等. 电子设备液冷技术研究进展[J]. 电子机械工程, 2016, 32（04）：7-10, 15.

[11] 刘天军, 何亚峰, 季红宇. 微流体技术在电子芯片冷却中的应用研究进展[J]. 低温与超导, 2009, 37（9）：37-40.

[12] 包云皓. 分流-汇流型结构脉动热管传热特性研究[D]. 徐州：中国矿业大学, 2022.

[13] 林浪. 基于均热板的一体式散热器及其应用于大功率 LED 热管理[D]. 广州：华南理工大学, 2018.

[14] 曾健. 内凹孔阵列微沟槽式铝均热板制造与性能表征[D]. 广州：华南理工大学, 2017.

[15] 徐明宇, 陈渭. 液态金属用作润滑剂的研究现状与展望[J]. 机械工程学报, 2020, 56（9）：137-146.

[16] 马坤全. 液态金属芯片散热方法的研究[D]. 北京：中国科学院研究生院理化技术研究所, 2008.

[17]　杨小虎，刘静. 液态金属高性能冷却技术：发展历程与研究前沿[J]. 科技导报，2018，36（15）：54-66.

[18]　周宗和，宋杨，杨小虎，等. 基于液态金属的高性能热管理技术[J]. 节能，2020，39（3）：124-127.

[19]　邓月光，张曼曼，姜毅. 复合式液态金属热管理技术研究进展[C]. 中国材料大会2021论文集，北京：中国材料研究学会，2021：142-150.

[20]　贺航，郭浪，张鑫. 汽车发动机冷却风扇选型方法[J]. 汽车工程师，2017（03）：34-36.

[21]　刘佳辉. 基于仿生耦合的发动机冷却风扇性能与降噪研究[D]. 沈阳：沈阳航空航天大学，2020.

[22]　王海航. 发动机冷却风扇的性能计算与叶片应力分析[D]. 广州：华南理工大学，2011.

[23]　宁璐璐，刘清江，杨凤，等. 电子器件冷却技术研究进展[J]. 制冷与空调，2021，21（12）：1-7.

[24]　职更辰，王瑞. 热电制冷技术的进展及应用[J]. 制冷，2012，31（4）：42-48.

[25]　仇昌盛. 基于热电制冷器的电池热管理研究[D]. 重庆：重庆大学，2021.

[26]　Shubham K，Gupta A. Integrated Circuit Fabrication [M]. London：CRC Press，2021.

[27]　Cognetti C. Evolution of Semiconductor Packaging：Present and Future[M]. Agrate：STMicroelectronics，2006.

[28]　Coogan S A. Systems engineering：a summary of electronics packaging techniques available for present and future systems[C]. Third Annual IEEE ASIC Seminar and Exhibit（Cat. No.90TH0303-8），1990.

[29]　Ebel G H，Jeffery J A，Farrell J P. Wire bonding reliability techniques and analysis[C]. Proceedings of the 32nd Electronic Components Conference，1982.

[30]　Poh S Y，Michalka T L. An electrical comparison of multimetal TAB tapes[J]. IEEE Transactions on Components Hybrids and Manufacturing Technology，1992，15（4）：524-541.

[31]　Iwata H，Hamada T，Nakagawa Y. Precise alignment technique for TAB inner-lead bonding[C]. MIV-89 Proceedings of the International Workshop on Industrial Applications of Machine Intelligence and Vision（Seiken Symposium）（Cat. No.89TH0250-1），1989.

[32]　Scharr T A，Nagarkar M D. Outer lead and die bond reliability in high density TAB[C]. Proceedings of 39th Electronic Components Conference（Cat. No.89CH2775-5），Houston，1989.

[33]　Palesko C A，Vardaman E J. Cost comparison for flip chip，gold wire bond，and copper wire bond packaging[C]. 2010 proceedings of 60th Electronic Components and Technology Conference，Las Vegas，2010：10-13.

[34]　Goval D，Azimi H，Kim Poh C，et al. Reliability of high aspect ratio plated through holes（PTH）for advanced printed circuit board（PCB）packages[C]. 1997 IEEE International Reliability Physics Symposium Proceedings. 35th Annual（Cat. No.97CH35983），Denver，1997：129-135.

[35]　Wang K N，Adam J M，Dziekowicz P A. Electrical performance trade-offs in ball grid array package designs[C]. Seventeenth IEEE/CPMT International Electronics Manufacturing Technology Symposium on Manufacturing Technologies-Present and Future，1995.

[36]　Freyman B，Marrs R. Ball grid array（BGA）：The new standard for high I/O surface mount packages[C]. Proceedings of Japan International Electronice Manufacturing Technology Symposium，Kanazawa，1993：41-45.

[37]　Yoon S W，Tang P，Emigh R，et al. Fanout flipchip eWLB（embedded wafer level ball grid array）technology as 2.5D packaging solutions[C]. IEEE 63rd Electronic Components and Technology Conference（ECTC），2013.

[38]　Gong J F，Xiao G W，Chan P C H，et al. A reliability comparison of electroplated and stencil printed flip-chip solder bumps based on UBM related intermetallic compound growth properties[C]. 53rd Electronic Components and Technology Conference，2003.

[39]　Lin K L，Chen J W. Wave soldering bumping process incorporating electroless nickel UBM[J]. IEEE Transactions on Components and Packaging Technologies，2000，23（1）：143-150.

[40]　Kim S W，Detalle M，Peng L，et al. Ultra-fine pitch 3D integration using face-to-face hybrid wafer bonding

combined with a via-middle through-silicon-via process[C]. 66th IEEE Electronic Components and Technology Conference（ECTC），2016.

[41] Tseng C F，Liu C S，Wu C H，et al. InFO（wafer level integrated fan-out）technology[C]. 2016 IEEE 66th Electronic Components and Technology Conference（ECTC），2016.

[42] Kang U，Chung H J，Heo S，et al. 8 Gb 3-D DDR3 DRAM using through-silicon-via technology[J]. Ieee Journal of Solid-State Circuits，2010，45（1）：111-119.

[43] Rosenberg J，Schulzrinne H，Camarillo G，et al. SIP：session initiation protocol[R]. AT&T，2002.

[44] Hsu C H，Lin Y J，Kuo S L，et al. Thermal characteristics of integrated fan-out on substrate（InF-oS）packaging technology[C].19th IEEE Intersociety Conference on Thermal and Thermomechanical Phenomena in Electronic Systems（ITherm），2020.

[45] Chiang Y P，Tai S P，Wu W C，et al. InFO-oS（integrated fan-out on substrate）technology for advanced chiplet integration[C]. 2021 IEEE 71st Electronic Components and Technology Conference（ECTC），2021.

[46] Hou S Y，Chen W C，Hu C，et al. Wafer-level integration of an advanced logic-memory system through the second-generation CoWoS technology[J]. IEEE Transactions on Electron Devices，2017，64（10）：4071-4077.

[47] Mahajan R，Sankman R，Patel N，et al. Embedded multi-die interconnect bridge（EMIB）-A high density，high bandwidth packaging interconnect[C]. 66th IEEE Electronic Components and Technology Conference（ECTC），2016.

[48] Prasad C，Chugh S，Greve H，et al. Silicon reliability characterization of Intel's foveros 3D integration technology for logic-on-logic dies stacking[C]. IEEE International Reliability Physics Symposium（IRPS），2020.

[49] Park Y，Kim B S，Ko T H，et al. Analysis on distortion of fan-out panel level packages（FOPLP）[C]. IEEE 71st Electronic Components and Technology Conference（ECTC），2021.

[50] Jun H，Cho J，Lee K，et al. HBM（High Bandwidth Memory）DRAM technology and architecture[C]. 9th IEEE International Memory Workshop（IMW），2017.

[51] Tsai C H，Ku T，Chen M F，et al. Low temperature SoIC^{TM} bonding and stacking technology for 12/16-Hi High Bandwidth Memory（HBM）[C]. IEEE Symposium on VLSI Technology and Circuits，2020.

[52] Samanta K K. Pushing the envelope for heterogeneity[J]. IEEE Microwave Magazine，2017，18（2）：28-43.

[53] Naffziger S，Lepak K，Paraschou M，et al. AMD chiplet architecture for high-performance server and desktop products[C]. IEEE International Solid-State Circuits Conference（ISSCC），2020.

[54] 虞国良. 功率半导体封装技术[M]. 北京：电子工业出版社，2021.

[55] Tummala R R. Fundamentals of Microsystems Packaging[M]. New York：McGraw-Hill，2001.

[56] Amerasekera E A，Najm F N. Failure Mechanisms in Semiconductor Devices[M]. New Jersey：Wiley，1997.

[57] Liu Y. Power Electronic Packaging[M]. Berlin：Springer Science & Business Media，2012.

[58] Sheng W W，Colino R P. Power Electronic Modules：Design and Manufacture[M]. Florida：CRC Press，2004.

[59] Iannuzzo F，Ciappa M. Reliability issues in power electronics[J]. Microelectronics Reliability，2016，58：1-2.

[60] Georgiev D，Papanchev T，Nikolov N. Reliability assessment of power semiconductor devices[C]. 2016 19th International Symposium on Electrical Apparatus and Technologies（SIELA），2016.

[61] 普拉萨德. 复杂的引线键合互连工艺[M]. 刘亚强，译. 北京：中国宇航出版社，2015.

[62] 尹志豪，余典儒，朱家峰，等. IGBT 功率模块封装失效机理及监测方法综述[J]. 电工电能新技术，2022，41（8）：51-70.

[63] 陈宏，杨春宇，刘革莉，等. 国产化 6500 V/200 A 高压大功率 IGBT 的研制[J]. 机车电传动，2017（01）：1-4，13.

[64] 刘玫潭. 电子封装用 AlSiC 复合材料的制备及性能研究[D]. 广州：华南理工大学，2013.
[65] 何鹏，耿慧远. 先进热管理材料研究进展[J]. 材料工程，2018，46（4）：1-11.
[66] 王莹，王金旺. 新一代功率器件及电源管理 IC 的发展概况[J]. 电子产品世界，2018，25（4）：14-18.
[67] Luo F，Liang L，Huitink D，et al. Advanced power module packaging and integration structures for high frequency power conversion：from silicon to GaN[J]. Power Electronics，2018，52（8）：9-18.
[68] 刘斯奇，梅云辉. 氮化镓功率器件/模块封装技术研究进展[J]. 中国电机工程学报，2022：1-17.
[69] Slingo W. Brooker A. Electrical Engineering for Electric Light Artisans[M]. London：Longmans，Green and Co，1895.
[70] Kim S M，Lee K C，Yu Y M，et al. Wafer-level packaged light-emitting diodes using photodielectric resin [J]. IEEE Electron Device Letters，2009，30（6）：638-640.
[71] Nishizawa J，Itoh K，Okuno Y. LPE-AlGaAs and red LED[J]. Journal of Applied Physics，1985，57：2210-2214.
[72] Kuo C P，Fletcher R M，Osentowski T D，et al. High performance AlGaInP visible light-emitting diodes[J]. Applied Physics Letters，1990，57（27）：2937-2939.
[73] Sugawara H，Ishikawa M，Hatakoshi G. Ultra-high-efficiency InGaAlP/GaAs visible light emitting diodes[C]. Extended Abstracts of the 22nd（1990 International）Conference on Solid State Devices and Materials，1990.
[74] Sugawara H，Itaya K，Hatakoshi G. Emission properties of InGaAlP visible light-emitting diodes employing a multiquantum-well active layer[J]. Japanese Journal of Applied Physics Part 1-Regular Papers Short Notes & Review Papers，1994，33（10）：5784-5787.
[75] Nakamura S，Mukai T，Senoh M. Candela-class high-brightness InGaN/AlGaN double-heterostructure blue-light-emitting diodes [J]. Applied Physics Letters，1994，64（13）：1687-1689.
[76] Nakamura S，Mukai T，Senoh M. High-brightness InGaN/AlGaN double-heterostructure blue-green-light-emitting diodes[J]. Journal of Applied Physics，1994，76（12）：8189-8191.
[77] Nakamura S，Senoh M，Iwasa N，et al. High-brightness InGaN blue，green and yellow light-emitting diodes with quantum well structures[J]. Japanese Journal of Applied Physics，1995，34（7A）：L797-L799.
[78] Nakamura S，Senoh M，Iwasa N，et al. High-power InGaN single-quantum-well-structure blue and violet light-emitting diodes[J]. Applied Physics Letters，1995，67：1868-1870.
[79] Lin Y C，Tran N，Zhou Y，et al. Materials challenges and solutions for the packaging of high power LEDs[C]. Proceedings of the 2006 International Microsystems，Package，Assembly Conference Taiwan，Hsinchu，2006，16：65998.
[80] 赵清虎. 高显指照明 LED 散热封装研究及其应用[D]. 广州：广东工业大学，2021.
[81] Kim S M，Lee K C，Yu Y M，et al. Wafer-level packaged light-emitting diodes using photodielectric resin[J]. IEEE Electron Device Letters，2009，30（6）：638-640.
[82] Xi Y，Schubert E F. Junction-temperature measurement in GaN ultraviolet light-emitting diodes using diode forward voltage method[J]. Applied Physics Letters，2004，85（12）：2163-2165.
[83] 陈丽. 大功率白光 LED 光源集成封装技术研究[D]. 广州：华南理工大学，2011.
[84] Okuno A，Miyawaki Y，Oyama N，et al. Unique white LED packaging systems[C]. International Conference on Electronic Materials and Packaging，2006.
[85] 梁胜华. 紫外 LED COB 模组的封装结构设计与工艺优化[D]. 江门：五邑大学，2021.
[86] Hu M Y，Wu Y P. Full-color LED display research based on chip on board（COB）package[C]. 15th International Conference on Electronic Packaging Technology（ICEPT），2014.
[87] 郭威. 大功率 LED 的热管理[D]. 武汉：华中科技大学，2013.

[88] 王宏民. 大功率 LED 应用设计的热特性分析方法研究[D]. 哈尔滨：东北林业大学，2014.

[89] Kim L，Shin M W. Thermal resistance measurement of LED package with multichips[J]. IEEE Transactions on Components and Packaging Technologies，2007，30（4）：632-636.

[90] Kang J M，Choi J H，KimI D H，et al. Fabrication and thermal analysis of wafer-level light-emitting diode packages [J]. IEEE Electron Device Letters，2008，29（10）：1118-1120.

[91] Lin Y C，Tran N，Zhou Y，et al. Materials challenges and solutions for the packaging of high power LEDs[C]. 2006 International Microsystems Packaging，Assembly Conference Taiwan，2006.

[92] 刘洪涛，钱可元，罗毅. 功率型 LED 封装中的热阻分析[J]. 半导体光电，2009，30（6）：831-834.

[93] 杨传超. 大功率 LED 多芯片模块散热器设计与封装结构热阻分析[D]. 哈尔滨：哈尔滨工业大学，2010.

[94] 王昭. COB LED 路灯的光热性能研究[D]. 上海：上海应用技术大学，2021.

[95] 赵琪. 车用 LED 光源应用与设计[N]. 电子测试，2007，12（07）：18-20.

[96] 高军. 基于 COB 封装的大功率 LED 散热性能研究与可靠性评估[D]. 镇江：江苏大学，2020.

第9章 碳基芯片界面传热材料与技术

9.1 大功率芯片封装及界面传热架构设计

9.1.1 大功率芯片封装/散热架构分析

绝缘栅双极晶体管（insulated gate bipolar transistor，IGBT）是能源变换与传输的核心器件，被誉为电力电子装置中的"CPU"，作为国家大力发展战略性新兴产业的关键技术，IGBT技术广泛应用于5G通信、轨道交通、智能电网、航空航天、电动汽车以及新能源装备等前沿领域。特别是近年来，随着具有宽带隙、高击穿场强、高饱和电子漂移速度等优点的第三代半导体（以碳化硅（SiC）、氮化镓（GaN）为代表）的强势崛起，得益于材料本征性能的突破，IGBT器件也迎来快速发展契机：不仅可以在中高电压、大电流、高频率的严苛工况下服役；同时其小型化、集成化程度也实现了飞跃式提升，功率密度峰值攀升至近1000 W/cm^2[1]。然而，IGBT在实现更高效率和更多功能的同时，也爆发出严重的发热问题，热失效已然成为妨害其使役性能、运行可靠性及工作寿命的主要因素：据统计，器件温度每上升2℃，其可靠性即降低约10%；且55%的电子设备故障源均自于过热问题。这无疑对高频、高功率IGBT的热管理设计提出了严峻的挑战，并逐渐演化为制约整个行业发展的关键科学/技术瓶颈[2,3]。

目前，学界/业界的普遍共识是：进一步提高器件散热能力的关键不仅依赖于封装结构设计的优化，更取决于热管理材料本征性能的迭代更新。基于此，高性能热管理材料已然成为国家科技发展的战略方向之一。2020年9月，国家发展和改革委员会、科学技术部、工业和信息化部、财政部联合发布《关于扩大战略性新兴产业投资、培育壮大新增长点增长极的指导意见》指出：要实现新能源产业跨越式发展，加快IGBT等核心技术部件研发；要加快在"高强高导/耐热材料"及"电子封装材料"等领域实现突破。

在现役封装结构体系下，IGBT中的主要热管理材料包括芯片/电路基板材料、热沉材料,以及在上述材料之间,充当热量传递桥梁的热界面材料(thermal interface material,TIM),如图 9-1 所示。在实际运行时,其散热路径如下:芯片产生热量并通过焊接层传递至铜芯,形成芯片级热阻;随后,再从铜芯经过焊接层传递到电路基板(如氮化硅陶瓷),产生板级热阻;最终,热量将通过热界面材料从电路基板传递至热沉(铜、铝等金属),直到被外部环境消化吸收,产生系统级热阻。即无论是芯片级、板级或是系统级,其热端和冷端的材料(包括半导体材料、氮化硅陶瓷基板以及铜/铝热沉等)都具备优良的导热性能,而位于这些材料中间的热连接材料(焊接层、导热垫片)则由于其较低的本征热导率,成为各层级热阻的主要构成部分;尤其是导热垫片材料,无法与热端/冷端形成一体化"焊接界面"。相较于焊料而言,其热导率又低出约一个数量级,俨然成为限制 IGBT 等大功率芯片整体封装散热效能的关键难题。因此,高性能热界面材料的研发逐渐成为面向大功率芯片封装及界面传热架构设计的核心环节。

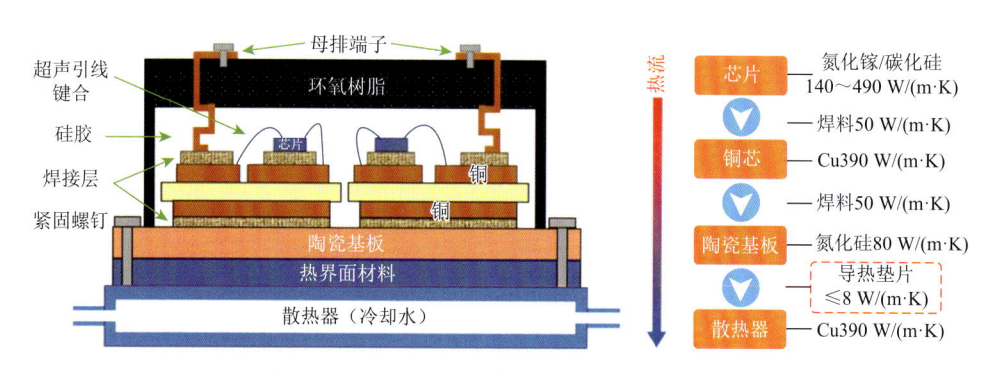

图 9-1 IGBT 的典型封装结构及其散热路径分析

9.1.2 热界面材料基本概念

IGBT 等大功率器件在实际封装时,由于硬质固体材料表面本征存在微纳尺度的粗糙度和波浪状起伏,当热源/热沉直接扣合时,即使在很大的封装压力下,固-固界面间依然难以形成真正的紧密接触。据 Greenwood 等[4]报道,当封装压力为 1.1 kgf*/cm^2 时,两个配合界面之间的实际接触面积仅为总界面面积的 1%~2%,其余微空隙则被绝热空气[约 0.026 W/(m·K)]所占据[5],进而在界面间形成极高的直接接触热阻值。热界面材料可依靠自身柔性易变形特性有效填充表/界面孔洞,以驱逐热绝缘空气;并基于自身的导热优势在热源/热沉之间形成更加高效的热连接,从而将两者之间超高的直接接触热阻转变为较低的热源/TIM/热沉总热阻($R_总$),如图 9-2 所示。

---

* 1 kgf ≈ 9.8 N。

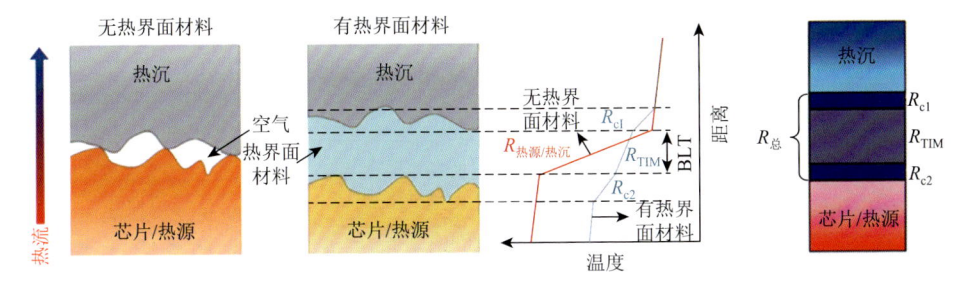

图 9-2 热界面材料工作机理及热输运过程中串联热阻示意图[6]

此时，$R_总$ 主要由以下部分构成[7, 8]：

$$R_总 = R_{接触} + R_{TIM} = R_{c1} + R_{c2} + \frac{BLT}{\kappa_{TIM}} \quad (9\text{-}1)$$

式中，$R_总$ 是热界面材料与热沉（R_{c1}）及热源芯片（R_{c2}）之间接触热阻之和；R_{TIM} 为热界面材料的本征体热阻，由其封装厚度（bond line thickness，BLT）以及纵向热导率所共同决定。因此，对高性能热界面材料而言，既需具有高的纵向热导率，也需拥有低的接触热阻值，这是本领域核心的科学/技术难题。

9.1.3 大功率芯片封装用热界面材料发展现状

热界面材料种类繁多，按其形态划分，主要包括导热硅脂、导热垫片、相变材料、导热凝胶、导热胶等。在这些热界面材料中，呈固体状的导热垫片材料具有操作便捷、可重复使用的特点，其较高的封装厚度可吸收配合界面公差，且不存在液态/黏流态热界面材料容易迸溅和老化变干的缺点。最重要的是，相较于其他热界面材料，导热垫片材料的热导率相对最高，在 IGBT 等大功率器件中其应用最广，研究最多。

传统导热垫片主要由柔性硅胶基体复合导热陶瓷颗粒［如氧化铝、氮化硅等，热导率约 30～180 W/(m·K)］制备而成，由于其制备工艺简单，成本低廉，目前已广泛实现了商业化。表 9-1 总结了一些国内外主流厂商的旗舰产品及其相关热导率、热阻参数，从中可以看出，由于陶瓷填料较低的本征热导率，绝大多数商用导热垫片材料的热导率都很难突破 8 W/(m·K)，接触热阻值普遍高于 80 K·mm^2/W。随着近年来电子商品的飞速发展，特别是 IGBT 等大功率器件的产业革新，传统导热垫片材料已经难以满足电子电气领域日益严苛的散热需求。由此，新一代导热垫片的研发已然引起了学界和业界的广泛关注，而其核心关键则是发展一种高性能导热增强填料及其复合导热垫制备方法。

表 9-1　国内外主流厂商的旗舰产品及其相关热性能参数[6]

品牌	型号	热导率 λ/[W/(m·K)]	热阻 M/[(mm²·K)/W]	厚度 δ/mm	压力 p/psi*
道康宁	TP-1562	1.1	588	1	100
3M	5519	4.9	310	1	10
贝格斯	5000S35	5.0	188	1	
迪睿合	EX50000	5.0	126	1	45
莱尔德	TFLEX™ 740	5.0	100	1	75
DENKA	BGF-A	5.0	100	0.3	
Kerafol	86/600	6.0	80	0.5	43.5
固美丽	976	6.5	190	1	50
深圳飞荣达	Therm-Gap 5000	5.0	113	1	40
深圳傲川	TP-700	7.0	80	1	20
深圳鸿富城	H-800	8.0	125	1	20

* 非法定单位，1 psi≈6.895 kPa。

碳材料家族拥有许多同素异形体，包括碳纳米管、碳纤维、石墨烯、金刚石等在内，不一而足。其共同特点在于，碳材料均具有很高的本征热导率，比传统陶瓷基导热增强填料高出近一到两个数量级，其中，碳纤维本征热导率约为 1000 W/(m·K)[9]；金刚石本征热导率可达约 2000 W/(m·K)[10]；单根多壁碳纳米管本征热导率高达约 3000 W/(m·K)[11]；而作为碳材料家族的明星，单层石墨烯本征热导率的理论值更是突破了约 5000 W/(m·K)，几乎是目前可见报道的最高值[12, 13]。尤其是随着纳米碳材料制备技术的逐渐成熟，碳纤维、石墨烯等高性能碳材料的成本不断下降，规模化原料获取不再困难，打通了碳基导热垫片的产业化壁障，进而使其有望取代传统陶瓷填料，大幅度提升热界面材料的本征热传导性能，满足领域内日益增长的热管理需求。本章将重点围绕碳基（主要为石墨烯、碳纤维）热界面材料的制备工艺及性能进行详细论述，厘清其发展脉络及研究现状，并就其在芯片热控领域的机遇与挑战进行展望。

9.2　碳基热界面材料制备工艺及性能

9.2.1　随机共混结构

在早期研究中，碳基热界面材料的制备类同传统商业化陶瓷硅胶导热垫，主要倾向于通过共混工艺制备，如图 9-3［(a)～(b)］所示。熔融共混法是工业生产中最主要的方法，在密炼机或开炼机中将高分子、碳基填料及各种添加剂进行混炼和塑炼。汪文等[14]将不同片径的石墨烯与聚丙烯进行熔融混合，制得石墨烯/

聚丙烯复合材料。研究发现，相较于小片径石墨烯复合材料，以大片径石墨烯为导热增强填料的复合材料在热稳定性和热导率等方面均具有明显优势。当石墨烯的质量分数为60%时，其热导率可达 1.32 W/(m·K)；在石墨烯含量较低时，复合材料的热导率没有明显改善。这是由于通过共混方式得到的是分散相填充型聚合物复合材料，填料在聚合物基体中呈现无规则排布，只有当填料含量到达一定阈值后才会形成连续的导热通路，提高复合材料的热导率，如图 9-3（c）所示。显然，共混型碳基导热复合材料研究之初的核心科学问题是如何实现碳基填料在聚合物基体中的均匀分散，进而降低填料的逾渗阈值。

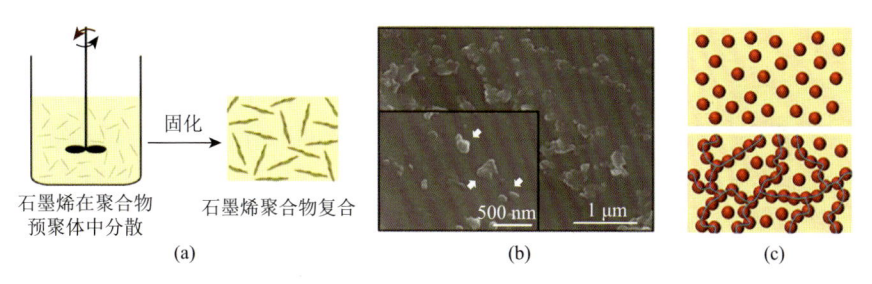

图 9-3 （a）石墨烯与聚合物预聚体共混示意图[15]；（b）共混复合材料断面形貌[16]；（c）导热逾渗网络构筑[17]

改进共混工艺是最常用的方法之一，相比于熔融共混法，溶液共混法具有利于保留填料结构，填料分布可以更均匀等优势，更容易达到逾渗阈值。Mu 等[18]在橡胶中添加质量分数 9%的膨胀石墨，分别通过熔融共混法和溶液共混法制得复合材料样品，对比发现，熔融共混法制备的样品热导率远低于溶液共混法。Wei 等[19]以聚二甲基硅氧烷为基体，采用溶液共混法获得不同含量碳纤维（导热填料）的碳纤维/聚二甲基硅氧烷复合材料。实验表明：在碳纤维填料的质量分数为20%时，碳纤维/聚二甲基硅氧烷复合材料的热导率高达 2.73 W/(m·K)，相较于纯聚二甲基硅氧烷基材［0.16 W/(m·K)］，提升了约 16 倍。Cao 等[20]采用溶液共混法，将富勒烯、碳纳米管和石墨烯等填料与聚偏二氟乙烯基体通过 N,N-二甲基甲酰胺进行分散混合，去除溶剂后进行热压，制备出一批复合材料，并对比了不同填料对复合材料热导率的影响。通过溶液分散混合，填料在基材中分布更为均匀，且未出现明显团聚现象。在相同填量下，石墨烯基复合材料的热导率远高于以富勒烯/碳纳米管为增强填料的导热复合材料。这不仅得益于石墨烯超高的本征热导率，而且由于石墨烯作为二维填料，具有更大的表面积，能与基体形成更好的接触，降低填料与基材间的微观接触热阻，这也说明石墨烯作为导热填料具有一定的优势。然而，溶液共混法在分散过程中一般需要大量有毒的有机溶剂，且溶剂往往挥发很慢，难以去除干净而易诱发孔洞等问题，因此限制了该方法在工业上的应用。

对碳基填料进行表面修饰改性，同样可以有效提高填料在高分子基体中的分散均匀性；不仅如此，还可进一步提高石墨烯与聚合物之间的交互强度，降低填料/基体间的界面热阻。就石墨烯而言，常见的表面改性方法可归结为共价修饰和非共价修饰两种。石墨烯的共价修饰是指官能基团与石墨烯之间直接形成强化学共价键的一种改性手段，其接枝形式主要包括：①官能基团直接接枝到石墨烯C═C 活性位点上[21]；②先将石墨烯氧化，而后以氧化石墨烯表面含氧基团为接枝位点，实现改性官能团的共价键接。目前，后者在导热领域应用较多。石墨烯共价修饰的一些关键参数直接影响到最终复合产物的导热性能。西悉尼大学 Wang 等[22,23]发现，相较于羟基、羧基、甲基、苯基等官能团，丁基官能团的修饰改性效果最佳，更能降低石墨烯与高分子基体（石蜡/环氧树脂）之间的界面热阻值。而昆士兰科技大学 Yan 等[24]则指出：石墨烯末端官能团接枝密度、高分子链长及初始形貌等均会对填料与基材间的界面热阻产生影响；增加高分子链的链长以及提高石墨烯末端官能团的接枝密度，也都可以在一定程度上强化石墨烯/聚合物界面的传热能力。然而，在官能基团的接枝过程中，不可避免地会引入大量缺陷，造成石墨烯晶格破坏，降低其平均声子自由程。相关研究表明，仅在石墨烯中引入体积分数 1.1%的缺陷，其本征热导率就会降低约 90%[25]。因此，石墨烯共价修饰的实质是本征热导率下降和填料/基体界面优化的竞争过程，如何在上述两者间寻找平衡点，是目前该领域的核心科学问题。

  石墨烯的非共价修饰过程主要基于路易斯酸-碱相互作用、π-π 相互作用、氢键、静电力等物理作用力，将具有特性化学结构或官能基团的有机物吸附到石墨烯表面，进而完成对石墨烯表面的修饰改性。非共价修饰在活化石墨烯表面性质的同时，不会破坏石墨烯的晶格结构，可以最大程度地保留其本征高导热优势。但是，非共价修饰本质上依然属于弱相互作用，对复合材料导热性能的提升程度有限，效能不高。

  与石墨烯类似，碳纤维同样表面光洁，且缺乏具有化学活性的官能基团，以致其和聚合物基体间的界面交互作用较弱。在热管理应用中，未经处理的碳纤维无法与基体之间形成有效的化学键合和力学铆合，容易增大界面热阻，难以构成高效的导热通路。

  目前碳纤维的表面修饰主要分为涂层改性、氧化改性和聚合改性三种[26]。

  （1）涂层改性。在碳纤维表面涂覆或沉积一层亲和聚合物基体和碳纤维的物质，在界面之间形成一层有效的过渡层，以改善填料与基体之间的结合性能。常见的涂层可以是与碳纤维和聚合物基体结合性极佳的高分子材料，也可以是碳化硅、碳纳米管、石墨烯微阵列等无机材料，以增加碳纤维的表面粗糙度。中国科学院宁波材料技术与工程研究所（中国科学院宁波材料所）虞锦洪研究小组[27]采用化学气相沉积的方法，于光滑碳纤维表面均匀包裹上一层厚度 92～146 nm 的致密且粗糙的碳化硅外壳,随后通过共混方式将其分散于硅胶基体中制得复合材料。碳化硅涂层增强改性后的碳纤维被硅胶基体紧密包裹,无任何明显孔隙,表现出优良的界面相容性。而得益于碳纤维/硅胶结合性能的改善,与纯碳纤维基复合材料相比,改性碳纤维基复合材料的热导率提升了约50%;在改性碳纤维质量分数55%时,复合材料的热导率可以达到 4 W/(m·K)。

(2)氧化改性。利用氧化剂对碳纤维进行氧化,目的是在碳纤维表面产生活性基团提升其表面活性。另外,部分氧化改性过程还会在碳纤维表面刻蚀出粗糙的沟槽,增加其与聚合物基体间的接触面积。刘杰等[28]采用电化学氧化法对碳纤维进行连续的氧化处理。扫描电子显微镜表征结果显示,经过电化学氧化处理的碳纤维表面粗糙度和比表面积均有提升;X 射线电子能谱分析结果表明,处理后的碳纤维表面羟基含量提高了 55%,活性碳原子数增加了 18%,从而改善了碳纤维与树脂基体之间的界面结合性能。

(3)聚合改性。聚合改性是通过化学、电化学、辐照或等离子处理等方法,在碳纤维表面引入活性基团,进而引发聚合反应。碳纤维表面生长出的聚合物能够增加碳纤维的比表面积和粗糙度。长链的聚合物会在基体和碳纤维之间形成共价键或分子纠缠,起到桥接作用,从而增加界面黏合性。

Chen 等[29]首先采用过二硫酸钾和硝酸银对碳纤维进行氧化,而后通过第尔斯-阿尔德反应(Diels-Alder reaction)在碳纤维表面化学接枝马来酸酐。通过 X 射线光电子能谱、拉曼光谱及扫描电子显微镜表征发现,改性后的碳纤维表面氧含量显著增加,但其结构并未遭到破坏;与未改性碳纤维相比,改性后的碳纤维与环氧树脂之间没有观察到任何界面分离现象,表明二者界面的结合能力明显强化。而且碳纤维和环氧基体之间的界面黏合力同样也影响复合材料的导热性能。在碳纤维体积分数 11.5%的条件下,制得未改性碳纤维/环氧树脂复合材料的导热系数仅为 1.89 W/(m·K);通过氧化改性后,相应的复合材料的导热系数提高至 2.92 W/(m·K);进一步,使用接枝马来酸酐后的碳纤维为导热增强填料的复合材料,其热导率更是提升到 4.43 W/(m·K)。这主要是因为改性碳纤维表面的含氧基团与环氧树脂中的环氧基团形成了化学键连接界面,减少了相应微纳界面处的声子散射,进而提高了复合材料的宏观热传导性能,如图 9-4 所示。

9.2.2 搭接型三维结构

在复合材料中,热量传导主要通过具有较高热导率的填料实现;而在共混体系中,由于填料在基体中的无规则分布,存在大量填料/聚合物界面,相应界面处会形成极高的 Kapitza 阻抗,造成所得产品的热导率上限较低[16];同时随填料含量的增加,相应的成本也会大幅上升,均于工业生产无益。同理,在复合材料中,热流更倾向于沿着具有较高热导率的路径进行传输。例如,在碳基材料中,

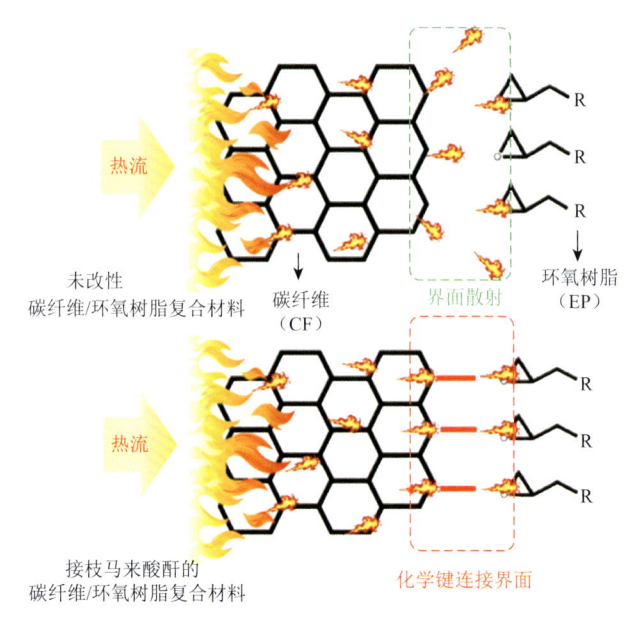

图 9-4　接枝马来酸酐碳纤维/环氧基团间化学键的形成及其导热强化机理示意图[29]

石墨烯、碳纤维等都具有超高的比表面积，极易形成互相交联的三维网络骨架结构，成为热量传输的有效途径，从而在较低含量下，实现较高的热导率；同时低含量的填料填充又不会造成复合材料力学性能的大幅降低。这种方法一般要求预制三维碳基骨架结构，然后灌入低黏度的液态聚合物或其单体，再在一定的条件下固化成型。

目前广泛采用的石墨烯导热骨架的方法主要包括自组装法和模板合成法[6]。前者主要依靠石墨烯或氧化石墨烯的本征特性，无需外界模板作用，形成对应的气凝胶。如图 9-5(a) 所示，Li 等利用氧化石墨烯在水中优异的分散特性，在氢碘酸存在的条件下，配合水热法还原，在反应釜中将氧化石墨烯水溶液制备为石墨烯水凝胶，辅以冷冻干燥工艺得到连续的三维石墨烯骨架结构。然后将三维石墨烯骨架结构浸入液态的环氧树脂预聚体中，通过真空排气方式使得骨架孔隙处填入环氧树脂，并固化得到相应的复合材料。相比于纯环氧树脂，其导电性能提升了 12 个数量级，为在低填料含量下实现高热导率复合材料的制备提供了一定的指导。

尽管可以通过氧化石墨烯的自组装获得连续的三维石墨烯结构，但因水热还原法所能实现的还原程度较低，导致其本身骨架导热性能较弱，故而需要进一步退火处理以提高氧化石墨烯的还原程度，并修复缺陷。另外，石墨烯气凝胶的密度一般较低（1～50 mg/cm^3），聚合物中石墨烯的添加量有限，极大地限制了最终复合材料的热导率；同时制备工艺周期长，工艺相对复杂，也制约了其在商业上大规模、低成本生产的可能性。

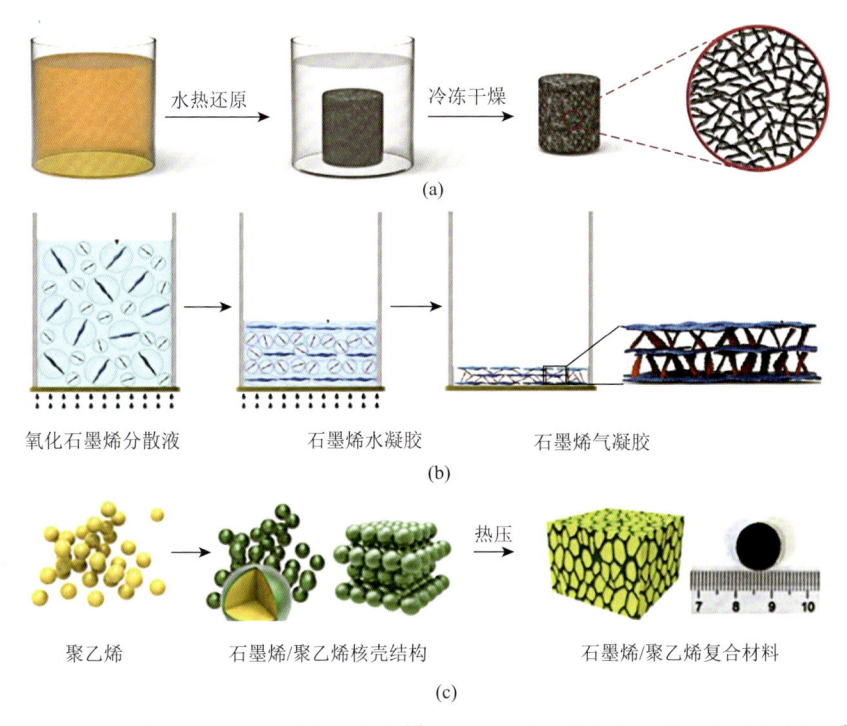

图 9-5 （a）水热还原法制备石墨烯气凝胶[6]；（b）快速抽滤制备层状结构石墨烯块体[30]；（c）石墨烯/聚乙烯核壳结构的复合材料[31]

使用低缺陷石墨烯自组装形成三维骨架结构，可缩短制备周期，极大地降低能源成本[32]。其中，过滤法因工艺简单、成本低、环境友好、易于大规模生产，受到广泛关注。Wan 等[33]报道了一种基于过滤法制备的三维石墨烯/环氧树脂复合材料，在石墨烯的质量分数为 11.8%时，水平方向和垂直方向的热导率分别为 16.75 W/(m·K)和 5.43 W/(m·K)。认为水平方向和垂直方向的导热性能差异可归结于该结构中石墨烯薄片在三维空间呈现相对水平的排列结构，由此导致在垂直方向的导热性能相对较弱，限制了其在热界面材料方面的应用。针对这一问题，中国科学院宁波材料所林正得研究小组[34]提出了一种基于快速过滤的改进型方法，并系统研究了不同尺寸石墨烯对三维骨架结构形貌的影响。结果表明：在快速过滤过程中，小尺寸石墨烯倾向于随机排列，而大尺寸石墨烯则倾向于水平排列。采用这种小尺寸石墨烯片的三维骨架结构与环氧树脂复合，在石墨烯质量分数为 5.5%时，复合材料垂直方向的热导率即可达到 5.4 W/(m·K)，为过滤法制备高性能三维石墨烯复合材料提供了新思路。随后，该研究小组在此基础上进一步改善，通过对大尺寸石墨烯与小尺寸石墨烯复合溶液进行快速抽滤制备出三维石墨烯骨架结构[30]。如图 9-5（b）所示，受排除体积效应的影响，在抽滤的初始阶段，大尺寸石墨烯片与小尺寸石墨烯片在静电斥力的作用下，具有一定的排除体积。相较于小尺寸石墨烯片，大尺寸石墨烯片具有更大的排除体积。随着抽滤过程的进行，大尺寸石墨烯片相互接近，其相应排除体积有所重叠，石墨烯片的自由度受到限制，系统熵也有缩减。为了实现系统熵最大，石墨烯片倾向于平行排列，减少排除体积，缩减一定的方向熵，保证平动自由度，提升位置熵。与之相对，小片石墨烯由于其排除体积较小，在分散液浓度增大时，仅需要相互接近以释放额外的空间，依然可以保持随机分布的结构。因此，当抽滤过程结束时，大片石墨烯呈现出水平方向的定向排列，而小片石墨烯呈现出随机取向，从而形成了松散水平堆叠的大片石墨烯层间桥接、小片石墨烯随机排列的三维层状结构，垂直方向热导率上升至 12.6 W/(m·K)。

  模板法也是制备三维石墨烯骨架结构的一种主要方法。模板法是将多孔聚合物海绵（如聚氨酯或者三聚氰胺海绵）浸渍于氧化石墨烯或者石墨烯的分散液中，液相中的石墨烯纳米片会贴附于海绵骨架上，将其干燥，而后采用高温退火工艺去除聚合物基体，获得与多孔模板结构一致的石墨烯三维结构。Liu 等[35]将商用聚氨酯泡沫浸渍在石墨烯水分散液中，施加离心力，使石墨烯均匀附着于泡沫骨架上，随后经高频加热去除多余的聚氨酯泡沫，得到三维石墨烯骨架，并浸渍聚合物。通过这种方式制备的复合材料，在石墨烯质量分数 6.8%的条件下，热导率即可达到 8.04 W/(m·K)。中国科学院宁波材料所林正得研究小组[31]针对热塑性材料的加工设计提出了一种新的思路，选择将石墨烯片包覆在聚丙烯等热塑性聚合物颗粒上形成壳核结构，再经过热压制备石墨烯骨架复合材料［图 9-5（c）］。采用该方法可以获得较为完整的石墨烯连通网络结构，在石墨烯质量分数 10%的条件下，复合材料热导率达到 1.53 W/(m·K)。

  搭接组装型石墨烯三维结构尽管实现了低石墨烯含量下较高的复合材料热导率，但普遍存在石墨烯片层取向不佳、相互之间搭接较弱、接触热阻高等问题，限制了其热导率的进一步提升。

9.2.3 连续型三维结构

  组装法制备的三维石墨烯骨架中，片层与片层之间仅依靠范德华力搭接，彼此结合能力较为薄弱，导致其热传导性能提升受限。以镍泡沫为模板，基于 CVD 技术于其上连续生长高质量石墨烯，而后采用液相刻蚀方法移除金属模板，即可得到多孔的石墨烯三维结构。该结构中的石墨烯本征质量很高，且片层间以强共价键形式相互交联，连续一体，没有因石墨烯直接搭接所形成的接触热阻，真正实现了片/片界面间的完美结合。因此，基于镍泡沫模板的石墨烯三维结构被广泛用于增强聚合物基体的导热或者导电性能。

  2011 年，中国科学院金属研究所成会明团队[36]首次以泡沫镍为模板，利用 CVD 技术制备出高质量的石墨烯三维结构，而后填充硅胶基体，制备出石墨烯/

硅胶复合材料。在石墨烯质量分数 0.5%时，获得石墨烯/硅胶复合材料电导率高达 10 S/cm，相对于相同填料含量下化学剥离石墨烯/硅胶复合材料［图 9-6（a）和图 9-6（b）］提升了 6 个数量级。2012 年，美国得克萨斯大学奥斯汀分校 Ruoff 等[37]系统研究了镍泡沫模板石墨烯三维结构的导热性能，得出密度 11.6 mg/cm^3 的三维石墨烯骨架室温下的热导率为 1.7 W/(m·K)，并采用混合导热模型计算出单根骨架的热导率为 995 W/(m·K)。中国科学院宁波材料所 Gong 等[38]基于改进的 CVD 法开发了一种包含连续且高度有序石墨烯微管的螺旋石墨烯框架。在嵌入环氧树脂基体后，石墨烯微管可以作为有效的热通道，在质量分数 0.86%的超低石墨烯含量下，赋予石墨烯/环氧树脂复合材料 1.35 W/(m·K)的高纵向热导率，每质量分数 1%的石墨烯填料可使高分子基体材料（环氧树脂）的热导率提升幅度达到 710%。Tan 等[39]在此基础上进一步探究制备了无缝石墨烯框架复合材料，同时采用纳米界面工程在石墨烯骨架上通过氢键键合了另一种新型强吸波二维材料（MXene），在 3%（质量分数）的低石墨烯添加量下，实现了高热导率兼具高电磁屏蔽性能。尽管镍模板法制备的三维石墨烯结构在单位填料含量下有着更加优异的导热增强能力，但由于镍模板本征多孔的特性，该三维骨架的密度普遍很低（<30 mg/cm^3），使得其热导率难以继续提高。有研究者尝试对其沿着厚度方向施加压缩应力以密实其结构[40]，以此进一步优化其导热增强效果，如图 9-6（c）和图 9-6（d）所示。相较于原始结构而言，压缩后的骨架密度显著提高，一般可达到 94~140 mg/cm^3。同时，垂直压缩也会将原先各向同性的网络结构转变为倾向于水平排列的各向异性结构。因此，压缩后复合材料的热导率也呈现出明显的各向异性，在水平方向上可高达 8.8~28.85 W/(m·K)（石墨烯的质量分数为 8.3%~33.8%），但在垂直方向上却难以超过 3 W/(m·K)。镍模板三维石墨烯骨架除了可以填充聚合物基体制备成宏观导热垫片外，还可以直接作为一种纯石墨烯的热界面材料用于连接热沉和热源。新加坡南洋理工大学的 Loeblein 等[41]发现垂直施压状态下的镍模板三维石墨烯骨架可以有效填充微米尺度的空隙。另外，镍模板法三维石墨烯骨架在压实状态下的纵向热导率高达 86 W/(m·K)，在约 10 psi 压应力下的总热阻为 169(K·mm^2)/W，优于大部分的商用热界面材料。对比测试结果表明，相对于常规导热硅胶垫［3.3 W/(m·K)］，镍模板三维石墨烯骨架直接作为热界面材料的实际散热效率可提高 20%~30%。

此外，针对搭接型三维石墨烯骨架中石墨烯片与片之间通过弱范德华力结合导致声子传导严重受阻的问题，也有研究者提出使用同质或异质化学键键合强化相邻填料界面之间的热流输运效能。Jiang 等[43]采用镍金属颗粒催化生长的方式在石墨烯片层间生长出碳纳米环，将其相应热界面材料的纵向热导率提高至 5.8 W/(m·K)，但这也是仅与商用产品的导热性能相当。究其根本，是由于碳纳米环本身质量不高，导热性能较差，同时金属催化剂难以完全去除。基于此，中国

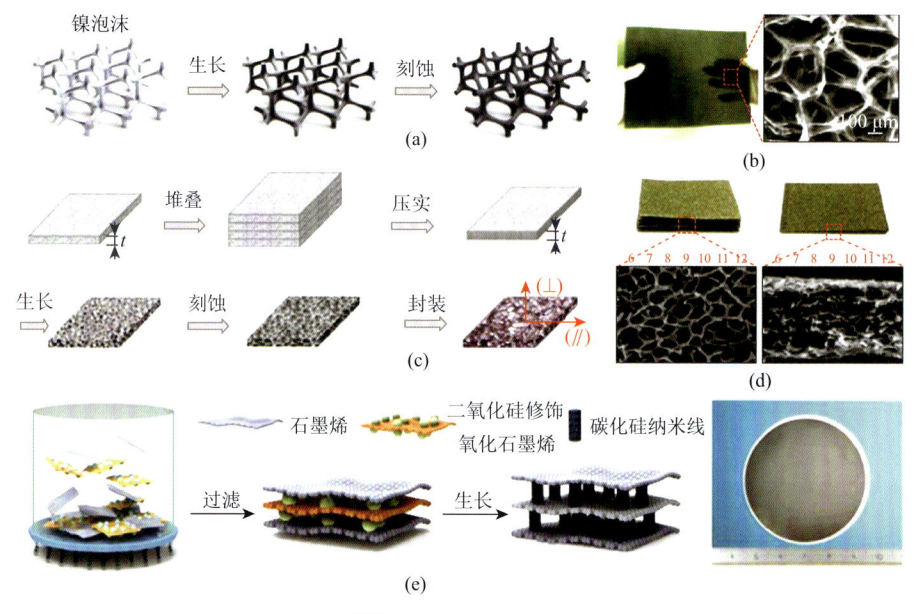

图 9-6 （a）模板法三维石墨烯骨架[36]；（b）三维石墨烯骨架实物及断面形貌；（c）三维石墨烯骨架的压实工艺[40]；（d）密实三维石墨烯骨架实物及断面形貌；（e）原位碳化硅纳米线修饰石墨烯的原理及实物[42]

科学院宁波材料所林正得研究小组提出了一种石墨烯-碳化硅纳米线杂化结构。如图 9-6（e）所示，首先在氧化石墨烯表面修饰二氧化硅纳米颗粒；然后将其与一定比例的石墨烯粉体混合抽滤，获得二氧化硅纳米颗粒插层的石墨烯纸（片）；最后采用高频加热的方式，以二氧化硅颗粒为硅源，在石墨烯片上原位生长出碳化硅纳米线。异质的高导热碳化硅纳米线可与石墨烯形成强化学键合，打通纵向导热通路，可将复合材料在垂直方向上的热导率提升至 17.6 W/(m·K)，而且其接触热阻也低于主流的商用导热垫，散热效率相较于后者提高了 37.7%，表现出巨大的热管理应用潜力。

9.2.4 高顺向垂直排列结构

考虑到热界面材料对于高纵向热导率的强烈需求，以及石墨烯、碳纤维等热导率本征各向异性的特性，为了充分利用碳基填料超高的面内热导率，有效制备具有垂直排列结构的碳基导热垫片材料已引起大量研究关注[44]。

1. 垂直碳纳米墙

垂直碳纳米墙，称垂直石墨烯纳米墙（graphene nanowall），是基于 CVD 技术制备得到的具有高顺向垂直排列特征的石墨烯阵列，合成过程无需任何催化剂，已被广泛应用于各个领域，包括场发射电极、超疏水涂层、催化剂载体等[45, 46]。

Achour 等[47]对垂直碳纳米墙的热性能进行了最早期的研究，他们通过射频等离子体技术将垂直碳纳米墙直接生长在氮化铝薄膜上，如图 9-7（a）所示，垂直碳纳米墙的热导率与样品厚度正相关。当厚度为 4300 nm 时，垂直碳纳米墙的纵向热导率可达 18 W/(m·K)。然而，由于相邻石墨烯柱之间沿基面方向的连接较弱，垂直碳纳米墙很难从基底上剥离下来形成独立的薄膜，严重制约了其在封装热管理方面的实际应用。同时，传统 CVD 方法合成的垂直碳纳米墙厚度一般小于 20 μm，难以消化热源/散热器间的装配公差。为克服前述问题，中国科学院宁波材料所林正得研究小组[48]通过中压等离子体 CVD 技术合成了厚度约 120 μm 的垂直碳纳米墙薄膜，之后将柔性硅胶基体灌注到多孔骨架中，制成致密的复合材料，制品可以很容易地与基材分离，如图 9-7（b）所示。得益于碳纳米墙的高顺向垂直排列特性，在石墨烯质量分数 5.6%的条件下，制品导热垫片材料的纵向热导率即可高达 20.4 W/(m·K)，每质量分数 1%的石墨烯对基体材料热导率的增强幅度高达 2006%。同时较低的石墨烯添加量，使柔性硅胶基体材料良好的可压缩性能得以最大程度地保留，复合材料压缩模量低至 1.38 MPa。在实际使用工况下，该制品的综合冷却效率可达到主流商用导热垫的 1.5 倍，表现出优良的热管理效能。

作为一种与垂直碳纳米墙高度相关的纳米碳材料，垂直碳纳米管阵列在热管理领域同样引起了大量研究者的关注[49, 50]。尽管垂直碳纳米管阵列沿纵向方向具有优异的导热性，但相邻纳米管间的相互作用力较弱，聚合物在渗透进多孔碳纳米管阵列时，会压迫垂直管簇发生转向偏移，进而破坏其整体取向程度。面对这一难题，Cai 等[51]提出了一种原位生长次级碳纳米管新方法，可大幅度提高原始碳纳米管阵列的横向结合力[52]，进而防止高分子基体材料在灌封过程中破坏碳纳米管的主体取向，并可通过交联结构提供更多的面内声子路径，以改善三维碳纳米管网络的传热性能，如图 9-7（c）所示。因此，这种复合材料的纵向和横向热导率分别比基于传统碳纳米管阵列的复合材料高 545%和 56%。

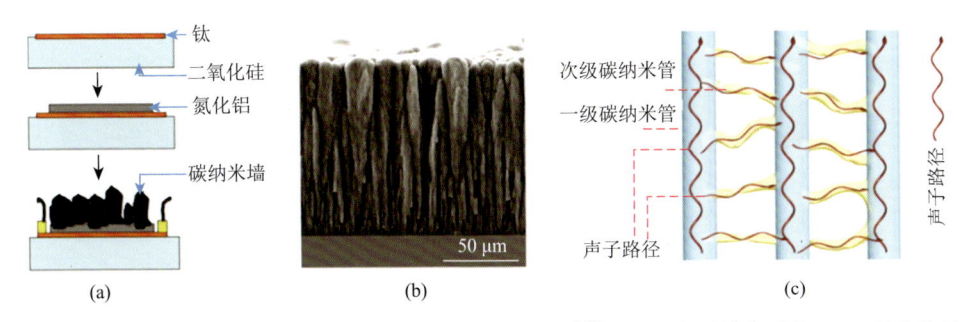

图 9-7　(a) 氮化铝表面直接生长垂直碳纳米墙的过程[47]；(b) 中压等离子体 CVD 技术快速合成垂直碳纳米薄膜[48]；(c) 原位生长次级碳纳米管对声子在三维碳纳米管阵列中输运路径的影响[51]

2. 模板法

得益于碳基纳米填料制备技术的快速发展，高顺向垂直排列结构也可通过使用定向模板自组装碳基填料构筑。模板法主要有两个重要的技术分支：①以规则有序的多孔材料为模板，使碳基纳米填料附着于其上形成取向结构；②以取向冰晶为模板，在定向冷冻过程中促使碳基纳米填料沿冰晶边缘形成有序堆叠。

目前，常用的多孔材料主要为三聚氰胺泡沫块体。然而，当这种厚块体直接浸渍石墨烯等分散液时，由于扩散距离过长，块体中心部位往往难以渗透，不仅会造成石墨烯填料分布不均匀，在后续干燥以及石墨化过程中，还常常因中心缺陷而导致结构崩塌。针对这一现象，中国科学院宁波材料所林正得研究小组[53]提出了一种以多孔聚氨酯薄膜为模板的新型双重自组装策略，利用聚氨酯薄膜厚度（约 500 μm）远远小于块体泡沫这一优点，实现了石墨烯分散液的均匀渗透。相较于三聚氰胺，聚氨酯与石墨烯之间的范德华作用更加强劲，后者与石墨烯间的附着力比前者与石墨烯间的附着力高约 41%，由此可获得高度均匀的石墨烯/聚氨酯复合体［图 9-8（a）］。随后，在基于卷曲工艺的二次组装过程中，引入应力调控机制，以提高石墨烯的含量和取向程度，并同时实现石墨烯的紧密排布，增大相邻片层间的接触面积［图 9-8（b）和（c）］。再经过 2800℃高温石墨化处理去除聚氨酯泡沫并修复石墨烯缺陷后，这种以环氧树脂为基体的复合材料纵向热导率高达 62.4 W/(m·K)（石墨烯含量仅为体积分数 13.3%），比纯环氧树脂高 325 倍，每体积分数 1%的石墨烯添加量对基体热导率的提升幅度达到了 2400%，远超过以传统块体泡沫为模板所能实现的导热增强极限。此外，该研究小组[54]还进一步通过改变应力大小与施加方向制备出了具有更高密度（510 mg/cm^3）的水平排列石墨烯结构，在石墨烯体积分数为 24.7%时，复合材料的横向热导率高达 117 W/(m·K)，比纯环氧树脂高约 616 倍，并可作为碳基基板，用于大功率发光二极管等功率器件的均热散热。

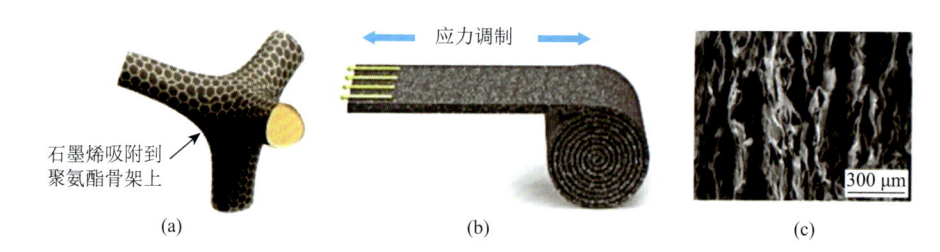

图 9-8　(a) 高度均匀的石墨烯/聚氨酯复合体；(b) 卷曲过程中的应力调控机制；(c) 高密排、高垂直取向石墨烯结构[53]

应力调制方法同样可以用于碳纤维的取向，中国科学院宁波材料所虞锦洪研究小组[55]基于应力调制策略开发了多种高顺向排列的碳纤维结构。该研究小组设计了一种特殊的模具，碳纤维可以从侧开的窗口倒入模具中，而后利用向压块施加压力，迫使杂乱无序的碳纤维转向形成有序排列。而该结构中碳纤维的取向角度分布概率可由数学模型获得：假设碳纤维的一端被固定在坐标原点，其取向问题即可简化为碳纤维端点在一个半球面上的分布问题［图9-9（a）］。理想的随机分布情况是碳纤维的另一个端点随机地分布在整个半球面上，为了得知碳纤维夹角取向的分布概率，需首先假定一个特定夹角 A，在这个夹角处圆环宽度为 dA，此处的环带面积为：

$$S = 2\pi L^2 \sin A dA \tag{9-2}$$

式中，L 为碳纤维长度。考虑到所有碳纤维都分布在这个半球上，在随机分布假设下，碳纤维在单位面积分布的概率为 f，则有

$$1 = \int_0^{\frac{\pi}{2}} S \times f \tag{9-3}$$

$$1 = \int_0^{\frac{\pi}{2}} 2\pi L^2 \sin A f dA \tag{9-4}$$

$$f = \frac{1}{2\pi L^2} \tag{9-5}$$

于是，对应角度下碳纤维的分布概率为

$$F(A) = \sin A dA \tag{9-6}$$

结合微米计算机断层扫描测试数据，基于上述数学模型计算即可获得碳纤维的取向分布概率图［图9-9（b）］。采用该法制备的复合材料，在碳纤维添加量为质量分数49%时，导热系数约为32 W/(m·K)，相较于纯环氧树脂提高了17137%。在相同配比下，共混得到的样品导热系数仅为 5 W/(m·K)。

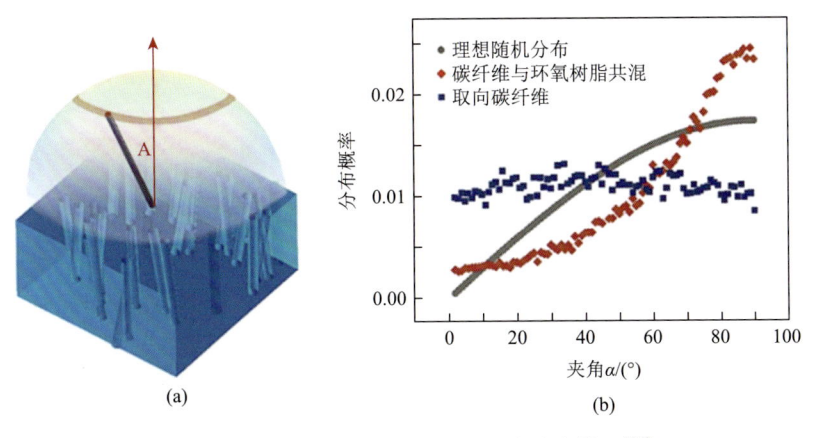

图 9-9 在不同外力下碳纤维的取向分布情况[55]

相较于碳纤维等一维导热填料，压缩过程对二维填料的取向更为有效。受此启发，虞锦洪研究小组进一步改进了应力调制方法，引入二维鳞片石墨作为取向模板，以获得有序度更高的碳基导热网络结构[56]。为解决因鳞片石墨片径过大而造成样品表面凹凸不平的问题，研究小组创造性地将碳纤维与鳞片石墨一体混压成型，使得碳纤维很好地填入到鳞片石墨的缝隙之中，有效减小了样品表面的粗糙度，降低了样品与外部异质材料间的接触热阻值，提高了样品的实际热管理效能。研究表明：当碳纤维与鳞片石墨的体积比为 1∶1 时，所制样品能够很好地平衡其接触热阻值和本征热导率，获得样品的总热阻值最低。同时，该研究工作也强调了偶联剂在填料体系中的重要作用。通过添加极少量的偶联剂，基体与填料之间的作用力得到加强，从而加快热量的传递。可以认为，碳纤维不仅可以构成高定向导热网络，承担起热量传递的功用，同时由于其尺寸特殊性，还可修饰样品表面，填补缺口，降低制品的接触热阻值。

不同于压应力将碳纤维压平在一个平面内，拉伸碳纤维更倾向于将碳纤维整体沿一个特定方向进行取向排列。对于一维填料，理论上是更为有效的取向调控方式。基于此，虞锦洪研究小组还进行了拉伸应力调制下碳纤维结构取向行为的研究[57]。考虑到直接拉伸碳纤维粉末非常困难，在该研究工作中，引入了具有强可塑性的面粉作为拉伸模板，进而实现了碳纤维在单个方向上的拉伸取向，如图 9-10 所示。经过 2800℃高温石墨化处理之后，面粉基体转化为多晶石墨。分子动力学分析表明：随着结晶度的提高，复合材料的导热系数有所升高；而晶区取向统一，沿取向方向的导热系数也会得到进一步提高。最终，在石墨化以及拉伸的共同作用下，获得复合材料的导热系数高达 110 W/(m·K)，达到了金属导热系数量级；样品兼具高导热、低热膨胀、低密度的特点，有很好的应用前景。

图 9-10 以面粉为拉伸模板制备高顺向排列特征的三维碳纤维结构[57]

以取向冰晶为模板是模板法范畴内又一重要的技术分支。研究者们发现：在一定的温度梯度作用下，液相（以水为代表）结晶过程中晶体会沿着温度梯度方向取向生长，而冰晶模板法的实质即是碳基填料在其分散液相冷冻结晶过程中沿晶体边缘有序堆叠的过程，如图 9-11 所示[58]。经过冰晶升华的冷冻干燥过程后，即可得到具有择优取向的多孔碳基导热网络结构。Li 等[59]利用这种方法开发出石墨烯/环氧树脂复合材料，在石墨烯含量低至体积分数 1.1%的条件下，达到了相对较高的纵向导热系数［2.69 W/(m·K)］。

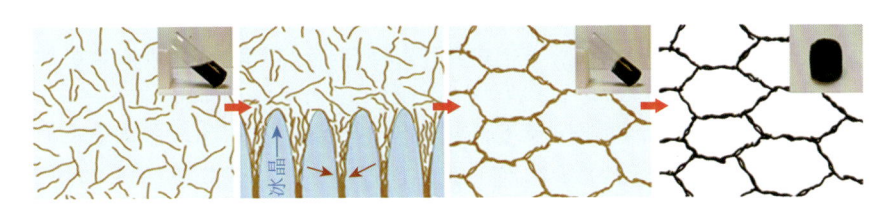

图 9-11 基于冰晶模板法制备垂直石墨烯结构[58]

温度梯度是冰晶模板法制备过程中的关键参数，北京化工大学于中振课题组[60]通过控制氧化石墨烯分散液与液氮冷源间距的方式实现了定向冷冻过程中温度梯度的调控。研究结果表明：当分散液与冷源越接近，温度梯度越高，冰晶结晶速率则越高，晶粒益发细化，从而使得垂直石墨烯三维结构中相邻层间距变小，结构密度变大，最终复合产物热导率得以提高，如图 9-12 所示。在最优冷冻工艺下，石墨烯质量分数仅 1.5%的复合材料热导率就可达到 6.57 W/(m·K)。

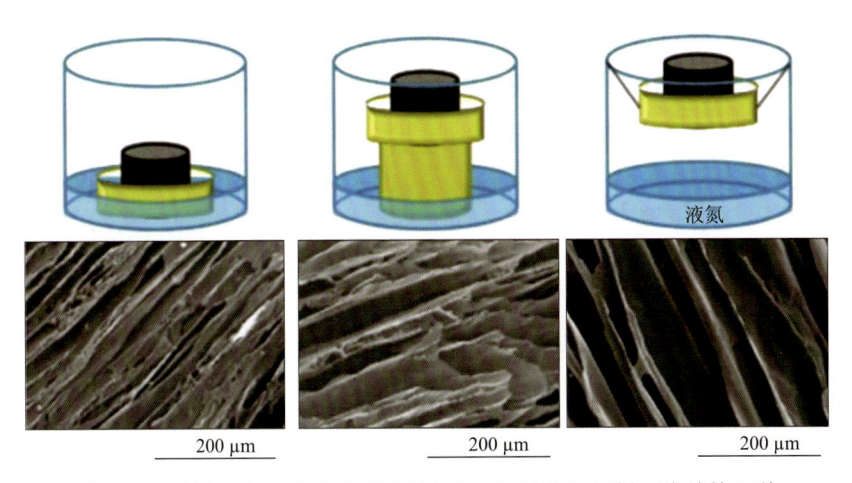

图 9-12 冷冻过程中温度梯度的调控及其对应的石墨烯三维结构形貌

在前述的冷冻干燥法中，浆料均沿着单一温度梯度方向定向冷冻，以致获得石墨烯结构在冰晶生长取向上呈现高度定向排列，但其余方向则呈现各向同性。鉴于此，Bai 等[61]报道了一种双向冷冻法，通过在传统铜冷指上覆盖拥有不同坡度的楔形柔性硅胶层，形成双向温度梯度，不仅可以促使冰晶沿着垂直方向生长，同时也赋予了冰晶沿着冷指表面平行平面生长的能力，从而形成了在两个方向上高度取向的类珍贝结构。

除直接冷冻碳基填料水分散液外，在分散体系内添加水溶性聚合物可以有效优化所得碳基多孔结构。Min 等[62]在氧化石墨烯的水分散液中加入聚氨基甲酸盐，经过定向冷冻、干燥、300℃亚胺化以及 2800℃石墨化处理以后，制备得到具有垂直排列结构的高质量石墨烯气凝胶。在填料含量质量分数 3.6%时，相应石蜡基复合材料的纵向热导率为 8.87 W/(m·K)。中国科学院宁波材料所虞锦洪研究小组[63]利用类似的方法实现了碳纤维取向结构的构筑。将碳纤维与纤维素水溶液混合后，进行冷冻以施加单向温度梯度，从而使得碳纤维沿着冰晶取向方向有序排布，最后用冷冻干燥的方式去除冰晶。在此过程中，纤维素起到粘接剂的作用，可以将碳纤维的取向结构很好地保留下来，并避免了聚合物渗透过程对结构取向可能造成的破坏。最终，在填料含量仅为 13%（体积分数）的条件下，制备出纵向热导率最高可达 6 W/(m·K)的柔性硅胶基复合材料；而共混方式形成的复合材料，在相近填量条件下的热导率仅为 1.8 W/(m·K)。

3. 向列相液晶自组装

除了模板法以外，自组装氧化石墨烯液晶也是一种有效制备垂直石墨烯三维结构的技术方案[64]。自 20 世纪初以来，各向异性材料在胶体溶液中的液晶行为就已经被广泛地研究。研究人员发现，在低浓度胶体分散液中，各向异性的粒子倾向于形成稳定的各向同性相；随着胶体浓度的增加，部分颗粒会按照一定的方向排列，呈现出各向同性相和向列相共存的状态；而当颗粒浓度达到一定的临界值后则会完全形成稳定的向列相，如图 9-13（a）所示[65, 66]。

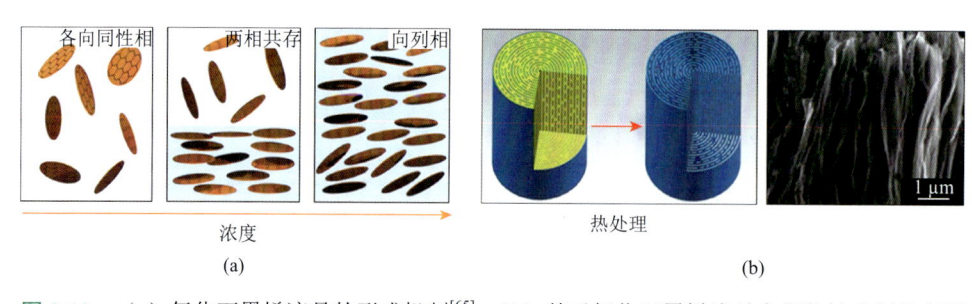

图 9-13　（a）氧化石墨烯液晶的形成机制[65]；（b）基于氧化石墨烯液晶自组装技术制备高顺向垂直排列石墨烯纤维的过程及石墨烯纤维的微观结构形貌[67]

2010 年，Behabtu 等[68]首次通过实验证明了石墨烯液晶现象的存在。为了使石墨烯纳米片拥有良好的分散能力，使用氯磺酸剥离原始石墨片。当石墨烯浓度达到20～30 mg/mL 时，在胶体溶液中出现了典型的液晶双折射现象。此外，Kim 等[69]在 2011 年首次报道了氧化石墨烯水分散液的液晶行为。在氧化石墨烯质量分数 0.05%的条件下，其胶质溶液在肉眼下呈现不均匀的、类似巧克力牛奶的明暗条纹，后续实验证明这是由氧化石墨烯液晶的形成所致。液晶的形成机制可以用 Lars Onsager 提出的排除体积理论解释。在分散液形成的过程中，石墨烯纳米片倾向于拥有一个较大的排除体积以维持其高自由度。然而，由于浓度增加造成的空间限位效应，不同石墨烯纳米片的排除体积会相互交叠，纳米片运动方向受限。在热力学上，属于熵减过程。也就是，为了实现系统的稳定状态，石墨烯纳米片倾向于定向排列以释放可以维持其在垂直片层方向上自由移动的空间，以位置熵的增加补偿方向熵的损失，促使整个系统总熵增加。一般来说，氧化石墨烯液晶形成的浓度阈值要比石墨烯低得多，这主要是氧化石墨烯表面大量含氧官能团引起的静电排斥使得前者的本征排除体积比后者大得多[70]。

氧化石墨烯水分散液的液晶行为最初被广泛用于制备基于湿法纺丝工艺的石墨烯纤维，液体导流效果可以促使氧化石墨烯纳米片沿流动方向形成高度定向结构[71,72]。Xin 等[67]利用大尺寸的氧化石墨烯片制备了一种高度有序的纤维，并添加了质量分数为 30%的小尺寸氧化石墨烯片用于填充微孔隙，如图 9-13（b）所示。经过 2850 ℃高温退火后，获得纤维的热导率高达 1290 W/(m·K)。Lian 等[73]报道了一种基于氧化石墨烯液晶行为的石墨烯气凝胶/环氧树脂复合材料，在极低的石墨烯含量（体积分数 0.92%）下，纵向热导率高达 2.13 W/(m·K)。此外，Yao 等[74]报道，在氧化石墨烯分散液中加入适量的氢氧化钾可以进一步改善氧化石墨烯液晶的取向，这主要是因为在氢氧化钾的作用下，石墨烯表面羧基官能团的形成以及羟基官能团的脱质子化，进一步提高了氧化石墨烯片层之间的静电排斥作用[28]。目前，该方案被广泛用于制备垂直排列的石墨烯结构，特别是在水分散液中难以产生液晶行为的情况下。例如，An 等[75]采用氢氧化钾辅助方法促进石墨烯/氧化石墨烯（质量比为 5∶1）悬浮液的液晶化，以获得高顺向排列的石墨烯块体结构。其中，石墨烯纳米片的加入对缓解干燥过程中的结构塌陷起到了关键作用，并将最终复合材料中的石墨烯含量提高至体积分数 19%[29]。经 2800 ℃石墨化后，以这种高密度石墨烯结构为导热网络的环氧树脂基复合材料表现出超高的纵向热导率，达到 35.5 W/(m·K)。

4. 垂直翻转法

垂直石墨烯结构也可以通过 90°旋转水平排列的石墨烯结构获得，与微纳尺度上调控石墨烯纳米片的生长或自组装的技术比较，属于宏观制备方法[76]。Li 等[77]通过真空过滤法制备得到石墨烯宏观块体，然后将环氧树脂渗入结构体微空隙，形成直径为 9.6 cm、厚度为 6 cm 的致密复合材料。在石墨烯含量为 11.8%（质量分数）时，该复合材料拥有 16.75 W/(m·K)的高热导率，是纯环氧树脂的近 167 倍。同样，基于这一方法，Liang 等[44]将抽滤得到的石墨烯垫切割成细长条（厚度为 1.05 mm，宽度为 2.28 mm），然后将其旋转 90°后沿水平方向重新组装，得到垂直排列的石墨烯单体，其纵向热导率高达 112.2 W/(m·K)。然而，复杂的制备过程和高密度（1.6 g/cm³）带来的高模量却严重限制了其作为热界面材料实际应用的可能性。

以水平排列的石墨烯膜为原料，通过"卷曲-裁切-翻转"工艺，研究人员成功开发出另一种 90°翻转方法。如，Yoon 等[78]将氧化石墨烯薄膜（厚度为几十微米）卷成圆柱体，然后沿横截面切割，构建出密度为 1.13 g/cm³ 的盘状石墨烯单体，如图 9-14 所示。他们还进一步证明了其在超级电容器领域的应用。Zhang 等[79]采用类似的技术路线进行石墨烯/柔性硅胶复合材料的制备，其中，柔性硅胶在商业石墨烯纸之间可以形成良好的黏合。值得一提的是，这种材料的纵向热导率高达约 615 W/(m·K)，几乎是目前已见报道的最高值。然而，极高的填料含量（92.3 wt%，wt%表示质量百分数）也使得其压缩模量（500 MPa）急剧增加，难以在实际应用条件下应用。

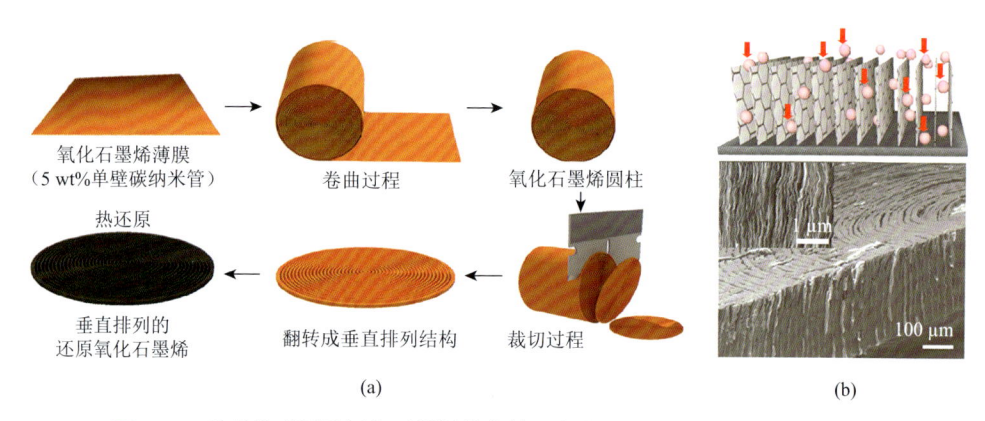

图 9-14 垂直排列还原氧化石墨烯单体的"卷曲-裁切-翻转"制备工艺（a）及其相应微观结构（b）[78]

9.2.5 三维结构表面修饰

通过垂直排列结构构筑，虽然容易获得高纵向热导率的碳基垫片材料；但毋庸置疑，垂直排列的碳基导热骨架在横向方向上依然属于分立结构，当其与外部异质材料接触时，本质上仍表现为"线-面"配合，其余部分则被低热导率的高分子基体所占据，最终导致超高的界面接触热阻值。即尽管部分导热垫片拥有超高的本征热导率，但其实际散热效能却往往不尽如人意。因此，针对上述问题，对高纵向热导率导热垫片表面开展修饰工艺研究，通过表面形貌与接触状态的优化增大实际密合面积，对降低界面接触热阻、提升异质材料间的传热性能具有重要意义。

中国科学院宁波材料所林正得研究小组[80]提出了一种"基于纳米厚度连续热疏导层，降低垂直石墨烯宏观体接触热阻值"的新方法，并详细论述了其作用机理；其中，石墨烯宏观体通过简单的"裁切—卷曲—90°翻转"工艺获得。即在石墨烯纸表面黏附多孔聚氨酯胶带，而后将其裁切成长条并卷曲成圆盘状，进而获得纵向热导率高达 276 W/(m·K)的垂直石墨烯块体，如图 9-15 所示。得益于聚氨酯的多孔特性，石墨烯骨架在弯折过程中不受空间限位的影响，样品具有良好的可压缩性（30%应变下的压缩应力仅约 0.36 MPa）。尽管如此，其总热阻依然高达 85(K·mm^2)/W（压缩 10%），和普通商用导热垫［热导率普遍低于 8 W/(m·K)］相比，并未表现出明显优势。说明热界面材料本征热导率的提升对强化界面散热效能方面存在"边际效应"，接触热阻会逐渐演化为主要限制因素。而石墨烯宏观体中，垂直排列的石墨烯边缘与外部异质材料间的"线-面"协同作用，导致二者实际密合的面积很小，严重阻碍了热流跨界面输运，最终形成很高的接触热阻。

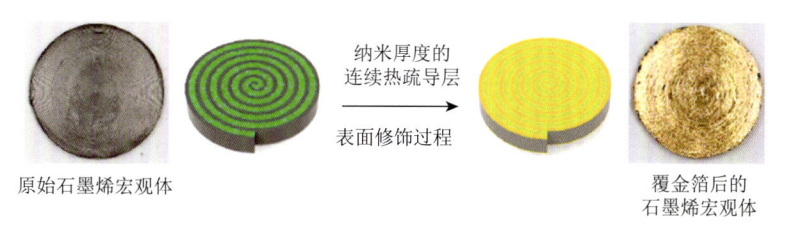

图 9-15　基于纳米厚度连续热疏导层（金箔）的垂直石墨烯宏观体[80]

石墨烯宏观体表面修饰的连续热疏导层可有效改善提高其导热性能，其中核心关键点在于热疏导层的优选。合适的热疏导层应符合：①热疏导层为纳米级厚度。纳米薄层更容易与石墨烯宏观体形成紧密贴合，从而避免额外界面及界面热阻的产生，并最大程度地降低其对石墨烯宏观体本征热导率的影响；②热疏导层必须是各向同性的高导热材料。其中，纵向高热导率可保证热疏导层本征具备低热阻，而横向高热导率则可起到均热作用，于分立的垂直排列石墨烯之间形成有效热连接，进而变相增大石墨烯边缘与热源/热沉之间的有效接触面积，提高界面传热效能。实验结果表明：在石墨烯宏观体上下表面贴敷超薄（70 nm）金箔后，在应变30%下，其接触热阻值从 66(K·mm^2)/W 降低至 41(K·mm^2)/W，效果较为显著。然而，从微观层面看，金箔与垂直石墨烯边缘依然彼此分离，难以形成良好的热耦合，这无疑限制了该方法的发展潜力。

研究小组通过宏观机械加工工艺，在不破坏商用石墨烯纸结构的前提下使其一体褶皱成型，完成了石墨烯纳米片从水平排列向垂直取向的转变，并同时实现了热界面材料表面微纳水平织构层的构筑。即基于体材料结构的完整性，形成"水平均热-垂直导热"强耦合效应，弥补了前述方法的缺陷，进一步强化了界面传热效能[7]。该方法主要包含以下步骤：将抽滤得到的石墨烯纸粘贴在预拉伸的弹性基体上，并控制弹性体收缩；由于石墨烯纸与弹性体间的力学性能差异，横向难以压缩的石墨烯纸会在收缩过程中部分脱离弹性基体并形成褶皱结构；随后将石墨烯褶皱压缩密实，即可得到石墨烯宏观体。

研究小组对该石墨烯宏观体上下表面水平石墨烯织构层降低接触热阻值的相关机理进行了深入的研究，并基于分子动力学方法对比计算了有无水平织构层情况下与外部铜基体接触时的温度分布情况和界面热传导系数,结果表明:施加水平织构后,上下端石墨烯层充当了内部石墨烯阵列的均热板,在微纳尺度上有效降低了异质界面间的扩散热阻,界面热传导系数从 7.8 MW/(m²·K)提升至 22.5 MW/(m²·K),界面温度分布更加均匀,如图 9-16 所示。在实际热界面性能测试中,与商用高端热界面材料[日本富士浦(Fujipoly)导热垫片 XR-m,热导率 17 W/(m·K)]相比,石墨烯宏观体的稳态导热系数约为 1.5 W/(cm·℃),约 XR-m 的 3 倍;接触热阻值低至 7.2 (K·mm²)/W,仅是 XR-m(109.7 (K·mm²)/W)的 6.5%,表现出较好的冷却效能。

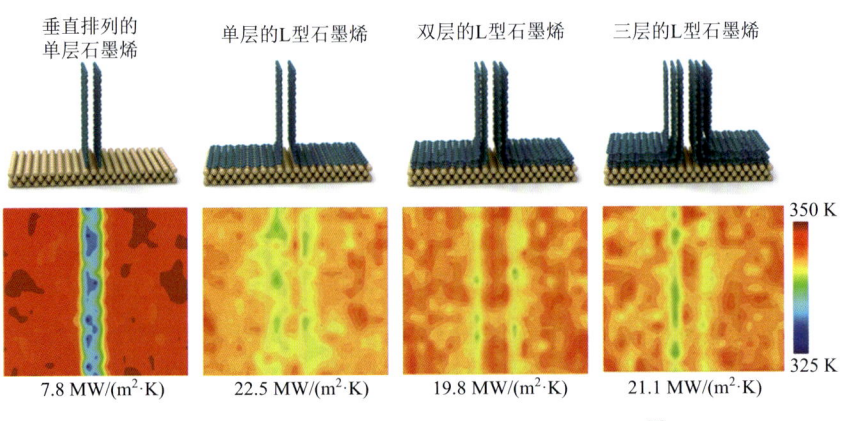

图 9-16 水平石墨烯织构层对界面传热的影响[7]

尽管如此,当这种导热垫片与外部异质材料接触时,其本质上依然属于"固-固"接触,界面之间的部分超微空隙仍难以有效填充。于是,研究小组进一步提出了一种高导热系数[176 W/(m·K)]的垂直排列石墨烯阵列、上下表面镀覆微米级液态金属(镓)薄层的新工艺方法[81]。不同于纳米金箔或水平石墨烯织构层,液态金属具有优异的可流动性和填隙能力,可以在异质材料间形成具有超高传热效能的"固-液"接触界面。计算结果表明:在超低封装压力(10psi)下,相较于"固-固"接触界面,"固-液"接触界面可将界面接触导热效能提高了约 15 倍。实际热界面测试结果显示,该导热垫片材料的接触热阻值仅约 4(K·mm²)/W,展现出卓越的封装热管理能力。

9.3 碳基热界面材料在芯片热控领域的机遇与挑战

随着半导体、通信等行业的快速发展及高频、高功率电子元器件的广泛使用,芯片的有效热控问题益发凸显,高性能热管理材料的开发已然成为领域内的核心研究热点。碳基纳米材料,如石墨烯、碳纤维等,因其超高的本征热导率[普遍高于 1000 W/(m·K)]而受到广泛关注，被公认为是最具应用价值的导热材料（填料）。目前，研究者们已经在碳基热界面材料应用研发方面做了大量的工作，按照碳基材料的取向形态划分，主要经历了三个研发阶段：

第一阶段制备的碳基热界面材料主要为共混体系。即借鉴传统热界面材料制备方法，采用熔融共混或溶液共混的方式将碳基材料与聚合物基体复合；其核心科学问题是如何实现碳基填料的均匀分散以降低填料的逾渗阈值。尽管通过共混工艺的改进及碳基填料的表面修饰可以有效优化复合材料的热导率；但由于填料结构缺乏取向，且填料/基体之间的 Kapitza 热阻难以克服，即使在很高的填料含量下，其热导率也很难突破 13 W/(m·K)。

鉴于此，研究者们开始将研究重心向三维碳基导热网络结构的构筑转移，这一阶段的核心科学问题是填料/填料间接触界面的优化。于是就诞生了包括高温石墨烯处理及基于 CVD 方法在多孔金属泡沫表面直接生长连续三维结构等技术方案。该阶段可以在更低的填料添加量下，实现与第一阶段相当的热导率。但此类三维结构的密度普遍较低，基体中填料的含量有限，加之填料结构缺乏取向，因而也很难满足热界面材料的实际应用需求。

考虑到石墨烯、碳纤维等常用碳基材料的各向异性，以及热界面材料对纵向热导率的强烈需求，研究者们开始尝试构筑具有高顺向垂直排列特性的碳基导热网络结构，以充分发挥碳基填料的本征高热导优势，由此碳基热界面材料的研发开始进入第三阶段。在本阶段，碳基热界面材料的热导率实现了质的突破，普遍可以达到几十甚至上百 W/(m·K)；通过"90°翻转法"制备的垂直石墨烯/柔性硅胶复合材料，其纵向热导率更是超过了 600 W/(m·K)。

然而，根据热界面材料的工作原理可知，本征热导率的提升在优化热界面材料冷却效能方面存在"边际效应"，达到一定量级后，接触热阻将成为限制热界面材料应用的主要瓶颈。因此，在面向 IGBT 等高频、高功率器件复杂而严苛的热控工况时，热界面材料不应只单纯片面地追求高本征热导率，而更应该考虑热阻与导热性能之间的综合平衡，这也是当前领域内所需面临的关键科学/技术挑战。

未来，碳基热界面材料的发展方向可能需要聚焦以下两个方面：

1. 高纵向热导率与良好可压缩性的耦合

目前碳基热界面材料研发多延续传统热界面材料的思路，以多孔碳基导热网络为骨架填充柔性聚合物基体制得。其中，多孔碳基导热网络用于热流的快速输运，而柔性高分子则用于材料保型并维持良好的可压缩性能。尽管随着填料添加量的增多，复合材料的热导率会显著提高，但其可压缩性能也会急剧恶化。这是因为在压缩过程中，碳基的三维结构主要通过骨架弯折或重排实现变形，填料含量越高，所需要的变形空间越大；而聚合物基体会占据多孔碳基骨架形变所需的预留空间，在"空间限位"的作用下，样品可压缩性就会变差。因此，为了实现高纵向热导率与良好可压缩性的耦合，热界面材料可能需要往两个"极端"发展，即：制备出兼具垂直排列、共价键接特性的碳基导热网络骨架，在极低填料添加量下实现高纵向热导率复合材料的制备；或完全实行"去高分子化"，制备出纯无机热界面材料，以解除"空间限位"，保持优异的可压缩性能。

2. 碳基三维结构表面修饰工艺的研发

保持良好可压缩性，本质是为了提高热界面材料的填隙能力，它也是降低界面接触热阻值的重要技术路线。近年来，碳基三维结构表面修饰工艺的研究越来越引起了研究者们的注重，进而开启了除提升可压缩性能之外的又一种可降低界面间接触热阻值的技术路线。目前，主要的表面修饰方法是基于超薄、易变形的缓冲层进行优化异质材料间的界面接触状态，并取得了非常好的效果。但如何兼容现有工艺，解决缓冲层易破损脱离的问题，以及如何对缓冲层进行表面调制，从而降低碳基导热垫片与缓冲层间的 Kapitza 热阻值，均是未来还需攻克的关键难题。

参 考 文 献

[1] Tao P，Shang W，Song C Y，et al. Bioinspired engineering of thermal materials [J]. Advanced Materials，2015，27（3）：428-463.

[2] Xiao G，Di J T，Li H，et al. Highly thermally conductive，ductile biomimetic boron nitride/aramid nanofiber composite film [J]. Composites Science and Technology，2020，189：108021.

[3] Depiver J，Mallik S，Amalu E H. Thermal fatigue life of ball grid array（BGA）solder joints made from different alloy compositions [J]. Engineering Failure Analysis，2021，125：105447.

[4] Greenwood J A，Williamson J B P. Contact of nominally flat surfaces [J]. Proceedings of the Royal Society of London Series A：Mathematical and Physical Sciences，1966，295（1442）：300-319.

[5] Lv P，Tan X W，Yu K H，et al. Super-elastic graphene/carbon nanotube aerogel：A novel thermal interface material with highly thermal transport properties [J]. Carbon，2016，99：222-228.

[6] 代文. 石墨烯三维宏观体的设计与调控及其在热界面材料领域的应用研究 [D]. 宁波：中国科学院宁波材料技术与工程研究所，2020.

[7] Dai W，Ma T F，Yan Q W，et al. Metal-level thermally conductive yet soft graphene thermal interface materials [J]. ACS Nano，2019，13（10）：11561-11571.

[8] Hansson J，Nilsson T M J，Ye L L，et al. Novel nanostructured thermal interface materials：a review [J]. International Materials Reviews，2018，63（1）：22-45.

[9] Uetani K，Ata S，Tomonoh S，et al. Elastomeric thermal interface materials with high through-plane thermal conductivity from carbon fiber fillers vertically aligned by electrostatic flocking [J]. Advanced Materials，2014，26（33）：5857-5862.

[10] Kidalov S V，Shakhov F M. Thermal conductivity of diamond composites [J]. Materials，2009，2（4）：2467-2495.

[11] Kim P，Shi L，Majumdar A，et al. Thermal transport measurements of individual multiwalled nanotubes [J].

Physical Review Letters, 2001, 87 (21): 215502.

[12] Balandin A A. Thermal properties of graphene and nanostructured carbon materials [J]. Nature Materials, 2011, 10 (8): 569-581.

[13] Balandin A A, Ghosh S, Bao W Z, et al. Superior thermal conductivity of single-layer graphene [J]. Nano Letters, 2008, 8 (3): 902-907.

[14] 汪文, 丁宏亮, 张子宽, 等. 石墨烯微片/聚丙烯导热复合材料的制备与性能[J]. 复合材料学报, 2013, 30 (6): 14-20.

[15] Lv L, Dai W, Li A J, et al. Graphene-based thermal interface materials: An application-oriented perspective on architecture design [J]. Polymers, 2018, 10 (11): 1201.

[16] Song S H, Park K H, Kim B H, et al. Enhanced thermal conductivity of epoxy-graphene composites by using non-oxidized graphene flakes with non-covalent functionalization [J]. Advanced Materials, 2013, 25(5): 732-737.

[17] Kargar F, Barani Z, Salgado R, et al. Thermal percolation threshold and thermal properties of composites with high loading of graphene and boron nitride fillers [J]. ACS Applied Materials & Interfaces, 2018, 10(43): 37555-37565.

[18] Mu Q H, Feng S Y. Thermal conductivity of graphite/silicone rubber prepared by solution intercalation [J]. Thermochimica Acta, 2007, 462 (1-2): 70-75.

[19] Wei J M, Liao M Z, Ma A J, et al. Enhanced thermal conductivity of polydimethylsiloxane composites with carbon fiber [J]. Composites Communications, 2020, 17: 141-146.

[20] Cao Y, Liang M J, Liu Z D, et al. Te enhanced thermal conductivity for poly (vinylidene fluoride) composites with nano-carbon fillers [J]. RSC Advances, 2016, 6 (72): 68357-68362.

[21] Chua C K, Pumera M. Covalent chemistry on graphene [J]. Chemical Society Reviews, 2013, 42(8): 3222-3233.

[22] Wang Y, Zhan H F, Xiang Y, et al. Effect of covalent functionalization on thermal transport across graphene-polymer interfaces [J]. The Journal of Physical Chemistry C, 2015, 119 (22): 12731-12738.

[23] Wang Y, Yang C H, Pei Q X, et al. Some aspects of thermal transport across the interface between graphene and epoxy in nanocomposites [J]. ACS Applied Materials & Interfaces, 2016, 8 (12): 8272-8279.

[24] Wang M C, Hu N, Zhou L M, et al. Enhanced interfacial thermal transport across graphene-polymer interfaces by grafting polymer chains [J]. Carbon, 2015, 85: 414-421.

[25] Wu K, Liao P, Du R N, et al. Preparation of a thermally conductive biodegradable cellulose nanofiber/hydroxylated boron nitride nanosheet film: the critical role of edge-hydroxylation [J]. Journal of Materials Chemistry A, 2018, 6 (25): 11863-11873.

[26] 黄春旭, 陈刚, 王启芬, 等. 碳纤维表面改性技术研究进展 [J]. 工程塑料应用, 2022, 50 (1): 170-174.

[27] Zhang Z B, Liao M Z, Li M H, et al. Enhanced thermal conductivity for polydimethylsiloxane composites with core-shell CFs@SiC filler [J]. Composites Communications, 2022, 33: 101209.

[28] 刘杰, 郭云霞, 梁节英. 碳纤维表面电化学氧化的研究 [J]. 化工进展, 2004 (3): 282-285.

[29] Chen Z M, Xie J, Fu Y H, et al. Enhanced thermal conductivity of epoxy resin by incorporating pitch-based carbon fiber modified by Diels-Alder reaction [J]. Diamond and Related Materials, 2022, 127: 109148.

[30] Gao J Y, Yan Q W, Lv L, et al. Lightweight thermal interface materials based on hierarchically structured graphene paper with superior through-plane thermal conductivity [J]. Chemical Engineering Journal, 2021, 419: 129609.

[31] Alam F E, Dai W, Yang M H, et al. In situ formation of a cellular graphene framework in thermoplastic composites leading to superior thermal conductivity [J]. Journal of Materials Chemistry A, 2017, 5 (13): 6164-6169.

[32] Zhang F, Ye C, Dai W, et al. Surfactant-assisted fabrication of graphene frameworks endowing epoxy composites

with superior thermal conductivity [J]. Chinese Chemical Letters, 2020, 31（1）: 244-248.

[33] Wan Y J, Tang L C, Gong L X, et al. Grafting of epoxy chains onto graphene oxide for epoxy composites with improved mechanical and thermal properties [J]. Carbon, 2014, 69: 467-480.

[34] Hou H, Dai W, Yan Q W, et al. Graphene size-dependent modulation of graphene frameworks contributing to the superior thermal conductivity of epoxy composites [J]. Journal of Materials Chemistry A, 2018, 6（25）: 12091-12097.

[35] Liu Z D, Chen Y P, Li Y F, et al. Graphene foam-embedded epoxy composites with significant thermal conductivity enhancement [J]. Nanoscale, 2019, 11（38）: 17600-17606.

[36] Chen Z P, Ren W C, Gao L B, et al. Three-dimensional flexible and conductive interconnected graphene networks grown by chemical vapour deposition [J]. Nature Materials, 2011, 10（6）: 424-428.

[37] Pettes M T, Ji H X, Ruoff R S, et al. Thermal transport in three-dimensional foam architectures of few-layer graphene and ultrathin graphite [J]. Nano Letters, 2012, 12（6）: 2959-2964.

[38] Gong J R, Tan X, Yuan Q L, et al. A spiral graphene framework containing highly ordered graphene microtubes for polymer composites with superior through-plane thermal conductivity [J]. Chinese Journal of Chemistry, 2022, 40（3）: 329-336.

[39] Tan X, Liu T H, Zhou W J, et al. Enhanced electromagnetic shielding and thermal conductive properties of polyolefin composites with a $Ti_3C_2T_x$ MXene/graphene framework connected by a hydrogen-bonded interface[J]. ACS Nano, 2022, 16（6）: 9254-9266.

[40] Shen X, Wang Z Y, Wu Y, et al. A three-dimensional multilayer graphene web for polymer nanocomposites with exceptional transport properties and fracture resistance [J]. Materials Horizons, 2018, 5（2）: 275-284.

[41] Loeblein M, Tsang S H, Pawlik M, et al. High-density 3D-boron nitride and 3D-graphene for high-performance nano-thermal interface material [J]. ACS Nano, 2017, 11（2）: 2033-2044.

[42] Dai W, Lv L, Lu J B, et al. A paper-like inorganic thermal interface material composed of hierarchically structured graphene/silicon carbide nanorods [J]. ACS Nano, 2019, 13（2）: 1547-1554.

[43] Zhang J W, Shi G, Jiang C, et al. 3D Bridged carbon nanoring/graphene hybrid paper as a high-performance lateral heat spreader [J]. Small, 2015, 11（46）: 6197-6204.

[44] Liang Q Z, Yao X X, Wang W, et al. A three-dimensional vertically aligned functionalized multilayer graphene architecture: An approach for graphene-based thermal interfacial materials [J]. ACS Nano, 2011, 5（3）: 2392-2401.

[45] Zhang H, Wu S D, Lu Z Y, et al. Efficient and controllable growth of vertically oriented graphene nanosheets by mesoplasma chemical vapor deposition [J]. Carbon, 2019, 147: 341-347.

[46] Zhang Z Y, Lee C S, Zhang W J. Vertically aligned graphene nanosheet arrays: Synthesis, properties and applications in electrochemical energy conversion and storage [J]. Advanced Energy Materials, 2017, 7（23）: 1700678.

[47] Achour A, Belkerk B E, Aissa K A, et al. Thermal properties of carbon nanowall layers measured by a pulsed photothermal technique [J]. Applied Physics Letters, 2013, 102（6）: 061903.

[48] Yan Q W, Alam F E, Gao J Y, et al. Soft and self-adhesive thermal interface materials based on vertically aligned, covalently bonded graphene nanowalls for efficient microelectronic cooling [J]. Advanced Functional Materials, 2021, 31（36）: 2104062.

[49] Kaur S, Raravikar N, Helms B A, et al. Enhanced thermal transport at covalently functionalized carbon nanotube array interfaces [J]. Nature Communications, 2014, 5（1）: 3082.

[50] Ping L Q, Hou P X, Liu C Cheng H M. Vertically aligned carbon nanotube arrays as a thermal interface material [J].

APL Materials, 2019, 7 (2): 020902.

[51] Cai Y, Yu H T, Chen C, et al. Improved thermal conductivities of vertically aligned carbon nanotube arrays using three-dimensional carbon nanotube networks [J]. Carbon, 2022, 196: 902-912.

[52] Zhao Y H, Zhang Y F, Wu Z K, et al. Synergic enhancement of thermal properties of polymer composites by graphene foam and carbon black [J]. Composites Part B: Engineering, 2016, 84: 52-58.

[53] Dai W, Lv L, Ma T F, et al. Multiscale structural modulation of anisotropic graphene framework for polymer composites achieving highly efficient thermal energy management [J]. Advanced Science, 2021, 8 (7): 2003734.

[54] Ying J F, Tan X, Lv L, et al. Tailoring highly ordered graphene framework in epoxy for high-performance polymer-based heat dissipation plates [J]. ACS Nano, 2021, 15 (8): 12922-12934.

[55] Li M H, Ali Z, Wei X Z, et al. Stress induced carbon fiber orientation for enhanced thermal conductivity of epoxy composites [J]. Composites Part B: Engineering, 2020, 208: 108599.

[56] Li M H, Li L H, Hou X, et al. Synergistic effect of carbon fiber and graphite on reducing thermal resistance of thermal interface materials [J]. Composites Science and Technology, 2021, 212: 108883.

[57] Li M H, Li L H, Chen Y P, et al. Epoxy composite with metal-level thermal conductivity achieved by synergistic effect inspired by lamian noodles [J]. Composites Science and Technology, 2022, 228: 109677.

[58] Qiu L, Liu J Z, Chang S L Y, et al. Biomimetic superelastic graphene-based cellular monoliths [J]. Nature Communications, 2012, 3: 1241.

[59] Li Y, Wei W, Wang Y, et al. Construction of highly aligned graphene-based aerogels and their epoxy composites towards high thermal conductivity [J]. Journal of Materials Chemistry C, 2019, 7 (38): 11783-11789.

[60] Li X H, Liu P F, Li X F, et al. Vertically aligned, ultralight and highly compressive all-graphitized graphene aerogels for highly thermally conductive polymer composites [J]. Carbon, 2018, 140: 624-633.

[61] Bai H, Chen Y, Delattre B, et al. Bioinspired large-scale aligned porous materials assembled with dual temperature gradients [J]. Science Advances, 2015, 1 (11): e1500849.

[62] Min P, Liu J, Li X F, et al. Thermally conductive phase change composites featuring anisotropic graphene aerogels for real-time and fast-charging solar-thermal energy conversion [J]. Advanced Functional Materials, 2018, 28(51): 1805365.

[63] Hou X, Chen Y P, Dai W, et al. Highly thermal conductive polymer composites via constructing micro-phragmites communis structured carbon fibers [J]. Chemical Engineering Journal, 2019, 375: 121921.

[64] Xu Z, Gao C. Aqueous liquid crystals of graphene oxide [J]. ACS Nano, 2011, 5 (4): 2908-2915.

[65] Narayan R, Kim J E, Kim J Y, et al. Graphene oxide liquid crystals: discovery, evolution and applications [J]. Advanced Materials, 2016, 28 (16): 3045-3068.

[66] Liu H Q, Tang Y P, Wang C, et al. A lyotropic liquid-crystal-based assembly avenue toward highly oriented vanadium pentoxide/graphene films for flexible energy storage [J]. Advanced Functional Materials, 2017, 27(12): 1606269.

[67] Xin G Q, Yao T K, Sun H T, et al. Highly thermally conductive and mechanically strong graphene fibers [J]. Science, 2015, 349 (6252): 1083-1087.

[68] Behabtu N, Lomeda J R, Green M J, et al. Spontaneous high-concentration dispersions and liquid crystals of graphene [J]. Nature Nanotechnology, 2010, 5 (6): 406-411.

[69] Kim J E, Han T H, Lee S H, et al. Graphene oxide liquid crystals [J]. Angewandte Chemie-International Edition, 2011, 50 (13): 3043-3047.

[70] Zhang J Z, Seyedin S, Gu Z J, et al. Liquid crystals of graphene oxide: A route towards solution-based processing

and applications [J]. Particle & Particle Systems Characterization，2017，34（9）：1600396.
[71] Yang X M，Guo C X，Ji L L，et al. Liquid crystalline and shear-induced properties of an aqueous solution of graphene oxide sheets [J]. Langmuir，2013，29（25）：8103-8107.
[72] Xu Z，Liu Y J，Zhao X L，et al. Ultrastiff and strong graphene fibers via full-scale synergetic defect engineering [J]. Advanced Materials，2016，28（30）：6449-6456.
[73] Lian G，Tuan C C，Li L Y，et al. Vertically aligned and interconnected graphene networks for high thermal conductivity of epoxy composites with ultralow loading [J]. Chemistry of Materials，2016，28（17）：6096-6104.
[74] Yao B W，Chen J，Huang L，et al. Base-induced liquid crystals of graphene oxide for preparing elastic graphene foams with long-range ordered microstructures [J]. Advanced Materials，2016，28（8）：1623-1629.
[75] An F，Li X F，Min P，et al. Vertically aligned high-quality graphene foams for anisotropically conductive polymer composites with ultrahigh through-plane thermal conductivities [J]. ACS Applied Materials & Interfaces，2018，10（20）：17383-17392.
[76] Lv L，Dai W，Li A J，et al. Graphene-based thermal interface materials：an application-oriented perspective on architecture design [J]. Polymers，2018，10（11）：1201.
[77] Li Q，Guo Y F，Li W W，et al. Ultrahigh thermal conductivity of assembled aligned multilayer graphene/epoxy composite [J]. Chemistry of Materials，2014，26（15）：4459-4465.
[78] Yoon Y，Lee K，Kwon S，et al. Vertical alignments of graphene sheets spatially and densely piled for fast ion diffusion in compact supercapacitors [J]. ACS Nano，2014，8（5）：4580-4590.
[79] Zhang Y F，Han D，Zhao Y H，et al. High-performance thermal interface materials consisting of vertically aligned graphene film and polymer [J]. Carbon，2016，109：552-557.
[80] Tan X，Ying J F，Gao J Y，et al. Rational design of high-performance thermal interface materials based on gold-nanocap-modified vertically aligned graphene architecture [J]. Composites Communications，2021，24：100621.
[81] Dai W，Ren X J，Yan Q W，et al. Ultralow interfacial thermal resistance of graphene thermal interface materials with surface metal liquefaction [J]. Nano-Micro Letters，2023，15（1）：9.

第10章 消费电子产品热管理技术

10.1 智能手机等消费电子产品的热管理

消费电子产品是供消费者日常生活使用的电子产品，包含手机、计算机、电视机、智能穿戴设备等各类终端电子类产品。2011～2021年是消费电子产品的黄金10年，至今依然保持着创新发展的态势。随着全球数字化的进一步深入以及硬件计算能力的持续提升，消费电子市场正从以智能手机为单一核心，向多元化智能产品协同发展转变。仅2024年第三季度，全球智能手机出货量为3.099亿部[1]，同时智能手表、智能耳机等可穿戴设备以及智能家居产品的市场份额正逐步扩大。消费电子产品依然种类繁多，除了传统的数据传输类、音视频类、充电类及数据存储类等产品外，智能家居控制类、健康监测类等新兴产品也不断涌现并广泛应用。

在5G广泛普及且6G技术研发加速推进的时代，云计算、大数据、物联网、人工智能等新一代信息技术持续推动传统产业数字化转型。数据流量呈爆炸式增长，对数据传输的需求愈发朝着超高速、超大容量方向发展。光纤宽带网络已从100～400 G向800 G甚至更高带宽迈进[2]，并且在部分发达地区已开始试点更高带宽的部署。信号传输速率持续提升，网线、网卡等网络信号传输产品也朝着10 G、25 G甚至更高传输速率方向发展。

从产业链角度来看，全球消费电子的产能依旧主要集中在以中国为主的亚洲地区，南美洲也有一定布局。我国的消费电子企业仍集中在华南和华东等制造业发达区域。近年来，印度、东南亚、巴西、墨西哥等国家或地区的消费电子市场进一步壮大，不仅作为制造基地和代工制造基地的地位更加稳固，其本土消费市场也在快速成长。高端消费电子产品市场主要还是集中在北美、欧洲、日韩等发达国家与地区，但随着全球经济的发展以及消费电子产品的进一步普及，东南亚、非洲等地区市场规模持续扩大，对中高端产品的需求也在逐步增加。

随着我国经济的高质量发展、科技创新能力的显著增强、制造业结构的深度优化以及居民生活水平的大幅提升，我国已全面进入数字化社会，实现了极高的网络化普及程度。智能手机深度融入人们生活的各个层面，据中国互联网络信息中心（CNNIC）发布的报告，截至 2023 年 12 月，我国网民规模突破 10 亿，手机上网比例高达 99.8%。我国不仅是世界上重要的智能手机生产国、出口国和消费国，在智能穿戴、智能家居等新兴消费电子领域也展现出强大的竞争力。

智能手机已基本完成从 4G 向 5G 的过渡，其功能愈发丰富多样，应用场景持续拓展。伴随芯片计算能力的不断提升，智能手机的数据传输速度、显示亮度和清晰度都有了显著增强，同时电池技术也在不断进步以实现续航能力的提升。例如苹果手机，从 2010 年的 iPhone 4 到 2023 年的 iPhone 15Pro Max，电池容量从 1420 mAh 增加到了约 3540 mAh（不同型号略有差异），并且在充电速度等方面也有提升。在后摩尔时代，芯片系统集成度和复杂性呈指数级增长的趋势更为明显，中高端智能手机的中央处理器（CPU）功耗在 2023 年已超过 6 W，仅有几十平方毫米面积芯片的功率密度也已超过 12 W/cm^2。以苹果手机为例，CPU 功耗的上升趋势如图 10-1 所示。

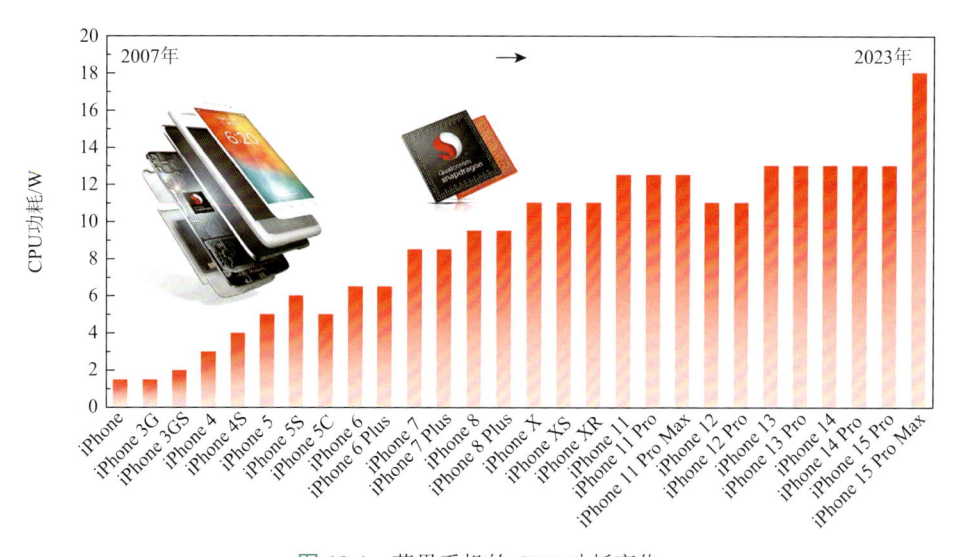

图 10-1　苹果手机的 CPU 功耗变化

伴随着高集成度和高功率密度而来的是高散热压力。据美国空军航空电子整体研究项目（US Air Force Avionics Integrity Program）发现，电子产品失效主要是由温度、振动、潮湿和粉尘引起，其中温度占最大比例 [图 10-2（a）]。一部智能手机的体积大约为 100 cm^3，集成了数百个电子元器件。电子元器件的失效率随着其温度的上升而呈指数增加，当温度超过电子元器件的额定工作温度时，其可靠性将会显著下降[1]。手机发热不仅有损电子元器件的性能和寿命，也是使用者体验中的突出痛点。玩手机烫手是普遍存在的情况，更为严重的是，手机发热会带来极大的安全隐患，如 2015 年三星智能手机就曾曝出"发热门"造成使用者受伤的事件。因此，无论从提高性能还是从保障使用者安全的角度出发，热管理都已经成为智能手机及其电子元器件设计中的重要环节。

市场对手机的要求是同时实现高功率化、轻量化和小型化，这些进一步加重了手机散热的压力［图 10-2（b）］。手机发热的根本原因是：在手机运行过程中，电池输出的电流经过用电元件时会产生热量。智能手机发热的主要部件有 CPU（中央处理器）、GPU（图形处理器）、手机电池等，其中 CPU 温度最高，散热压力最大。

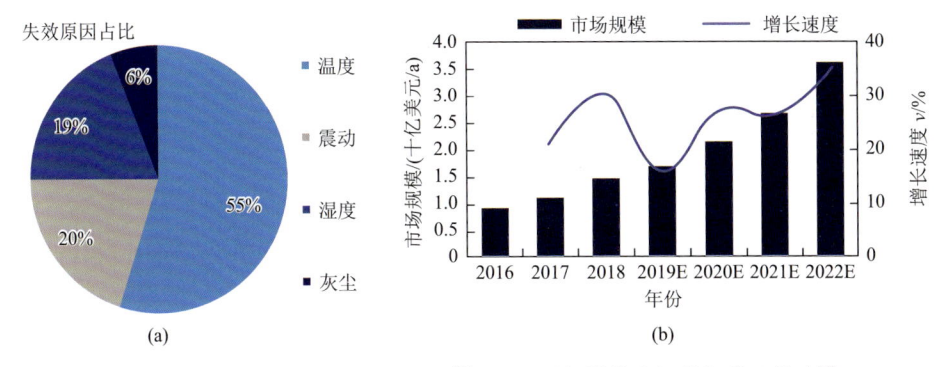

图 10-2 （a）电子产品失效原因[3]；（b）手机散热市场的规模及增速[4]

10.1.1 智能手机散热的紧迫性

手机产生的热量一般都是通过手机背部的散热材料自然散出。现在手机的背部一般都是金属后壳，热量通过金属后壳散到周围的环境中。但当产生的热量过多、手机就会出现发热乃至发烫，以致手机不能正常使用。手机产生的热量一般都是通过手机背部的散热材料自然散出，这就需要良好的散热材料和适合的散热环境。现在手机的外部一般都是金属后壳，热量通过金属后壳散到周围的环境中。这种散热的方式在很多手机上都在使用，但是产生热量过多时，手机就不太适合使用，因此就需要新的散热材料和散热方式。

随着手机大屏化、轻薄化的发展，对其体积和重量的限制越来越严苛，受制于空间体积约束，智能手机的散热能力十分有限[5-7]，甚至需通过限制 CPU 运行功率避免系统过热。例如，在 CPU 设计中普遍存在一个暗硅（dark silicon）现象，即由于功耗限制，一个多核 CPU，在同一时刻只有少部分核处于工作状态，而其余大部分不工作的核，被称为暗硅[8]。如图 10-3 所示，对于一个 65 nm 的 4 核 CPU，假设额定功率允许其 4 核能够同时全速工作。当集成度增加 4 倍，晶体管栅极尺寸缩小到 32 nm 时，同样的面积将能够容纳 16 核，但是额定功率内允许同时工作的仍然只有 4 个核，所以 CPU 的利用率从 100%降至 25%；同样地，当集成度再增加 4 倍时，CPU 的利用率从 25%降至 7%。所以，在 CPU 集成度和性能提升的同时，利用率却大幅降低，这显然是巨大的潜能浪费[9]。

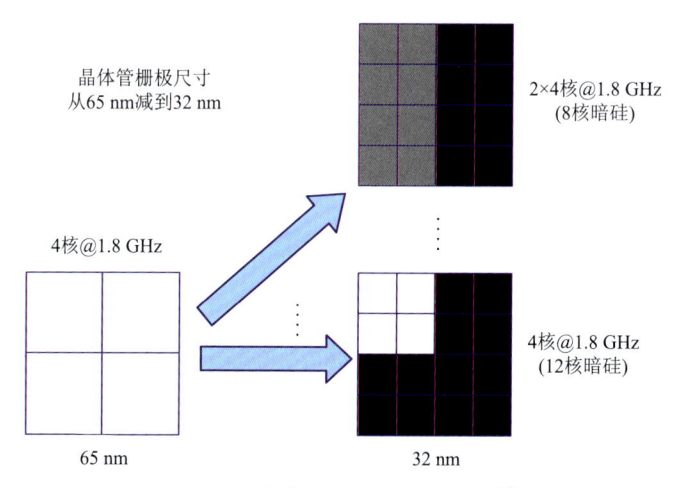

图 10-3　多核 CPU 中的暗硅效应[9]

10.1.2　智能手机热设计的主要挑战

当手机最初走进人们的生活时，它的主要功能只有：通话和短信。三十多年之后的今天，当代智能手机的功能愈加复杂多样，包括浏览网页、社交、购物、游戏等，数据传输量呈指数级增长。手机的功能都由 CPU、无线网络（如 Wi-Fi）、电源管理单元（PMU）和一些小芯片运算完成，所有的过程都会产生热量。在这种情况下，热管理的意义重大，同时也面临多重挑战。智能手机的热设计有多方面制约因素：手机尺寸（主要是厚度）、手机内部件的机械公差、人体皮肤的耐受温度和电气结构等。Jung[10]总结了智能手机中的功率管理和热管理面临的挑战，讨论了低功率设计方案和硬软件功率协同优化方案。在功率管理方面，讨论了变异感知功率管理和基于学习的功率管理；在热管理方面，讨论了热控制技术和热建模技术。最后，给出了硬件/软件功率协同优化方案。Mongia 等[11]描述了在笔记本电脑中的几个方面的挑战，并简要评估了几种新的热管理技术。

1. 机械堆叠（机械尺寸限制）

在智能手机热管理和热设计中，面对的一个最大挑战就是机械堆叠。手机在厚度方向（z-direction）上受到苛刻的限制，近几年新出品的手机厚度不超过 10 mm（图 10-4）。其中，沿厚度方向包含的组件厚度分别为：显示板，厚度约为 4 mm

[包括液晶显示屏（liquid crystal display，LCD）、触摸屏等]；中框或底盘约为 1 mm（给设备提供机械刚度）；芯片和印制电路板（printed circuit board，PCB）厚度约为 2 mm；背壳厚度约为 1 mm（塑料、金属或陶瓷）；用于调整的机械公差（孔隙）<1 mm；散热部件可以占用的厚度只有 0.5~1 mm，像鼓风机、风扇或者鳍片式热沉等散热部件显然都不适用[5]。

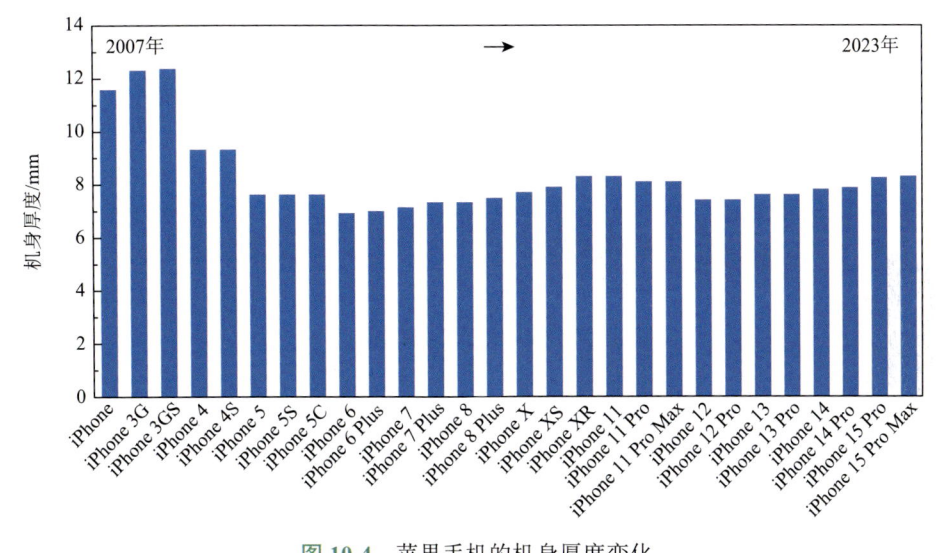

图 10-4　苹果手机的机身厚度变化

2. 温度困境

智能手机的温度主要受两方面的限制。一是芯片结温，手机中各个芯片消耗的功率和温度取决于使用者正在使用的功能，芯片的最高结温应低于 85~90℃。手机发热不仅影响舒适感，还会影响手机的性能。过度发热还会烧坏硬件，更有可能在充电时引起火灾。二是外壳温度，由于手机直接接触人体皮肤，所以外壳温度应不超过舒适极限温度。通常，对塑料手机外壳的温度宜为 45~50℃；金属外壳宜为 40~50℃[5]。

为防止手机芯片过热，同时保持适宜的外壳温度，这就需要：一方面，改善芯片与器件外壳之间的传热路径，以保证芯片的冷却；另一方面，外壳本身需具有良好的热导率，能将机匣内的热量及时散出至大气中。通常，外壳温度先于芯片结温到达极限，这时功率限制机制开始启动[5, 6]。

3. 机械公差与间隙

由于智能手机外形小、内部空间十分有限，机械公差在电子元器件设计与组装中尤为苛刻和关键。这些公差包括电子元件之间的间隙，如中框与显示屏之间的间隙。若间隙中的空气无法流动，可以看作绝热体，会产生很大热阻。但公差过大或电子元器件表面较粗糙，空气层厚度较大，传热效率就会较低，电子元器件也会过热，从而影响手机性能[5]。

4. 集中热源

在智能手机中，不同的电子元器件都有功率消耗，如 CPU、Wi-Fi、PMU、LED（light-emitting diode，发光二极管）显示屏等。各部件的功率占比，取决于手机运行的任务。通常这些电子元器件距离比较靠近，它们会形成一个集中热源（图 10-5）。在散热不够及时的情况下，它们之间互相加热，从而导致整体温度上升、性能下降[4]。

图 10-5　智能手机主要发热部位[4]

10.1.3　消费电子产品热管理理念：稳态散热设计和瞬态散热设计

传统大型电器的热管理比较简单，一般由热界面材料加上风扇、液冷或者鳍片散热器等组成散热系统。以智能手机为代表的电子消费品，由于自身特点，其发热情况与散热需求均不同于传统的电器设备，在热管理方面与传统思路也有很大差别。Dargie[12]通过反复实验，发现多核处理器的功耗与 CPU 利用率之间存在很强的相关性。图 10-6 展示了 D2461 西门子-富士通服务器的 CPU 利用率和功耗之间的关系。

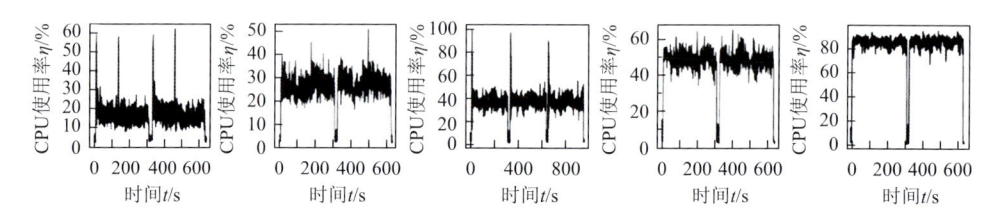

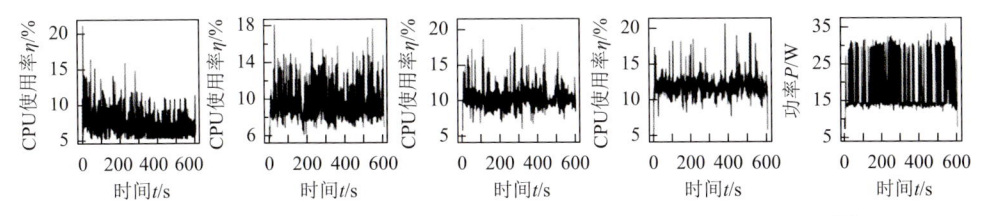

图 10-6 D2461 西门子-富士通服务器 CPU 利用率和功耗之间的关系[12]

在线搜索和随机下载音乐文件（约 4 MB），请求频率从左到右：每分钟 100、200、300、400 和 800 个请求

稳态热管理和瞬态热管理[13]是两种不同的热设计理念，前者有更长的历史，后者则是根据电子设备的功率特点，结合热时间常数 τ（$\tau = RC$，式中，R 为系统热阻，C 为系统热容）是近年提出的理念。为了应对高热通量设备的热管理挑战，多种冷却技术都取得了显著的进展。一些代表性冷却技术有较长的研究历史，如微通道冷却、射流冷却和喷雾冷却等，这些都属于稳态热管理。不同的是，手机等电子产品由于人机交互频繁等特点，极少处于稳态。

热通量是指单位时间通过单位面积的热能。随着电子产品向高功率化、轻量化和小型化发展，微处理器热通量持续上长，普遍超过 10^2 W/cm^2，芯片上局部热通量甚至可能超过 1kW/cm^2，不可避免地会造成局部过热，产生热点。使用者对于增强微处理器计算性能和多功能化的需求不断上升，继续推动微处理器的发展。除了集成电路产品，功率半导体器件，如绝缘栅极双极晶体管（insulated gate bipolar transistor，IGBT）和激光二极管阵列的热通量也有可能超过 1kW/cm^2。高温运行会损害设备的性能和可靠性，并最终导致故障。微电子器件的不同失效模式，如机械失效、电气失效和腐蚀失效，都与设备过热有关。Pecht 等[14]讨论了电子产品中常见的失效机理。电子产品的频繁开关与切换、使用者通过触屏进行的人机互动等各种操作均会在短时间内带来芯片局部温度大幅振荡，从而可能导致芯片胶、焊线、锡点、焊盘和孔等位置产生热应力与变形，降低电子元器件的性能与可靠性。因此，针对时变功率负载设备的瞬态热管理，即致力于减少热振荡和热集中的均温技术，十分必要。

稳态热管理的核心要求是尽量降低封装体的热阻（R），目的在于设备功率最高时，结温不超过特定的最高值（$T_{j,\mathrm{max}}$）；而封装体的热容（C）通常不予重点考虑。这种主要通过减小 R 值控制结温的热设计理念是直观有效的，但在电子产品的设计实践中仍发现存在以下缺点：

（1）高效的稳态制冷通常 R 和 C 都非常低；但封装体的 C 过低，会在脉冲负载时发生温度快速波动或突变，进而导致热疲劳，有损设备的可靠性[15]。

（2）设备在操作中散热速度较慢，温度会短暂升高；基于稳态制冷的目的是在任何时间系统的结温都低于 $T_{j,\mathrm{max}}$，所以系统通常被过度设计。

（3）对于每个封装体，在 R 值确定时，任何提高设备功率的新设计，都会受到 $T_{j,\max}$ 的制约。

Jankowski 等[15]对比了五种半导体电子封装构型在脉冲载荷下的瞬态热响应，如图 10-7 所示。从构型 1 到构型 5，按顺序集成度逐渐增强，趋于一体化，热界面逐渐减小，整体的 R 值和 C 值逐渐降低［图 10-7（a）］，符合稳态散热设计的理念。在矩形脉冲功率下［周期 1 s、占空比 10%、有效对流系数 10000 W/(m²·K)］，构型 3 和构型 5 的最高结温（$T_{\max}$）分别比构型 1 的高 30% 和 207%，相应的温度浮动范围（ΔT）分别达到 106% 和 401%［图 10-7（b）］。表 10-1 列出了五种封装结构的参数和性能对比，表明基于低 R 值和低 C 值的稳态散热设计对脉冲载荷下的控温效果并不理想。

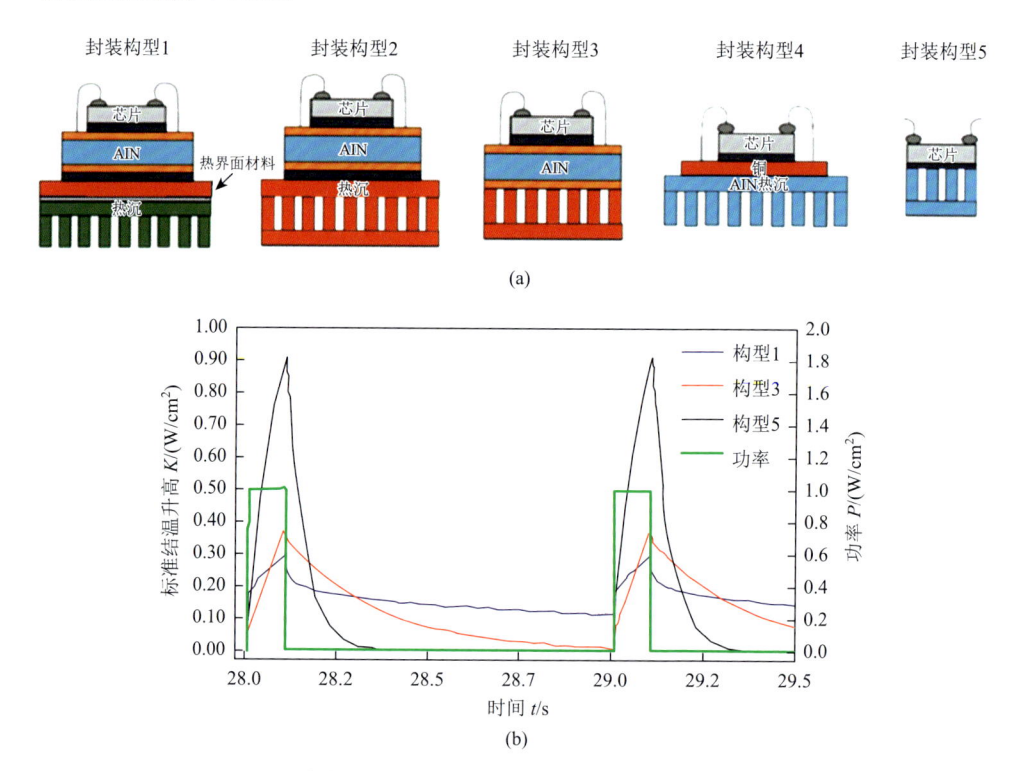

图 10-7　五种半导体电子封装构型在脉冲载荷下的瞬态热响应[15]

（a）封装构型；（b）不同封装构型的结温升高和功率变化

表 10-1　五种封装结构的参数和性能对比[15]

构型	$R/[(\text{cm}^2\cdot\text{K})/\text{W}]$	$C/[\text{J}/(\text{cm}^2\cdot\text{K})]$	$T_{\max}/[\text{K}/(\text{W}/\text{cm}^2)]$	$\Delta T/\%$
1	0.563	2.717	0.29	
2	0.188	1.511		

续表

构型	$R/[(cm^2 \cdot K)/W]$	$C/[J/(cm^2 \cdot K)]$	$T_{max}/[K/(W/cm^2)]$	$\Delta T/\%$
3	0.096	0.454	0.38	106
4	0.070	0.271		
5	0.037	0.082	0.90	401

因此，电子产品中的热设计主要采用瞬态热设计的理念，也就是采用低 R 值和高 C 值的设计原则。以华为荣耀 Note 10 4G 手机为例，采用 9 层立体散热方法，石墨片＋金属＋热界面材料（thermal interface material，TIM）＋热管，由手机屏幕侧开始，分别是中框石墨片、PC（performance criteria，性能准则）级液冷管、高导热铝合金中框、导热铜片、处理器屏蔽罩、两层导热凝胶、后盖石墨片。具体方案为：CPU 的一部分热量经过散热硅脂、铜合金屏蔽罩、铜片、焊锡传输到热管蒸发段，热管负责将这些能量快速传输到整机冷区，并通过铝合金均温板、大面积石墨片，将传送到冷区的热量快速散开。CPU 另的一部分热量则经过 PCB 均热后，辐射至后壳石墨片上，进行后壳均热。

Mathew 等[13]总结了不同电子产品散热场合中 R 和 C 组合的设计原则，如图 10-8 所示：基于微处理器的便携式设备（如智能手机、笔记本电脑）的散热系统，应拟定足够高的 R 值和 C 值（Ⅰ区）；对于 IGBT 等高功率半导体器件和数据中心的微处理器，由于时间常数比脉冲周期高，散热系统应采用低 R 值和高 C 值（Ⅱ区）；对于接近稳态的低功率系统，散热系统应设计低 R 值和低 C 值（Ⅲ区）；而对于需要隔热保温的系统，应该用高 R 值和低 C 值（Ⅳ区）。

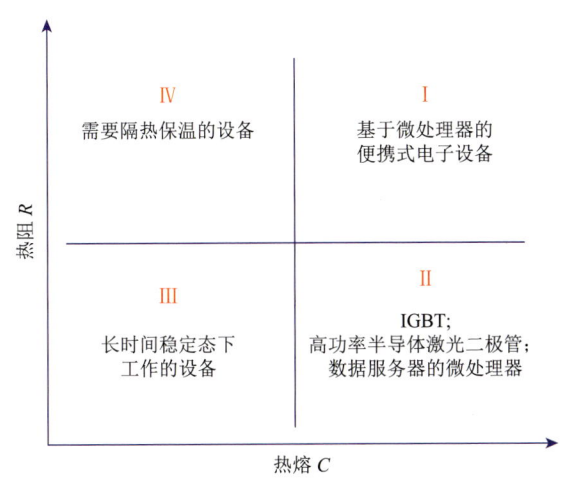

图 10-8　电子产品散热设计中热阻（R）和热容（C）组合的设计原则[13]

10.1.4 立体散热设计与散热元件

5G 手机的功能创新使其功耗大增，散热需求随之升级。智能手机的主要发热源为处理器、电池、摄像头、LED 模组，5G 手机需要支持更多的频段，实现更复杂的功能。天线数量翻倍、射频前端增加、处理器性能提升，同时智能手机向大屏折叠屏、多摄、高清摄、大功率快充升级，致使手机内集成的功能模块更多更紧密。5G 手机芯片功耗为 11 W，约为 4G 手机的 2.5 倍，散热需求强烈。目前 4G 广泛应用的散热材料有石墨片、热界面材料等，受制于其导热系数的极限，已经很难满足 5G 手机的需求。在 5G 手机功耗提升翻倍的背景下，主要应用于计算机和服务器散热领域的热管/均热板（vapor chamber，VC），凭借其高导热系数，开始向智能手机领域渗透，三星、华为、小米、vivo 等手机厂商已发布的 5G 手机已开始采用"石墨+热管/VC"散热方案。

热管/VC 在 5G 手机中的应用，以及二者轻薄化的发展，将带动 5G 手机散热 ASP（active server pages，动态服务器页面）提升。考虑到 5G 手机对散热的高要求，可以预计"导热界面材料+石墨片+石墨烯+热管/VC"组合散热方案将成为 5G 手机的主流。

5G 手机单机散热价值量的提升主要在于：①"热管/VC"比石墨片价值量更高，且从笔记本电脑等相对较大的空间向较小的手机空间应用，热管/VC 也在朝超薄型方向发展；②与 4G 手机相比，5G 手机中使用的石墨片层数会更多。根据产业调研，5G 手机散热部件的单价值约有 3~4 倍的提升。

自然散热是电子设备散热的主要方式，热界面材料、石墨片、热管/VC 是其主要散热元件。以智能手机为例，在 CPU 和外壳之间设置传热部件，以降低芯片结温，形成"热源-传热材料-外界环境"的基本封装结构。如前所述，电子产品的散热除了严格控制内部 CPU 的工作温度之外，还需要严格控制外壳温度，以保证使用者的体验和安全。即需要以均热设计为主要思路，将内部产生的热量快速分散，然后散出。图 10-9 是智能手机中"热界面材料+热管/VC+石墨膜"的立体散热方案示意图。其中，芯片是手机中产生热量的主要元件，热量通过热界面材料向外传递，经过屏蔽盖，到达 VC（均热板）和石墨膜，热量在平面方向上分散，到达手机背壳时，温度均匀轻微上升，无集中热点。表 10-2 列出了智能手机常用传热材料的材质和热导率。

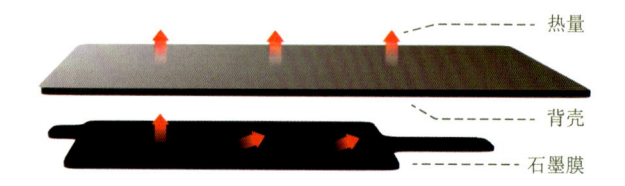

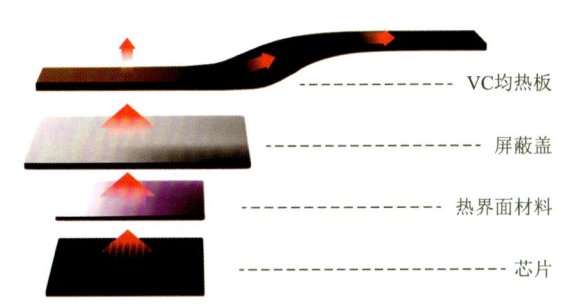

图 10-9　智能手机中"热界面材料 + 热管/VC + 石墨膜"立体散热方案

表 10-2　智能手机常用传热材料的材质和热导率[4, 6]

部件	材料	热导率 λ[W/(m·K)] 平面 K∥	垂直平面 K⊥	C/[J/(kg·K)]
TIM（导热凝胶、导热垫片等）	氧化铝、碳纤维等的硅胶复合材料	1~10	1~10	
热管、VC（均热板）	铜	385	385	385
石墨膜	石墨	300~1500	5~20	710
中框、外壳	铝	201	201	913
电路板镀层	银	419	419	235
电路板镀层	金	296	296	132

10.2　低维碳材料在消费电子产品热管理中的应用

10.2.1　石墨导热膜

  智能手机、笔记本电脑、智能运动手环等便携式电子设备在全方位走进人们生活的同时，它们的散热问题也变得更加突出。为了优化便携式电子设备的散热和均热，迫切需要兼具高导热性、柔韧性和轻质特性的高性能均热薄膜。而传统导热材料如银、铜、铝等则显得力不从心，它们密度高、成本高、导热系数一般，不能满足集成电路不断增长的散热需求。因此开发具有优异导热性、柔韧性和轻量化的材料非常重要。

  石墨的理论热导率高达 2000 W/(m·K)[16]，单层石墨片（石墨烯）拥有超高杨氏模量（1TPa）、高柔性、高化学稳定性和高电子迁移率［$2.5×10^5$ cm²/(V·s)］，同时兼具极高的理论面内热导率［室温下 5300 W/(m·K)］[17-19]。目前产业界能成熟制备的石墨膜热导率为 400~1500 W/(m·K)，远超过传统铜和铝等导热金属板；并且石墨膜密度仅为 0.7~2.1 g/cm³，远低于铜的 8.96 g/cm³ 和铝的 2.7 g/cm³。轻质化、厚度可控、加之拥有良好的柔性，可使石墨膜能够容易地黏附在平面或曲面上，起到高效均热效果。另外，与金属板不同的是，石墨具有各向异性的晶体结构和各向异性的导热性能，这使它恰好吻合手机散热的特点。即石墨膜与芯片平行组装，面内热导率极高，石墨膜可以更快速高效地分散热量，防止热量集中和芯片过热；同时，它在垂直面内方向热导率较低，又可以避免热量从芯片垂直传递到对应的外壳部分、导致外壳局部过热引起使用者不适（图 10-10）。所以，石墨膜一经推出便很快占领了手机散热市场。目前，智能手机已经广泛使用的高导热石墨膜，兼具优异的性能和量产可行性，应用前景广阔。

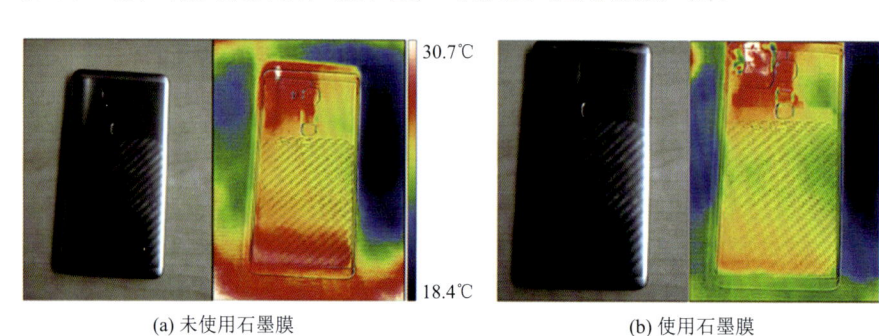

(a) 未使用石墨膜　　　　　　　　　(b) 使用石墨膜

图 10-10　石墨膜在手机散热均热中的效果对比[16]

在目前成熟的工艺中，膨胀石墨（expanded graphite，EG）或多层石墨烯、聚酰亚胺和氧化石墨都可以制成石墨膜。从技术方法角度，按发展时间线，应用于热管理产品中的石墨膜经历了三代发展。第一代基于膨胀石墨的天然石墨均热材料；第二代基于聚酰亚胺热处理的人造石墨膜；第三代基于氧化石墨烯（graphene oxide，GO）的导热膜。石墨烯膜具有厚度方面的扩展性，随着散热功率的增加，可以通过增加厚度提高散热能力，在高端手机上应用潜力很大。下面分别介绍三代（种）石墨膜的特点及其制备工艺。

1）膨胀石墨膜（柔性石墨膜）

第一代石墨膜由膨胀石墨压制而成。膨胀石墨是天然鳞片石墨经强酸和强氧化剂插层后、在 900～1000℃ 高温或微波下膨化制备的一种疏松蠕虫状石墨片堆垛体[20-22]。石墨蠕虫边缘呈齿状，在压力下通过互相咬合搭接，形成石墨膜或石墨纸。膨胀石墨在产业界称为柔性石墨。膨胀石墨膜的平面热导率约 400 W/(m·K)[23]，已广泛应用于大屏显示器的均热。当膨胀石墨膜应用于智能手机的热管理时，受到了更苛刻的厚度限制。将辊压技术引入膨胀石墨膜压制工艺中，可以制备出膜厚几十微米，密度 1.8 g/cm^3，平面热导率约为 600 W/(m·K)的膨胀石墨膜，曾应用于 iPhone 4 等机型。

膨胀石墨的氧化程度和缺陷程度低，使得膨胀石墨膜具有优异的电导率和热导率，然而也导致膨胀石墨片之间的搭接比较弱，膜的机械强度较差，尤其是较厚的膜较脆，极大地限制了其在柔性电子器件中的应用。为此，Liu 等[24]选用过硫酸铵（(NH$_4$)$_2$S$_2$O$_8$）作为膨胀剂和弱氧化剂，经过简单的热还原和压缩后，制备出的膨胀石墨膜不仅具有良好的电导率（2977 S/cm）和导热系数（854 W/mK），而且可以承受至少 800 次的反复折叠，不产生任何结构裂纹。说明温和的氧化可以增加膨胀石墨表面的亲水官能团，在高速剪切和超声作用下，使其在水中剥离为更薄的石墨片；同时$(NH_4)_2S_2O_8$ 辅助气体膨胀也可在膨胀石墨薄片中引入大量褶皱，进而提高膨胀石墨膜的柔韧性。此外，采用高质量、大尺寸石墨也会大大提高膨胀石墨膜的整体性能。图 10-11 是膨胀石墨膜的制备工艺及其形成原理示意图。

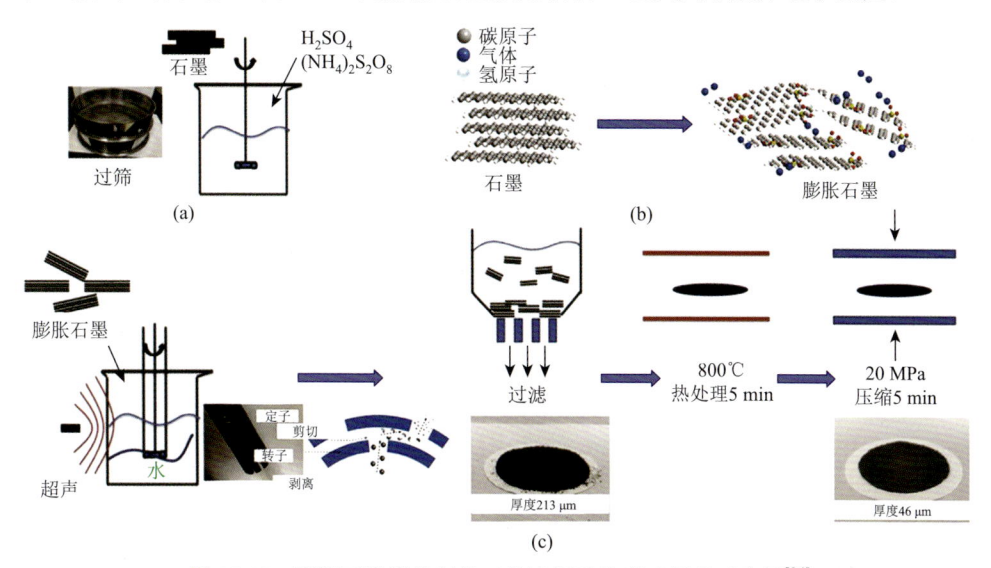

图 10-11 膨胀石墨膜的制备工艺流程及其形成原理示意图[24]

(a) 膨胀石墨的制备；(b) $(NH_4)_2S_2O_8$ 辅助气体膨化；(c) 柔性石墨膜的制备工艺

2）聚酰亚胺石墨膜

聚酰亚胺（polyimide，PI）是主链上含有酰亚胺环（—CO—NR—CO—）的一类高分子聚合物。用于纸质石墨膜的 PI 膜，最初是杜邦公司的 Kapton 膜。原料分子的碳含量、苯环含量比较高，在薄膜的制备过程中采用双向拉伸技术，制备出的 PI 薄膜具有高的取向度。PI 薄膜经过 3000℃左右的石墨化可以获得热导率超过 1000 W/(m·K)的高导热 PI 石墨膜[25]。

近年来，日本松下公司一直向市场提供 PI 石墨膜产品。在 PI 石墨膜全面占领手机均热膜市场后，国内，如中石科技、碳元科技、鸿凌达等也逐渐成为石墨膜的主要供应商。同时，时代新材、瑞华泰等企业开发的 PI 原材料也逐步取代进口。

目前 PI 石墨膜的技术已经比较成熟，进一步的发展方向主要有提高 PI 膜的导热性能、机械性能和厚度等。Ma 等[26]开发出一种新技术，在 PI 的制备过程中加入羧基化石墨烯（GO—COOH），采用原位聚合法合成 GO—COOH/PI 复合膜。相较于纯 PI 膜，复合薄膜表现出较强的分子间力，良好的抗拉强度和导热性；且在相同的碳化、石墨化条件下，获得复合石墨膜的热导率、柔韧性、抗拉伸性能和表面平整程度都优于纯 PI 石墨膜。GO—COOH/PI 复合膜的反应方程及其复合薄膜在碳化和石墨化过程中的结构演变示于图 10-12。

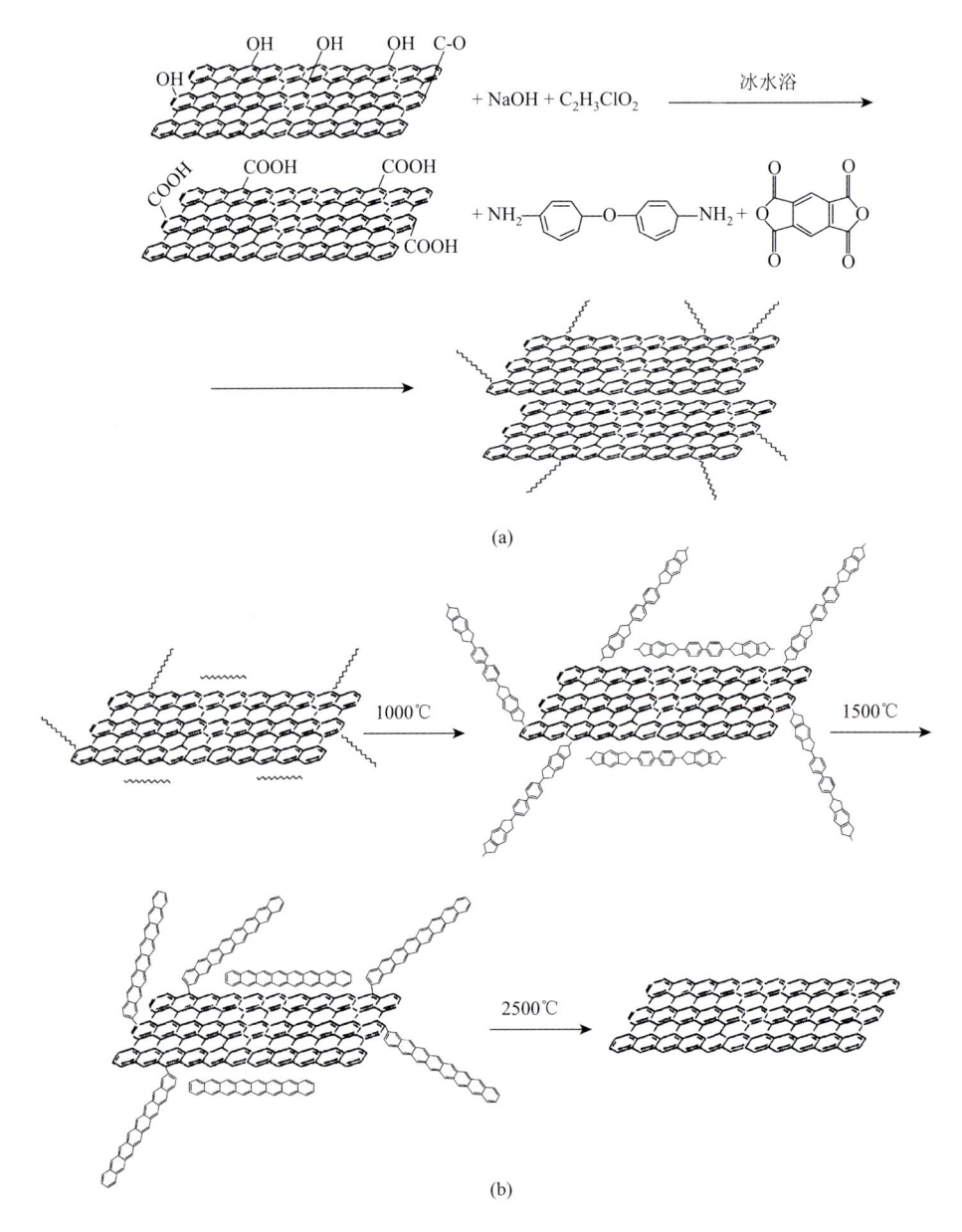

图 10-12　(a) GO-COOH/PI 复合膜的反应方程；(b) 复合薄膜在碳化和石墨化过程中的结构演变[26]

3）石墨烯膜

石墨烯是单层碳原子共轭排列形成的六元环结构，在平面方向的热导率可达 5300 W/(m·K)，是已知的材料中热导率的极限。石墨烯制备的方法主要有机械剥离法、外延生产法、化学氧化还原法。其中氧化还原法相对来说具有工艺简单、产量大的特点，是目前工业化的主流方法。

GO 表面带有含氧官能团，能够很好地分散在水中和其他极性溶剂中，可以作为制备 GO 薄膜的前驱体。常用 GO 成膜方法有：真空抽滤法、气液界面成膜法、静电喷涂成膜法、注塑成型法、刮涂成膜法等。石墨烯膜（graphene films，GFs）导热依赖于三个因素：①石墨烯的微观尺寸；②石墨烯组装成膜的结构；③GO 薄膜的还原工艺。

2018 年华为第一次在 Mate 20 X 型号的手机中使用了常州富烯科技股份有限公司生产的石墨烯膜，自此石墨烯膜逐渐被努比亚、小米、OnePlus、OPPO、华硕、联想等众多厂家使用，特别是应用在旗舰机和游戏机等大功率智能手机上。基于明确的市场需求，针对研发和生产过程中存在的科学问题和工艺问题，围绕性能、机理、成本，众多生产企业和科研机构都表现出对石墨膜研发的极大兴趣。

在热导率层面，石墨烯膜与 PI 石墨膜相当，成熟产品均可以达到 1500 W/(m·K) 的水平。石墨烯膜最大的优势是厚度高。均热膜的厚度决定了其可传导的最大热通量，当电子设备的功率较高、发热量高时，就需要较厚的均热膜。由于制备工艺的限制，厚 PI 石墨膜的制备难度较大；而石墨烯膜的制备过程却不受这一项限制，其厚度能够满足手机市场的普遍要求，目前 200 μm 以上厚度的石墨烯膜已经可以量产。

目前除 GO 外、石墨烯[27]、高分子纤维[28]和碳纳米管[29]，都可以单独或者复合作为制备石墨烯膜的原料。其中，由于 GO 自带负电荷和大量官能团，可以通过组装形成稳定的胶体、干燥后形成自支撑高取向膜，经过还原可得到结构和性质都可控的石墨烯膜，因此 GO 是制备石墨烯膜的主流前驱体。

GO 制备石墨烯膜的工艺流程主要包括膜组装、还原、密度和厚度调控几个环节。

（1）膜组装　GO 含有丰富的官能团，其水溶液或胶体在干燥过程中很容易产生取向，并自组装成具有强相互作用的薄膜。由于石墨烯平面内和垂直面内方向的热导率存在巨大差异，因此取向是实现石墨烯膜高热导率的关键。同时，在组装过程中引入的大量氧官能团和孔隙等结构缺陷都会影响石墨烯膜的热导率，因此需要后续的缺陷修复和机械压缩。表 10-3 列出了几种常用于 GO 膜组装的方法及其特点。

表 10-3　几种 GO 膜的组装方法及其特点

膜组装方法	优点	缺点
喷射电沉积[30]	适于扩大规模，原料利用率高，品控好	取向度差
真空抽滤[31]	取向度高，设备简单，厚度可控，成本低	耗时长，膜尺寸受限
浸渍涂布[32]	操作简单，适于扩大规模	耗时长，取向度差
连续离心涂布[33]	强度高，取向度高，厚度均匀，品控好	设备成本高
滴涂[34]	操作简单，适于扩大规模	取向度差
电泳沉积[35]	效率高，厚度便于调节，成本低	基板仅限于导电材料
刮涂[36]	适于扩大规模，原料利用率高，厚度可调，成本低	取向度差

早期 GO 膜的组装常用真空抽滤法，如图 10-13（a）所示：将浓度较低充分剥离的 GO 溶液，采用真空过滤器抽滤，在水流的作用下，GO 片逐渐形成高度平行取向，并有序积累成膜。虽然采用这种方法可以得到高质量的 GO 膜，但也存有很多缺点。其一是耗时较长，一张膜耗时可长达几十小时；其二为膜的厚度受 GO 浓度的限制，不能制备厚膜；加之过滤器尺寸的限制，膜的平面尺寸较小，且不能连续化生产，不适用于大规模推广。

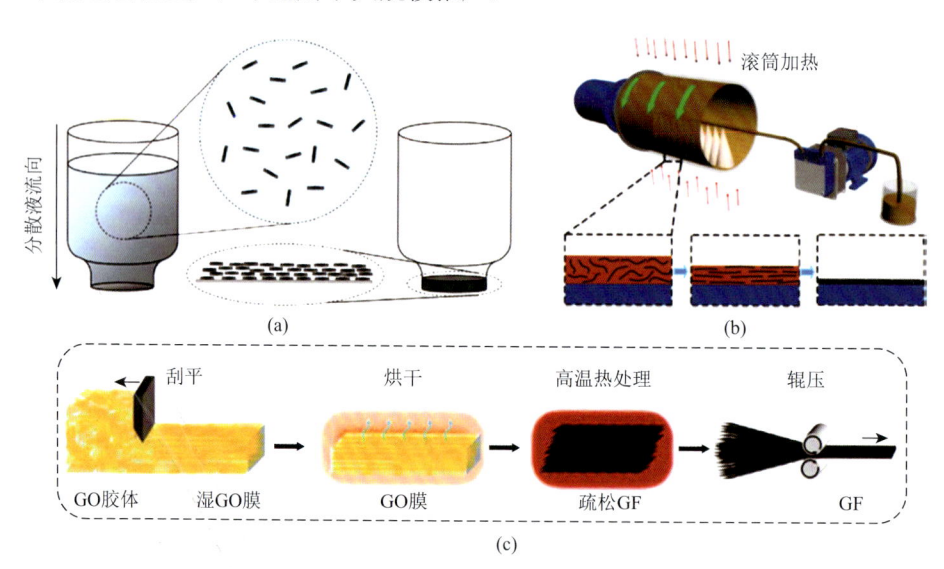

图 10-13　GO 膜的组装工艺：（a）真空抽滤法[31]；（b）连续离心涂布[33]；（c）刮涂法[38]

成会明团队开发了一种连续化离心涂布（continuous centrifugal casting，CCC）方法，利用高速旋转的滚筒模具，在喷涂的过程中即时烘干[33, 37]。如图 10-13（b）所示，首先在剪切力的作用下，GO 呈高取向排布组装；接着在离心力的作用下，促使已成型的膜在干燥的过程中变得更加致密，进而获得具高机械强度和电导率的 GO 膜。即在连续离心涂布法中，可以通过调节剪切力和离心力调整 GO 膜的质量。

CCC 法也适用于制备 GO 和碳纳米管的复合膜。这种新方法为制备可调控的石墨烯膜和其他二维材料薄膜提供了新思路。由于设备的独特性，目前还未大规模推广。

随着石墨烯膜研究和生产的普及，刮涂法已成为工业界和学术界最常用的方法[38,39]。即将 GO 在水中充分分散，使之形成浓度、黏度和流动性都可调控的 GO 浆料；然后在一定厚度的浅框架中，挤出于底部的一端，沿一个方向单向刮平，干燥后即可获得 GO 膜 [图 10-13（c）]。刮涂法的特点：简单高效，无设备要求，成本低，适于大规模推广；缺点为膜的取向度较差，通常需要经过机械压缩进一步提高取向度。

（2）还原 虽然 GO 在膜组装过程中形成了取向结构，但仍存在大量结构缺陷，包括含氧官能团、空位、杂原子、晶界等 [图 10-14（a）][40]，这些缺陷都对热导率有不利的影响。因此，需要采用适宜的还原工艺，修复石墨烯膜的内部缺陷。

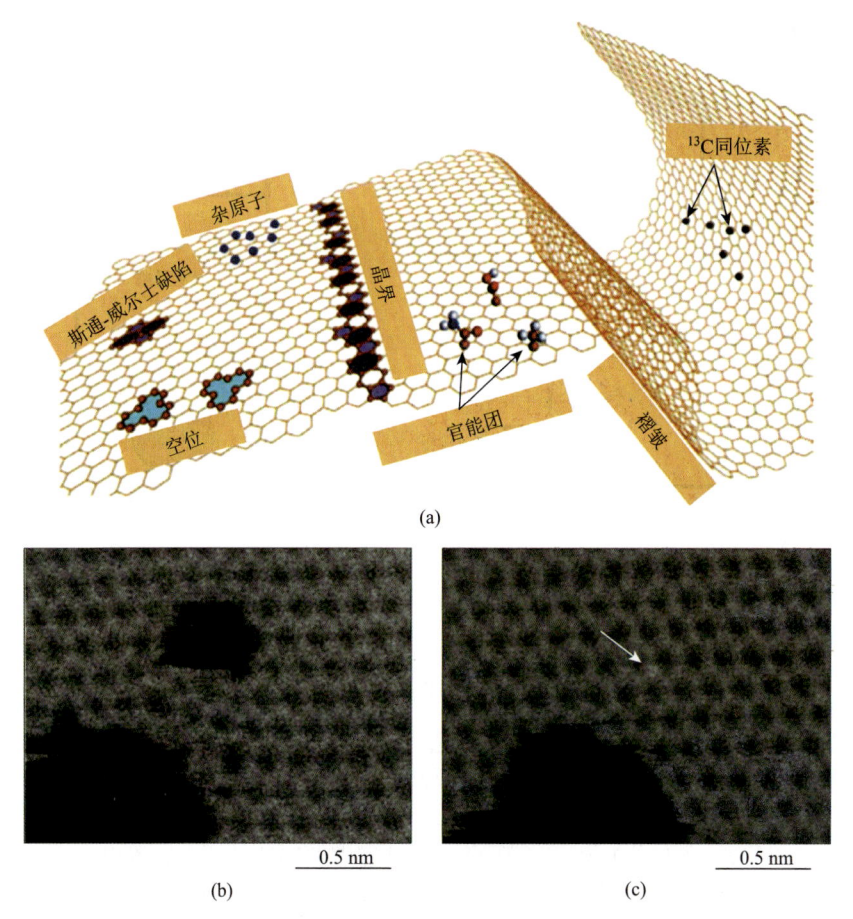

图 10-14　（a）GO 膜中的不同类型缺陷[40]；热处理前（b）后（c）氧化石墨烯膜的 HAADF 图[47]

化学还原是去除含氧官能团快速高效的方法，常用的还原剂主要有水合肼[41]、氢碘酸[42]、金属[43]、抗坏血酸[44]和硼氢化钠[45]等。在还原过程中，被还原的石墨烯片通过 π-π 键结合在一起，层间距离被缩小至石墨的层间距（0.334 nm 左右）。化学还原法的明显不足之处是：①还原速度取决于还原剂在 GO 片层间的扩散，通常较慢，还原程度受到限制，碳氧原子比（C/O）通常在 15 以内；②还原结束后，残留的副产物难以完全去除，甚至会形成一些石墨烯中的掺杂结构；③多数还原剂具有毒性或强酸碱性，限制了大规模的推广。

含氧官能团的去除也可以通过电化学还原法实现。可能的机理为，当施加正电压于 GO 时，电子从 GO 片中逸出，同时羧基分解产生 CO_2，剩余的未配对电子都可以自由迁移，直到在其他地方形成共价键，也就是形成组装结构[35]。结合电沉积组装法和电化学还原法，可以方便地制备出低缺陷的 GO 膜[46]。需要说明的是：化学还原法仅适用于薄的 GO 膜（几个微米以内），而较明显地受限于膜的厚度。GO 膜太厚，与集流体接触差、导电性差、电子无法有效转移，因而还原效果差。

由于化学还原法和电化学还原法都难以完全除去 GO 膜中的含氧官能团和缺陷，相对而言，热处理是最高效的还原获得石墨烯膜的方法[48]。在高温下，GO 膜中的氧主要转换成 CO_2 和 H_2O 气体，碳原子进行重排，石墨化程度提高。同时还原效果也随热处理温度上升提高，热导率也随之而改善[49]。热还原可以在真空或惰性气氛（N_2 或 Ar）下进行，也可以在还原气氛（如 H_2）下进行，均可高效提高 GO 膜的还原率[50]。除含氧官能团之外，如空位、孔洞或裂纹之类的缺陷，也可以通过热还原修复。修复大孔的一种可能的机制是通过吸引碳氢游离原子团填充到孔位，再通过孔边缘碳原子重排完成修复，实现大孔缩小。如果没有碳氢游离原子团，也可以通过碳原子重排实现小空位的修复，如图 10-14（b）和图 10-14（c）所示。另外，在高温下，膜缺陷边缘碳原子的活性增强，在线缺陷处也会产生层间滑动，使相邻石墨烯片之间形成层间键合，致使晶粒尺寸增加，线缺陷减少[51]。然而，在很多情况下，自修复并不足够，一些研究提出添加小分子（如葡萄糖、抗坏血酸、聚酰亚胺等）作为修复碳源，以进一步改善氧化热处理的质量。

（3）密度和厚度调控　石墨烯膜的密度是影响其导热性能的关键因素。石墨烯膜在组装过程中会不可避免地存在大量空隙，而在还原过程中更会产生大量气体，这些都会导致石墨烯膜的结构疏松，密度远低于石墨理论值，严重制约了膜的导热性能。因此，机械压缩在石墨烯膜的制备中是不可缺少的步骤，空气被挤出，内部结构更致密，石墨烯膜的密度也是表征压缩效果的主要指标。Xin 等[49]的研究表明，不同热处理温度下，石墨烯膜的热导率和电导率均与密度呈正相关（图 10-15）。

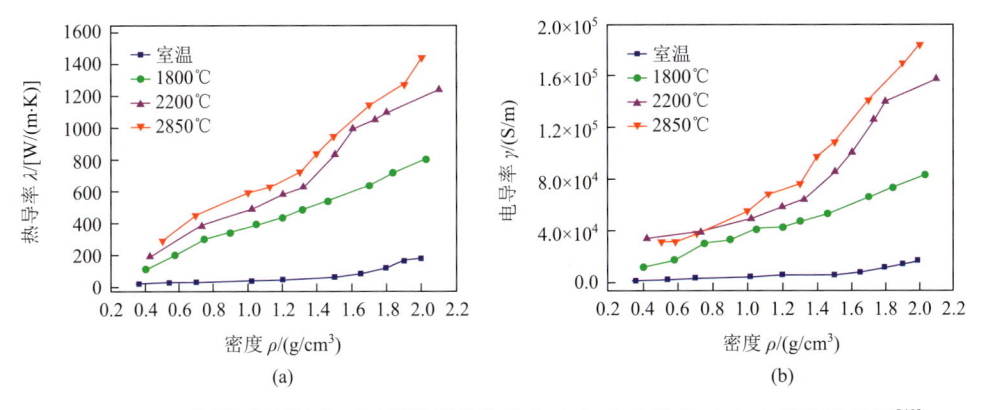

图 10-15 不同热处理温度下石墨烯膜的热导率（a）和电导率（b）与密度的关系[49]

如图 10-15 所示，在热处理温度 2850℃下，石墨烯膜的密度从 0.5 g/cm³ 时增加到 2.0 g/cm³ 时，其热导率从 300 W/(m·K)增加到 1480 W/(m·K)［图 10-15（a）］，电导率从＜0.4×10⁴ S/m 增加至 1.83×10⁵ S/m［图 10-15（b）］。

在 GO 组装、修复、还原和石墨化的过程中，都有可能使石墨烯片层间产生空隙，减弱石墨烯片之间的链接，以致石墨烯膜疏松、密度明显低于石墨的理论密度（2.26 g/cm³），进而降低石墨烯膜的热导率。为了提高石墨烯膜的密度和石墨烯片之间的链接强度，通常在石墨化之前加入机械压缩步骤［图 10-16（a）］。机械压缩不仅可以增强石墨烯膜的密度，同时还可以提高膜内石墨烯片的取向度，进而获得更高热导率［图 10-16（b）~（e）］[52]。

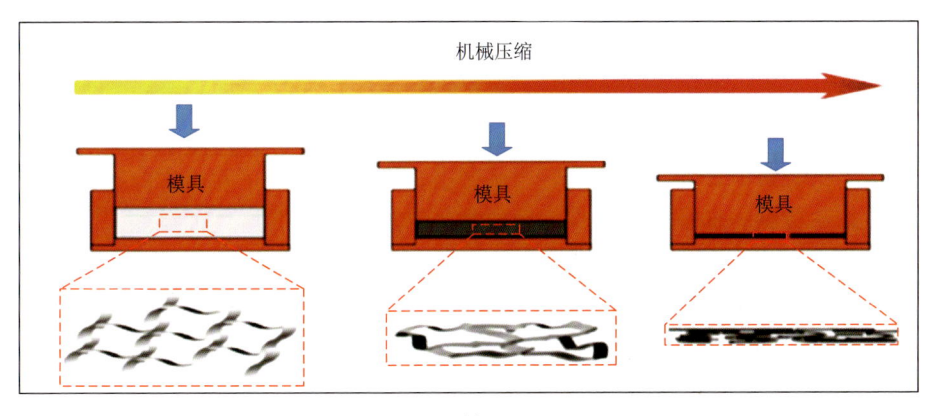

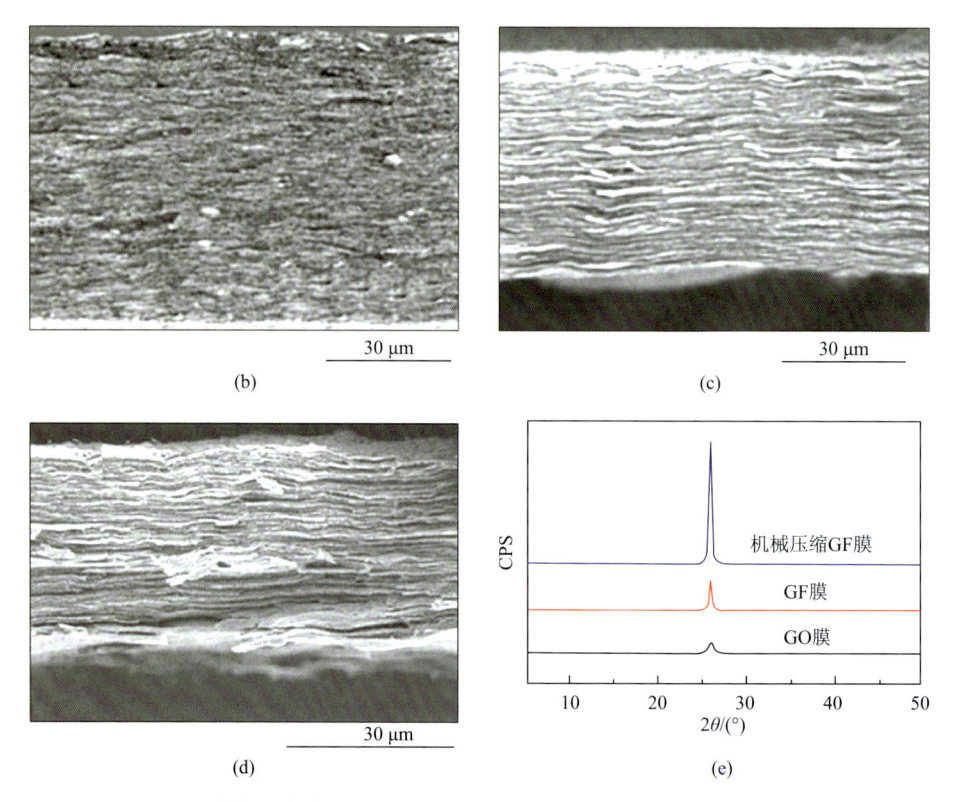

图 10-16　(a) GO 膜的压缩过程；(b) 未石墨化膜断面形貌；(c) 未经压缩、直接石墨化石墨烯膜的断面形貌；(d) 压缩后再石墨化的石墨烯膜的断面形貌；(e) XRD 对比[52]

在实际制备过程中，密度与厚度属于关联因素，很难独立控制。Zhang 等[53]研究表明热导率与厚度反相关。在石墨烯膜的厚度从 20 μm 增加至 60 μm 的过程中，膜的热导率从 1642 W/(m·K) 逐渐降低为 675 W/(m·K)。分析其原由，认为膜厚度增加会带来更多的缺陷，增强声子散射，阻碍声子沿平面内方向的传播。因此，在选择石墨烯膜时需要根据应用场景进行综合考量。

笔者课题组[54]开发出"一种带竖直微孔的超高导热性石墨烯厚膜及其制备方法"。该法首先采用 GO 水溶胶进行厚膜涂布，并低温烘干至含水量 50%～70%；然后利用静电植绒技术使低熔点的 EVA（ethylene-vinyl acetate，乙烯-乙酸乙烯共聚物）短纤维沿 Z 轴方向植入厚膜并烘干，获得 GO/EVA 纤维复合膜 [图 10-17 (a)]。加热 GO/EVA 复合膜，使其中的 EVA 短纤维熔化，在 GO 膜上留下竖直微孔；再通过热处理还原制备出具有竖直微孔结构的超高导热性石墨烯厚膜 [图 10-17 (b)]，膜厚 50～300 μm、热导率>1500 W/(m·K)。

目前虽然石墨烯膜正在占领市场，但其发展尚未完全成熟。从使用的角度出发，下游厂商的关注点主要包括外观、可加工性、平面方向和厚度方向的导热能力、

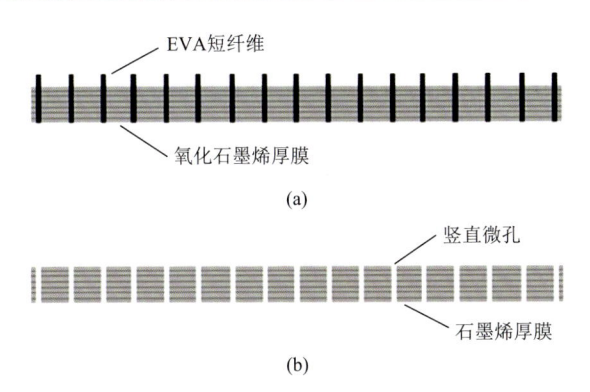

图 10-17　(a) GO/EVA 纤维复合膜结构示意图;(b) 带有竖直微孔的石墨烯厚膜结构示意图[54]

抗弯折能力以及价格等因素;而从性能机理角度分析,研究人员更关注 GO 的组装过程、缺陷修复方法和热导率的提升空间等。无疑,石墨烯膜在电子产品的散热和均热中已经起到至关重要的作用。然而,尽管单层石墨烯有极高的理论潜力,但是在石墨烯膜(多层石墨烯复合材料)产品中,如何进一步提高性能、降低成本和推广应用仍然是漫长的过程和艰巨的挑战。

10.2.2　VC 均热板中的低维碳材料

用于智能手机等电子产品的第一代热管理技术主要为柔性石墨板均热;第二代为热管均热技术;VC 均热板是最新的第三代均热技术。热管一般由管壳、吸液芯和端盖构成。即首先将热管抽真空至负压,随后充以适量的工作液体,使紧贴管内壁的吸液芯毛细多孔材料中充满液体、并加以密封。管的一端为蒸发段(加热段),另一端为冷凝段(冷却段)。吸液芯采用毛细微孔材料,利用毛细吸力(由液体表面张力产生)回流液体,管内液体在吸热段吸热蒸发,冷却段冷凝回流,循环带走热量[图 10-18(a)]。VC 均热板的工作原理与热管类似,包括传导、蒸发、对流、冷凝四个主要步骤。二者的差别在于热传导的能力和效率不同,VC

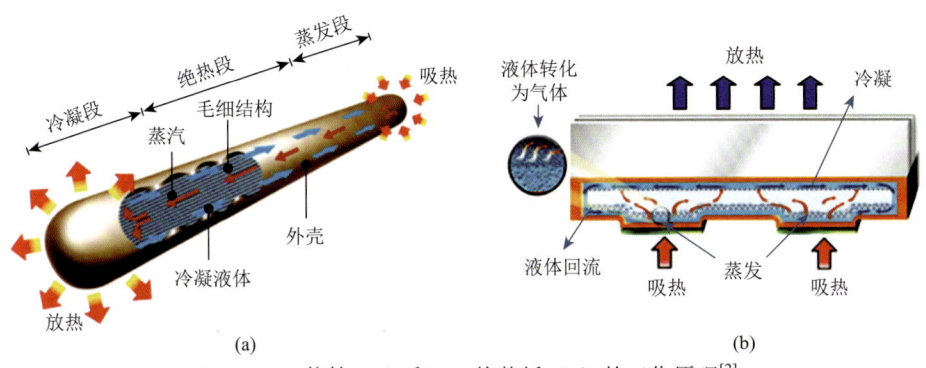

图 10-18　热管(a)和 VC 均热板(b)的工作原理[2]

均热板可以看作热管的升维技术。热管的热传导是从一端到另一端，是一维线性传导；而 VC 均热板的热传导方式是二维的、点到面的热传导方式[图 10-18（b）]，所以均热效率更高。目前市面上常用的 VC 均热板的性能普遍比热管提高 20%～30%。具体在手机的散热系统中，CPU 产生的热量经过 TIM 传导至 VC 均热板，热量快速散开，进而减缓 CPU 周围区域温度上升的速度和幅度、避免热振荡，达到热量温和散出的效果。

从应用范围和使用率来看，由于热管成熟时间早，且成本相对较低，在计算机/笔记本电脑、投影仪、LED、大功率集成电路等电子产品和光电领域已经广泛应用，近年来也在手机开始使用［图 10-19（a）］[3]。而 VC 均热板，则因当前的生产成本高，且量产能力弱，应用领域仅局限于高端笔记本电脑、5G 智能手机和电竞手机［图 10-19（b）］。2018 年华为 Mate 20 X 和三星新款旗舰机 Note 10 率先使用 VC 均热板。2024 年，VC 均热板的平均单价为 1～10 美金，热管的平均单价为 0.5 美金，轻薄型的单价更高。

在电子产品超薄化和轻量化的发展背景下，热管和 VC 均热板厚度的控制仍面临很大挑战。笔记本电脑热管的直径一般为 0.8～2 mm，智能手机热管的直径则需控制在 0.6 mm 以内。三星 S8 中的热管厚度已经下降至 0.4 mm。VC 均热板通常是将两片铜板四边焊接，内部毛细结构从铜粉烧结往蚀刻过渡，对焊接精度等更为苛刻，生产难度高，价格昂贵。

影响 VC 均热板和热管性能的因素繁多，包括板材热导率、吸液芯热导率、工作流体、长度和形状等。通常热管长度越长，导热系数越高；形状方面，压扁和折弯等形状变化都会影响热管的毛细极限和蒸汽腔极限。这里，毛细极限是指毛细结构将水从冷凝器输送回蒸发器的能力；蒸汽腔极限是指蒸汽从蒸发器移动到冷凝器的能力。两大极限值中的较低者决定了热管的最大热通量 Q_{max}。因此，通过改变热管形状，调整毛细结构（孔隙率和厚度），可以调控 VC 均热板的性能及其适用场合。由于热管和 VC 均热板的生产工艺要求较高，目前主要供应链在海外，国内厂商正在积极寻求突破。

Chi[57]的早期研究表明，在其他因素不变的情况下，热管的 Q_{max} 与吸液芯的热导率成正比。由此可推测，低维碳材料具有高导热和孔隙率可调控等特点，当其应用于 VC 均热板的吸液芯时，可以提高吸液芯的热导率和毛细极限，进而提高 VC 均热板的相变效率和 Q_{max}。

Lu 等[58]使用石墨泡沫作为吸液芯，以乙醇为工作液体，开发出一种新型高性能 VC 均热板（图 10-20）。与铜材质相比，石墨的热导率更高。此外，石墨泡沫的多孔结构，将吸液芯的原有平行传导路径，变为更多更长的物质扩散路径，加之石墨泡沫中的高开放孔隙率和微米级孔道对毛细管效应增强，进一步提高了 VC 均热板的热通量和热量转换效率。

第 10 章 消费电子产品热管理技术 351

(a)

(b)

图 10-19 电子产品中使用的热管（a）[3]和 VC 均热板（b）[56]

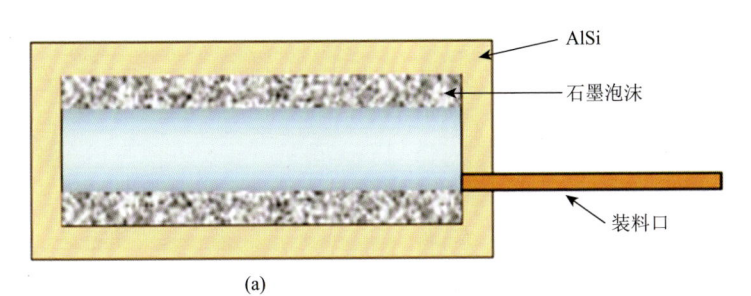

(a)

AlSi
石墨泡沫
装料口

(b)

图 10-20 VC 均热板[58]：(a) 剖面图；(b) 成品

Kim 等[59, 60]基于碳纳米管（carbon nanotube，CNT）阵列开发出一种具有微纳米结构的 VC 均热板吸液芯。吸液芯由铜网和 CNT 阵列复合而成[图 10-21(a)]，铜网和 CNT 阵列不仅可以提供高渗透性和低热阻的流体通路，还具有高导热、大比表面积和良好的亲水性，有助于降低水的热量传递热阻和相变阻力，极大地提高了 VC 均热板的工作效率。在热通量达到 500 W/cm^2 时，VC 均热板仍能正常工作。图 10-21(b) 和图 10-21(c) 分别为铜网/基片复合吸液芯均热板的网格区和中心蒸发区的 SEM 图像。

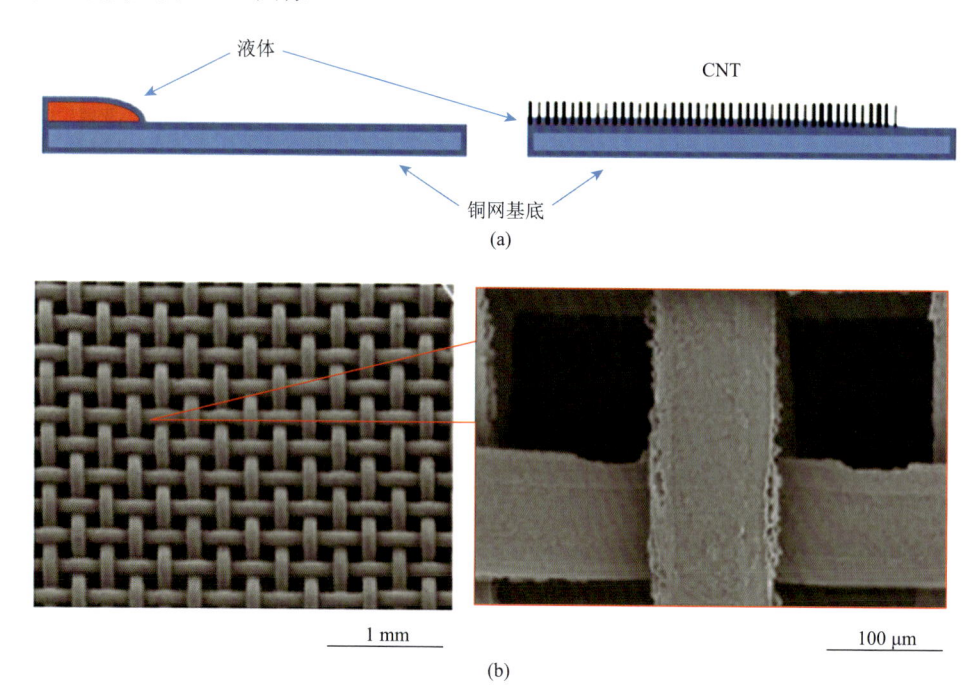

$\underline{\quad\quad}$1 mm $\quad\quad\quad\quad\quad\quad\quad\quad\quad\quad\quad\quad\quad\quad$ $\underline{\quad\quad}$40 μm

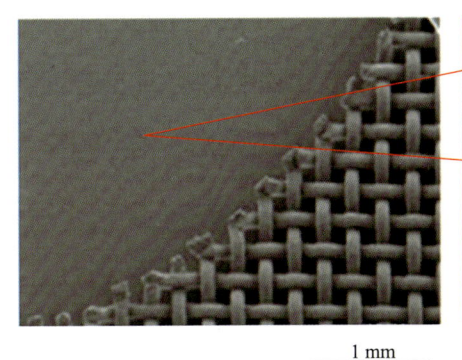

(c)

图 10-21　（a）VC 均热板吸液芯的结构示意图（左：铜网；右：铜网/CNT）[59]；（b）铜网/基板复合吸液芯均热板网格区的 SEM 图像[60]；（c）铜网/基板复合吸液芯中心蒸发区的 SEM 图像[60]

虽然 VC 均热板在大型设备中的使用已有二十余年的历史，也已广泛使用于手机散热；但在电子产品散热领域中仍属于新兴的均热技术，尤其是 VC 均热板的制备在国内尚处于技术突破阶段。在学术界，过去二十年间，计算和模拟技术都取得了显著的进展，然而对于 VC 均热板的研究还需要做更多的基础理论工作。在工业界，随着电子产品散热需求越来越高，对 VC 均热板提出了更高的性能要求。无疑，采用高导热新材料、新结构和相对应的新工艺，已成为 VC 均热板的必然发展趋势。

参 考 文 献

[1]　范云浩，赵绮晖. 2025 年电子行业投资策略：AI + 国产化双轮驱动，关注消费电子，半导体产业链投资机遇[R]. 诚通证券，2024-12-30.

[2]　王楠，章林，代小笛，等. 800G 光模块：AI 算力底座[R]. 兴业证券，2023-06-06.

[3]　蔡景彦，曾捷. 5G 散热专题报告：5G 带动"散热"火，国内厂商迎机遇 [R]. 华金证券，2020-04-08.

[4]　夏庐生. 5G 散热市场专题报告：新材料、新技术、新方案 [R]. 安信证券，2019-08-20.

[5]　Hang Y，Kabban H. Thermal management in mobile devices：challenges and solutions[C]. Proceedings IEEE Semiconductor Thermal Measurement and Management Symposium，2015.

[6]　李波. 热设计的世界——打开电子产品散热领域的大门[M]. 北京：机械工业出版社，2021.

[7]　Sekar K. Power and thermal challenges in mobile devices[C]. Proceedings of the 19th Annual International Conference on Mobile Computing and Networking，MOBICOM，2013.

[8]　Raghavan A. Computational sprinting：Exceeding sustainable power in thermally constrained systems[D]. University of Pennsylvania，Ann Arbor，2013.

[9]　Goulding N，Sampson J，Venkatesh G，et al. GreenDroid：A mobile application processor for a future of dark silicon[C]. 2010 IEEE Hot Chips 22 Symposium（HCS），2010.

[10]　Jung H. Advanced power and thermal management for low-power，high-performance smartphones[C]. Proceedings

of the 2012 ACM/IEEE International Symposium on Low Power Electronics and Design（ACM），2012.

[11] Mongia R，Bhattacharya A，Pokharna H. Skin cooling and other challenges in future mobile form factor computing devices [J]. Microelectronics Journal，2008，39（7）：992-1000.

[12] Dargie W. A stochastic model for estimating the power consumption of a processor [J]. IEEE Transactions on Computers，2015，64（5）：1311-1322.

[13] Mathew J，Krishnan S. A review on transient thermal management of electronic devices [J]. Journal of Electronic Packaging，2022，144（1）：010801.

[14] Pecht M，Gu J. Physics-of-failure-based prognostics for electronic products [J]. Transactions of the Institute of Measurement and Control，2009，31（3-4）：309-322.

[15] Jankowski N R，McCluskey F P. Modeling transient thermal response of pulsed power electronic packages [C]. Proceedings of the 2009 IEEE Pulsed Power Conference，2009.

[16] Zou R，Liu F，Hu N，et al. Carbonized polydopamine nanoparticle reinforced graphene films with superior thermal conductivity [J]. Carbon，2019，149：173-180.

[17] Geim A K，Novoselov K S. The rise of graphene [J]. Nature Materials 2007，6（3）：183-191.

[18] Novoselov K S，Fal'ko V I，Colombo L，et al. A roadmap for graphene [J]. Nature，2012，490（7419）：192-200.

[19] Balandin A A，Ghosh S，Bao W，et al. Superior thermal conductivity of single-layer graphene [J]. Nano Letters，2008，8（3）：902-907.

[20] Gu W T，Zhang W，Li X M，et al. Graphene sheets from worm-like exfoliated graphite [J]. Journal of Materials Chemistry，2009，19（21）：3367-3369.

[21] Li J H，Feng L L，Jia Z X. Preparation of expanded graphite with 160 μm mesh of fine flake graphite [J]. Materials Letters，2006，60（6）：746-749.

[22] Dideikin A T，Sokolov V V，Sakseev D A，et al. Free graphene films obtained from thermally expanded graphite[J]. Technical Physics，2010，55（9）：1378-1381.

[23] Liu Y H，Zeng J，Han D，et al. Graphene enhanced flexible expanded graphite film with high electric，thermal conductivities and EMI shielding at low content [J]. Carbon，2018，133：435-445.

[24] Liu Y H，Qu B X，Wu, X E，et al. Utilizing ammonium persulfate assisted expansion to fabricate flexible expanded graphite films with excellent thermal conductivity by introducing wrinkles [J]. Carbon，2019，153：565-574.

[25] Kaburagi Y，Kimura T，Yoshida A，et al. Thermal and electrical conductivity and magnetoresistance of graphite films prepared from aromatic polyimide films [J]. Tanso，2012（253）：106-115.

[26] Ma L R，Wang Y X，Xu X D，et al. Structural evolution and thermal conductivity of flexible graphite films prepared by carboxylic graphene/polyimide [J]. Ceramics International，2021，47（1）：1076-1085.

[27] Ding J H，Zhao H R，Wang Q L，et al. An ultrahigh thermal conductive graphene flexible paper [J]. Nanoscale，2017，9（43）：16871-16878.

[28] Li Y H，Zhu Y F，Jiang G P，et al. Boosting the heat dissipation performance of graphene/polyimide flexible carbon film via enhanced through-plane conductivity of 3D hybridized structure [J]. Small，2020，16（8）：1903315.

[29] Hsieh C T，Lee C E，Chen Y F，et al. Thermal conductivity from hierarchical heat sinks using carbon nanotubes and graphene nanosheets [J]. Nanoscale，2015，7（44）：18663-18670.

[30] Yan J X，Leng Y C，Guo Y N，et al. Highly conductive graphene paper with vertically aligned reduced graphene oxide sheets fabricated by improved electrospray deposition technique [J]. ACS Applied Materials & Interfaces 2019，11（11）：10810-10817.

[31] Putz K W，Compton O C，Segar C，et al. Evolution of order during vacuum-assisted self-assembly of graphene

oxide paper and associated polymer nanocomposites [J]. ACS Nano, 2011, 5（8）: 6601-6609.

[32] Savchak M, Borodinov N, Burtovyy R, et al. Highly conductive and transparent reduced graphene oxide nanoscale films via thermal conversion of polymer-encapsulated graphene oxide sheets [J]. ACS Applied Materials & Interfaces, 2018, 10（4）: 3975-3985.

[33] Zhong J, Sun W, Wei Q, et al. Efficient and scalable synthesis of highly aligned and compact two-dimensional nanosheet films with record performances [J]. Nature Communications, 2018, 9（1）: 3484.

[34] Rosas-Laverde N M, Pruna A, Busquets-Mataix D. Improving electrochemical properties of polypyrrole coatings by graphene oxide and carbon nanotubes [J]. Nanomaterials, 2020, 10（3）: 507.

[35] An S J, Zhu Y W, Lee S H, et al. Thin film fabrication and simultaneous anodic reduction of deposited graphene oxide platelets by electrophoretic deposition [J]. The Journal of Physical Chemistry Letters, 2010, 1（8）: 1259-1263.

[36] Dong L, Chen Z X, Lin S, et al. Reactivity-controlled preparation of ultralarge graphene oxide by chemical expansion of graphite[J]. Chemistry of Materials, 2017, 29（2）: 564-572.

[37] Wei Q W, Pei S F, Qian X T, et al. Superhigh electromagnetic interference shielding of ultrathin aligned pristine graphene nanosheets film [J]. Advanced Materials, 2020, 32（14）: 1907411（1-9）.

[38] Zhang P L, He P, Zhao Y F, et al. Oxidating fresh porous graphene networks toward ultra-large graphene oxide with electrical conductivity [J]. Advanced Functional Materials, 2022, 32: 2202697（1-11）.

[39] Zhang J J, Liu Q Q, Ruan Y B, et al. Monolithic crystalline swelling of graphite oxide: A bridge to ultralarge graphene oxide with high scalability [J]. Chemistry of Materials, 2018, 30（6）: 1888-1897.

[40] Pop E, Varshney V, Roy A K. Thermal properties of graphene: Fundamentals and applications [J]. MRS Bulletin 2012, 37（12）: 1273-1281.

[41] Kim S G, Lee S S, Lee E, et al. Kinetics of hydrazine reduction of thin films of graphene oxide and the determination of activation energy by the measurement of electrical conductivity [J]. RSC Advances, 2015, 5（124）: 102567-102573.

[42] Pei S F, Zhao J P, Du J H, et al. Direct reduction of graphene oxide films into highly conductive and flexible graphene films by hydrohalic acids [J]. Carbon, 2010, 48（15）: 4466-4474.

[43] Ning J, Wang J, Li X L, et al. A fast room-temperature strategy for direct reduction of graphene oxide films towards flexible transparent conductive films [J]. Journal Materials Chemistry A, 2014, 2（28）: 10969-10973.

[44] Fernández-Merino M J, Guardia L, Paredes J I, et al. Vitamin C is an ideal substitute for hydrazine in the reduction of graphene oxide suspensions [J]. The Journal of Physical Chemistry C, 2010, 114（14）: 6426-6432.

[45] Chua C K, Pumera M. Reduction of graphene oxide with substituted borohydrides [J]. Journal of Materials Chemistry A, 2013, 1（5）: 1892-1898.

[46] Zhou M, Wang Y L, Zhai Y M, et al. Controlled synthesis of large-area and patterned electrochemically reduced graphene oxide films [J]. Chemistry-A European Journal, 2009, 15（25）: 6116-6120.

[47] Zan R, Ramasse Q M, Bangert U, et al. Graphene reknits its holes [J]. Nano Letters, 2012, 12（8）: 3936-3940.

[48] Yang D X, Velamakanni A, Bozoklu G, et al. Chemical analysis of graphene oxide films after heat and chemical treatments by X-ray photoelectron and micro-Raman spectroscopy [J]. Carbon, 2009, 47（1）: 145-152.

[49] Xin G Q, Sun H T, Hu T, et al. Large-area freestanding graphene paper for superior thermal management [J]. Advanced Materials, 2014, 26（26）: 4521-4526.

[50] Vallés C, David Núñez J, Benito A M, et al. Flexible conductive graphene paper obtained by direct and gentle annealing of graphene oxide paper [J]. Carbon, 2012, 50（3）: 835-844.

[51] Chen Y N, Fu K, Zhu S Z, et al. Reduced graphene oxide films with ultrahigh conductivity as Li-ion battery current collectors [J]. Nano Letters, 2016, 16 (6): 3616-3623.

[52] Teng C, Xie D, Wang J F, et al. Ultrahigh conductive graphene paper based on ball-milling exfoliated graphene [J]. Advanced Functional Materials, 2017, 27 (20): 1700240 (1-7).

[53] Zhang Y, Han H X, Wang N, et al. Improved heat spreading performance of functionalized graphene in microelectronic device application [J]. Advanced Functional Materials, 2015, 25 (28): 4430-4435.

[54] 陈威, 麦键彬, 付小换, 等. 一种带竖直微孔的超高导热性石墨烯厚膜及其制备方法: 202010319060[P] (2020-04-21).

[55] Huang P, Li Y, Yang G, et al. Graphene film for thermal management: A review [J]. Nano Materials Science, 2021, 3 (1): 1-16.

[56] Bulut M, Kandlikar S G, Sozbir N. A review of vapor chambers [J]. Heat Transfer Engineering, 2018, 40 (19): 1551-1573.

[57] Chi S W. Heat Pipe Theory and Practice: A Sourcebook [M]. Hemisphere Publishing Corporation, Washington, DC, 1976.

[58] Lu M H, Mok L, Bezama R J. A graphite foams based vapor chamber for chip heat spreading [J]. Journal of Electronic Packaging, 2005, 128 (4): 427-431.

[59] Kim S S, Weibel J A, Fisher T S, et al. Thermal performance of carbon nanotube enhanced vapor chamber wicks [C]. Proceedings of the 14th International Heat Transfer Conference, USA: Washington, IHTC14-22929, 2010.

[60] Weibel J A, Kim S S, Fisher T S, et al. Experimental characterization of capillary-fed carbon nanotube vapor chamber wicks [J]. Journal of Heat Transfer, 2013, 135 (2): 021501 (1-7).

关键词索引

B

边界接触模型　61

C

传热强化　12
垂直碳纳米墙　312

D

氮化硅　102
氮化铝　75
氮化硼　181
等效介质理论模型　60
低维材料　13
低维传导　47
第一性原理　46
电池热管理　2

F

非傅里叶传热　42
非稳态法　35
分流式冷却　4
分子动力学　46
封装　1
复合材料　15

G

固相多孔介质体系　56

J

激光闪射法　35
金刚石薄膜　148
金属基热界面材料　243
紧凑型冷却　5
精确冷却　5
聚酰亚胺石墨膜　341
均热板　98
均相模型　64

L

类金刚石碳膜　148
立体散热设计　338
两相法　64
流延成型法　94

N

纳米流体　3
逆流式冷却　4

O

欧拉-拉格朗日模型　66
欧拉-欧拉模型　66
偶联剂　183

P

泡沫碳　85
喷雾冷却换热　18

膨胀石墨　218
疲劳失效　75

R

热沉　10
热传导　9
热导率　6
热分散模型　64
热管理　1
热管理系统　1
热机械失效　75
热界面　12
热界面材料　12
热控技术　22
热扩散率　6
热膨胀　14
热稳定　13
热阻　8
热阻模型　8

S

声子流体学　44
声子输运　43
石墨导热膜　339
石墨泡沫　5
石墨烯　13
石墨烯薄膜　48
石墨烯散热涂料　102

T

碳化硅　102
碳基材料　85
碳基热界面材料　304
碳纳米管　6
陶瓷基热界面材料　245

W

微观固液体系　56
微型通道散热　18
稳态法　31
稳态热管理　335

X

系统网络模型　68
相变材料　3
相变储能　133
相变储能材料　212
芯片散热　148

Y

氧化铝　75
液态金属　246

Z

智能手机热管理　332
中间相沥青　117
阻燃材料　15

其他

Angstrom 法　37
Buongiorno 模型　64
CVD 法　88
LED　10
Maxwell-Eucken 模型　60

2